21世纪高职高专计算机教育规划教材

信息技术应用基础

刘培文　主　编
黄卫强　副主编

中国人民大学出版社
·北京·

北京科海电子出版社
www.khp.com.cn

图书在版编目(CIP)数据

信息技术应用基础/刘培文主编.
北京：中国人民大学出版社，2008
21世纪高职高专计算机教育规划教材
ISBN 978-7-300-09978-1

Ⅰ.信…
Ⅱ.刘…
Ⅲ.电子计算机—高等学校：技术学校—教材
Ⅳ. TP3

中国版本图书馆CIP数据核字（2008）第179924号

21世纪高职高专计算机教育规划教材
信息技术应用基础
刘培文　主编

出版发行	中国人民大学出版社　北京科海电子出版社		
社　　址	北京中关村大街31号	邮政编码	100080
	北京市海淀区上地七街国际创业园2号楼14层	邮政编码	100085
电　　话	（010）82896442　62630320		
网　　址	http: //www.crup.com.cn		
	http: //www.khp.com.cn（科海图书服务网站）		
经　　销	新华书店		
印　　刷	北京市艺辉印刷有限公司		
规　　格	185mm×260mm　16开本	版　　次	2009年2月第1版
印　　张	19	印　　次	2009年2月第1次印刷
字　　数	462 000	定　　价	29.80元

丛书序

2006年北京科海电子出版社根据教育部的指导思想，按照高等职业教育教学大纲的要求，结合社会对各类人才的技能需求，充分考虑教师的授课特点和授课条件，组织一线骨干教师开发了“21世纪高职高专计算机教育规划教材”。3年来，本套丛书受到了高等职业院校老师的普遍好评，被几百所院校作为教材使用，其中部分教材，如《C语言程序设计教程——基于Turbo C》被一些省评为省精品课配套教材，这使我们倍感欣慰和鼓舞。

近年来，IT技术不断发展，新技术层出不穷，行业应用也在不断拓宽，因此教材的更新与完善很有必要，同时，我们也收到了很多老师的来信，他们希望本套教材能够进一步完善，更符合现代应用型高职高专的教学需求，成为新版精品课程的配套教材。在此背景下，我们针对全国各地的高职高专院校进行了大量的调研，邀请全国高职高专院校计算机相关专业的专家与名师、（国家级或省级）精品课教师、企业的技术人员，共同探讨教材的升级改版问题，经过多次研讨，我们确定了新版教材的特色：

- 强调应用，突出职业教育特色，符合教学大纲的要求。
- 在介绍必要知识的同时，适当介绍新技术、新版本，以使教材具有先进性和时代感。
- 理论学习与技能训练并重，以案例实训为主导，在掌握理论知识的同时，通过案例培养学生的操作技能，达到学以致用的目的。

本丛书宗旨是，走实践应用案例教学之路，培养技能型紧缺人才。

丛书特色

☑ 先进性：力求介绍最新的技术和方法

先进性和时代性是教材的生命，计算机与信息技术专业的教学具有更新快、内容多的特点，本丛书在体例安排和实际讲述过程中都力求介绍最新的技术（或版本）和方法，并注重拓宽学生的知识面，激发他们的学习热情和创新欲望。

☑ 理论与实践并重：以“案例实训”为原则，强调动手能力的培养

由“理论、理论理解（或应用）辅助示例（课堂练习）、阶段性理论综合应用中型案例（上机实验）、习题、大型实践性案例（课程设计）”五大部分组成。在每一章的末尾提供大量的实习题和综合练习题，目的是提高学生综合利用所学知识解决实际问题的能力。

- 理论讲解以“够用”为原则。
- 讲解基础知识时，以“案例实训”为原则，先对知识点做简要介绍，然后通过小实例来演示知识点，专注于解决问题的方法，保证读者看得懂，学得会，以最快速度融入到这个领域中来。
- 阶段性练习，用于培养学生综合应用所学内容解决实际问题的能力。
- 课程设计实践部分以“贴近实际工作需要为原则”，让学生了解社会对从业人员的真正需求，为就业铺平道路。

☑ 易教易学：创新体例，内容实用，通俗易懂

本丛书结构清晰，内容详实，布局合理，体例较好；力求把握各门课程的核心，做到通俗易懂，既便于教学的展开和教师讲授，也便于学生学习。

☑ 按国家精品课要求，不断提供教学服务

本套教材采用“课本 + 网络教学服务”的形式为师生提供各类服务，使教材建设具有实用性和前瞻性，更方便教师授课。

用书教师请致电（010）82896438或发E-mail：feedback@khp.com.cn免费获取电子教案。

我社网站（http://www.khp.com.cn）免费提供本套丛书相关教材的素材文件及相关教学资源。后期将向师生提供教学辅助案例、考试题库等更多的教学资源，并开设教学论坛，供师生及专业人士互动交流。

丛书组成

本套教材涵盖计算机基础、程序设计、数据库开发、网络技术、多媒体技术、计算机辅助设计及毕业设计和就业指导等诸多领域，包括：

- 计算机应用基础
- Photoshop CS3 平面设计教程
- Dreamweaver CS3 网页设计教程
- Flash CS3 动画设计教程
- 网页设计三合一教程与上机实训——Dreamweaver CS3、Fireworks CS3、Flash CS3
- 中文 3ds max 动画设计教程
- AutoCAD 辅助设计教程（2008 中文版）
- Visual Basic 程序设计教程
- Visual FoxPro 程序设计教程

- C 语言程序设计教程
- Visual C++程序设计教程
- Java 程序设计教程
- ASP.NET 程序设计教程
- SQL Server 2000 数据库原理及应用教程
- 计算机组装与维护教程
- 计算机网络应用教程
- 计算机专业毕业设计指导
- 电子商务

……

编者寄语

如果说科学技术的飞速发展是21世纪的一个重要特征的话，那么教学改革将是21世纪教育工作不变的主题。要紧跟教学改革，不断创新，真正编写出满足新形势下教学需求的教材，还需要我们不断地努力实践、探索和完善。本丛书虽然经过细致的编写与校订，仍难免有疏漏和不足，需要不断地补充、修订和完善。我们热情欢迎使用本丛书的教师、学生和读者朋友提出宝贵的意见和建议，使之更臻成熟。

丛书编委会

2009年1月

内容提要

本书介绍了计算机与信息技术的基础知识，包括微机硬件系统的组成和维护、Windows XP 操作系统的一些基本操作，文字处理软件 Word 2003、表格处理软件 Excel 2003、网页制作软件 FrontPage 2003 的使用方法和一些常用技巧、计算机网络的相关知识、多媒体技术和软件的发展等内容。

本书结构清晰、内容翔实、图文并茂、重点突出，以任务驱动的方式对常用的软件进行介绍，每章都配有对应的习题可供课后练习。本书既可作为高职高专计算机基础课程的教材，也可作为各类计算机培训班的培训教程或计算机初学者的入门参考书。

前　言

随着科学技术的飞速发展，计算机已经成为人们日常生活中进行交流的重要工具，它对当代社会产生了深远的影响。在信息化极度发达的今天，计算机与信息技术已经成为人们知识结构中不可缺少的部分，是否会使用计算机已经成为衡量一个社会从业者文化水平的重要标志。

本书根据编者多年来对计算机和信息技术的了解，精心选材，注重内容的新颖性和实用性，并精心准备了课后练习题，注重理论与实践的结合，力图使读者通过阅读本书能够拓展知识面，并且能够学以致用。本书共分 9 章，各章的内容简述如下。

第 1 章介绍了计算机的发展史、计算机的应用领域、计算机的发展趋势以及计算机的组成原理。

第 2 章介绍了信息和信息技术的概念，阐述了信息技术的发展趋势、应用领域、信息技术对社会产生的影响以及计算机网络和多媒体的概念。

第 3 章介绍了计算机的体系结构、计算机硬件的性能指标和各部件的组装方法、计算机的日常维护和计算机常见故障以及处理方法。

第4章介绍了 Windows 操作系统的发展历史、Windows XP 系统的安装和卸载、Windows XP 系统中的一些基本操作、文件和文件夹的管理、磁盘管理、常用软件的安装与卸载、使用控制面板进行自定义设置、安装和使用字体等。

第 5 章介绍了 Word 2003 中的一些基本操作、使用 Word 2003 进行文档的排版、表格处理以及在 Word 2003 中进行图像处理。

第 6 章介绍了 Excel 2003 中的一些基本操作、使用表格函数编辑工作表、使用公式对工作表中的数据进行管理和操作以及结合其他办公软件综合使用等。

第 7 章以主流的中文 FrontPage 2003 为例，介绍网页的基本结构以及创建网页的基本方法。

第 8 章介绍了计算机网络的定义、历史、分类、基础的网络硬件知识、TCP/IP 协议的基础知识以及电子邮件及其客户端 Outlook Express 的使用。

第 9 章介绍了多媒体技术的概念和发展、多媒体技术的应用以及多一些常用的多媒体工具软件。

由于计算机和信息技术的发展速度很快，仅仅学习一些计算机的基本操作是不够的，不仅需要了解计算机的基本概念，还需要和实践紧密结合。因此，本书在介绍基本概念的同时也结合实际介绍了一些实现的步骤，并且介绍了常用的工具软件的使用方法，生动形象，深入浅出。

本书由刘培文主编，黄卫强担任副主编。

由于时间仓促与编者水平有限，不足与欠妥之处在所难免，恳请广大读者不吝指正。

编　者

2009 年 1 月

目　录

第1章

计算机基础知识

随着信息时代的来临，人们已经越来越认识到计算机在信息处理方面的强大的功能，计算机的使用已经越来越普及。它的应用推动了社会经济的发展，推动了文化、科技和生活领域的变革，计算机已经变成人们生活中不可或缺的工具。

本章主要内容

- 了解计算机的发展史
- 了解计算机的应用领域和发展趋势
- 熟悉计算机的组成原理

1.1 计算机应用及发展

计算机是指一种能存储程序和数据、自动执行程序、快速而高效地自动完成对各种数字化信息处理的电子装置，俗称计算机。在信息技术高速发展的今天，计算机已经渗透到社会生活的各个方面，成为人们工作生活中不可或缺的工具。它改变了人们的生活和娱乐方式，提高了工作效率，同时也带来了一些新的问题。现在我们见到的计算机通常是微型计算机（又称微机或个人计算机），它因体积小、价格低、耗电少、使用方便、用途广泛等优点，已经越来越普及。为了移动办公的需要，还出现了可携带的计算机，也就是便携式计算机，又叫做笔记本电脑。

1.1.1 计算机发展史

世界上首台计算机于1946年诞生于美国的宾夕法尼亚大学，名叫埃尼阿克，英文缩写为ENIAC。它由18000多只电子管组成，占地160多平方米，重达30t，耗电150kW。虽然它的功能还赶不上今天最普通的一台微型计算机，但是它的出现奠定了计算机发展的基础。

计算机发展到今天，若根据物理组成部件来划分，可分为4个阶段（有些阶段可能会有重叠）。

1. 电子管时代（1946年～20世纪50年代末期）

这个时代的计算机主要是以电子管为基本的逻辑元件，以汞延迟线作为内存储器。它的耗电量大，存储容量小，运算速度慢而且体积庞大，每秒仅能做几千次到几万次的运算，主要用于军事和科学计算。

由于电子管经常出现故障，性能并不稳定，因此第一代电子计算机的可靠性很差，大部分时间都处于停机的状态。为了能使它能持续地运行，经常需要工作人员推着手推车，随时准备更换出现故障的电子管。

2. 晶体管时代（20世纪50年代中期～20世纪60年代末期）

这个时代的计算机是以晶体管作为基本的逻辑元件，使用磁芯作为内存储器，使用磁盘和磁带作为外存储器。跟第一代计算机相比，它的体积减小了，耗电减少了，运算速度也有了一定的提高，达到每秒运算几十万次到几百万次，应用领域也从军事与尖端技术方面延伸到气象、工程设计、数据处理以及其他科学研究领域。

在语言方面，除了汇编语言，还出现了COBOL、FORTRAN、ALGOL 60等一系列高级语言。

3. 小规模集成电路时代（20世纪60年代中期～20世纪70年代初期）

这个时代的计算机是以中、小规模集成电路作为基本的逻辑元件。这一代计算机的体积进一步减小，可靠性及运算速度进一步提高，计算机的应用领域进一步拓宽至文字处理、企业管理、自动控制等方面。

在软件方面，还出现了操作系统、应用程序和编译系统等，除了晶体管时代使用到的一些高级语言之外，还出现了BASIC程序设计语言。

4. 大规模集成电路和超大规模集成电路时代（20世纪70年代初期至今）

这个时代的计算机以大规模、超大规模的集成电路作为基本的逻辑元件。这一代计算机的性能大幅度提高，价格大幅度下降，广泛应用于社会生活的各个领域。

从计算机的发展史来看，计算机在朝着体积越来越小、速度越来越快、性能越来越高、耗电越来越少、价格越来越便宜、使用越来越方便的方向发展。除此之外，计算机的发展还呈现如下趋势：智能化、巨型化、网络化和多媒体化等。

1.1.2 计算机的分类

1. 按处理方式分类

按照处理方式来分类，计算机可以分为数字计算机、模拟计算机以及数模混合计算机。数字计算机采用二进制计算，它的特点是运算速度快、存储信息方便、通用性强，它既能用做科学计算和数字处理，还能够进行过程控制和CAD/CAM的工作。模拟计算机的运算部件是一些电子电路，它的运算速度快，但是精度低，而且使用也不够方便，它主要用来处理模拟信息，比如工业控制中的温度和压力等。

2. 按规模分类

按照规模，并且参考计算机的功能、体积、运算速度和性能等方面的因素来分类，计算机可以分为巨型机、大型机、小型机和微型机等。

（1）巨型机。

巨型机的特点：速度最快、体积最大、功能最强而且价格也最贵，它主要应用于国防和尖端的科技领域。巨型机拥有多个处理器，各个处理器之间可以并行工作，同时完成多个任务。巨型机的计算速度单位为纳秒和千兆次浮点运算，目前的巨型机速度可以达到每秒万亿次。

（2）大型机。

大型机的主机非常庞大、速度快而且非常昂贵，通常由许多中央处理器协同工作，具有超大的内存和海量的存储器。服务器一般应用在网络环境中，为其他计算机提供各种服务，例如文件服务、打印服务、邮件服务、WWW 服务等。与小型机相比，它能够为用户提供更多、更快的处理。

（3）小型机。

与大型机相比，小型机的成本较低，维护起来也相对简单。小型机也是多用户系统，可用于科学计算和数据处理，同时，它也能进行生产过程自动控制和数据采集分析处理等。与微型机相比，小型机的性能更高，运算速度更快，并行处理能力更强。

（4）微型机。

微型机采用微处理器、半导体存储器和输入/输出接口等组成，它的体积更小，灵活性更好，价格更低，可靠性更高，使用起来也更方便。目前微型机的速度和性能已经超过了以前的大中型机。

3. 按功能分类

按照功能，计算机一般分为专用计算机和通用计算机。

（1）专用计算机功能专一，结构简单，可靠性高，但是适应性差，一般用于军事和银行系统。在固定的用途下，它的有效性、经济性和快速性是其他计算机所无法取代的。

（2）通用计算机应用广泛，功能齐全，适应性强，目前人们所使用的计算机大部分是通用计算机。

4. 按工作模式分类

按照工作模式分类，计算机可以分为服务器和工作站两类。

（1）服务器。

服务器是一种可供网络用户共享、高性能的计算机。服务器一般具有大容量的存储设备和丰富的外部设备，由于要运行网络操作系统并且要求较快的运行速度，因此一般的服务器都配备双 CPU。

（2）工作站。

工作站是一种高档微机，它外表看起来与台式计算机很相似，但是它的芯片一般都采用RISC（精简指令计算机）微处理器。它的独到之处在于易于联网，具有大容量的内存、大屏幕显示器。最初的工作站主要适用于建筑师、工程师以及其他需要进行图形显示的专业人员，现在工作站已经广泛应用于各个领域中。

1.1.3 计算机的应用领域

计算机发展到今天，其应用已远远超过了科学计算的范围，几乎渗入了社会的每个领域。概括起来，主要有以下几个方面。

1．科学计算

科学计算是指利用计算机对数值进行精确计算来完成科学研究和工程设计中所提出的数学问题，也称数值运算，它是计算机最早期的应用。计算机的出现带动产生了计算数学、计算物理、计算天文学和计算生物学等边缘学科。随着计算机技术的发展，现在许多高精度的复杂计算也都是由计算机完成。例如，航空、天气预报、高能物理以及地质勘探等许多高尖端科技都离不开计算机的计算。

2．过程控制

过程控制是对被控制对象及时地采集和检测必要的信息，并且按照最佳状态自动控制或调节被控制对象的一种控制方式，也称实时控制。例如，控制配料、温度，乃至人造卫星、巡航导弹等。过程控制可以提高自动化程度和生产效率等。现在的航天飞机、宇宙飞船都是在计算机的控制之下完成一系列任务的。

3．数据处理

数据处理也称信息处理，是指利用计算机对所获取的大量信息进行记录、整理、加工、分析、合并、存储和传输等。这是计算机应用最广泛的领域，包括管理信息系统和办公自动化等。现代的社会是一个信息化的社会，对数据的处理是一个十分突出的问题，计算机机 80%左右运用于这样或那样的非数值数据处理。

4．人工智能

人工智能是指利用计算机模仿人类的智力活动，比如感应、判断、理解、学习等，也称智能模拟。主要应用在机器人、专家系统、模拟识别、智能检索、自然语言处理和机器翻译等方面。目前，人工智能正以各种方式快速地渗透到人们生活的各个方面。

5．网络应用

人们已经认识到，当前是微型计算机和网络的时代。将许多计算机连接成网，可以实现资源共享，并且可以传送文字、数据、声音或图像等。例如，可以进行 Web 浏览，通过

Internet 给处于各地的亲朋好友发电子邮件，另外还具有 IP 电话、电子商务等功能。民航、铁路、海运等交通部门的计算机连接成网络以后，就可以随时随地查询航班、车次与船期的消息，并且实现就近购票等。

6．计算机与教育

随着科学技术的发展，计算机应用已经形成一门专门的学科。此外，计算机作为现代教学手段在教育领域也有着非常广泛的应用，如各种计算机辅助教学的软件、汽车驾驶模拟器、多媒体教学以及网上教学等。

7．计算机的辅助功能

目前常见的计算机辅助功能主要有计算机辅助设计（CAD）、计算机辅助制造（CAM）、计算机辅助教学（CAI）、计算机辅助教育（CAE）和计算机辅助测试（CAT）等，使人们从烦琐的劳动中解脱出来。

（1）计算机辅助设计是指利用计算机帮助人们进行工程设计，以提高设计工作的自动化程度。它在机械、建筑、服装以及电路等的设计中已经有了广泛的应用。

（2）计算机辅助制造是指利用计算机进行生产设备的管理、控制与操作。

（3）计算机辅助教学是指将教学内容、教学方法以及学生的学习情况等存储在计算机中，帮助学生轻松地学到所需要的知识。

（4）计算机辅助教育包括计算机辅助教学和计算机管理教学（CMI）两个方面。CMI 包括教学计划安排、课程安排、题库以及计算机考评几个部分。我国在 1987 年成立了计算机辅助教育研究会。

（5）计算机辅助测试是指利用计算机完成大量复杂的测试工作。

1.1.4 计算机的发展趋势

根据目前计算机应用的现状来看，将来计算机将会向着巨型化、微型化、网络化和智能化的方向发展。

1．巨型化

巨型化计算机的发展方向主要是尖端科技的研究、军事、国防以及大型商业机构等。它的处理器速度非常快、存储容量大、外设完备，而且每秒可以进行上万亿次的计算。

2．网络化

随着计算机发展的日新月异，网络的发展也变得异常迅速。目前世界上最大的网络就是 Internet，通过通信技术和计算机技术，不同的地点的人们可以通过网络协议进行相互通信，所有用户可以共享软件、硬件和信息资源，并且可以互访，网络让世界变成了地球村。

3. 微型化

由于半导体技术的快速发展，超大规模集成电路处理器芯片的更新也非常快，这些技术的发展使得微型机的操作也变得越来越简单，相对于巨型机和大型机，它的价格更低廉，使用更方便，而且能满足人们日常生活的需要，因此能够普及到千家万户。

4. 智能化

计算机智能化也是目前的一种趋势，智能计算机能够模拟人的思维和感观，具有学习和推理以及其他的一些功能。目前，智能计算机主要应用的领域就是专家系统和智能机器人。

1.1.5 计算机病毒及防治

1. 计算机病毒的定义

目前计算机病毒已经变成人们日常生活经常谈到的话题，那么，到底什么是计算机病毒呢？计算机病毒是一个程序，一段可执行的代码。就像生物病毒一样，计算机病毒有其独特的复制能力。计算机病毒可以很快地蔓延，又常常难以根除。它们能把自身附着在各种类型的文件上。当文件被复制或从一个用户传送到另一个用户时，它们就随同文件一起蔓延开来。计算机病毒的定义有很多种，目前在《中华人民共和国计算机信息系统安全保护条例》中对计算机病毒的定义是“指编制或者在计算机程序中插入的破坏计算机功能或者破坏数据，影响计算机使用并且能够自我复制的一组计算机指令或者程序代码”。

自从1986年计算机病毒首次出现，到现在为止，计算机病毒的种类和数量急剧增加，只要使用计算机的人几乎都遇到过它们。随着计算机和网络的普及，计算机病毒会越来越多，而因为计算机病毒所造成的损失和引发的灾难将会越来越大。

2. 计算机病毒的分类

计算机病毒的种类有很多种，每天都有新病毒产生，下面就简要地列出一些常见病毒的种类。

（1）文件型病毒。

文件型病毒是主要感染可执行文件的病毒，它通常隐藏在宿主程序中，执行宿主程序时，将会先执行病毒程序再执行宿主程序。所有通过操作系统的文件系统进行感染的病毒都称作文件病毒，所以这是一类数目非常巨大的病毒。此种病毒会感染文件，并寄生在文件中，进而感染其他文件，造成文件损毁。文件型病毒感染的主要对象是扩展名是.com或者.exe的文件。

最具代表性的文件型病毒是CIH病毒，别名有Win95.CIH、Spacefiller、Win32.CIH、PE.CIH，主要感染Windows 95/98下的可执行文件，在Windows NT中无效。CIH病毒发

作时，硬盘数据、硬盘主引导记录、系统引导扇区、文件分配表被覆盖，造成硬盘数据特别是C盘数据丢失，并破坏部分类型的主板上的Flash BIOS，导致计算机无法使用。它是首个既破坏软件又破坏硬件的恶性病毒。

（2）引导型病毒。

引导型病毒是IBM PC上最早出现的病毒，也是最早进入我国的病毒。引导型病毒感染软磁盘的引导扇区，以及硬盘的主引导记录或者引导扇区，致使计算机无法顺利启动，进而破坏硬盘中的数据。

引导型病毒按其寄生对象的不同又可分为两类，即MBR（主引导区）病毒和BR（引导区）病毒。MBR 病毒也称为分区病毒，将病毒寄生在硬盘分区主引导程序所占据的 硬盘 0 头 0 柱面第 1 个扇区中，典型的病毒有大麻（Stoned）、2708、INT60 病毒等。BR 病毒是将病毒寄生在硬盘逻辑 0 扇或软盘逻辑 0 扇（即 0 面 0 道第 1 个扇区），主要有 Brain 和小球病毒等。

（3）复合型病毒。

复合型病毒既可以传染可执行文件，又能传染磁盘引导扇区，如幽灵般出现。它已经成为了计算机用户，特别是企业级用户面临的最主要的病毒类型，构成了严重的安全威胁。

3. 计算机中毒后的一般症状

（1）系统无法启动。

这是因为病毒修改了硬盘的引导信息，或者删除了某些启动文件。如引导型病毒损坏引导文件，造成硬盘损坏或参数设置不正确。

（2）文件打不开。

病毒修改了文件格式和文件链接位置，破坏了文件和磁盘，文件快捷方式对应的链接位置发生了变化，原来编辑文件的软件被删除了。如果是在局域网中，则表现为服务器中文件存放位置发生了变化，而工作站没有及时刷新服务器的内容（长时间打开了资源管理器）。

（3）经常报告内存不够。

病毒非法占用了大量内存，打开了大量的软件，运行了需内存资源的软件，系统配置不正确等。

（4）出现大量来历不明的文件。

病毒复制了很多文件，这些文件有可能是一些软件安装中产生的临时文件，也或许是一些软件的配置信息及运行记录。

（5）经常死机。

因为病毒打开了许多文件或占用了大量内存，造成系统不稳定（如内存质量差，硬件超频性能差等）；并且运行了大容量的软件，占用了大量的内存和磁盘空间，使用了一些测试软件（有许多 bug）；运行网络上的软件时经常死机，也许是由于网络速度太慢，所运行的程序太大，或者自己的工作站硬件配置太低。

（6）数据丢失。

病毒删除了文件，破坏了磁盘扇区，导致用户数据丢失。

随着病毒制造者的技术越来越高，病毒的欺骗性、隐蔽性也越来越强，制造病毒和反病毒双方的较量不断深入。只要在实践中细心观察，就能够发现计算机的异常现象。

4. 计算机病毒的传播途径

计算机病毒的传播主要通过文件复制、文件传送、文件执行等方式进行，文件复制与文件传送需要传输媒介，文件执行则是病毒感染的必然途径（Word、Excel 等宏病毒通过 Word、Excel 调用间接地执行），因此，病毒传播与文件传播媒体的变化有着直接关系。

5. 计算机病毒的防治

为了减少计算机病毒对计算机系统的侵害，应该遵循以下的原则来防治计算机病毒。

（1）对重要的数据进行备份，一旦文件受到损坏，可以及时地将它恢复。

（2）尽早防止病毒进入自己的计算机系统。为了做到这一点，应该采取的具体措施有：不滥用来历不明的磁盘；尽量做到专机专用，专盘专用；不做非法的复制；安装病毒预警软件或防毒卡。

（3）用户应该尽量下载有明确来路的软件，对从网上下载的软件最好检测后再用。不要阅读陌生人发来的电子邮件。

（4）不要访问内容不健康的网站或色情网站。

（5）如果病毒已经进入了计算机系统，应该及早检测并在它扩散之前将已经感染的文件清除。也就是说，发现病毒的迹象后应该及时采取措施。

（6）如果病毒已经传播开来，可以运行有效的杀毒软件，并保证使用最新版的防病毒软件。

（7）注意国家公布防范病毒的日期，可以事先变更计算机系统的日期。例如，如果 4 月 12 日会有病毒发作，则可以提前将日期改为 14 日，病毒发作日过后，再改回来。

1.2　计算机组成原理

计算机包括硬件和软件两部分，两者是一个不可分割的整体。目前，计算机之所以能够推广应用到各个领域，正是由于软件的丰富多彩，能够出色地完成各种不同的任务。当然，计算机硬件是支持软件工作的基础，没有良好的硬件配置，软件再好也没有用武之地。同样，没有软件的支持，再好的硬件配置也是毫无价值的。人们把没有装备任何软件的计算机称为“裸机”。

计算机系统由硬件系统和软件系统两大部分组成。硬件是构成计算机的实体，是计算机系统中实际装置的总称。如机箱、键盘、鼠标器、显示器和打印机等，都是所谓的硬件。仅仅具备硬件部分的计算机是不能正常工作的，还必须有软件来安排计算机做什么工作、怎样工作。软件是相对硬件而言的，是指计算机运行所需的程序、数据及有关资料。表 1-1 显示了计算机系统的组成。

表1-1　计算机系统的组成

硬件系统	主机	中央处理器	控制器
			运算器
		内存储器	只读存储器（ROM）
			随机存储器（RAM）
	外部设备	外存储器，如光盘、软盘、硬盘等	
		输入设备，如鼠标、键盘、扫描仪等	
		输出设备，如打印机、绘图仪、显示器等	
软件系统	系统软件	语言处理程序	
		操作系统	
		服务程序	
		数据库管理系统	
	应用软件	通用应用软件	
		专用应用软件	

1.2.1　计算机硬件系统

我们现在使用的计算机，尽管功能、用途、规模不同，但其基本结构都是冯·诺依曼体系结构，如图 1-1 所示。冯·诺依曼的结构提出了现代计算机的组成结构原理，该原理主要由以下 3 点内容组成：

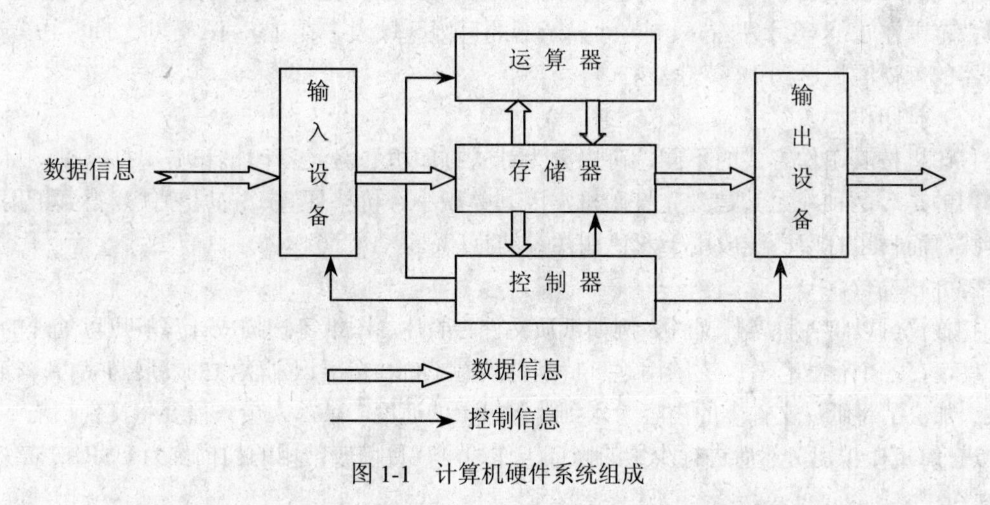

图 1-1　计算机硬件系统组成

（1）计算机硬件主要由运算器、控制器、存储器、输入和输出设备五大部件组成。

（2）在计算机内部用二进制代替十进制，进一步提高电子元件的运算速度。

（3）存储程序，即把程序放在计算机内部的存储器中。

1．输入设备

输入设备（Input Device）是人或外部与计算机进行交互的一种装置，用于把原始数据和处理这些数据的程序输入到计算机中。现在的计算机能够接收各种各样的数据，既可以是数值型的数据，也可以是各种非数值型的数据，如图形、图像、声音等都可以通过不同类型的输入设备输入到计算机中，进行存储、处理和输出。按照功能，可以将计算机的输入设备分为下列几类。

（1）字符输入设备：键盘。

（2）图形输入设备：鼠标器、操纵杆、光笔。

（3）图像输入设备：摄像机、扫描仪、传真机。

（4）模拟输入设备：语言模数转换识别系统。

目前，最为常用的输入设备就是鼠标和键盘。

2．输出设备

输出设备是将计算机处理后的最后结果或中间结果，以人们能够识别或其他设备所需要的形式（如图形、图像、声音、文字等）表现出来的设备。目前最常见的输出设备有显示器、打印机和扫描仪等。

（1）显示器。

显示器是最重要、最常用的输出设备，也是使用计算机时必不可少的输出设备。显示器的尺寸指显像管的对角线尺寸，最大可视面积就是显示器可以显示图形的最大范围。显像管的大小通常以对角线的长度来衡量，以英寸为单位（1 英寸=2.54cm），常见的有 15 英寸、17 英寸、19 英寸、20 英寸等。显示器的显示面积都会小于显示管的大小，显示面积用长与高的乘积来表示，通常人们也用屏幕可见部分的对角线长度来表示。15 英寸显示器的可视范围在 13.8 英寸左右，17 英寸显示器的可视区域大多在 15～16 英寸之间，19 英寸显示器的可视区域达到 18 英寸左右。

（2）打印机。

打印机按其工作方式的不同，可以分为针式打印机、激光打印机和喷墨打印机。目前较常用的是后两种，尤其是激光打印机，因其体积小、价格便宜、省墨等优点得到了用户的青睐，而喷墨打印机一般用于彩色图片等的打印。

（3）扫描仪。

扫描仪可以将各种实体文件，例如纸质文件、照片、图纸等扫描成计算机可以处理的电子文件，在各个行业有着广泛的用途。特别是随着 OCR 文字识别软件的发展与完善，扫描仪大大加快了将纸质文件上的内容录入到计算机中的速度。录入人员只需要将文件扫描到计算中进行 OCR 识别，然后进行少量的修订工作即可，目前较常用的扫描仪为 USB 扫描仪。

3．运算器

运算器是计算机的核心部件。运算器的主要任务是执行各种算术运算和逻辑运算，算术运算是指各种数值运算，逻辑运算是进行逻辑判断的非数值运算。

运算器主要由算术逻辑部件、通用寄存器和状态寄存器组成。

（1）算术逻辑部件（ALU）。

ALU 主要完成对二进制信息的定点算术运算、逻辑运算和各种移位操作。算术运算主要包括定点加、减、乘和除运算。逻辑运算主要有逻辑与、逻辑或、逻辑异或和逻辑非操作。移位操作主要完成逻辑左移和右移、算术左移和右移及其他一些移位操作。

（2）通用寄存器。

通用寄存器主要用来保存参加运算的操作数和运算的结果。早期的计算机只设计一个寄存器，用来存放操作数、操作结果和执行移位操作，由于寄存器可以存放重复累加的数据，所以常被称为累加器，通用寄存器均可以作为累加器使用，它的数据存取速度是非常快的，目前一般是十几 ns，如果 ALU 的两个操作数都来自寄存器，那么可以极大地提高运算速度。

（3）状态寄存器。

状态寄存器用来记录算术、逻辑运算或测试操作的结果状态。程序设计中，这些状态通常用作条件转移指令的判断条件，所以又称为条件码寄存器。

4．存储器

存储器是用来存储微型计算机工作时使用的信息（程序和数据）的部件，正是因为有了存储器，计算机才有信息记忆功能。根据定义可以将存储器分为内存储器（内存）和外存储器（外存）两种，外存储器也叫辅助存储器。

（1）内存储器。

内存储器又常称为主存储器，属于主机的组成部分，CPU 可以直接访问内存。一般而言，内存分为随机访问存储器（Read Access Memory，RAM）和只读存储器（Read Only Memory，ROM）。

RAM 的优点是存取速度快、读写方便，缺点是数据不能长久保持，断电后会自动消失，因此主要用于计算机主存储器等要求快速存储的系统。按工作方式不同，RAM 可分为静态随机存储器（SRAM）和动态随机存储器（DRAM）两类。静态随机存储器的单元电路是触发器，存入的信息在规定的电源电压下便不会改变。SRAM 速度快，使用方便。动态随机存储器的单元由一个金属－氧化物－半导体（MOS）电容和一个 MOS 晶体管构成，数据以电荷形式存放在电容之中 ，需每隔 2～4ms 对单元电路存储信息重写一次（刷新）。DRAM 存储单元器件数量少，集成度高，应用广泛。

ROM 只读存储器的内容在计算机开机使用之前已经写入，开机后只能读出信息而不能写入信息，因此一般用来存放一些固定程序、字库或数表，目前常用的有固定只读存储器（ROM）、可编程只读存储器（PROM）、可改写只读存储器（EPROM）、电擦除可编程只读存储器（EEPROM）。

（2）外存储器。

外存储器又称为辅助存储器，属于外部设备。CPU 不能像访问内存那样直接访问外存，外存要与 CPU 或 I/O 设备进行数据传输，必须通过内存进行。

光盘、软盘、硬盘和闪盘都属于外存储器，不常见的比如磁带机等都属于外存。与内存相比，断电以后，外存里面的数据会继续保留，而内存断电以后数据全部消失，这就是为什么用户在编辑 Word 文档时候没有保存，而断电以后输入进去的内容全部消失的原因。但是外存的速度比内存的速度慢，所以计算机需要把等待处理的数据从外部存储器中调用到内存中进行数据运算，把运算结果再写入外部存储器进行永久保存，当使用 Word 的“保存”命令的时候，就等于把内存的数据写在外存上，这样就可以保存下来。

5. 控制器

控制器是对输入的指令进行分析，并且统一控制和指挥计算机的各个部件完成一定任务的部件。在控制器的控制下，计算机就能够自动、连续地按照人们编制好的程序，实现一系列指定的操作。

随着集成电路制作工艺的不断提高，出现了大规模集成电路和超大规模集成电路，于是可以把控制器和运算器集成在一块集成电路芯片上，构成中央处理器（Central Processing Unit，CPU）。中央处理器是计算机的核心部件，是计算机的心脏。

1.2.2 计算机软件系统

软件是指程序运行所需要的数据以及与程序相关的文档资料的集合，是计算机系统的重要组成部分。它用来扩展计算机的功能，提高计算机系统的效率，通常还承担着为计算机运行服务提供全部技术支持。

程序是指示计算机如何去解决问题或者完成一项任务的一组指令的有序集合，计算机程序通常都是由程序设计语言进行编制的，编制程序的工作称为程序设计，对程序进行描述的文本就称为文档。因为程序是用抽象化的计算机语言编写的，如果不是专业的程序员是很难看懂它们的，需要用自然语言对程序进行解释说明，从而形成程序的文档。

用户使用计算机的方法有两种：一种是选择合适的程序设计语言，自己编程序，以便解决实际问题；另一种是使用别人编制的程序，如购买软件等，这往往是为了解决某些专门问题而采用的办法。

在同样的硬件条件下，任何一个计算机系统都能运行各种不同类型的软件，那么到底都有一些什么类型的软件？计算机软件的内容是很丰富的，对其严格分类比较困难，一般可分为系统软件和应用软件两大类。

1. 系统软件

系统软件是为了计算机系统而配置、不依赖特定应用领域的通用软件，它被用来管理计算机的硬件和软件资源。计算机的各个硬件部分在系统软件的管理下协同工作，同时，系统软件也为应用软件的运行提供了环境，没有系统软件，应用软件也不能被使用。

系统软件中最重要的是操作系统。操作系统是高级管理程序，是系统软件的核心，包括存储管理程序、设备管理程序、信息管理程序、处理管理程序等。不同类型的计算机可能配有不同的操作系统。常见的操作系统有 DOS、Windows、UNIX、Linux、OS/2 等。

其他一些系统软件还包括网络和通信软件、语言处理程序、数据库管理系统以及实用程序。

2. 应用软件

应用软件是用户利用计算机以及它所提供的各种系统软件，编制各种解决用户实际问题的程序。目前，市场上有成千上万种商品化的应用软件，能够满足用户的各种要求。

根据应用软件的使用范围和开发方式，将应用软件分为通用软件、应用程序包和定制软件三类。

（1）通用软件。

常见的通用软件有文字处理软件、绘图软件和电子表格软件等。通用软件是在计算机的普及中产生的，它们不断地被更新和升级，并且推广和流行。

（2）应用程序包。

目前比较常见的应用程序包主要有各种财务软件包、统计软件包、数学软件包以及生物药用软件包等。

（3）定制软件。

针对某个行业或者某种应用而定制的应用软件叫做定制软件。这种软件的运行效率和速度一般都很高，是根据用户的特定需求而专门进行开发的，应用面比较窄，开发成本和维护成本都比较高。

对于计算机的一般用户而言，只要选择合适的应用软件并学会使用该软件，就可以完成自己的工作任务。下面仅列出一些常用的软件。

- **文字处理软件**：在现代化的办公中，微机与文字处理软件已经变成不可缺少的工具。文字处理软件能够创建和编辑文档，可以在文档中添加图形等。使用文字处理软件可以极大程度地提高用户的工作效率，节约时间。目前在Windows操作系统下较为流行的文字处理软件有Word、WPS等。
- **电子表格文件**：电子表格文件的出现将人们从会计的账本中解放出来，人们不再需要手动地进行复杂地数字计算，可以把时间和精力集中到对计算结果的评估和分析上，使人们的工作效率得到很大的提高。目前在Windows下比较流行的电子表格软件有Excel等。
- **计算机辅助设计软件**：目前流行的计算机辅助软件有AutoCAD、3ds max等。
- **图形图像处理软件**：比较常用的图形图像处理软件有Photoshop、CorelDRAW等。
- **防毒软件**：常见的防毒软件有诺顿、江民杀毒软件和瑞星杀毒软件等。

除了上面列出的几类软件之外，还有Web浏览软件Internet Explorer、计算机辅助教学软件、财务软件、生产管理软件以及游戏软件等。

以系统软件作为基础和桥梁，用户就能够使用各种各样的应用软件，让计算机为自己完成所需要的工作，而这一切都是由作为系统软件核心的操作系统进行管理控制的。

1.2.3 计算机中的数据表示和存储

计算机存储参与运算的机器数所使用的电子器件的个数是固定的，这种具有固定位数的二进制串称为字，字所包含的二进制数的位数称为字长。平常所说的计算机的位数就是指的机器字长的二进制位数。例如 32 位微机的字长就是 32 位，64 位微机的字长就是 64 位。计算机字长越长，性能越高。

1．数值数据在计算机中的表示

数值型数据指数学中的代数值，具有量的含义，且有正负、整数和小数之分。计算机中数值数据常用 3 种码制来表示，它们分别是原码、补码和反码。

（1）原码。

原码是数值的二进制表示方式。它由两个部分构成，包括符号位和数值部分。

首位是原码的符号位，正数的符号位用 0 表示，负数的符号位用 1 来表示。

原码的表示方法较为简单，而且真值也比较容易计算，但是假如是两个符号相反的数进行相加运算，实际是运用减法来计算的。假设用一个字节来表示数字，那么 43 和–43 的原码表示如下：

A = +43　　[A]原码 = 01001011

A =–43　　[A]原码 = 11001011

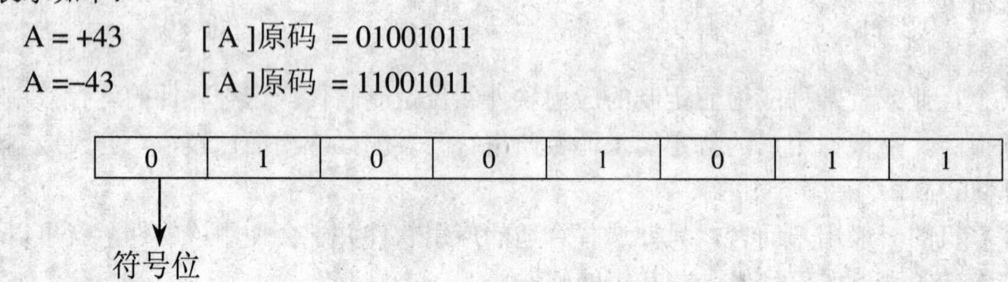

（2）反码。

为了简化计算，通常使用加法实现异号数的相加，在计算机中往往用反码或者补码来表示数据。

正数的反码与原码相同，负数的反码是将机器数中除符号位外的其他数值按位取反所得到的数据，如下所示。

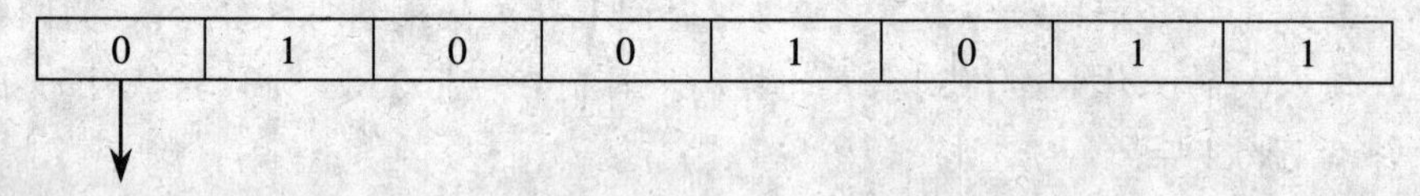

当进行反码的数值计算时，一定要注意最高位是符号位，其余的部分才是数值部分。

（3）补码。

补码表示法中，正数用符号绝对值表示，即数的最高有效位为 0 表示符号为正，数的其余部分则表示数的绝对值。当用补码表示负数时则要麻烦一些，负数 X 用 $2^n-|X|$ 来表示，其中 n 为计算机的字长。

2．字符在计算机内的表示

计算机中处理的信息并不全是数，有时需要处理字符或者字符串，例如从键盘输入的信息或打印出的信息都是字符方式输入/输出的，因此计算机必须能表示字符。字符包括下面的内容。

- 字母：A、B、…、Z，a、b、…、z。
- 数字：0、1、…、9。
- 专用字符：+、–、*、/、↑等。
- 非打印字符：BEL（Bell 响铃）、LF（Line Feed 换行）、CR（Return 回车）等。

这些字符在计算机内必须用二进制数来表示。IBM PC 采用目前最常用的美国信息交换标准代码 ASCII（American Standard Code for Information Interchange）码来表示。这种代码用一个字节（8 位二进制数）来表示一个字符，其中低 7 位为字符的 ASCII 值，最高位一般用做校验位。

除标准代码 ASCII 码外，还有扩展 ASCII 码和 Unicode 码。

1.2.4　进制

进制即进位计数制，是一种计数的方法，习惯上最常用的是十进制计数法。但计算机中为便于存储及计算，所有的信息都是由 0 和 1 组成的二进制字符串来表示，因此可以说二进制数据就是计算机的母语，并且计算机只“认识”它。

1．二进制数

二进制数的基数为 2，只有 0 和 1 两个数码，并遵循逢二进一的规则，它的各位权是以 2^k 表示的，因此二进制数可表示为：

$$a_n \cdot 2^n + a_{n-1} \cdot 2^{n-1} + \cdots + a_0 \cdot 2^0 + b_1 \cdot 2^{-1} + b_2 \cdot 2^{-2} + \cdots + b_m \cdot 2^{-m}$$

其中 a_i，b_j 为 0，1 两个数码中的一个。例如：

101101（二进制数）$=1\times2^5+0\times2^4+1\times2^3+1\times2^2+0\times2^1+1\times2^0=45$（十进制数）

2．二进制数与十进制数转换

各位二进制数码乘以与其对应的权之和即为与该二进制数相对应的十进制数，例如：

1011100.10111（二进制数）$=2^6+2^4+2^3+2^2+2^{-1}+2^{-3}+2^{-4}+2^{-5}=92.71875$（十进制数）

十进制数转换为二进制数方法很多，这里介绍两种计算简便的方法：降幂法和除法。

（1）降幂法。

首先写出要转换的十进制数，其次写出所有小于此数的各位二进制权值，然后用要转换的十进制数减去与它相近的二进制权值，如够减则减去并在相应位记以 1，如不够减则在相应位记以 0 并跳过此位，如此不断反复，直到该数为 0 为止，例如：

N=117.8125（十进制数），小于 N 的二进制权为：

	64	32	16	8	4	2	1
对应的进制数是	1	1	1	0	1	0	1

计算过程如下：

$117-2^6=117-64=53$　→　够减记以：1

$53-2^5=53-32=21$　→　够减记以：1

$21-2^4=21-16=5$ → 够减记以： 1

$5-2^3=5-8=-3$ → 不够减记以：0

$5-2^2=5-4=1$ → 够减记以： 1

$1-2^1=1-2=-1$ → 不够减记以：0

$1-2^0=1-1=0$ → 够减记以： 1

$0.8125-2^{-1}=0.3125$ → 够减记以： 1

$0.3125-2^{-2}=0.0625$ → 够减记以： 1

$0.0625-2^{-3}=-0.0625$ → 不够减记以：0

$0.0625-2^{-4}=0$ → 够减记以： 1

所以，117.8125（十进制数）=1110101.1101（二进制数）。

（2）除法。

把要转换的十进制数的整数部分不断除以 2，并记下余数，直到商为 0 为止，并把余数从后向前排列。小数部分则应不断乘以 2，记下整数部分，直到结果的小数部分为 0，并把记录整数部分从前到后排列，例如：

N=117.8125（十进制数）

117/2=58 → 余数： 1

58/2=29 → 余数： 0

29/2=14 → 余数： 1

14/2=7 → 余数： 0

7/2=3 → 余数： 1

3/2=1 → 余数： 1

1/2=0 → 余数： 1

$0.8125\times2=1.625$ → 整数部分： 1

$0.625\times2=1.25$ → 整数部分： 1

$0.25\times2=0.5$ → 整数部分： 0

$0.5\times2=1$ → 整数部分： 1

所以，117.8125（十进制数）=1110101.1101（二进制数）。

1.3 计算机语言

计算机语言通常是一个能完整、准确和规则地表达人们的意图，并用以指挥或控制计算机工作的“符号系统”。

1.3.1 计算机语言的分类

计算机语言通常分为三类：即机器语言、汇编语言和高级语言。

1．机器语言

机器语言是用二进制代码表示的计算机能直接识别和执行的一种机器指令的集合。它是计算机的设计者通过计算机的硬件结构赋予计算机的操作功能。机器语言具有灵活、直接执行和速度快等特点。

用机器语言编写程序，编程人员首先要熟记所用计算机的全部指令代码和代码的涵义，手编程序时，程序员得自己处理每条指令和每一数据的存储分配和输入/输出，还须记住编程过程中每步所使用的工作单元处在何种状态。这是一件十分烦琐的工作，编写程序花费的时间往往是实际运行时间的几十倍或几百倍。而且编出的程序全是 0 和 1 的指令代码，直观性差，还容易出错。现在，除了计算机生产厂家的专业人员外，绝大多数程序员已经不再学习机器语言了。

2．汇编语言

为了克服机器语言难读、难编、难记和易出错的缺点，人们就用与代码指令实际含义相近的英文缩写词、字母和数字等符号来取代指令代码（如用 ADD 表示运算符号“＋”的机器代码），于是就产生了汇编语言。所以说，汇编语言是一种用助记符表示的仍然面向机器的计算机语言，汇编语言亦称符号语言。汇编语言采用了助记符号来编写程序，比采用机器语言的二进制代码编程要方便一些，在一定程度上简化了编程过程。汇编语言的特点是用符号代替了机器指令代码，而且助记符与指令代码一一对应，基本保留了机器语言的灵活性。使用汇编语言能面向机器并较好地发挥机器的特性，得到质量较高的程序。

汇编语言中由于使用了助记符号，将用汇编语言编制的程序送入计算机时，计算机不能像用机器语言编写的程序一样直接识别和执行，必须通过预先放入计算机的“汇编程序”的加工和翻译，才能变成能够被计算机识别和处理的二进制代码程序。用汇编语言等非机器语言书写的符号程序称为源程序，运行时汇编程序要将源程序翻译成目标程序。目标程序是机器语言程序，它一经被安置在内存的预定位置上，就能被计算机的 CPU 处理和执行。

汇编语言像机器指令一样，是硬件操作的控制信息，因而仍然是面向机器的语言，使用起来还是比较烦琐费时，通用性也差。汇编语言是低级语言。但是，利用汇编语言编制系统软件和过程控制软件时，目标程序占用内存空间少，运行速度快，有着高级语言不可替代的用途。

3．高级语言

无论是机器语言还是汇编语言都是面向硬件的具体操作的，这些语言对机器的过分依赖，要求使用者必须对硬件结构及其工作原理都十分熟悉，这对非计算机专业人员是难以做到的，对于计算机的推广应用是不利的。计算机事业的发展，促使人们去寻求一些与人类自然语言相接近且能为计算机所接受的语意确定、规则明确、自然直观和通用易学的计算机语言。这种与自然语言相近并为计算机所接受和执行的计算机语言称为高级语言。高级语言是面向用户的语言。无论何种机型的计算机，只要配备上相应的高级语言的编译或解释程序，则用该高级语言编写的程序就可以通用。

脚本语言（JavaScript、VBScript 等）介于 HTML 和 C、C++、Java、C#等编程语言之间。HTML 通常用于格式化和链接文本。而编程语言通常用于向机器发出一系列复杂的指令。脚本语言与编程语言也有很多相似的地方，其函数与编程语言比较相像一些，也涉及到变量。它与编程语言之间最大的区别是编程语言的语法和规则更为严格和复杂一些。脚本语言与程序代码的关系是：脚本也是一种语言，同样由程序代码组成，脚本语言一般都由相应的脚本引擎来解释执行。脚本语言具有下列优势：

- **快速开发**：脚本语言极大地简化了“开发、部署、测试和调试”的周期过程。
- **容易部署**：大多数脚本语言都能够随时部署，而不需要耗时的编译/打包过程。
- **同已有技术的集成**：脚本语言被 Java 或者 COM 这样的组件技术所包围，因此能够有效地利用代码。
- **易学易用**：很多脚本语言的技术要求通常要低一些，因此能够更容易地找到大量合适的技术人员。
- **动态代码**：脚本语言的代码能够被实时生成和执行，这是一项高级特性，在某些应用程序里（例如 JavaScript 里的动态类型）是很有用，也是必须的。

1.3.2 计算机语言的发展

软件的产生始于早期的机械式计算机的开发。从 19 世纪起，随着机械式计算机的更新，出现了穿孔卡片，这种卡片可以指导计算机进行工作。但是直到 20 世纪中期现代化的电子计算机出现之后，软件才真正得以飞速发展。在世界上第一台计算机 ENIAC 上使用的也是穿孔卡片，卡片上使用的是专家们才能理解的语言。由于它与人类语言的差别极大，所以我们称之为机器语言，也就是第一代计算机语言。这种语言本质上是计算机能识别的唯一语言，但人类却很难理解它，以后的计算机语言就是在这个基础上，将机器语言越来越简化到人们能够直接理解的、近似于人类语言的程度，但最终送入计算机的工作语言还是这种机器语言。高级语言的任务就是将它翻译成易懂的语言，而这个翻译工作可以由计算速度越来越高、工作越来越可靠的计算机自己完成。

计算机语言发展到第二代，出现了汇编语言。比起机器语言，汇编语言大大前进了一步，尽管它还是太复杂，人们在使用时很容易出错误，但毕竟许多数码已经开始用字母来代替。简单的“0、1”数码谁也不会理解，但字母是人们能够阅读并拼写的。第二代计算机语言仍然是“面向机器”的语言，但它已注定要成为机器语言向更高级语言进化的桥梁。

当计算机语言发展到第三代时，就进入了“面向人类”的语言阶段。人们可以阅读，并直接用人类的语言来输入。对汉语来说，目前还不能用中文汉字来输入指令，这主要是因为中文的输入还没有一个非常好的手段。第三代语言也被人们称之为“高级语言”。高级语言是一种接近于人们使用习惯的程序设计语言。它允许用英文写解题的计算程序，程序中所使用的运算符号和运算式都和日常用的数学式差不多。例如用 BASIC 高级语言，要想计算 7×6 的结果，只需写出 PRINT7*6 即可，送入计算机后将自动进行计算，并打印出结果。一般人都能很快学会使用计算机，并且完全可以不了解机器指令，也可以不懂计算机的内部结构和工作原理，就能编写出应用计算机进行科学计算和事务管理的程序。

高级语言容易学习，通用性强，书写出的程序比较短，便于推广和交流，是很理想的一种程序设计语言。

高级语言发展于20世纪50年代中叶到70年代，有些流行的高级语言已经被大多数计算机厂家采用，固化在计算机的内存里，如 BASIC 语言，现在已有128种不同的 BASIC 语言在流行，当然其基本特征是相同的。

除了 BASIC 语言外，还有 FORTRAN（公式翻译）语言、COBOL（通用商业语言）、C 语言、DL/I 语言、PASCAL 语言、ADA 语言等250多种高级语言。

高级语言是一种动作语言，要完成某一个简单的计算步骤，用户必须详细准确地给出每一条指令。如解决经营管理活动中天天都要碰到的财务清账、库存等问题，就需要编写无数条程序，而情况一经变化，原有的设计程序则要修改，这样就使错误的可能性增大，工作效率大大降低。为了解决这个问题，第四代计算机语言，即“实用语言”出现了。

第四代语言是使用第二代、第三代语言编制而成的，每一种语言都有其特定的应用范围。实际上，实用语言发展到今天已出现了一些有运用性质的第四代语言，如“LO—TOS1—2—3”。第四代语言的特点就是它们只需要操作人员输入原始数据，并命令它们执行。至于怎样执行则由它们本身来决定，它已经在相当程度上替代了人脑的工作。第四代语言的特点还在于：操作者几乎不需要经过特殊训练，几乎所有的“实用语言”都有“帮助（Help）”功能，可以遵照计算机给出的指示来完成所需工作，第二次就完全不用帮助了。

计算机语言是人与计算机进行对话的最重要的手段。目前人们对计算机发出的命令几乎都是通过计算机语言进行的。

人与人之间的交流不仅仅依靠语言，还有一些其他的方式，比如人的手势、眼神等。由此可以推测，在不久的将来，计算机与人类的交流将是全方位的，而不再仅仅依靠计算机语言。那时，人们将更方便、更容易地操纵和使用计算机。

1.4 练 习 题

1．填空题

（1）一台计算机硬件由____________，____________，____________，____________，____________五大部件构成。

（2）计算机语言通常分为____________，____________，____________三类。

（3）返回根目录的 DOS 命令是____________。

（4）完整的计算机系统指的是____________。

（5）存储器器的容量为1KB是表示____________。

2．选择题

（1）计算机应用的领域主要有科学计算、过程控制、辅助设计以及______。

A．文字处理　　B．图形处理

C．工厂自动化　　D．数据处理

（2）计算机中的 CPU 主要由______。

A．运算器和控制器　　B．RAM 和 ROM

C．I/O 和指令寄存器　　D．总线控制器和存储器

（3）B 盘目录结构如下：

```
B:\──┬──CB1──CB11(空目录)
     └──CB2
```

当前目录为 CB2，现要删除子目录 CB11，可用 DOS 命令______。

A．MD \CB1\CB11　　B．CD \CB1 和 RD CB11

C．DEL \CB1\CB11　　D．RD \CB1\CB11

（4）计算机病毒是______。

A．人为编写的一种程序　　B．一种有害的硬件

C．自动产生的一种计算机文件　　D．由操作不当而引起混乱的数据

（5）应用软件和系统软件的相互关系是______。

A．每一类都以另一方为基础　　B．前者以后者为基础

C．每一类都不以另一方为基础　　D．后者以前者为基础

3．问答题

（1）简述计算机的主要应用。

（2）计算机的发展经历了哪几个阶段？各阶段的主要特征是什么？

（3）计算机由哪几个部分组成？分别说明各部件的作用。

（4）简述计算机软件和硬件的关系。

（5）分别说明机器语言、汇编语言和高级语言的特点。

第 2 章

信息技术概论

人类在很长的一段时间内，只能用自身的感官去收集信息，用大脑处理和存储信息，用语言去交流信息。当今社会已经跨入了21世纪，信息社会已经来临，面对科学技术的突飞猛进，在商品经济高度发展而形成激烈竞争的今天，全面、深入地认识和掌握各种信息所反映的事物本质至关重要。面对浩如烟海的各种信息，人脑早已不能满足这种需求，而计算机所具有的快速、高效、智能、大容量存储、多媒体再现、网络共享和自动化处理等特点决定了它在信息处理中的地位。当今社会的信息处理离不开计算机，并且随着社会信息化程序的进程会越来越显示出其威力。

本章主要内容

- 理解信息的含义及特征
- 理解信息技术及计算机与信息技术的关系
- 了解当今信息技术发展的情况

2.1 信息的概念

信息普遍存在于自然界和人类社会中，几千年前人类就能生产、处理、传播、利用信息。但是将信息作为一门科学研究始于20世纪20年代。此后，它广泛地深入到信息论、控制论、系统论、计算机技术与管理科学中，人们也从不同的侧面对它的概念给予了不同的解释。

2.1.1 什么是信息

日常生活中，经常能听到“信息”这个词，如“信息系统”、“信息技术”、“信息处理”等。从广义上来说，信息就是消息。一切存在的物质都有信息。信息论奠基人维纳曾经指出“信息是人类在适应外部世界以及在感知外部世界而做出调整时与外部环境交换的内容的总称。”也就是说，信息是一种已经被加工为特定形式的数据。这种数据形式对接收者来说是有确定意义的，会对人们当前和未来的活动产生影响并具有实际价值。对人类而言，人的五官生来就是为了感受信息的，它们是信息的接收器，它们所感受到的一切都是信息。

然而，大量的信息是人们的五官不能直接感受的，人类正通过各种手段，发明各种仪器来感知它们，发现它们。

不过，人们一般说到的信息多指信息的交流。信息本来就是可以交流的，如果不能交流，信息就没有用处了。信息还可以被存储和使用。你所读过的书，你所听到的音乐，你所看到的事物，你所想到或者做过的事情，这些都是信息。

2.1.2　信息的表现形态

信息可分为三种具体的表现形态，即文字的、声像的和记忆的。

1．文字形态的信息

文字形态的信息，即以书面文字为载体的信息资料，一般分为 10 种类型。

- 报纸、期刊中与本企业经营活动相关的国际市场信息、社会信息，包括社会动态、时尚习俗、市价涨落、顾客情绪、自然灾害等。
- 学习工作用的参考图书、专著、百科全书和专业词典。
- 有关的政府出版物、法律法规汇编、政策汇编。
- 宣传品。
- **统计资料**：与本企业相关的国内外经济技术统计资料。
- 各类专业文献、年鉴、国内外科技信息资料。
- 图谱、图录、样图、地图。
- **档案**：本企业、本行业的历史资料，包括史志、大事记等。
- **内部文献**：业务信息资料、本企业或行业的现实情况，一是静态资料，即几类基础材料、统计数据；二是动态信息，即时常发生的新情况、新问题、新经验。
- 与本企业有关的人名录、名片、企业名录、电话号码簿、通信簿等。

2．声像形态的信息

声像形态的信息，即脱离文字形式、以直接记录声音和图像的介质为载体的信息资料，这类信息资料的数量正随着其制作和传播手段的不断现代化而逐年增加。目前直接记录国际化企业领导的讲话活动、企业的庆典、经营活动、公关活动和技术交流活动等的音像信息资料，大致有如下形式：录音带、录像带、CD 光盘、幻灯片、新闻影片、科教影片、唱片、实物模型等。

3．记忆形态的信息

记忆形态的信息，即在人际交往中形成的消息、情报，是指在人际交流的过程中产生、传播和被接收而只在人脑中存储的、不具有确定的记录载体的信息。

信息的几种表现形态之间是可以相互转换的。在信息技术的作用下，任何一种形态的信息都可数字化；而数字化的信息又可用来表示任何一种或所有的形态。

2.1.3 信息的基本特征

通过对一般信息的研究发现，信息具有如下一些基本特征。

1．普遍性

信息无处不在，无时不在，如天上的日月星辰、地上的人群、天气的情况等。信息包括声音信息、文字信息、图形信息、图像信息、影视信息、动画信息等，它存在于我们周围的每一个角落，我们可以通过各种感官进行感知，也有人说我们生活在信息的海洋中，这就说明了信息具有普遍性。

2．价值性

信息是具有价值的，如天气预报可以指导我们增减衣物、出行是否应带雨具；十字路口的信号灯可以指挥行人和车辆有序地经过。在唐代诗圣杜甫的《春望》中有一句“烽火连三月，家书抵万金”的诗文，可见古人对信息的价值早有认识。信息还具有商业价值，会带来经济利益。

3．可存储性

信息是可以通过各种方法存储的。大脑就是一个天然信息存储器。人类发明的文字、摄影、录音、录像以及计算机存储器等都可以进行信息存储。

4．可伪性

信息在表达的过程中，由于人们认知能力上存在差异，对同一信息，不同的人可能会有不同的理解，形成“认知伪信息”；或者由于传递过程中的失误，产生“传递伪信息”；也有人出于某种目的，故意采用篡改、捏造、欺骗、夸大、假冒等手段，制造“人为伪信息”。伪信息造成社会信息污染，具有极大的危害性。我们在接收信息的时候，要习惯首先对信息进行分析鉴别，避免道听途说，以讹传讹，以及误信他人，上当受骗。

5．依附性和可处理性

各种信息必须依附一定的媒体介质才能够表现出来，为人们所接收，并按照某种需要进行处理和存储。信息经过人的思考分析和处理，往往会产生新的信息，使信息增值。因此，我们需要学习更多的信息加工处理的技术，提高我们的信息处理能力。

6．可传递性

信息的可传递性是信息的本质等征。信息的传递打破了时间、空间的限制，是与物质和能量的传递同时进行的。语言、表情、动作、报刊、书籍、广播、电视、电话等是人类常用的信息传递方式。例如，通过书籍报刊，可以学习到古人的思想和经验。借助网络媒体，可以随时了解世界各地的信息，人类的生活空间变成了“地球村”。

7. 可再生性

信息经过处理后，可以其他形式等方式再生成信息。输入计算机的各种数据文字等信息、可用显示、打印、绘图等方式再生成信息。

8. 时效性和可利用性

信息具有一定的时效性和可利用性。有些信息在某一时刻价值非常高，但过了这一时刻，可能一点价值也没有。现在的金融信息，在需要知道的时候，会非常有价值，但过了这一时刻，这一信息就会毫无价值。又如战争时的信息，敌方的信息在某一时刻有非常重要的价值，可以决定战争或战役的胜负，但过了这一时刻，这一信息就变得毫无用处。所以说，相当部分信息有非常强的时效性。

9. 共享性

信息作为一种资源，可以由不同个体或群体在同一时间或不同时间共享。信息交流与实物交流有本质上的不同，实物交流中，一方有所得，必使另一方有所失，而信息交流则不然。这就如两个人交换手中的一个苹果，得到的还是一个苹果，而交换所掌握的一份信息，却拥有了两份信息。我们要善于利用信息的共享性，在进行各种信息活动的时候，分工协作，使集体能够创造更多的信息，个人拥有更多的信息。

2.2 信息技术

信息是比物质和能源更为重要的可再生的资源，也是人类认识世界和改造世界的一种基本资源。信息技术是研究信息的获取、传输、处理、存储、显示和广泛利用的新兴科技领域。它涉及到各种技术：遥控、遥测技术，通信、电视技术，计算机技术，光盘、磁盘、半导体存储技术，各种显示终端、显示屏技术；各种信息服务技术等。信息技术将渗透到整个社会、经济和人们生活的方方面面。特别是信息高速公路的建成，数字网络的高度发达，将把全世界的国家、地区、单位和个人连成一体。它使世界变得很小很小，信息的传输变得很快，为人类共享知识和精神财富创造了优良的客观条件。

2.2.1 什么是信息技术

信息技术从广义上讲，是指人类获取、加工存储、提取、传递和利用信息的技术。从狭义上讲，信息技术是指利用电子计算机和现代通信手段获取、传递、存储、显示信息和分配信息的技术代表的一门新技术。也就是说，凡是能扩展人的信息功能的技术都是信息技术。它主要是指利用电子计算机和现代通信手段实现获取信息、传递信息、存储信息、处理信息、显示信息、分配信息等的相关技术。

具体来讲，信息技术主要包括以下几方面技术。

1. 感测与识别技术

感测与识别技术的作用是扩展人获取信息的感觉器官功能。它包括信息识别、信息提取、信息检测等技术。这类技术的总称是“传感技术”。它几乎可以扩展人类所有感觉器官的传感功能。传感技术、测量技术与通信技术相结合而产生的遥感技术更使人感知信息的能力得到进一步的加强。信息识别包括文字识别、语音识别和图形识别等。通常是采用一种叫做“模式识别”的方法。

2. 信息传递技术

信息传递技术的主要功能是实现信息快速、可靠、安全的转移。各种通信技术都属于这个范畴。广播技术也是一种传递信息的技术。由于存储、记录可以看成是从“现在”向“未来”或从“过去”向“现在”传递信息的一种活动，因而也可将它看作是信息传递技术的一种。

3. 信息处理与再生技术信息处理

信息处理与再生技术信息处理主要包括对信息的编码、压缩、加密等。在对信息进行处理的基础上，还可形成一些新的更深层次的决策信息，这称为信息的“再生”。信息的处理与再生都有赖于现代电子计算机的超凡功能。

4. 信息施用技术

信息施用技术是信息过程的最后环节，包括控制技术、显示技术等。

由上可见，传感技术、通信技术、计算机技术和控制技术是信息技术的四大基本技术，其中现代计算机技术和通信技术是信息技术的两大支柱。

2.2.2 信息技术的应用领域

信息技术的应用领域非常广阔，已经渗透到社会的各行各业，正在改变着传统的工作、学习和生活方式，推动着社会的发展。认知、科学探索、知识传播、生产流程的控制、管理（宏观管理、微观管理）、娱乐（声像设备）以及人与人之间的交流等，这些都是非常宽的信息应用领域。

目前，信息对各行各业的渗透已不完全是控制的问题，一些行业的发展本身就是信息发展的过程，如现代金融业其本身的物理过程就是个信息过程，现在的银行就是电子银行，货币是电子货币，实物货币以及纸币已基本被取代。现在绝大部分金融业务已不再通过纸币或支票的方式，而是通过电子的方式在进行。下面仅列举几例来概括信息技术的应用领域。

1. 科学教育

信息技术的应用使人类的知识得以迅速传播、积累、分析、组合和存储、再现，从而给人们以更多的手段来利用、获取并再次开发知识，因而知识的增长速度在信息时代极为迅猛，形成“知识爆炸”。这也使学校教育不可能、也没有必要在学生学习的短短十几年的时间内把人类积累起来的所有知识传授给学生。

那么如何使学生跟上信息技术发展的形式呢？除了要教给学生最基本的知识以外，就是要发展学生的能力，使学生学会在已有知识的基础上去探索新知识、创造新知识。

信息社会中，随着电子技术、通信技术、信息处理技术的高速发展，大量的电子教育传播媒体被开发和应用于教育教学过程，这为学生能力的提高提供了机遇。特别是以多媒体计算机为代表的新技术在教育上的应用，将存储记忆、高速运算、逻辑判断、自动运行的功能和信号、语言文字、声音、图形、动画和视频图像等多种媒体信息集于一体，利用图形交互界面、窗口交互操作、触摸屏技术，使人机交互能力大大提高。

以 Internet 为标志的信息高速公路的出现更充实了教育的内容，使教育信息具有即时性、多样性、视听双重性，使教育打破了时空的限制，促进了教育内容的信息化，实现了教育传播手段的现代化、传播信息的多样化以及传播过程的自动化。

2. 审计

就审计领域而言，信息技术极大地加速了审计理论、审计方法的变革与创新，桌面审计系统从绕过计算机审计（Auditing around the Computer）发展到穿过计算机审计（Auditing through the Computer），再到利用计算机审计（Auditing with the Computer）方式，几乎已经将所有的审计技术、审计内容、审计方法包容到了计算机审计之中。可以毫不夸张地说，审计人员每时每刻都需要利用信息技术手段处理各种审计业务和工作。

目前，分布式技术已广泛应用于电子商务、电子政务中。一些大型企业已经采用了依托于广域网的会计核算方式，并采用了企业 ERP，政府部门的电子政务平台也初具规模。审计环境的转变必将引起审计方法、审计技术的改变，相应地也应将分布式技术应用于计算机审计之中，建立分布式的审计信息资源环境，使得审计人员能及时、快捷、准确地获得多元化的审计信息。目前，分布式技术已经应用于审计管理之中，使审计管理信息实现了异地交流，方便快捷地实现了资源共享与交换；并且现场审计信息与审计管理信息实现分布式交互也正在试行中。

3. 摄影艺术

信息技术的发展催生了数字照相机，导致了照相机上各种自动控制技术的发展和完善，使人们掌握拍摄技术变得更为容易，这对摄影的普及化、大众化产生了直接的影响。

信息技术既降低了摄影的拍摄技术门槛，又使拍摄技术得以发展和完善，使各种控制变得更加方便、快捷、精确、有效，这其中的许多变化是革命性的，比如在色彩控制方面引入了白平衡调整、色彩模式选择、色彩空间选择、色彩位数选择等全新的控制手段等。

2.2.3 信息技术对社会的影响

人类社会生活的改变最终是由社会生产力所决定的，当今社会科学技术的第一生产力作用日益凸现，信息科学技术作为现代先进科学技术体系中的前导要素，它所引发的社会信息化则将迅速改变社会的面貌以及人们的生产方式和生活方式，对社会生活产生巨大影响。

1．对经济增长方式的影响

在工业社会中，经济发展的主要方式是靠资源投入的方式来实现，工业化加工资源的方式是一种高消耗、高污染的实现方式，这种方式必然会引起自然资源的日益枯竭以及工业污染的加剧、环境退化的失控。而信息科学技术引发的社会信息化，为各国摆脱高投入、高消耗、高污染的经济发展方式提供了技术可能。信息化的开展开创了经济增长的新方式，即依靠科技进步，而不是高资源、高投入来促进经济增长。目前发达国家中，科技进步对经济增长作用率已达60%～80%的幅度。

2．对人类社会时代的影响

由于信息科学技术的发展，使时代已经开始发生变化，已经从以物质能量为主的生产力转换到以信息知识和技术为主的生产力，从工业经济转到知识经济，从读写为主的时代转换到视听为主的时代，即虚拟时代、数字时代。就其本身来说，虚拟是数字化方式的构成。它首先是人类中介系统的革命。人类第一次中介系统的革命是语言符号系统的发明，它创造了人类思维空间和符号空间，导致了人类文明的长足发展。而虚拟则是在思维空间中发生的革命，它在思维空间中又创造出了虚拟空间、数字空间、视听空间和网络世界，使不可能的可能在人类历史上第一次成为一种真实性。虚拟这场中介革命，使人类由以前的语言符号文明进入到更高级的数字文明。其次，虚拟性激发了人们的创造能力的巨大发展。对于虚拟而言，现实只是许多可能性中的一种可能性，在虚拟空间中，还有别的可能性，虚拟使现实中的不可能在虚拟空间中复活、再生、创造发展，从而使人的潜能得到充分的发挥。因此在信息科学技术影响下，虚拟时代、数字时代即将到来。

3．对思维方式的影响

思维方式是一定时代下，人们的理性认识方式，是按一定结构、方法和程序把思维诸要素结合起来的相对稳定的思维运行样式。思维主体、思维客体和思维中介系统三者结合，构成特定时代的思维方式。在大机器生产为主的工业社会，思维主体以个人为主、以人脑为主，思维客体受思维主体及社会关系的影响，主要以现实世界为主，思维中介主要由工业技术中介系统和工业文明所产生的各种物化的思维工具构成，这标志着工业社会时人类的思维方式的发展状况和水平。进入信息化社会以后，思维主体则由个人为主发展到以群体为主，以人脑为主发展到以人—机系统为主，思维客体由现实性为主进入到虚拟为主，思维中介系统由工业技术中介系统和工业文明所产生的各种物化的思维工具构成转变为网络技术中介系统和信息技术所产生的各种物化的思维工具构成，从而实现思维方式由现实性转换到虚拟性思维。

4．对教育方式的影响

现代信息技术的发展及应用，给教育方式带来巨大影响，表现在三方面。第一，教育投资的重心将由物质资源转向信息资源。工业社会中，教育以消耗物质资源如校舍、桌椅、粉笔等维持，因此教育投资的重心主要是物质资源的投入。而信息化社会中，由于信息具有无损使用、无损分享、不可分割、公平性等特点，使其将取代自然资源、资金、人力等成为最重要的资源，投资的重心也将转变为信息的开发上，因为信息产业是开发费用高、使用费用低的产品，其低廉化使用是建立在高投入开发的基础上的。因而，教育一旦依赖于信息资源，则其开发问题将制约网络化教育发展，教育的投资由过去重在物质条件的扩充转向信息资源的开发也成为不言而喻的事情。第二，单一的“班级授课制”将为多样化的网络授课取代。“班级授课制”这种曾大大提高过教育效率的教学组织形式将被信息技术打破，互联网络应用于教育，改变了传统的固定师生关系，使异地授课、网上学习成为可能。利用互联网可以十分便捷地得到世界各地的教育资料，实现信息交流、资源共享；网络技术的发展也使无法进入学校读书的人获得必要知识成为可能；学生无论身在何处，只要有网络计算机终端设备便可上网学习，为学生终身学习的需要奠定了基础。第三，现代信息技术发挥多种媒体功能的优势，通过学习内容的丰富性和学习方式的灵活性，调动学生多重感观参与学习活动，从而大大提高了学习效果。

5．对生活方式的影响

由于信息化建立了一个规模庞大、四通八达的网络通信系统，从而信息作为最有效、最有价值的资源，改变了传统的生活方式。第一，通过网络体系，人类的观念大大地流通、渗透、互相影响，这将有利于人们按照共同利益协调行为。第二，网络技术的发展，使人们的工作方式发生了很大变化，由以前的按时定点上班变为可以在家上班，通过网络体系处理各种资料和信息。第三，人们的访友、购物、会议、娱乐等许多事情都可能通过网络进行；在不远的将来，人们还可能通过住网络住宅、使用网络冰箱、乘坐网络汽车等，进入科技家庭的生活模式，体验科技带给人们的便利。

总之，信息技术的日新月异地发展以及由它引发的社会信息化，给社会生活带来了巨大的影响，使人类社会将进入信息时代。而作为时代的引领者，我们有权利，也有义务充分掌握这门技术，为中国的腾飞，以至于全人类的进步，做出自己的一份贡献！

2.2.4 信息技术的变革

信息技术变革是指人类社会中信息存在形式和信息传递方式以及人类处理和利用信息的形式所产生的革命性变化。迄今为止，人类社会已经发生了五次信息技术革命。

第一次信息技术革命是语言的创造，这是人类进化和文明发展的重要里程碑，发生在猿向人转变的时期。语言的出现促进了人类思维能力的提高，并为人们相互交流思想、传递信息提供了有效的工具。

第二次信息技术革命是文字的发明，发生在原始社会末期。这一次革命使人类信息突破了口语的直接传递方式，使用文字作为信息的载体，可以使知识、经验长期得到保存，并使信息的交流开始能够克服时间、空间的障碍，可以长距离地或隔代地传递信息。

第三次信息技术革命是造纸和印刷术的发明，发生于封建社会时期。这两项发明扩大了信息的交流、传递的容量和范围，使人类文明得以迅速传播。

第四次信息技术革命是电报、电话、电视等现代通信技术的运用。现代通信技术信息的传递手段发生了根本性变革，大大加快了信息传输的速度，缩短了信息的时空跨度。

第五次信息技术革命是电子计算机的发明和应用，发生于20世纪中叶。计算机的出现从根本上改变了人类加工信息的手段，突破了人类大脑及感觉器官加工利用信息的能力。这次用电子计算机、通信卫星、光导纤维组成的现代信息技术革命的成果，将使人类进入信息社会时代。

2.2.5　信息技术的发展趋势

信息技术的发展正潜移默化地改变着人们的思维方式、工作方式、生活方式，也改变着国家的经济结构和社会结构。信息技术的发展趋势可以归纳如下：

（1）集成电路设计自动化（EDA）、加工微细化（0.03μm）和产品的低功耗化。

（2）软件的开放性、软件构件的可组合性和异构数据库的互联互访。

（3）计算机更高的运算速度、更强大的处理功能和更大的存储容量。在国外，高性能计算机的处理能力已达到10万亿次/s，国内已达1万亿次/s，计算机的运算速度已达1.5GC，年内可达2GC，国外公司正在开发10GC的CPU，磁光盘容量已达1.3GB（ϕ90mm）。

（4）更高的传输速率和更宽的带宽的信息传输；

（5）音响更加逼真，图像更加清晰。

（6）集成电路技术、软件技术、计算机技术、通信技术、广播电视技术等多专业技术彼此联系、相互结合、互为支撑的趋势日渐明显。

（7）集成电路、整机、系统之间的界限日渐模糊。

（8）电信网、电视网、计算机网的信息化功能日趋统一。

2.3　计算机与信息技术

20世纪60年代第五次信息革命后，计算机开始普及，它的产生是一个划时代的标志，它使信息记载、存储及传播数字化，它与通信技术的结合，又使信息的交流与传播消除了距离上的限制，加快了信息的交流。计算机技术是20世纪最伟大的科技发明之一，它对人类社会的生产和生活产生了巨大的影响，对加快社会信息化的进程起到了无可替代的作用。

2.3.1　信息处理的工具——计算机

计算机是信息处理的重要工具，是人类历史上最重大的发明之一。计算机的普及不但推动了经济领域的变革，它还推动了文化、科技和生活等领域的变革。如果说蒸气机发明导致了工业革命，是人类社会进入了工业社会，那么计算机的发明导致了信息革命，使人类社会进入了信息社会。

计算机本身的特点决定了它是信息处理的最有力工具。

（1）速度快。目前计算机一般能在一秒钟完成几十亿次以上的运算，有了计算机，人类从事运算的速度大大提高了，过去需要几年甚至几十年才能完成的复杂运算任务，现在只需要几天或几小时，甚至更短的时间就能完成。

（2）计算精确度高。例如，19 世纪意大利数学家威利阿姆 香克思花了终身时间才算到圆周率的 707 位，而他死后 100 年，人们用计算机验证他计算的圆周率，发现在 528 位上出现计算错误。

（3）存储容量大。计算机有类似人脑的记忆功能，其存储容量相当大，一张普通的 3.5 英寸软盘（1.44MB）就能存储 70 万个汉字左右信息。计算机的存储容量以字节为单位，它们分别是字节 B（Byte）、千字节 KB（1KB=1024B）、兆字节 MB（1MB=1024KB）、千兆字节 GB（1GB=1024MB）。

（4）逻辑判断。在相应的程序控制下，计算机可以根据条件进行判断，从而做出相应的决策。

（5）自动进行数据处理。计算机能够在程序的控制下，无需人的外部干涉，自动地处理信息，完成任务。

计算机所具有的这些特点决定了它在信息处理中的地位。下面简述一些计算机在信息处理中的作用。

（1）信息的获取。获取信息首先要从分析问题出发，确定需要哪些方面的信息，以及最后希望达到怎样的目标。目前随着计算机和 Internet 的发展，电子数据和电子报刊越来越多，它们更容易被复制、转发和搜索，逐渐成为信息获取的主要手段。

（2）信息的存储。过去的信息存储主要靠人脑和书面文字，近代有了录音带和录像机。但在今天的信息社会，信息的存储已经主要靠计算机。计算机的大容量存储及其所具有的可靠性和永久性是其他的存储方式所无法比拟的。

（3）信息的加工。用计算机进行信息加工处理的目的是为了能够把想要表达的思想以清晰明了的形式准确地传达给接收方。加工信息是为了更好地表达，所以在加工信息之前要明确以下几个问题：需要表达什么样的信息，信息的接收方是谁，以及怎样加工才可以让对方容易接受？信息的加工过程常常需要进行大量的数据处理和科学计算，当然这也正是计算机的突出优势。它大大减轻了人类的劳动，提高了工作效率。

（4）信息的表示。信息本身是无形的东西，必须通过特定的载体表现出来。有了计算机，特别是多媒体计算机的出现，人们可以运用文字、语言、图形和视频等多种手段，是信息的表示更加丰富多彩，更加符合人类的感觉和思维习惯。

（5）信息的智能化。过去数据的记载主要靠书籍完成，而信息的分析处理主要依靠人脑完成，现在计算机作为人脑延伸，已经成为支持人脑进行逻辑思维的现代化工具。

目前，计算机的运算速度、存储容量和能力不断提高，其功能也从单一的计算功能发展成能处理数字、语言、图像等多种信息。由于计算机的快速发展，使计算机的应用已经广泛地渗透到社会、经济和生活的各个方面。下面介绍几种典型的计算机信息处理过程。

（1）科学计算或数值计算。科学领域中数值计算是极其复杂而繁重的工作，而人们用计算机代替人进行大量数据计算，用来解决许多计算复杂的问题。如高层建筑结构力学分析、天气预报、宇宙探索等，通过计算机解决许多复杂问题。

（2）实时控制。这是指使用计算机对各种生产过程进行在线监视、操作控制、指导和管理等。被控制的对象可以是各行各业的生产线、机械装置、交通工具、机器人、家庭生活设施等，其目标是为了大大提高劳动生产率，节省人力和物力资源，并提高产品的数和质量。如工业、军事领域等。

（3）数据处理。用计算机对各种数据，按用户要求进行加工、分析、处理等。数据处理的典型应用是管理信息系统，它是一种利用人工过程、数字模型以及数据资源为企业、事业单位提供信息支持的计算机应用系统。早期的系统以综合数据处理、提供事务处理效率为目标。20 世纪 70 年代出现的决策支持系统逐步增加了数据分析、计划、控制等功能，可以为决策提供帮助。

（4）计算机辅助系统。通过计算机帮助人们完成某个或某类任务。如用 CAD（计算机辅助设计）软件设计服装；CAI（计算机辅助教学）软件来辅助教学，用多媒体的教学手段使教学变得更有趣味，提高教学质量。

（5）人工智能。它的任务是研究如何构造智能系统，用以模拟、延伸、扩展人类的智能。智能系统的输入数据包括数值数据、字符数据、语音数据、图像数据等。输入设备除了键盘、扫描仪外，还有照相机、录音机和摄像机等设备以及各种传感器等。与科学计算、数据处理的输入数据不同之处在于，智能系统的输入不仅仅是数据，还有建立在数据基础上的解释，说明数据所表示地“知识”。例如“事实”和“规则”就是两类知识。智能系统的输出要转换为人类能够识别的结论，除了通过显示器、打印机输出外，还可以通过语音合成，实现语音输出。

2.3.2 计算机网络

计算机网络，就是利用通信设备和线路将地理位置不同的、功能独立的多个计算机系统互联起来，以功能完善的网络软件（即网络通信协议、信息交换方式、网络操作系统等）实现网络中资源共享和信息传递的系统。图 2-1 显示的是一个典型的计算机网络的示例。

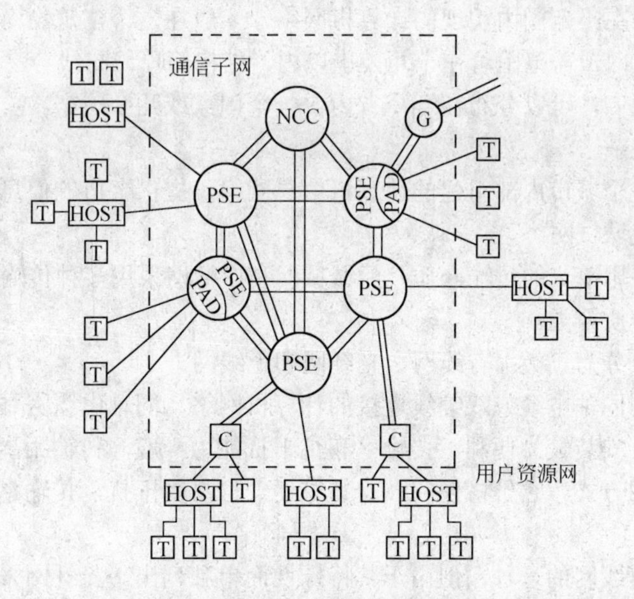

图 2-1 计算机网络

1. 计算机网络的功能

计算机网络有许多功能，如可以进行数据通信、资源共享等。下面简单地介绍它的主要功能。

（1）数据通信，即实现计算机与终端、计算机与计算机间的数据传输，是计算机网络的最基本的功能，也是实现其他功能的基础。如电子邮件、传真、远程数据交换等。

（2）资源共享，是指实现计算机网络的主要目的是共享资源。一般情况下，网络中可共享的资源有硬件资源、软件资源和数据资源，其中共享数据资源最为重要。

（3）远程传输。计算机已经由科学计算向数据处理方面发展，由单机向网络方面发展，且发展的速度很快。分布在很远的用户可以互相传输数据信息，互相交流，协同工作。

（4）集中管理。计算机网络技术的发展和应用已使得现代办公、经营管理等发生了很大的变化。目前，已经有了许多 MIS 系统、OA 系统等，通过这些系统可以实现日常工作的集中管理，提高工作效率，增加经济效益。

（5）实现分布式处理。网络技术的发展使得分布式计算成为可能。对于大型的课题，可以分为许许多多的小题目，由不同的计算机分别完成，然后再集中起来解决问题。

（6）负载平衡。负载平衡是指工作被均匀地分配给网络上的各台计算机。网络控制中心负责分配和检测，当某台计算机负载过重时，系统会自动转移部分工作到负载较轻的计算机中去处理。

2. 计算机网络的分类

计算机网络根据不同的分类标准有不同的分类，下面介绍几种主要的分类方式。

（1）按网络节点分布分类。

按网络节点分布可分为三类：局域网、广域网和城域网。

局域网是一种在小范围内实现的计算机网络，一般在一个建筑物内，或一个工厂、一个单位内部。局域网覆盖范围可在十几公里以内，结构简单，布线容易。

广域网范围很广，可以分布在一个省内、一个国家或几个国家。广域网信道传输速率较低，结构比较复杂。

城域网是在一个城市内部组建的计算机信息网络，提供全市的信息服务。目前，我国许多城市正在建设城域网。

局域网通常采用单一的传输介质，而城域网和广域网采用多种传输介质。

（2）按传输介质分类。

按传输介质可分为三类：有线网、光纤网和无线网。

有线网是采用同轴电缆或双绞线连接的计算机网络。同轴电缆网是常见的一种连网方式，它比较经济，安装较为便利，传输率和抗干扰能力一般，传输距离较短。双绞线网是目前最常见的连网方式。它价格便宜，安装方便，但易受干扰，传输率较低，传输距离比同轴电缆要短。

光纤网也是有线网的一种，但由于其特殊性而单独列出。光纤网采用光导纤维作传输介质。光纤传输距离长，传输率高，可达数千兆 bps，抗干扰性强，不会受到电子监听设备的监听，是高安全性网络的理想选择。但其成本较高，且需要高水平的安装技术。

无线网使用电磁波作为载体来传输数据，目前无线网联网费用较高，还不太普及。但由于联网方式灵活方便，是一种很有发展前途的联网方式。

（3）按交换方式分类。

按交换方式可分为三类：线路交换网络、报文交换网络和分组交换网络。

线路交换最早出现在电话系统中，早期的计算机网络就是采用此方式来传输数据的，数字信号经过变换成为模拟信号后才能联机传输。

报文交换是一种数字化网络。当通信开始时，源机发出的一个报文被存储在交换机里，交换机根据报文的目的地址选择合适的路径发送报文，这种方式称做存储—转发方式。

分组交换也采用报文传输，但它不是以不定长的报文作传输的基本单位，而是将一个长的报文划分为许多定长的报文分组，以分组作为传输的基本单位。这不仅大大简化了对计算机存储器的管理，而且也加速了信息在网络中的传播速度。由于分组交换优于线路交换和报文交换，具有许多优点。因此，它已成为计算机网络中传输数据的主要方式。

（4）按逻辑分类。

按逻辑可分为通信子网和资源子网。

通信子网面向通信控制和通信处理，主要包括通信控制处理机（CCP）、网络控制中心（NCC）、分组组装/拆卸设备（PAD）、网关等。

资源子网负责全网的面向应用的数据处理，实现网络资源的共享。它由各种拥有资源的用户主机和软件（网络操作系统和网络数据库等）所组成，主要包括主机（Host）、终端设备、网络操作系统、网络数据库。

（5）按通信方式分类。

按通信方式可分为点对点传输网络和广播式传输网络。

点对点传输网络中，数据以点到点的方式在计算机或通信设备中传输。星型网、环形网采用这种传输方式。

广播式传输网络中，数据在公用介质中传输。无线网和总线型网络属于这种类型。

（6）按服务方式分类。

按服务方式可分为客户机/服务器网络和对等网。

客户机/服务器网络中，服务器是指专门提供服务的高性能计算机或专用设备，客户机是指用户计算机。这是由客户机向服务器发出请求并获得服务的一种网络形式，多台客户机可以共享服务器提供的各种资源。这是最常用、最重要的一种网络类型，不仅适合于同类计算机联网，也适合于不同类型的计算机联网，如PC、Mac机的混合联网。这种网络的安全性容易得到保证，计算机的权限、优先级易于控制，监控容易实现，网络管理能够规范化。网络性能在很大程度上取决于服务器的性能和客户机的数量。目前，针对这类网络有很多优化性能的服务器称为专用服务器。银行、证券公司都采用这种类型的网络。

对等网中，不要求专用服务器，每台客户机都可以与其他每台客户机对话，共享彼此的信息资源和硬件资源，组网的计算机一般类型相同。这种组网方式灵活方便，但是较难实现集中管理与监控，安全性也低，较适合作为部门内部协同工作的小型网络。

3. 计算机网络的发展

计算机网络从产生到发展，总体来说可以分成 4 个阶段。

第一阶段（20 世纪 60 年代末～20 世纪 70 年代初），为计算机网络发展的萌芽阶段。其主要特征是：为了增加系统的计算能力和资源共享，把小型计算机连成实验性的网络。第一个远程分组交换网叫 ARPANET，是由美国国防部于 1969 年建成的，第一次实现了由通信网络和资源网络复合构成计算机网络系统，标志计算机网络的真正产生。ARPANET 是这一阶段的典型代表。

第二阶段（20 世纪 70 年代中后期）是局域网络（LAN）发展的重要阶段。其主要特征为：局域网络作为一种新型的计算机体系结构开始进入产业部门。局域网技术是从远程分组交换通信网络和 I/O 总线结构计算机系统派生出来的。1974 年，英国剑桥大学计算机研究所开发了著名的剑桥环局域网（Cambridge Ring）。1976 年，美国 Xerox 公司的 Palo Alto 研究中心推出以太网（Ethernet），它成功地采用了夏威夷大学 ALOHA 无线电网络系统的基本原理，使之发展成为第一个总线竞争式局域网络。这些网络的成功实现一方面标志着局域网络的产生，另一方面，它们形成的环网及以太网对以后局域网络的发展起到导航的作用。

第三阶段（20 世纪 80 年代）是计算机局域网络的发展时期。其主要特征是：局域网络完全从硬件上实现了 ISO 的开放系统互连通信模式协议的能力。计算机局域网及其互联产品的集成使得局域网与局域互连、局域网与各类主机互联，以及局域网与广域网互联的技术越来越成熟。综合业务数据通信网络（ISDN）和智能化网络（IN）的发展标志着局域网络的飞速发展。1980 年 2 月，IEEE （美国电气和电子工程师学会）下属的 802 局域网络标准委员会宣告成立，并相继提出 IEEE 801.5～IEEE 802.6 等局域网络标准草案，其中的绝大部分内容已被国际标准化组织（ISO）正式认可。作为局域网络的国际标准，它标志着局域网协议及其标准化的确定，为局域网的进一步发展奠定了基础。

第四阶段（20 世纪 90 年代初至今）：是计算机网络飞速发展的阶段。其主要特征是：计算机网络化，协同计算能力发展以及全球互联网（Internet）的盛行。计算机的发展已经完全与网络融为一体，体现了“网络就是计算机”的口号。目前，计算机网络已经真正进入社会各行各业，为社会各行各业所采用。另外，虚拟网络 FDDI 及 ATM 技术的应用，使网络技术蓬勃发展并迅速走向市场，走进平民百姓的生活。

4. 计算机网络的特点

从理论上讲，计算机网络具有以下显著特点。

（1）采用分组交换技术。网络上所有信息都以分组（Packet）的形式传输。发送端将要发送的信息划分为小的分组后再通过网络传输，而接收端则将收到的各个分组重新组装成原来的信息。同一时刻在网络上流动着来自无数台联网计算机的分组，这些分组也称为 IP 数据包。

（2）采用 TCP/IP 协议。TCP/IP 协议是当今计算机网络中最为成熟、应用最为广泛的一种网络协议标准。它适合于异型机或异型网的互联。其中的互联网协议 IP 的作用是控制网上的数据传输。它为数据包定义了标准格式，定义了分配给网上每一台计算机的网络地址，使相互连接的多个网络像一个庞大的单一网络一样运行。它还包含路由选择协议，使得 IP 数据包穿过路由器准确地传送到接收端的计算机系统中。传输控制协议 TCP 则和 IP 协议协同工作，它的作用是在发送端和接收端的计算机系统之间维持连接，提供无差错的通信服务。包括自动检测网上丢失的数据包并在丢失时重传数据，去掉重复的数据包，准确地按原发送顺序重新组装数据等。TCP 协议还自动根据双方计算机的距离修改通信确认的超时值，从而利用确认和超时机制处理数据丢失问题，并以此确保数据传输的完整性。

（3）采用路由器作为网络互联设备。路由器是在网络层上实现多个网络互联的设备，是在网络中间节点上执行路由选择的专用计算机。路由器是网络网络互联中不可缺少的设备，它就像交通警察维持交通秩序一样，负责数据包转发的最佳路径选择、调节数据流量、防止线路拥塞的发生。

2.3.3　多媒体

多媒体技术是当今信息技术领域发展最快、最活跃的技术，是新一代电子技术发展和竞争的焦点。多媒体技术融计算机、声音、文本、图像、动画、视频和通信等多种功能于一体，借助日益普及的高速信息网，可实现计算机的全球联网和信息资源共享，因此被广泛应用在咨询服务、图书、教育、通信、军事、金融、医疗等诸多行业，并正潜移默化地改变着我们生活的面貌。

多媒体技术是使用计算机交互式综合技术和数字通信网络技术处理多种表示媒体——文本、图形、图像、视频和声音，使多种信息建立逻辑连接，集成为一个交互式系统。

它主要涉及如下几个部分内容。

- **多媒体数据压缩、图像处理**：包括 HCI 与交互介面设计、多模态转换、压缩与编码和虚拟现实等。
- **音频信息处理**：包括音乐合成、特定人与非特定人的语音识别、文字—语音的相互转换等。
- **多媒体数据库和基于内容检索**：包括多媒体数据库和基于多媒体数据库的检索等。
- **多媒体著作工具**：包括多媒体同步、超媒体和超文本等。
- **多媒体通信与分布式多媒体**：包括 CSCW、会议系统、VOD 和系统设计等。
- **多媒体应用**：包括 CAI 与远程教学、GIS 与数字地球、多媒体远程监控等。

1. 多媒体技术的应用现状

多媒体技术的开发和应用使人类社会工作和生活的方方面面都沐浴着它所带来的阳光，新技术所带来的新感觉、新体验是以往任何时候都无法想象的。

（1）多媒体在数据压缩、图像处理领域的应用。

多媒体计算机技术是面向三维图形、环绕立体声和彩色全屏幕运动画面的处理技术。而数字计算机面临的是数值、文字、语言、音乐、图形、动画、图像、视频等多种媒体的问题，它承载着由模拟量转化成数字量信息的吞吐、存储和传输。数字化了的视频和音频信号的数量之大是非常惊人的，它给存储器的存储容量、通信干线的信道传输率以及计算机的速度都增加了极大的压力，解决这一问题，单纯用扩大存储器容量、增加通信干线的传输率的办法是不现实的。

数据压缩技术为图像、视频和音频信号的压缩，文件存储和分布式利用，提高通信干线的传输效率等应用提供了一个行之有效的方法，同时使计算机实时处理音频、视频信息，以保证播放出高质量的视频、音频节目成为可能。

（2）在音频信息处理领域的应用。

在多媒体技术中，存储声音信息的文件格式主要有 WAV 文件、VOC 文件、MIDI 文件、AIF 文件、SON 文件及 RMI 文件等。

自从 20 世纪 80 年代中期以来，新技术的不断出现使语音识别有了实质性的进展。特别是隐马尔可夫模型（HMM）的研究和广泛应用，推动了语音识别的迅速发展，陆续出现了许多基于 HMM 模型的语音识别软件系统。

当前，语音识别领域的研究正方兴未艾。在这方面的新算法、新思想和新的应用系统不断涌现。同时，语音识别领域也正处在一个非常关键的时期，世界各国的研究人员正在向语音识别的最高层次应用——非特定人、大词汇量、连续语音的听写机系统的研究和实用化系统进行冲刺，可以乐观地说，人们所期望的语音识别技术实用化的梦想很快就会变成现实。

（3）多媒体数据库和基于内容检索的应用。

多媒体信息检索技术的应用使多媒体信息检索系统、多媒体数据库，可视信息系统、多媒体信息自动获取和索引系统等应用逐渐变为现实。基于内容的图像检索、文本检索系统已成为近年来多媒体信息检索领域中最为活跃的研究课题，基于内容的图像检索是根据其可视特征，包括颜色、纹理、形状、位置、运动、大小等，从图像库中检索出与查询描述的图像内容相似的图像，利用图像可视特征索引，可以大大提高图像系统的检索能力。

随着多媒体技术的迅速普及，Web 上将大量出现多媒体信息，例如，在遥感、医疗、安全、商业等部门中每天都不断产生大量的图像信息。这些信息的有效组织管理和检索中都依赖基于图像内容的检索。目前，这方面的研究已引起了广泛的重视，并已有一些提供图像检索功能的多媒体检索系统软件问世。例如，由 IBM 公司开发的 QBIC 是最有代表性的系统，它通过友好的图形界面为用户提供了颜色、纹理、草图、形状等多种检索方法；美国加州大学伯克利分校与加州水资源部合作进行了 Chabot 计划，以便对水资源部的大量图像提供基于内容的有效检索手段。此外还有麻省理工学院的 Photobook，可以利用 Face、Shape、Texture、Photobook 分别对人脸图像、工具和纹理进行基于内容的检索。澳大利亚的 NewSouthWales 大学已开发了 NUTTAB 系统，用于食品成分数据库的检索。

（4）多媒体著作工具的应用。

多媒体创作工具是电子出版物、多媒体应用系统的软件开发工具，它提供组织和编辑电子出版物和多媒体应用系统各种成分所需要的重要框架，包括图形、动画、声音和视频的剪辑。制作工具的用途是建立具有交互式的用户界面，在屏幕上演示电子出版物及制作好的多媒体应用系统，以及将各种多媒体成分集成为一个完整而有内在联系的系统。

多媒体著作创作工具可以分成以下几类：基于时间的创作工具；基于图符（Icon）或流线（Line）创作工具；基于卡片（Card）和页面（Page）的创作工具；以传统程序语言为基础的创作工具。它们的代表软件是 Action、Authorware、IconAuther、ToolBook、Hypercard、北大方正开发的方正奥斯和清华大学开发的 Ark 创作系统。

（5）多媒体通信及分布式多媒体技术的应用。

人类社会逐渐进入信息化时代，社会分工越来越细，人际交往越来越频繁，群体性、交互性、分布性和协同性将成为人们生活方式和劳动方式的基本特征，其间大多数工作都需要群体的努力才能完成。但在现实生活中影响和阻碍上述工作方式的因素太多，如打电话时对方却不在。即使电话交流也只能通过声音，而很难看见一些重要的图纸资料，要面对面地交流讨论，又需要费时的长途旅行和昂贵的差旅费用，这种方式造成了效率低、费时长、开销大的缺点。今天，随着多媒体计算机技术和通信技术的发展，两者相结合形成的多媒体通信和分布式多媒体信息系统较好地解决了上述问题。

多媒体通信和分布式多媒体技术涉及计算机支持的协同工作（CSCW）、视频会议、视频点播（VOD）等。

2. 多媒体技术的发展趋势

总的来看，多媒体技术正向两个方而发展：一是网络化发展趋势，与宽带网络通信等技术相互结合，使多媒体技术进入科研设计、企业管理、办公自动化、远程教育、远程医疗、检索咨询，文化娱乐、自动测控等领域；二是多媒体终端的部件化、智能化和嵌入化，提高计算机系统本身的多媒体性能，开发智能化家电。

2.4 练 习 题

1. 填空题

（1）信息可分为 3 种具体的表现形态，即____________，____________和____________。

（2）计算机网络按网络节点分布可分为____________，____________和____________。

（3）迄今为止，人类社会已经发生了____________次信息技术革命。

（4）多媒体是指多种媒体的____________应用。

（5）. 多媒体信息的存储和传递最常用的介质是____________。

2. 选择题

（1）下列属于信息的是______。

A. 报纸　　B. 电视机

C. 天气预报内容　　D. 光盘

（2）下面不属于信息技术范畴的是______。

A. 计算机技术　　B. 纳米技术

C. 网络技术　　D. 通信技术

（3）下面______不是信息技术的发展趋势。

A．越来越友好的人机界面 B．越来越个性化的功能设计

C．越来越高的性能价格比 D．越来越复杂的操作步骤

（4）一个学校里组建的计算机网络属于______。

A．城域网　　B．局域网

C．内部管理网　　D．学校公共信息网

（5）计算机网络最显著的特征是______。

A．运算速度快　　B．运算精度高

C．存储容量大　　D．资源共享

3．问答题

（1）简述信息的定义及其几大特征。

（2）信息技术包括哪些重要的技术？

（3）简述信息的几种表现形态。

（4）人类历史上经历过哪五次信息技术革命？

（5）“所有信息都是有价值的！”你认为这句话有道理吗？为什么？

第3章

微机硬件系统

硬件系统是指组成计算机的各种物理设备，包括计算机的主机和外部设备。具体由五大功能部件组成：运算器、控制器、存储器、输入设备和输出设备。这五大部分相互配合，协同工作，共同完成接受的任务。

本章主要内容

- 熟悉计算机的体系结构
- 了解计算机的组装
- 了解计算机的日常维护和常见故障

3.1 计算机的体系结构

计算机硬件系统通常由运算器、控制器、存储器、输入设备和输出设备五大部分构成，如图3-1所示。

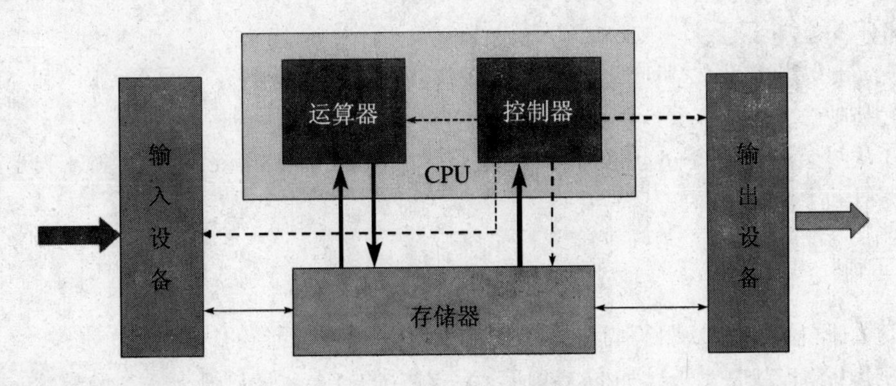

图3-1 计算机硬件系统组成

从图3-1所示的流向图可以看出，运算器和控制器是计算机的核心部件（即CPU），在信息存储与处理过程中居重要地位。运算器是执行算术预算和逻辑运算的部件，它的任务是对信息进行加工处理。运算器由算术运算单元（Arithmetic Logic Unit，简称ALU）、累加器、状态寄存器和通用寄存器构成。控制器负责从存储器中取出指令，进行译码，发出控制信号，协调各部分正常工作。CPU 负责整个计算机的运算和控制，是计算机解释和执行指令的部件，控制整个计算机系统的操作。CPU 的质量决定着计算机的档次，决定了计算机主要性能和运行速度。

输入设备用来向计算机输入各种信息和控制命令，常用的输入设备包括鼠标、键盘、手写板、扫描仪、数码相机等。输出设备由来输出计算机执行的结果，常用的输出设备包括显示器、打印机、绘图仪等。

3.1.1 计算机的组成

计算机是多个部件的组合，尽管外观不尽相同，但基本配置都是相同的，基本构成有主机、显示器、键盘、鼠标、Modem、和音箱。主机是计算机的主体，各种重要的部件如主板、CPU、内存、硬盘、显卡、光驱、软驱、电源等均置于其中。显示器通过显卡（又称显示适配器）与计算机相连，用于显示字符和图像，它是人与计算机交流信息的主要媒介。键盘和鼠标是最基本的输入设备。Modem 用于连接网络，音箱用于输出声音。下面分别介绍主机中重要组成部分。

1. 中央处理器 CPU

CPU 的英文全称是 Central Processing Unit，即中央处理器，是计算机中最重要的部件（如图 3-2 所示为英特尔公司生产的 CPU）。它相当于一个人的心脏，计算机几乎所有的工作都要通过它处理。CPU 从雏形出现到发展壮大的今天，由于制造技术的越来越先进，其集成度也越来越高，内部的晶体管数达到几百万个。虽然从最初的 CPU 发展到现在其晶体管数增加了几十倍，但是 CPU 的内部结构仍然可分为控制单元、逻辑单元和存储单元三大部分。

图 3-2　CPU

如今，市场上用于微型计算机的主流 CPU 就是（Intel 英特尔）系列 CPU 和 AMD 的 CPU 两大品牌。

CPU 从封装形式看可分为两大类：一类是传统针脚式的 Socket 类型，另一类是插卡式的 Slot 类型。

2. 主板

PU 才能控制硬盘、软驱等周边设打开机箱后，所能够看到的最大的一块电路板就是主板（如图 3-3 所示）。在它的身上，最显眼的是一排排的插槽，呈黑色和白色，长短不一，显卡、内存条等设备就是插在这些插槽里与主板联系起来的。除此之外，还有各种元器件和接口，它们将机箱内的各种设备连接起来。如果说 CPU 是计算机的心脏，那么，主板就是血管和神经，有了主板，计算机的 C 备。

图 3-3　主板

常见的主板是 ATX 主板。它是采用印刷电路板（PCB）制造而成的，是在一种绝缘材料上采用电子印刷工艺制造的。市场上主要有 4 层板与 6 层板两种。常见的都是 4 层板。用 6 层 PCB 板设计的主板不易变形，稳定性大大提高了。

主板上面的零件看起来眼花缭乱，可它们都是非常有条有理地排列着。主要包括一个 CPU 插座；北桥芯片、南桥芯片、BIOS 芯片等三大芯片；前端系统总线 FSB、内存总线、图形总线 AGP、数据交换总线 HUB、外设总线 PCI 等五大总线；软驱接口 FDD、通用串行设备接口 USB、集成驱动电子设备接口 IDE 等七大接口。

3．内存

在计算机的组成结构中，有一个很重要的部分，就是存储器。存储器的种类很多，按其用途可分为主存储器和辅助存储器，主存储器又称内存储器（简称内存），辅助存储器又称外存储器（简称外存）。外存通常是磁性介质或光盘，像硬盘、软盘、磁带、CD 等，能长期保存信息，并且不依赖于电来保存信息，但是由机械部件带动，速度与 CPU 相比就显得慢得多。内存指的就是主板上的存储部件（如图 3-4 所示），就像 CPU 的“工作间”与 CPU 直接沟通，存放当前正在使用的（即执行中）的数据和程序。内存的物理实质就是一组或多组具备数据输入输出和数据存储功能的集成电路，内存只用于暂时存放程序和数据，一旦关闭电源或发生断电，其中的程序和数据就会丢失。

图 3-4 内存

我们平常所提到的计算机的内存指的是动态内存（即 DRAM），动态内存中所谓的“动态”，指的是将数据写入 DRAM 后，经过一段时间，数据会丢失，因此需要一个额外的电路进行内存刷新操作。具体的工作过程是这样的：一个 DRAM 的存储单元存储的是 0 还是 1 取决于电容是否有电荷，有电荷代表 1，无电荷代表 0。但时间一长，代表 1 的电容会放电，代表 0 的电容会吸收电荷，这就是数据丢失的原因；刷新操作定期对电容进行检查，若电量大于满电量的 1/2，则认为其代表 1，并把电容充满电；若电量小于 1/2，则认为其代表 0，并把电容放电，借此来保持数据的连续性。

每个程序都有内存要求，这因程序的不同而有差异。一般内存越大，程序运行时就越快捷。有些程序设计为在内存不够时可以用硬盘代替，即虚拟内存，但它的速度实在是慢得多。

内存的速度用主频来表示，它代表着该内存所能达到的最高工作频率。内存主频是以 MHz（兆赫）为单位来计量的。内存主频越高，在一定程度上代表着内存所能达到的速度越快。内存主频决定着该内存最高能在什么样的频率正常工作。目前较为主流的内存频率是 333MHz 和 400MHz 的 DDR 内存以及 533MHz 和 667MHz 的 DDR 2 内存。

4．硬盘

内存 RAM 的特点是读写速度较快，但是停电之后内容就全丢失了，这就需要另一种存储器——外存储器。外存储器分为硬盘、软盘、光盘等。

硬盘就是一种最为常见的外存储器，如图 3-5 所示，它好比是数据的外部仓库。计算机除了要有“工作间”，还要有专门存储东西的仓库。硬盘又叫固定盘，由金属材料涂上磁性物质的盘片与盘片读写装置组成。这些盘片与读写装置（驱动器）是密封在一起的。硬盘的尺寸有 5.25 英寸、3.5 英寸和 1.8 英寸等。有一类硬盘还可以通过并行口连接，作为一种方便移动的硬盘。

图 3-5　硬盘

硬盘的存储速度比起内存来说要慢，但存储量要大得多，存储容量可用兆字节（MB）或吉字节（GB）来表示，1GB=1024MB。目前，家用计算机的硬盘的大小有 120GB、160GB、200GB 甚至更大。

5．显卡

显卡又称显示器适配卡（如图 3-6 所示），现在的显卡都是 3D 图形加速卡。它是连接主机与显示器的接口卡。其作用是将主机的输出信息转换成字符、图形和颜色等信息，传送到显示器上显示。显卡插在主板的 ISA、PCI、AGP 扩展插槽中，ISA 显卡现已基本淘汰。现在也有一些主板是集成显卡的。

图 3-6　显卡

每一块显卡基本上都是由显示主芯片l、显示缓存（简称显存）、BIOS、数字模拟转换器（RAMDAC）、显卡的接口以及卡上的电容、电阻等组成。多功能显卡还配备了视频输出以及输入，供特殊需要。随着技术的发展，目前大多数显卡都将 RAMDAC 集成到了主芯片了。

显示主芯片是显卡的核心，如 nVIDIA 公司的 GeForce 2、GeForce MX 以及现在刚上市不久的 GeForce 6。它们的主要任务就是处理系统输入的视频信息并将其进行构建、渲染等工作。显示主芯片的性能直接决定这显卡性能的高低，不同的显示芯片，不论从内部结构还是其性能，都存在着差异，而其价格差别也很大。

显卡的主芯片在整个显卡中的地位固然重要，但显存的大小与好坏也直接关系着显卡的性能高低。目前的显存主要是有两种：一是 SGRAM（Synchronous Graphics RAM），SGRAM 是一种较新的显存，且它是专门为显卡设计的，它改进了过去显存的传输率低的缺点，使显卡性能的提高成为可能。但由于其设计制造成本昂贵，在原先的普通显卡中较少见，不过近年来，随着制作工艺的成熟，其制造成本已经降低了许多，如今的显卡有许多都采用了 SGRAM 作为显存。SGRAM 的最大优势在于其支持显存的块操作，在支持块操作的软件或游戏中，其性能优势较 SDRAM 很明显，但在普通的应用中，其性能有可能还不如价格较它低许多的 SDRAM。不过 SGRAM 的超频能力很好，适合超频需要的显卡。二是 SDRAM（Synchronous DRAM），SDRAM 是现在应用最广的显存，几乎市场上的显卡使用的都是 SDRAM 显存。SDRAM 与早期产品的设计思路完全不同，它可以在一个时钟周期内进行数据的读写，从而节省了等待时间。SDRAM 现在已经成为显存市场上的主导产品，这主要是因为其低廉的价格和较佳的性能。

6．光驱

图 3-8　光驱

光驱是计算机里比较常见的一个配件，如图 3-7 所示。随着多媒体的应用越来越广泛，使得光驱已经成标准配置。目前光驱可分为 CD-ROM 驱动器、DVD 光驱（DVD-ROM）、康宝（COMBO）和刻录机等。

CD-ROM 光驱又称为致密盘只读存储器，是一种只读的光存储介质。它是利用原本用于音频 CD 的 CD-DA（Digital Audio）格式发展起来的。

DVD 光驱是一种可以读取 DVD 光碟的光驱，除了兼容 DVD-ROM、DVD-VIDEO、DVD-R、CD-ROM 等常见的格式外，对于 CD-R/RW、CD-I、VIDEO-CD、CD-G 等都要能很好的支持。

COMBO 光驱是人们对 COMBO 光驱的俗称。而 COMBO 光驱是一种集合了 CD 刻录、CD-ROM 和 DVD-ROM 为一体的多功能光存储产品。

刻录光驱包括了 CD-R、CD-RW 和 DVD 刻录机等，其中 DVD 刻录机又分为 DVD R、DVD-R、DVD RW、DVD-RW（W 代表可反复擦写）和 DVD-RAM。刻录机的外观和普通光驱差不多，只是其前置面板上通常都清楚地标识着写入、复写或读取三种速度。

光驱的正面一般包含下列部件：防尘门和 CD-ROM 托盘；耳机插孔；音量控制按钮；播放键，注意，有些牌子的光驱是没有这个键的；弹出键，按一下此键，光盘会自动弹出；读盘指示灯；手动退盘孔，当光盘由于某种原因不能退出时，可以用小硬棒插入此孔把光盘退出。也请注意，部分光驱无此功能。

光驱的背面由以下几部分组成：电源线插座；主从跳线，光驱和硬盘一样也有主盘和副盘工作方式之分（请见硬盘中的介绍），可根据需要通过此调线开关设置；数据线插座，目前绝大部分的光驱跟硬盘一样使用 IDE 数据线。音频线插座，此插座通过音频线和声卡相连。

7．电源

计算机属于弱电产品，也就是说部件的工作电压比较低，一般在±12V 以内，并且是直流电。而普通的市电为 220V（有些国家为 110V）交流电，不能直接在计算机部件上使用。因此计算机和很多家电一样需要一个电源部分（如图 3-8 所示），负责将普通市电转换为计算机可以使用的电压，一般安装在计算机内部。

计算机的核心部件工作电压非常低，并且由于计算机工作频率非常高，因此对电源的要求比较高。目前计算机的电源为开关电路，将普通交流电转为直流电，再通过斩波控制电压，将不同的电压分别输出给主板、硬盘、光驱等计算机部件。计算机电源的工作原理属于模拟电路，负载对电源输出质量有很大影响，因此计算机最重要的一个指标就是功率，这就是我们常说的足够功率的电源才能提

图 3-8　电源

供纯净的电压。

计算机电源内部电路大同小异，一般都是这样的：220V 交流电（零线火线）——并联一个 400V 的电容（温压滤波）——变压器（降低电压）——整流器（得到需要的直流电）——两个电感丝各串联在“+”、“-”线上（再一次排除有搀杂交流电存在的可能）——“+”、“-”线上再并联略小的电容，这样就得到了需要的纯净直流电。

8. Modem

Modem（调制解调器）是 Modulator/DEModulator（调制器/解调器）的缩写。它是在发送端通过调制将数字信号转换为模拟信号，而在接收端通过解调再将模拟信号转换为数字信号的一种装置，如图 3-9 所示。计算机内的信息是由“0”和“1”组成的数字信号，而在电话线上传递的却只能是模拟电信号。于是，当两台计算机要通过电话线进行数据传输时（比如拨号上网），就需要一个设备负责数/模的转换。这个数/模转换器就是 Modem。计算机在发送数据时，先由 Modem 把数字信号转换为相应的模拟信号，这个过程称为“调制”。经过调制的信号通过电话载波传送到另一台计算机之前，也要经由接收方的 Modem 负责把模拟信号还原为计算机能识别的数字信号，这个过程称为“解调”。正是通过这样一个“调制”与“解调”的数模转换过程，从而实现了两台计算机之间的远程通信。

图 3-9　Modem

最常见的 Modem 就是通过电话线拨号方式上网的调制解调器。这种上网方式对 ISP（Internet 服务提供商）和上网者而言初期投资比较少，无需改造线路，安装也比较简单，因此早期上网基本都采用这种方式。随着宽带网络的流行，更多的高速 Modem（也称之为基 Modem）会越来越多地进入人们的生活。

3.1.2　硬件的性能指标

1. CPU

计算器和控制器统称 CPU（Central Processing Unit），即中央处理器。它是计算机中最关键的部件之一，是整个微机的核心，它的性能大致上反映出了它所配置的微机的性能。通常 CPU 的内部结构分为控制单元、逻辑单元和存储单元三大部分，因此 CPU 主要的性能指标可以归纳为以下几点：

（1）主频、倍频、外频。通常说的赛扬 433、Pentium Ⅲ 550 都是指 CPU 的主频而言的，也就是 CPU 的时钟频率，简单地说也就是 CPU 的工作频率。一般来说，主频越高，CPU 的速度也就越快。不过由于各种 CPU 的内部结构不尽相同，所以并不能完全用主频来概括 CPU 的性能。至于外频就是系统总线的工作频率；而倍频则是指 CPU 外频与主频相差的倍数。三者是有十分密切的关系的：主频=外频×倍频。

（2）内存总线速度，又叫系统总路线速度。我们都知道，CPU 处理的数据是从内存中读取出来的。由于内存和CPU之间的运行速度或多或少会有差异，因此便出现了二级（L2）缓存，来协调两者之间的差异，而内存总线速度就是指CPU与二级高速缓存和内存之间的通信速度。这个速度对整个系统性能来说是很重要的。

（3）工作电压，是指CPU正常工作所需的电压。

早期CPU（386、486）工艺比较落后，它们的工作电压一般为5V。随着CPU的制造工艺与主频的提高，CPU的工作电压有逐步下降的趋势，低电压能解决耗电过大和发热过高的问题，这对于笔记本电脑尤其重要。

（4）协处理器（或者叫数学协处理器）。在486以前的CPU里面是没有内置协处理器的。

由于协处理器主要的功能就是负责浮点运算，因此386、286、8088等微机CPU的浮点运算性能都相当落后，自从486以后，CPU一般都内置了协处理器，协处理器的功能也不再局限于增强浮点运算。现在CPU的浮点单元（协处理器）往往对多媒体指令进行了优化。

（5）超标量，是指在一个时钟周期内CPU可以执行一条以上的指令。Pentium以前的CPU上是没有这种超标量结构的，只有Pentium级以上的CPU才具有这种超标量结构；这是因为现代的CPU越来越多地采用了RISC技术。

（6）L1高速缓存，也就是我们经常说的一级高速缓存。

在CPU里面内置高速缓存可以提高CPU的运行效率，内置的L1高速缓存的容量和结构对CPU的性能影响较大，容量越大，性能也相对会提高不少。不过，高速缓冲存储器均由静态RAM组成，结构较复杂，在CPU管芯面积不能太大的情况下，L1高速缓存的容量不可能做得太大。

2. 内部存储器

内部存储器简称内存，内存的容量和性能是反映微机整体性能的一个决定性因素。目前，主流微机的内存容量一般是512MB或1GB。

（1）容量。

内存容量表示内存可以存放数据的空间大小。一般而言，内存容量是多多益善，但要受到主板支持最大容量的限制，而且就目前主流计算机而言，这个限制仍是阻碍。市面上常见的单条内存的容量通常为256MB、512MB和1024M。

（2）速度。

内存速度一般用于存取一次数据所需的时间（单位一般都ns）来作为性能指标，时间越短，速度就越快。只有当内存与主板速度、CPU速度相匹配时，才能发挥计算机的最大效率，否则会影响CPU高速性能的充分发挥。

（3）数据宽度和带宽。

内存的数据宽度是指内存同时传输数据的位数，以bit为单位；内存的带宽是指内存的数据传输速率。

（4）CAS。

CAS等待时间指从读命令有效（在时钟上升沿发出）开始，到输出端可以提供数据为止的这一段时间，一般是2个或3个时钟周期，它决定了内存的性能，在同等工作频率下，

CAS 等待时间为 2 的芯片比 CAS 等待时间为 3 的芯片速度更快、性能更好。

（5）额定可用频率。

将生产厂商给定的最高频率下调一些，这样得到的值称为额定可用频率（GUF）。如 8ns 的内存条的最高可用频率是 125MHz，那么额定可用频率（GUF）应是 112MHz。最高可用频率与额定可用频率（前端系统总线工作频率）保持一定余量，可最大限度地保证系统稳定地工作。

3．硬盘

硬盘是微机最重要的外部存储器之一。硬盘最重要的性能指标是硬盘容量，其容量大小决定了可存储信息的多少。当然还有如下一些影响硬盘读取速度的指标：

- **主轴转速**：是区别硬盘档次的重要标志。它在很大程度上决定了硬盘的速度，是决定硬盘内部数据传输率的决定因素之一。
- **寻道时间**：是指硬盘磁头移动到数据所在磁道所使用的时间，单位为 ms。
- **硬盘表面温度**：该指标表示硬盘工作时产生的温度使硬盘密封壳温度上升的情况。
- **道至道时间**：该指标表示磁头从一个磁道转移至另一磁道的时间，单位为 ms。
- **高速缓存**：该指标指在硬盘内部的高速存储器。目前硬盘的高速缓存一般为 512KB ~ 2MB，SCSI 硬盘的更大。购买时应尽量选取缓存为 2MB 的硬盘。
- **全程访问时间**：该指标指磁头开始移动直到最后找到所需要的数据块所用的全部时间，单位为 ms。
- **最大内部数据传输率**：也叫持续数据传输率（Sustained Transfer Rate），单位为 Mbps。它是指磁头至硬盘缓存间的最大数据传输率，一般取决于硬盘的盘片转速和盘片线密度（指同一磁道上的数据容量）。
- **连续无故障时间（MTBF）**：该指标是指硬盘从开始运行到出现故障的最长时间，单位是小时。一般硬盘的 MTBF 至少在 30000 小时以上。这项指标在一般的产品广告或常见的技术特性表中并不提供，需要时可专门上网到具体生产该款硬盘的公司网址中查询。
- **外部数据传输率**：该指标也称为突发数据传输率，它是指从硬盘缓冲区读取数据的速率。在广告或硬盘特性表中常以数据接口速率代替，单位为 Mbps。目前主流的硬盘已经全部采用 UDMA/ 100 技术，外部数据传输率可达 100Mbps。

4．液晶显示器

显示器是微机中最重要的输出设备，是用户与计算机沟通的主要桥梁。目前，市场上的显示器产品主要有两类：CRT（阴极射线管）和 LCD（液晶显示器）。比较传统使用的 CRT，LCD 有许多优点，如占用空间小、低功耗、低辐射、无闪烁、降低视觉疲劳等。由于 LCD 的这些优点，而且其价格也在逐步降低，所以其正在替代 CRT 而成为市场的主流显示器。下面主要介绍 LCD 的性能指标。

（1）分辨率。

分辨率是指屏幕上每行有多少像素点、每列有多少像素点，一般用矩阵行列式来表示，其中每个像素点都能被计算机单独访问。LCD 的分辨率与 CRT 显示器不同，一般不能任意调整，它是制造商所设置和规定的。现在 LCD 的分辨率一般是 800 点×600 行的 SVGA 显示模式和 1024 点×768 行的 XGA 显示模式。

（2）刷新率。

LCD 刷新频率是指显示帧频，亦即每个像素为该频率所刷新的时间，与屏幕扫描速度及避免屏幕闪烁的能力相关。也就是说刷新频率过低，可能出现屏幕图像闪烁或抖动。

（3）防眩光防反射。

防眩光防反射主要是为了减轻用户眼睛疲劳所增设的功能。由于 LCD 屏幕的物理结构特点，屏幕的前景反光、屏幕的背景光与漏光以及像素自身的对比度和亮度都将对用户眼睛产生不同程度的反射和眩光。特别是视角改变时，表现更明显。

（4）观察屏幕视角。

是指操作员可以从不同的方向清晰地观察屏幕上所有内容的角度，这与 LCD 是 DSTN 还是 TFT 有很大关系。因为前者是靠屏幕两边的晶体管扫描屏幕发光，后者是靠自身每个像素后面的晶体管发光，其对比度和亮度的差别决定了它们观察屏幕的视角有较大区别。DSTN－LCD 一般只有 60°，TFT－LCD 则有 160°。

（5）可视角度。

一般而言，LCD 的可视角度都是左右对称的，但上下并不一定。而且，常常是上下角度小于左右角度。当然，可视角是愈大愈好。然而，大家必须要了解的是可视角的定义。当我们说可视角是左右 80° 时，表示站在始于屏幕法线 80° 的位置时仍可清晰看见屏幕图像，但每个人的视力不同；因此以对比度为准。在最大可视角时所量到的对比愈大愈好。一般而言，业界有 CR3 10 及 CR3 5 两种标准（CR，即 Contrast Ratio，对比度）。

（6）亮度、对比度。

TFT 液晶显示器的可接受亮度为 150cd/m^2 以上，目前国内能见到的 TFT 液晶显示器亮度都在 200cd/m^2 左右，亮度低一点则感觉较暗，再亮一些当然更好，然而对绝大多数用户而言却没有什么实际意义。

（7）响应时间。

响应时间愈小愈好，它反应了液晶显示器各像素点对输入信号反应的速度，即像素由暗转亮或由亮转暗的速度。响应时间越小，则使用者在看运动画面时不会出现尾影拖拽的感觉。一般会将反应速率分为两个部分：Rising 和 Falling，而表示时以两者之和为准。

3.2 组 装

3.2.1 组装前的准备工作

工具准备：组装计算机真正需要的工具其实只是一把十字螺丝刀。为了安装方便，最好再准备一些常用的工具，如镊子、钳子、试电笔等和一只盛小东西用的器皿。

装机配件准备： CPU、主板、内存、显卡、硬盘、软驱、光驱、机箱电源、键盘鼠标、显示器、各种数据线/电源线、电源插座等。

1．注意事项

（1）在组装的过程中不要连接电源线。

（2）对各个部件要轻拿轻放，不要碰撞，尤其是硬盘。

（3）一定要注意使用正确的安装方法，对于不懂不会的地方要仔细查阅说明书，不要强行安装。

（4）装机过程中一定要防止静电。由于我们穿着的衣物会相互摩擦，很容易产生静电，而这些静电则可能将集成电路内部击穿造成设备损坏，这是非常危险的。因此，最好在安装前，用手触摸一下接地的导电体或洗手以释放身上携带的静电荷，防止人体所带静电对电子器件造成损伤。

（5）防止液体（水、饮料、汗水等）进入计算机内部，因为这些液体都可能造成短路而使器件损坏，所以要注意不要将喝的饮料摆放在机器附近，对于爱出汗的朋友来说，也要避免头上的汗水滴落，还要注意不要让手心的汗沾湿板卡。

（6）像主板、光驱、软驱、硬盘等这类有很多螺丝的硬件，应先将它们在机箱中安稳，再对称地将螺丝安上，最后对称拧紧。安装主板的螺丝要加上绝缘垫片，防止主板与机箱接地。

（7）拧紧螺栓和螺母时，要用力适度，并在开始遇到阻力时便立即停止。过度拧紧螺栓或螺母可能会损坏主板或其他塑料组件。

2．组装

计算机的组装既包括外部设备的安装，如CPU、风扇、内存、主板、电源、显卡、声卡、网卡等；当然还包括外部设备之间的连接，如主机、显示器、鼠标、键盘、音箱、打印机等。外部设备之间的连接很简单，只需使用适当的连接线将相应的设备连接起来即可，这里不再一一细述。下面主要介绍几种主要设备的安装。

3.2.2 安装 CPU

（1）稍向外/向上用力拉开CPU插座上的锁杆与插座呈90°角，以便让CPU能够插入处理器插座，如图3-10所示。

（2）将CPU上针脚有缺针的部位对准插座上的缺口，如图3-11所示。

图3-10 安装CPU第一步

图3-11 安装CPU第二步

需要注意的是，在 CPU 处理器的一角上有一个三角形的标识，另外主板的 CPU 插座上同样有一个三角形的标识。在安装时，处理器上印有三角标识的那个角要与主板上印有三角标识的那个角对齐，然后慢慢地将处理器轻压到位。

（3）CPU 只能够在方向正确时才能够被插入插座中，如图 3-12 所示。

（4）按下锁杆，即安装好了 CPU，如图 3-13 所示。

图 3-12　安装 CPU 第三步

图 3-13　安装 CPU 第四步

3.2.3　安装 CPU 的风扇

由于 CPU 发热量较大，选择一款散热性能出色的散热器特别关键。如果散热器安装不当，散热的效果也会大打折扣。

安装时，将散热器的四角对准主板相应的位置，用力压下四角扣具，固定好散热器，如图 3-14 所示。

然后找到主板上安装风扇的接口（主板上的标识字符为 CPU_FAN），将风扇插头插进接口即可，如图 3-15 所示。

注意：目前有四针与三针等几种不同的风扇接口，大家在安装时应注意。

图 3-6　安装 CPU 风扇第一步

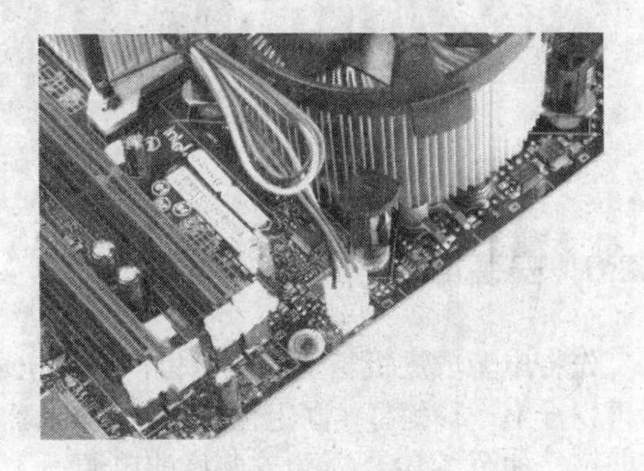

图 3-7　安装 CPU 风扇第二步

现在主板的风扇电源插头都采用了防呆式的设计，反方向无法插入，因此安装起来相当方便。

3.2.4 安装内存

（1）先将内存插槽两端的白色卡子向两边扳动，如图 3-16 所示，将其打开，这样才能将内存插入。

（2）然后再插入内存条，在按的时候需要稍稍用力，如图 3-17 所示。

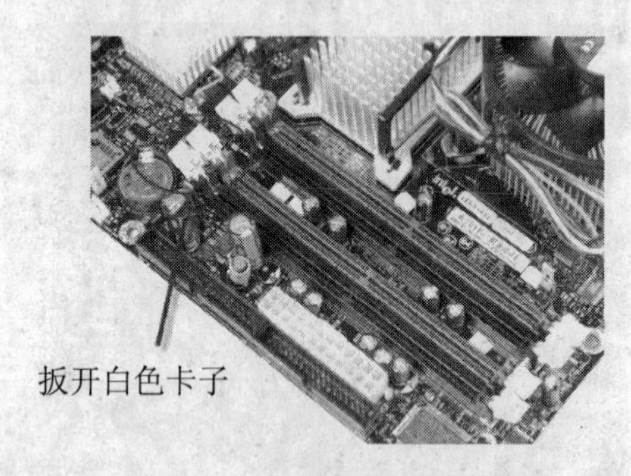

图 3-16 安装内存第一步

图 3-17 安装内存第二步

注意： 内存条的一个凹槽必须直线对准内存插槽上的一个凸点（隔断）。

3.2.5 安装主板

主板的安装很简单，将主板放入机箱中，通过机箱背部的主板挡板确定机箱安放到位，拧紧螺丝即可。图 3-18 为安装好的主板。

图 3-18 主板的安装

3.2.6 安装电源

先将电源放进机箱上的电源位，并将电源上的螺丝固定孔与机箱上的固定孔对正。然后再先拧上一颗螺钉（固定住电源即可），然后将最后 3 颗螺钉对正位置，再拧上剩下的螺钉即可，如图 3-19 所示为安装好的电源。

需要注意的是，在安装电源时，首先要做的就是将电源放入机箱内，这个过程中要注意电源放入的方向，有些电源有两个风扇，或者有一个排风口，则其中一个风扇或排风口应对着主板，放入后稍稍调整，让电源上的 4 颗螺钉和机箱上的固定孔分别对齐。

图 3-19　电源的安装

3.2.7　安装光驱

光驱的安装与电源安装基本相似，只需将光驱放入机箱上的光驱位置，拧紧螺丝。并安装好连接线即可。

3.2.8　安装显卡

安装显卡的操作步骤如下。

（1）关闭机箱电源。

（2）从机箱后壳上移除对应 AGP 插槽上的扩充挡板及螺丝。

（3）将显卡对准 AGP 插槽并插入到 AGP 插槽中。请注意：务必确认将卡上的金手指的金属触点与 AGP 插槽接触在一起。

（4）将螺丝锁上，以确保显卡固定在机箱壳上。

（5）将显示器上的 15-PIN 接脚 VGA 线插头插在显卡的 VGA 输出插头上。

（6）重新开启电源，即完成显卡的安装。

3.2.9　安装声卡

安装声卡的操作步骤如下。

（1）关闭机箱电源。

（2）找一个空余的 PCI 插槽，并从机箱后壳上移除对应 PCI 插槽上的扩充挡板及螺丝。

（3）将声卡小心地对准 PCI 插槽并插入 PCI 插槽中。注意：务必确认将卡上的金手指的金属触点与 PCI 插槽接触在一起。

（4）将螺丝锁上，以确保声卡固定在机箱壳上。

（5）重新开启电源，即完成了声卡的安装。

3.2.10　安装网卡

网卡的安装也很简单：先确认机箱电源在关闭的状态下，将网卡插入机箱的某个空闲的扩展槽中；上好螺钉并拧紧；最后，将做好的网线上的水晶头连接到网卡的RJ-45接口上即可。

3.3 日常维护

1. 整机（防尘、防高温、防磁、防潮、防静电、防震）

计算机应放置于整洁的房间，避免灰尘太多对各计算机配件造成不良影响；计算机周围应保留足够的散热空间，不要堆放杂物；计算机工作期间不要吸烟，烟雾对计算机的损坏也不可小看；计算机周围不要有强大磁场，音箱尽量不要放在显示器附近，也不要将磁盘、信用卡等放在音箱上面以防止被磁化；不要在电脑桌上放置茶杯，更不要将其置于主机、显示器、键盘之上，计算机工作时不要搬运主机箱或使其受到震动，主要不能给硬盘带来震动；计算机如果长期不使用，应该切断电源，但要定期开机运行一下，驱除其内的潮气。最重要的一点就是应该定期给计算机做清洁。

2. 显示器

显示器可以说是计算机最重要也是最贵的配件，同时也是一台PC组成部件中最晚被淘汰的产品，对它的维护显得更为重要。

（1）如果你的显示器屏幕不属于触摸屏那种，那么不要用手去摸显示器屏幕，因为你手上有很多你不知道的东西会对屏幕造成损害，比如说静电，计算机在使用过程中会在元器件表面积聚大量的静电电荷。最典型的就是显示器在使用后用手去触摸显示屏幕，会发生剧烈的静电放电现象，静电放电可能会损害显示器，特别是脆弱的LCD。比如油脂，现在的CRT屏幕表面一般涂有防强光、防静电的AGAS（Anti-GlareAnti-Static）涂层和防反射、防静电的ARAS（Anti-ReflectionAnti-Static）涂层，而你手上的油脂会破坏显示器表面的涂层。此外，在清洗CRT显示器屏幕的时候，不能用酒精，因为酒精会溶解这层特殊的涂层，最好用绒布或者拭镜纸来擦洗屏幕，最好不要用普通的纸巾。

（2）不要将具有强磁场的东西（比如音箱）置于显示器附近，但显示器不可避免地会受到各种电磁波的干扰，所以一般显示器都有消磁功能，我们应该定期（比如一个月）对显示器进行消磁，但注意同一时候不要反复使用这个功能。

（3）不要将杂物置于显示器之上，比如茶杯、重物、光盘、手机等，不要将显示器外壳的散热孔堵住。

（4）不要使显示器受到强光（比如太阳光）的照射，显示器不要调得太亮或对比度太强，以免显像管的灯丝和荧光粉过早老化。

（5）不要擅自拆开显示器，如果你不是专业人士，因为显示器内有高压电路。

（6）现在LCD越来越便宜，技术也越来越先进，所以使用它的人也越来越多，与CRT相比，LCD显得更为轻薄，所以也显得更脆弱（特别是它的液晶面板），用手对着LCD显示屏指指点点或用力地戳显示屏都是不可取的，虽然对于CRT显示器这不算什么大问题，但LCD显示器则不同，这可能对保护层造成划伤，损害显示器的液晶分子，使得显示效果大打折扣，因此这个坏习惯必须改正，毕竟你的LCD显示器并不是触摸屏，如果可以的话，建议花上十几块钱买张保护膜贴在LCD表面（可能感觉亮度变低）；另外，强烈的冲击和振动更应该避免，

LCD显示器中的屏幕和敏感的电器元件如果受到强烈冲击会导致损坏。对于LCD显示器，切记不要将水直接洒到显示屏表面上，水进入LCD将导致屏幕短路。不要使LCD长时间处于开机状态（连续72小时以上），过长时间的连续使用会使液晶面板发热、老化或元器件过热。

3. 主机

（1）不要打开机箱盖运行，的确打开机箱盖，能够使CPU凉快一些，但其导致的负面影响显得更大，机箱设计一般前后都开孔（注意不要把这些孔堵住了），是为了使机箱内部形成空气对流，使内部各个配件都能够得到散热，不要以为只有CPU才会发热,要知道没有不发热的电子产品，除了CPU，硬盘和光驱的发热量也不容小觑，现在的主流硬盘转速都达到了7200rpm，产生的热量非常高；还有光驱，你可以拿张光盘放进去运行1分钟，再拿出来摸一下温度，如果你把机箱盖打开，机箱内部失去对流，将会使得硬盘和光驱下部的电路板产生的热量变成向上升，热量散发不出去，更对机箱造成不利影响。打开机箱盖还会带来电磁辐射、噪声等危害，首先对你的身体健康不利，而且会使得机箱中的配件更加容易脏，带来静电的危害，并阻碍风扇的转动，其次也会给机箱内部的配件带来隐患，万一水洒到里面，后果不堪设想。

（2）不要用计算机主机来垫脚，这样会导致损坏硬盘。

（3）机箱内不可以混入螺丝钉等导电体，否则极容易造成机箱内的板卡短路，产生严重后果。

（4）当你想打开机箱面板对主机内的硬件进行维护维修时，应首先切断电源，并将手放在水管上一会儿，以放掉自身静电。先将主机与其他外设连线拔掉，拆开机箱，查查里面的设备是否有异常痕迹，及时用柔软的刷子或布料擦除机箱内的灰尘（主板、显卡、声卡、电源风扇等）。如果你对硬件较熟悉，建议定期把所有硬件插拔一次。

（5）主机内部杂乱的数据线、电源线可用橡皮筋扎起来，这样不但给人整洁的感觉，还方便主机散热。

4. 主板

一般如果不打开机箱，我们不太能够接触到主板，我所碰到最多的就是有些人在不知道的情况或者为了省事，常常在开机的情况下把PS/2接口的鼠标、键盘直接拔下或者插上，其实这很危险，轻则损坏接口（换一个也要几十块钱），重则烧毁相关芯片或电路板。普通计算机上，常用的只有USB接口和IEEE 1394火线接口才支持热插拔（就是可以在不关主机的情况下进行插拔）。另外，插拔接口应该平行水平面拔出，以防止接口产生物理变形。

5. 硬盘

相比较而言，硬盘属于很脆弱的一类，硬盘保护不好很容易出现问题，一方面，震动是最主要的凶手，所以在计算机运行时不要搬运主机；另外就是使用习惯，在硬盘高速运转的时候（机箱面板上红灯闪烁），千万不要重启计算机或者直接切断电源。如果卸下硬盘，正确拿硬盘的方法是握住其两侧，最好不要碰其背面的电路板，因为手上的静电可能损害电路板（特别是气候干燥的时候），运输硬盘时最好先套上防静电袋，然后用泡沫保护，尽量减少震动。

6. CPU

（1）现在主流CPU的运行频率已经够快了，没有必要再超频使用了，相反在夏天应该降频。另外，不必对CPU的温度太过敏感，一般来说，CPU在75° 以下都可以安全工作（通常认为安全工作温度=极限工作温度的80%）。

（2）说到CPU不能不说一下CPU风扇，一般人不太重视它，以为它不过是个风扇，但是它却是CPU的保护神。就目前主流CPU的发热水平，假设没有CPU风扇，CPU用不了几分钟就会被烧毁，所以我们平时应该时常注意CPU风扇的运行状况，还要不时清除风扇页片上的灰尘以及给风扇轴承添加润滑油。

（3）如果要安装CPU，注意CPU插座是有方向性的，插座上有两个角上各缺一个针脚孔，这与CPU是对应的。安装CPU散热器时，一定要先在CPU核心上均匀地涂上一层导热胶，不要涂太厚，以保证散热片和CPU核心充分接触，安装时不要用蛮力，以免压坏核心。安装好后，一定要接上风扇电源（主板上有CPU风扇的三针电源接口）。

（4）万一你的CPU风扇不幸坏了，更换新的时候最好选择原装CPU风扇或者正规厂家的，千万不要为了图便宜买没有品质的风扇。

7. 内存

（1）当只需要安装一根内存时，应首选和CPU插座接近的内存插座，这样做的好处是：当内存被CPU风扇带出的灰尘污染后可以清洁，而插座被污染后却极不容易清洁。

（2）关于内存混插问题，在升级内存时，尽量选择和你现有那条内存相同的内存，不要以为买新的主流内存会使你的计算机性能提高很多，相反可能出现很多问题。内存混插原则是：将低规范、低标准的内存插入第一内存插槽（即DIMM1）中。

（3）安装内存条时，DIMM槽的两旁都有一个卡齿，当内存缺口对位正确，且插接到位了之后，这两个卡齿应该自动将内存“咬”住。DDR内存金手指上只有一个缺口，缺口两边不对称，对应DIMM内存插槽上的一个凸棱，所以方向容易确定。而对于以前的SDR而言，则有两个缺口，也容易确定方向，不过SDR已经渐渐淡出市场。拔起内存的时候，也就只需向外搬动两个卡齿，内存即会自动从DIMM（或RIMM）槽中脱出。

（4）对于由灰尘引起的内存金手指、显卡氧化层故障，应该用橡皮或棉花沾上酒精清洗，这样就不会黑屏。

8. 驱动器（CD-ROM、CD-RW、DVD-ROM、COMBO、DVD-RW）

（1）驱动器要注意防震、防尘、防潮、散热。

（2）不要把光盘留在光驱里，因为光驱每隔一段时间就会进行检测，特别是刻录机，总是在不断地检测光驱，而高倍速光驱在工作时，电机及控制部件都会产生很高的热量，一方面会使整机温度升高，另一方面也加速了机械部件的磨损和激光头的老化。

（3）不要长时间使用驱动器（主要指用来看电影），建议先把影片复制到硬盘上，这样看起来也流畅，另外也可以使用虚拟光驱制作虚拟光盘。

（4）硬盘、光驱主从跳线要正确连接。在连接 IDE 设备时，遵循红红相对的原则，让电源线和数据线红色的边缘线相对，这样才不会因插反而烧坏硬件。IDE 线上一般都有防呆口，通常不会接反。

9．电源

（1）定期对电源盒进行除尘。电源盒中是灰尘最多的部件，还要定期给计算机风扇添加润滑油，避免风扇产生很大噪声。

（2）建议购买计算机时选择品质好的电源，日常生活中有些计算机莫名其妙地重启也跟电源有关系。

（3）计算机所使用的电源应与照明电源分开，特别注意不要和大功率的电器使用同一插座，计算机最好使用单独的插座（质量高一些的，不要用那些线很细的，而且不是很牢固的插座）。保持电源插座包括多用插孔的接触良好、位置摆放合理不易碰绊，尽可能杜绝意外掉电。如果条件允许，建议购买 UPS 或是稳压电源之类的设备，以保证为计算机提供洁净的电力供应。

10．鼠标

在所有的计算机配件中，鼠标最容易出故障。鼠标分为光电鼠标和机械鼠标。使用鼠标的注意事项如下。

（1）避免其他锐利或重物摔碰鼠标，不要强力拉拽导线，单击鼠标时不要用力过度，以免损坏弹性开关。

（2）使用普通的鼠标垫，不但使移动更平滑，也增加了橡皮球与鼠标垫之间的摩擦力，还能减少污垢通过橡皮球进入（机械）鼠标；如果条件允许，可买张更好的鼠标垫（有护腕的），这样长时间使用鼠标也不会感到手酸，当然姿势要正确。

（3）使用光电鼠标时，要注意保持鼠标垫的清洁，使其处于更好的感光状态，避免污垢附着在激光二极管和光敏三极管上，遮挡光线接收。光电鼠标勿在强光条件下使用，也不要在反光率高的鼠标垫下使用。

（4）键盘和鼠标可用湿布或沾少量酒精进行清洗，注意清洗完毕后必须晾干后方可与主机连接。清洗机械鼠标时，先打开背面的旋转盘，卸下橡皮球，主要清洗转轴上的污垢。而清洗光电鼠标时，主要清洗附着在激光二极管和光敏三极管上的污垢。

还有一点，不要在开机状态下对非 USB 接口的鼠标、键盘进行插拔，这样不仅对主板不好，对鼠标键盘也有害。

11．键盘

使用键盘的注意事项如下。

（1）不要将茶杯放在键盘上，一旦液体洒到键盘上，会产生接触不良、腐蚀电路等危害，造成短路等故障，损坏键盘。

（2）按键要注意力度，在按键的时候一定要注意力度适中，动作要轻柔，强烈的敲击会减少键盘的寿命，尤其在游戏过程中按键时更应该注意，不要使劲按键，以免损坏键帽。大力敲击回车键。

12．音箱

对于音箱，我们往往忽视了它的存在，或许不用看着它，动人的音乐就能传入我们的耳朵。我们应该感谢它给我们带来了听觉冲击，所以理应好好待它。这里介绍一些大家可能不知道的东西。

（1）正确设置声卡输出方式。一般使用集成 AC 97 声卡，机箱背面面板上有 3 个接口，普通使用的都是有源音箱，所以应该插入线路输出的接口（绿色），而红色的接口是接麦克风的，另外一个是线路输入（模拟输入）接口（蓝色）。

（2）在开机、关机、重启等操作时，应将音箱音量关至最小或将音箱电源关闭，防止大电流对音箱造成损害。

（3）不要使音箱长时间大音量工作，一方面对人的听觉不好，另外容易烧毁电源及放大电路。

（4）注意音箱的摆放。正确的方法应该是：以显示器为中心，左右对称摆放，并保证音箱喇叭正对使用者，低音炮方向性不强，位置可灵活一些；对于经常大音量使用的音箱，不要将音箱直接放在电脑桌上（尤其是低音炮），以免与电脑桌产生共振造成失真，同时较大的震动对高速运转的硬盘、光驱也是有害的。

13．U 盘和移动硬盘

随着 U 盘价格的大幅下降，在学生群中拥有它们的人越来越多，可以说已经替代软驱（软盘）成为新的可移动存储介质。它的优点是：体积小，容量大，工作稳定，易于保管。而且 U 盘的抗震性较好，不足之处就是不正确的使用方法以及静电容易损害它，尤其注意的是要退出 U 盘程序后再拔出它。

移动硬盘是容量更大的可移动存储，内部采用微硬盘，对学生而言，目前它的市场价格还是偏高（相对于硬盘价格），移动硬盘的体积要小些（但还是比 U 盘大得多），而且它的抗震性也比硬盘好，但也不要以为它是摔不坏的，特别是它工作的时候最好也不要移动它。

14．硬件其他维护常识

（1）正确的开机方法是，先开启外设（显示器、打印机、UPS 等），再开启主机，因为外设（特别是 CRT）在启动时一般会产生高压（继而形成大电流），冲击主板 CPU 芯片。

（2）正确的关机方法是，待彻底关闭主机后，再断开外围设备的启动开关，再断开总电源开关。如果无法进行软关机，按住启动键 3～5 秒也可以关闭主机（硬盘还在高速运转的时候不要采用这种方法）。

注意：关机后不要立刻重新开机。首先，过大的脉冲电流冲击会损伤内部设备。其次，现在的硬盘都是高速硬盘，从切断电源到盘片还没有完全停止转动，重新开机使硬盘在减速时突然加速，对硬盘不利（在硬盘高速运转时突然关机或重启使硬盘突然减速也对硬盘不利）。最后一点，万一出现雷雨天气或断电、电压不稳定等情况，最好不要打开计算机。

（3）对于新配备的计算机，有些装机工程师为了图方便，安装硬盘、驱动器的固定螺丝只安一半，建议把空的都装上，防止长期使用后固定螺丝变松（因为硬盘、驱动器运转会产生震动）。

（4）应妥善保管计算机各种板卡及外设的驱动光盘及说明书，尤其是主板说明书。

（5）格式化（硬盘、U 盘、移动硬盘）以及恢复升级 BIOS 时，要保证不能断电。

3.4 常见故障及解决方法

从 PC 诞生到现在，计算机经过了无数次的更新换代。随着各项技术的不断突破，计算机作为一个奢侈品的时代已一去不返，它已经从商务应用过渡到了娱乐休闲，走入了寻常百姓家；计算机从原本单纯的专业使用变成了目前的大众家庭娱乐中心。但在计算机给我们带来方便的同时，也带来了不少烦恼。比如死机、重启、黑屏等故障就经常困扰着不少朋友。当计算机出故障时，不少用户只能将自己的计算机送去维修，废时废力不说，还得付上高额的维修费。而实际上，许多故障往往可以自行解决，下面就来介绍常见故障及其解决方法。

1. 死机

死机是计算机的常见故障之一，每个使用过计算机的人几乎都遇到过死机现象，计算机的死机确实是一件很烦人的事，有时还会给用户带来不小的损失。造成死机的最常见硬件故障就是因为 CPU 散热器出现问题，CPU 过热所致。

检测方法：检测这个故障的方法也很简单，首先将计算机平放在地上后，打开计算机，观察 CPU 散热器扇叶是否在旋转，如果扇叶完全不转，故障确认。有时候，CPU 风扇出现故障，但却没有完全停止转动，由于转数过小，所以同样起不到良好的散热作用。检测这种情况时笔者常用的一个方法是：将食指轻轻地放在 CPU 风扇上（注意，不要把指甲放到风扇上），如果有打手的感觉，证明风扇运行良好；如果手指放上去，风扇就不转了，则风扇故障确认。

解决方案：更换 CPU 散热器。

其他造成死机的常见硬件故障：显卡、电源散热器出现问题，过热所致。

检测方法：完全可以用上述方法来检测显卡散热器，在这里不再赘述。电源散热风扇故障的检测方法稍有不同，将手心平放在电源后部，如果感觉吹出的风有力，不是很热，证明正常；如果感觉吹出的风很热，或是根本感觉不到风，证明有问题。

解决方案：显卡问题可以直接更换显卡风扇；电源风扇虽然在内部，但同样可拆开自行更换，所需要由只是一把螺丝刀而已。

2. 重启

计算机在正常使用情况下无故重启，同样是常见故障之一。需要提前指出的一点是：就算没有软、硬件故障的计算机，偶尔也会因为系统 BUG 或非法操作而重启，所以偶尔一两次的重启并不一定是计算机出了故障。

造成重启的最常见硬件故障：CPU 风扇转速过低或 CPU 过热。

一般来说，CPU 风扇转速过低或过热只能造成计算机死机，但由于目前市场上大部分主板均有 CPU 风扇转速过低和 CPU 过热保护功能（各个主板厂商的叫法不同，其实都是这个意思）。它的作用就是：如果在系统运行的过程中，检测到 CPU 风扇转速低于某一数值，或是 CPU 温度超过某一度数，计算机自动重启。这样，如果计算机开启了这项功能，CPU 风扇一旦出现问题，计算机就会在使用一段时间后不断重启。

检测方法：将 BIOS 恢复为默认设置，关闭上述保护功能，如果计算机不再重启，就可以确认故障源。

解决方案：同样为更换 CPU 散热器。

造成重启的常见硬件故障：主板电容爆浆。

计算机在长时间使用后，部分质量较差的主板电容会爆浆。如果是只是轻微爆浆，计算机依然可以正常使用，但随着主板电容爆浆的严重化，主板会变得越来越不稳定，出现重启的故障。

检测方法：将机箱平放，看主板上的电容，正常电容的顶部是完全平的，部分电容会有点内凹；但爆浆后的电容是凸起的。

解决方案：拆开计算机，拿到专门维修站点去维修，一般更换主板供电部分电容即可。

如果是某一次非法关机后或是磕碰计算机后，计算机可以通过硬件自检的过程，但在进入操作系统的过程中重启，并且一再反复的话，就要考虑是否是硬盘问题。

检测方法：使用任何一种“磁盘坏道修复程序”就可以查出是否是硬盘出了故障。

解决方案：使用“HDD Regenerator Shell 硬盘坏道修复工具”之类的软件进行修复。需要提醒大家的是，在使用修复工具前，需备份硬盘数据。在使用 HDD 修复完后，再使用“磁盘坏道修复程序”检测一下，90%以上的硬盘可以完全修复。如果这时检查你的硬盘依然有坏道，建议你更换一块新硬盘。

3. 开机无响应

经常使用计算机的朋友应该会碰到这种情况，开机时按下电源按钮后，计算机无响应，显示器黑屏不亮。除去那些傻瓜式的故障原因（如显示器、主机电源没插好，显示器与主板信号接口处脱落）外，常见的故障原因如下：一是开机后 CPU 风扇运转但黑屏，二是按开机键 CPU 风扇不转。下面先来分析比较简单的第一种情况。

“开机后 CPU 风扇运转但黑屏”的故障原因一般可以通过主板 BIOS 报警音来区分，这里将常用主板 BIOS 报警音的意义列在下面。开机时按 Del 键即可进入 BIOS 界面，如图 3-20 所示。

一般计算机的 BIOS 是 AWARD，所以在这里只列这种 BIOS 的报警音含义。

- **1 短**：系统正常开机。
- **2 短**：常规错误，请进入 CMOS SETUP 重新设置不正确的选项。
- **1 长 1 短**：RAM 或主板出错。
- **1 长 2 短**：显卡错误（常见）。
- **1 长 3 短**：键盘控制器错误。
- **1 长 9 短**：BIOS 损坏。
- **不断地响（长声）**：内存插不稳或损坏（常见）。
- **不停地响**：电源、显示器未和显示卡连接好。

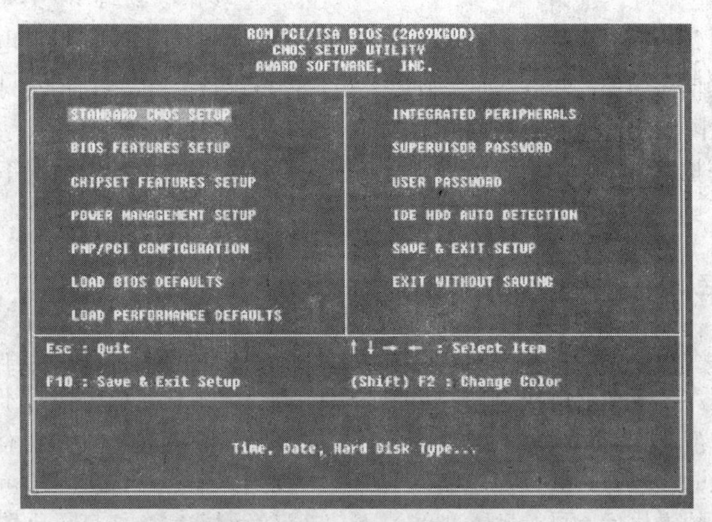

图 3-20 AWARD BIOS 设置界面

- **重复短响**：电源问题，需要换个电源。

如果你的计算机的 BIOS 报警音属于上文报警音中之一，你就可以“头疼医头，脚痛医脚”了。注意在上文中标出的两个“常见”项，这两项故障一般可以通过将配件拔下，用橡皮擦干净金手指重新安装来解决。90%以上的这两种故障可以通过上述方式解决。还有时开机后，主板 BIOS 报警音没有响。这时，就需要注意主板硬盘指示灯（主机上显眼处红色的那个），如果一闪一闪的（间隔不定），像是不断地在读取硬盘数据，正常启动的样子，那就将检查的重点放在显示器上。如果确定是显示器的问题，就只能维修。

注意：普通用户不要自行打开显示器后盖进行维修，里面有高压电。如果主板硬盘指示灯长亮，或是长暗的话，就要将检查的重点放在主机上。可以试着将内存、显卡、硬盘等配件逐一插拔的方式来确认故障源。如果全部试过后，计算机故障依然没有解决，就只能维修。估计故障是 CPU 或主板物理损坏。

下面分析“按开机键 CPU 风扇不转”的故障原因。这种故障可以说是最难处理的，尤其是在没有任何专业设备的情况下。笔者只能根据以往的维修经验给出一些确实可行的检验步骤。注意，以下的每一步骤全都是笔者曾经见到的实际故障案例。

（1）检查电源和重启按键是不是出了物理故障，最常见的是按下去起不来，两个按键的任一个出现这种问题，均可以造成计算机无法正常开机。解决方法只能维修或更换机箱，由于机箱集成在机箱内部，普通用户很难修理。

（2）打开机箱，将主板 BIOS 电源拔下，稍等一会，再重新安上，看计算机是否可以正常运行。

（3）将主板与机箱的连接线全部拔下，用螺丝刀碰触主板电源控制针（由于有许多针，电源控制针的确认请参照主板说明书，不要乱碰，会烧坏主板的），如果正常开机，证明是机箱开机和重启键的问题。解决方法同上。

（4）将电源和主板、光驱、硬盘、软驱等设备相互之间的数据和电源线全部拔下，将主板背板所有设备，如显示器、网线、鼠标、键盘也全部拔下，吹干主板电源插座和电源插头上的灰尘后重新插上，开机。如果可以开机，再将设备一件一件插上，以确认故障源。确认后更新出故障的配件即可解决问题。

以上步骤全部试完了，依然不能确定故障源的话，在现在设备的情况下，已经不能确定故障源所在，只能对计算机主机进行维修。估计故障是电源或主板烧毁。

4. 显示器色斑

CRT 显示器全屏、一个角或是一小块地方出现色斑，可以说并不是一个大故障，计算机仍然可以使用。至于如何解决，其实也很简单，查找一下计算机旁边是不是有什么强磁场的东西（如音箱、电视、磁铁等），将它移开；如果不能确定是哪件东西有强磁场，可以选择将显示器移开。然后再选择显示器调节菜单，找到“消磁”选项，即可消磁。有时候显示器受到强磁的磁化后，显示器本身的消磁功能已经不能完全修复显示器的偏色问题。这时，只能使用“消磁棒”来对显示器消磁，“消磁棒”并不是什么贵重物品，一般计算机城、维修设备部都有售。最后，需要提醒大家的是，如果经常对计算机进行消磁的话，尤其是长时间多次使用“消磁棒”对计算机进行消磁的话，会加速 CRT 显示器老化，所以不要觉得好玩就一直对着显示器使用。

3.5 练 习 题

1. 填空题

（1）计算机由五部分组成，分别为__________，__________，__________，__________，__________。

（2）常用的输入设备是鼠标，__________，__________，__________，________，__________ 等。

（3）常用的输出设备是显示器，__________，__________，__________等。

（4）CPU 从封装形式看可分为__________和__________。

（5）内存的速度用__________来表示。

2. 选择题

（1）在下面关于计算机系统硬件的说法中，不正确的是______。

A. CPU 主要由运算器、控制器和寄存器组成

B. 当关闭计算机电源后，RAM 中的程序和数据就消失了

C. 软盘和硬盘上的数据均可由 CPU 直接存取

D. 软盘和硬盘驱动器既属于输入设备，又属于输出设备

（2）计算机内存分为______两种。

A. 硬盘和软盘　　B. ROM 和软盘

C. RAM 和硬盘　　D. ROM 和 RAM

（3）微机的核心部件是______。

A. CPU　　B. 显示器　　C. 硬盘　　D. 键盘

（4）以下属于输入设备的是______。

A．鼠标器　B．打印机　C．显示器　D．绘图仪

（5）下列设备中存取信息速度最快的是______。

A．硬盘　B．软盘　C．光盘　D．内存

3．问答题

（1）计算机硬件由哪几个功能部件组成？简述每个部件的主要功能。

（2）计算机存储器分为内存和外存，简述它们之间的主要区别。

（3）CPU 的性能指标主要有哪些？简述它们的含义。

（4）列举计算机常用的输入及输出设备。

（5）系统主板主要包括了哪些部件？

第4章

Windows XP 操作系统

操作系统（Operating System，OS）传统上是负责对计算机硬件直接控制及管理的系统软件。操作系统的功能一般包括处理器管理、存储管理、文件管理、设备管理和作业管理等。当多个程序同时运行时，操作系统负责规划以优化每个程序的处理时间。

本章主要内容

- 操作系统的分类
- 操作系统的功能
- Windows 操作系统的发展
- Windows XP 的安装
- Windows XP 的基本操作
- 文件和文件夹的管理
- 磁盘的管理
- 使用控制面板进行自定义设置
- 软件的安装和卸载
- 输入法的安装和使用
- 字体的安装和使用

4.1 操作系统概述

操作系统是计算机软件系统中最基本、最重要的系统软件，它控制和管理着计算机的软、硬件资源，合理地组织安排计算机的工作流程，提供给用户方便使用计算机的接口。可见，操作系统扮演了一个全能管家的角色。

4.1.1 操作系统的分类

根据用户界面的使用环境和功能特征的不同，操作系统一般可分为 3 种基本类型，即批处理系统、分时系统和实时系统；随着计算机体系结构的发展，又出现了许多种类型的操作系统，包括分布式操作系统、个人操作系统、网络操作系统和嵌入式操作系统等。

1．批处理操作系统

批处理操作系统追求的目标是提高系统资源利用率和作业吞吐率。批处理操作系统的基本工作原理是首先用户将作业交给系统操作员，系统操作员在收到作业后，并不立即将作业输入计算机，而是当收到一定数量的用户作业之后将这些作业组成一批，然后再将这批作业输入到计算机中。

依据系统的复杂程度和出现时间的先后，可以把批处理操作系统分类为简单批处理系统和多道批处理系统。

简单批处理系统是在操作系统发展的早期出现的，因此它有时被称为早期批处理系统，也称为监控程序。其设计思想是在监控程序启动之前，操作员有选择地把若干作业合并成一批作业，将这批作业安装在输入设备上。然后启动监控程序，监控程序将自动控制这批作业的执行。

在多道批处理系统中，关键技术就是多道程序运行、假脱机（Spooling）技术等。Spooling技术的全称是“同时的外部设备联机操作”，在输入和输出之间增加了“输入井”和“输出井”的排队转储环节。它的特点如下：

（1）提高了I/O速度。从对低速I/O设备进行的I/O操作变为对输入井或输出井的操作，如同脱机操作一样，提高了I/O速度，缓和了CPU与低速I/O设备速度不匹配的矛盾。

（2）在输入井或输出井中,分配给进程的是一个存储区和一张I/O请求表，设备并没有分配给任何进程。

（3）实现了虚拟设备功能。多个进程同时使用一个独享设备,但是每一个进程都认为自己独占这一设备,不过该设备是逻辑上的设备。

2．分时操作系统

分时操作系统出现在批处理操作系统之后，它的出现弥补了批处理方式不能向用户提供交互式快速服务的缺点，它的目标是及时响应用户输入的交互命令。分时操作系统将CPU的时间划分成若干个小片段，称为时间片。操作系统以时间片为单位，轮流为每个终端用户服务。

在分时系统中，一台计算机主机连接了若干个终端，每个终端可由一个用户使用。用户通过终端交互式地向系统提出命令请求，系统接受用户的命令之后，采用时间片轮转方式处理服务请求，并通过交互方式在终端上向用户显示结果。用户根据系统送回的处理结果发出下一道交互命令。

分时操作系统的主要特点有多路性、交互性、独占性和及时性。

（1）多路性。

多路性是指有多个用户在同时使用一台计算机。

（2）交互性。

交互性是指用户根据系统响应的结果提出下一个请求。

（3）独占性。

独占性是指用户感觉不到计算机在为其他人服务，就好像整个系统为他一个人所独占一样。

（4）及时性。

及时性是指系统能够对用户提出的请求及时给予响应。

3. 实时操作系统

实时操作系统（Real Time Operating System）是指使计算机能在规定的时间内，及时响应外部事件的请求，同时完成该事件的处理，并能够控制所有实时设备和实时任务协调一致地工作的操作系统。实时操作系统的主要目标是：在严格的时间范围内，对外部请求作出反应，系统具有高度可靠性。

实时操作系统主要有两类。第一类是硬实时系统。硬实时系统对关键外部事件的响应和处理时间有着极严格的要求，系统必须满足这种严格的时间要求，否则会产生严重的不良后果。第二类是软实时系统。软实时系统对事件的响应和处理时间有一定的时间范围要求。不能满足相关的要求会影响系统的服务质量，但是通常不会引发灾难性的后果。

实时系统为了能够实现硬实时或软实时的要求，除了具有多道程序系统的基本能力外，还需要有以下几方面的能力。

（1）实时时钟管理。

实时系统的目标是对实时任务能够进行实时处理。实时任务根据时间要求可以分为两类：第一类是定时任务，它依据用户的定时启动并按照严格的时间间隔重复运行；第二类是延时任务，它允许被延后执行，但是会有一个严格的时间界限。

（2）过载防护。

实时系统在出现过载现象时，要有能力在大量突发的实时任务中，迅速分析判断并找出最重要的实时任务，然后通过抛弃或者延后次要任务以保证最重要任务成功的执行。

（3）高可靠性。

高可靠性是实时系统的设计目标之一。实时操作系统的任何故障都有可能对整个应用系统带来极大的危害，因此实时操作系统需要有很强的健壮性和坚固性。

4. 分布式操作系统

分布式操作系统（Distrbuted Operating System）是为分布式计算机系统配置的一种操作系统，可以获得极高的运算能力及广泛的数据共享。分布式系统的优点在于分布式和可靠性，分布式系统可以以较低的成本获得较高的运算性能。

分布式操作系统具备以下一些特征。

（1）分布式操作系统是一个统一的操作系统，在系统中的所有主机使用的是同一个操作系统。

（2）实现资源的深度共享。

（3）透明性。在网络操作系统中，用户能够清晰地感觉到本地主机和非本地主机之间的区别。

（4）自治性。即处于分布式系统中的各个主机都处于平等的地位，各个主机之间没有主从关系，一个主机的失效一般不会影响整个分布式系统。

5. 个人操作系统

个人计算机操作系统是一种单用户多任务的操作系统。主要供个人使用，它的功能强大，价格便宜，可以在几乎任何地方安装使用。个人计算机操作系统能满足一般人操作、学习、游戏等方面的需求，它的主要特点是在某一时间内为单个用户服务，并且采用图形界面、人机交互的工作方式，界面友好，使用方便。

6. 网络操作系统

网络操作系统（Network Operating System）是基于计算机网络的、在各种计算机操作系统之上按网络体系结构协议标准设计开发的软件，它包括网络管理、通信、安全、资源共享和各种网络应用。网络操作系统主要是为计算机网络配备的，其目标是相互通信及资源共享。

7. 嵌入式操作系统

嵌入式操作系统（Embedded Operating System）是运行在嵌入式系统环境中，对整个嵌入式系统以及它所操作、控制的各种部件装置等资源进行统一协调、调度、指挥和控制的系统软件，它能使整个系统高效地运行。

4.1.2　操作系统的功能

在没有安装任何软件之前，计算机被称为“裸机”，无法进行工作。操作系统通常是最靠近硬件的一层系统软件，是系统软件的核心。它把硬件裸机改造成为功能完善的一台虚拟机，使得计算机系统的使用和管理更加方便，计算机资源的利用效率更高，上层的应用程序可以获得比硬件提供的功能更多的支持。可以通过操作系统管理和控制其他的系统软件、硬件和系统资源的大型程序，它是用户和计算机进行交互的接口。

从资源管理的角度出发，可以将操作系统的功能归纳为处理器管理、设备管理、存储管理和文件管理。

1. 处理器管理

由于处理器管理的功能比较复杂，所以一般又将处理器管理分为作业管理和进程管理两个部分。

（1）作业管理（Job Management）。

作业管理包括任务管理、界面管理、人机交互、图形界面、语音控制和虚拟现实等。它的任务是为用户提供一个使用系统的良好环境，使用户能有效地组织自己的工作流程。用户要求计算机处理的某项工作称为一个作业，一个作业包括程序、数据以及解题的控制步骤。用户一方面使用作业管理提供的“作业控制语言”来书写自己控制作业执行的操作说明书；另一方面使用作业管理提供的“命令语言”与计算机资源进行交互活动，请求系统服务。

（2）进程管理（Process Management）。

进程是一个具有一定独立功能的程序关于某个数据集合的一次运行活动。进程管理又称处理机管理，主要是对中央处理机（CPU）进行动态管理。进程管理实质上是对处理机执行“时间”的管理，即如何将CPU真正合理地分配给每个任务。由于CPU的工作速度要比其他硬件快得多，而且任何程序只有占有了CPU才能运行，因此，CPU是计算机系统中最重要、最宝贵、竞争最激烈硬件资源。

操作系统采用多道程序设计技术（MultiProgramming）来提高CPU的利用率，当多道程序并发运行时，引进进程的概念（将一个程序分为多个处理模块，进程是程序运行的动态过程）。通过进程管理，协调（Coordinate）多道程序之间的CPU分配调度、冲突处理及资源回收等关系。

2．设备管理（Device Management）

设备管理实际上就是对计算机硬件的管理，包括对输入/输出设备的分配、启动、回收和完成。设备管理主要负责管理计算机系统中除了中央处理机（CPU）和主存储器以外的其他硬件资源，是系统中最具有多样性和变化性的部分，也是系统重要的资源。

操作系统对设备的管理主要体现在两个方面。

（1）它提供了用户和外设的接口。用户只需通过键盘命令或程序向操作系统提出申请，就可以通过操作系统中的设备管理程序实现外部设备的分配、启动、回收和故障处理。

（2）为了提高设备的效率和利用率，操作系统还采取了缓冲技术和虚拟设备技术，尽可能使外设与处理器并行工作，以解决快速CPU与慢速外设的矛盾。

3．存储管理（Memory Management）

存储管理实际上是对存储空间进行管理，主要是对内存的管理。只有被装入主存储器的程序才有可能去竞争中央处理机，因此，有效地利用主存储器可以保证多道程序设计技术的实现，也能保证中央处理机的使用效率。

存储管理就是要根据用户程序的要求为用户分配主存储区域。当有多个程序同时需要使用有限的内存资源时，操作系统就按某种分配原则，为每个程序分配内存空间，使各用户的程序和数据彼此隔离，互不干扰；当某个用户程序工作结束时，要及时收回它所占用的主存区域，以便再装入其他程序。另外，操作系统利用虚拟内存技术，把内、外存结合起来，共同管理。

4．文件管理（File Management）

将逻辑上有完整意义的信息资源（程序和数据）以文件的形式存放在外存储器（磁盘、磁带）上并赋予一个名字，这就形成了一个文件。

文件管理是操作系统对计算机系统中软件资源的管理。通常由操作系统中的文件系统来完成这一功能。文件系统是由文件、管理文件的软件和相应的数据结构组成。

文件管理能有效地支持对文件的存储、检索和修改等操作，解决文件的共享、保密和保护问题，并且提供方便的用户界面，用户可以按名称存取，一方面，使得用户不必考虑文件如何保存以及存放的位置，但同时也要求用户按照操作系统规定的步骤使用文件。

4.2 Windows XP 操作系统

Windows XP 是 Microsoft 公司于 2002 年发布的综合升级 Windows 2000 和 Windows NT 内核代码的新操作系统，该操作系统不仅具备了 Windows 2000 Professional 的所有优点，还通过其强劲的核心代码扩展了这些功能。这一特点使这款全新的操作系统在兼容性、可移动性、可靠性和易管理性等方面表现得尤为出色。自发布以后，该系统便受到广大用户的喜爱，现已成为最常用的操作系统。

4.2.1 Windows 系统的发展

1983 年 11 月，Microsoft 公司 宣布新产品推出其：Windows 操作系统，Microsoft 公司的此番公告代表了 MS-DOS 时代将逐渐终结。而 Microsoft 公司之所以青睐 GUI 系统，正因为当时苹果公司的第一个 GUI 操作系统 Apple Lisa 在该年诞生，虽然当时的 GUI 系统相当不完善，但商业触觉敏锐的微软公司准确地预感到 GUI 将成为未来操作系统的潮流，所以开始把目光从当时如日中天的 MS-DOS 系统转向了 Windows 系统，Windows 王朝正式拉开了序幕。

1985 年 11 月，Microsoft Windows 1.0 发布，当时被人们所青睐的 GUI 平台是 GEM 及 Desqview/X，因此用户对 Windows 1.0 的评价并不高。

1987 年 12 月 9 日，Windows 2.0 发布，这个版本的 Windows 图形界面有不少地方借鉴了同期的 Mac OS 中的一些设计理念，但这个版本依然没有获得用户认同。之后又推出了 Windows 286 和 Windows 386 版本有所改进，并为之后的 Windows 3.0 的成功作好了技术铺垫。

1990 年 5 月 22 日，Windows 3.0 正式发布，由于在界面、人性化、内存管理多方面的巨大改进，终于获得了用户的认同。之后 Microsoft 公司趁热打铁，于 1991 年 10 月发布了 Windows 3.0 的多语言版本，为 Windows 在非英语母语国家的推广起到了重大作用。1992 年 4 月，Windows 3.1 发布了，在最初发布的 2 个月内，销售量就超过了一百万份，至此，微软公司的资本积累和研究开发进入了良性循环。

1992 年 10 月，Windows for Workgroups 3.1 发布。1993 年 Windows NT 3.1 发布，这个产品是基于 OS/2 NT 的基础编制的，由 Morosoft 公司和 IBM 联合研制。二者的协作后来分开了，Microsoft 公司则把这个软件的名称改为它们的版本 MS Windows NT，把主要的 API 改为 32 位的版本。微软公司从数字设备公司（Digital Equipment Corporation）雇佣了一批人员来开发这个新系统。这个系统的很多元素反映了早期的带有 VMS 和 RSX-11 的 DEC 概念。由于是第一款真正面向服务器市场的产品，所以在稳定性方面比桌面操作系统更为出色。

1994 年，Windows 3.2 的中文版本发布，相信国内有不少 Windows 的先驱用户就是从这个版本开始接触 Windows 系统的；由于消除了语言障碍，降低了学习门槛，因此很快在国内流行了起来。

1995 年 8 月，Windows 95 发布。当时 Microsoft 以强大的攻势对其进行发布，出色的多媒体特性、人性化的操作、美观的界面令 Windows 95 获得空前成功。业界也将 Windows 95

的推出看作是微软发展的一个重要里程碑。

1996年8月，Windows NT 4.0发布，增加了许多对应管理方面的特性，稳定性也相当不错，这个版本的Windows软件至今仍被不少公司使用。同年11月，Windows CE 1.0发布；这个版本是为各种嵌入式系统和产品设计的一种压缩的、具有高效的、可升级的操作系统（OS）。其多线性、多任务、全优先的操作系统环境是专门针对资源有限而设计的。这种模块化设计使嵌入式系统开发者和应用开发者能够定做各种产品，例如家用电器，专门的工业控制器和嵌入式通信设备。微软的战线从桌面系统杀到了服务器市场，又转攻到嵌入式行业。至此，Microsoft公司帝国的雏形基本已经形成。

1998年，Windows 98发布。这个新的系统是基于Windows 95编写的，它改良了硬件标准的支持，例如MMX和AGP。其他特性包括对FAT32文件系统的支持、多显示器、Web TV的支持和整合到Windows图形用户界面的Internet Explorer，称为活动桌面（Active Desktop），它改进了用户界面，支持新的硬件标准，增强了网络方面的功能，支持多种操作途径以及完善的“即插即用”技术。

2001年10月25日，Windows XP发布。Windows XP是Microsoft公司把所有用户要求合成一个操作系统的尝试，和以前的Windows桌面系统相比稳定性有所提高。微软把很多以前是由第三方提供的软件整合到操作系统中，包括防火墙、媒体播放器（Windows Media Player），即时通信软件（Windows Messenger），以及它与Microsoft Passport网络服务的紧密结合。

2003年4月，Windows Server 2003发布；对活动目录、组策略操作和管理、磁盘管理等面向服务器的功能作了较大改进，对.net技术的完善支持进一步扩展了服务器的应用范围。

2006年11月，Microsoft公司发布Windows Vista操作系统，实现了技术与应用的创新，在安全可靠、简单清晰、互联互通。以及多媒体方面体现出了全新的构想，努力地帮助用户实现工作效益的最大化。

4.2.2 Windows XP的安装

1. 硬件要求

要安装Windows XP系统，必须满足以下的最低配置要求：

- Pentium 233MHz或以上的处理器；
- 64MB或者以上的内存；
- 1.5GB或者以上的硬盘空间。

2. 磁盘分区及格式化

所谓分区，就是将一个物理硬盘分成好几个逻辑硬盘，这样，在用户使用计算机的过程中，这几个逻辑硬盘在形式上就像几个物理硬盘，它们之间的文件互不影响，分类和管理都很方便。

创建分区是按照创建主分区、创建扩展分区、创建逻辑分区的顺序进行的，具体操作步骤如下：

将启动盘插入软驱，打开计算机电源，从软盘启动计算机。

启动完毕后，在提示符下输入 Fdisk，按回车键运行 Fdisk 分区工具，如图 4-1 所示。

如果硬盘容量大于 512MB，那么在进入程序主菜单前会询问是否要选择支持大硬盘模式。此时一般选择 YES，或者直接按回车键就选定了支持大硬盘的模式。

随后进入程序主菜单，该菜单提供了 4 个选项，如图 4-2 所示。

图 4-1　运行 Fdisk.exe

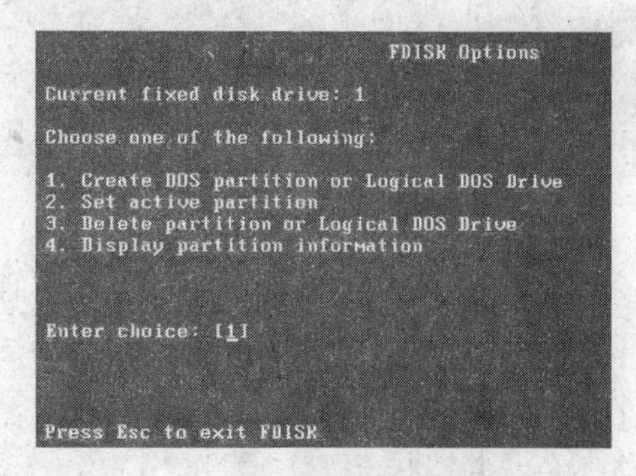

图 4-2　Fdisk 主菜单

- **Create DOS partition or Logical DOS Drive**：创建 DOS 分区或逻辑驱动器。
- **Set active partition**：激活分区，只有在主分区被激活后，系统才能从该分区启动，一般情况下是将 C 驱动器激活。
- **Delete partition or Logical DOS Drive**：删除 DOS 分区或逻辑驱动器。
- **Display partition information**：显示硬盘的分区信息。

按 1 键选择第 1 个选项，然后按回车键，进入 Create DOS Partition or Logical DOS Drive（创建 DOS 分区或逻辑驱动器）界面，如图 4-3 所示。该界面有 3 个选项，第 1 个选项用于创建 DOS 主分区，第 2 个选项用于创建扩展分区，第 3 个选项用于创建逻辑分区。

```
Create DOS Partition or Logical DOS Drive

Current fixed disk drive: 1

Choose one of the following:

1. Create Primary DOS Partition
2. Create Extended DOS Partition
3. Create Logical DOS Drive(s) in the Extended DOS Partition

Enter choice: [1]
```

图 4-3　创建分区界面

按 1 键选择第 1 个选项，然后按回车键，进入 Create Primary DOS Partition（创建主 DOS 分区）界面，如图 4-4 所示。系统会询问是否希望将整个硬盘空间作为主分区并激活，默认值是 Y（即“是”）。随着硬盘容量的日益增大，很少有人将硬盘只分一个区，所以按 N 键（即“否”），然后按回车键。

随后进入如图 4-5 所示的界面，系统会显示硬盘的总容量，并询问为主分区划分多大的空间。用户可以利用键盘数字键输入要分配给主分区的空间，例如 2047 就代表分配给主分区 2047MB 的空间。

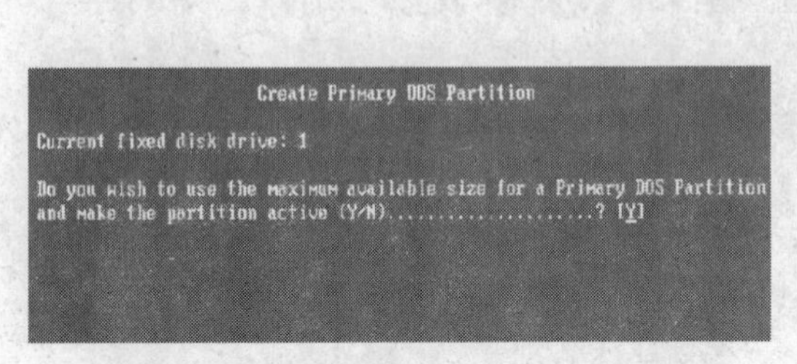

图 4-4　是否将所有硬盘空间划分为主分区

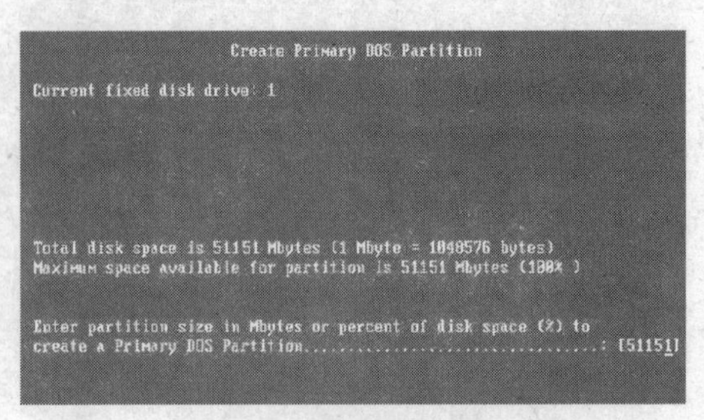

图 4-5　输入主分区的大小

输入后按回车键，界面显示如图 4-6 所示。界面上方显示了主分区的空间大小以及剩余的硬盘空间，下方则询问要把多大的空间划分给扩展分区。在这里，用户可以将所有剩余的硬盘空间分为扩展分区，否则就会莫名其妙地丢失一部分硬盘空间。输入剩余空间的最大数值，并按回车键。

按 Esc 键，系统检测了硬盘的剩余空间后，会要求用户创建第 1 个逻辑分区，即操作系统中的 D 盘驱动器。逻辑分区在扩展分区中划分，在此输入第 1 个逻辑分区的大小或百分比，最高不超过扩展分区的大小，如图 4-7 所示。

输入数值后按回车键确定，此时系统会提示用户继续划分第 2 个逻辑分区，用同样的方法输入数值，按回车键确定。重复上述操作，直到将整个扩展分区的空间全部划分为逻辑分区。

Create Extended DOS Partition
Current fixed disk drive: 1
Partition Status Type Volume Label Mbytes System Usage
C: 1 PRI DOS 3038 UNKNOWN 6%
Total disk space is 51151 Mbytes (1 Mbyte = 1048576 bytes)
Maximum space available for partition is 48195 Mbytes (94%)
Enter partition size in Mbytes or percent of disk space (%) to
create an Extended DOS Partition..............................: [48195]

图 4-6　输入扩展分区的大小

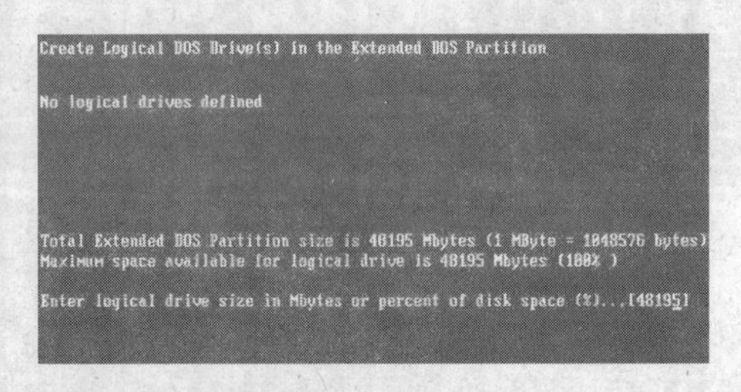

图 4-7　输入逻辑分区的大小

输入数值后按回车键确定，此时系统会提示用户继续划分第 2 个逻辑分区，用同样的方法输入数值，按回车键确定。重复上述操作，直到将整个扩展分区的空间全部划分为逻辑分区。

所有的逻辑驱动器设置完毕以后，按 Esc 键回到主菜单。按 2 键选择 Set active partition 选项，按回车键，在打开的界面中按 1 键，并按回车键确定，即将主分区激活。这样用户就可通过 C 盘来引导系统。全部分区创建完毕之后，系统会提醒需要重新启动计算机分区设置才能生效。

3. 开始安装

(1)将安装光盘放进光驱，首先出现的是如图 4-8 所示的界面，选择“开始安装 Microsoft

Windows XP”。

（2） 根据屏幕的提示进行操作，直到安装完成。

如果是新硬盘或者刚刚被格式化，那么将光盘放进光驱之后，可能不会出现图 4-8 所示的界面，此时需要重启计算机，修改 CMOS 参数，更改引导顺序参数 Boot（如图 4-9 所示），将“CD-ROM Drive”（光驱引导）调到首位。这时候，就可以保存退出了，在画面的最后一行里有“F10 Save and Exit”，也就是说按 F10 键保存并退出。

按 F10 键确定保存退出后，计算机重新启动，把安装光盘放进光驱，就可以从光盘启动进入 Windows XP 安装了。

图 4-8 安装向导

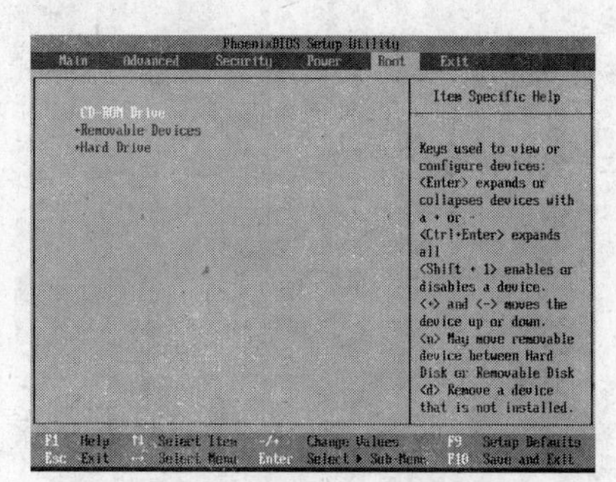

图 4-9 设置引导顺序

4.2.3 Windows XP 系统的基本操作

用户登录系统成功之后便进入了 Windows XP 的桌面，如图 4-10 所示。桌面由桌面图标、桌面背景和任务栏几个部分组成。桌面是允许用户进行自定义设置的，因此，每个人的桌面都可以有自己的特色，可以选择不同的桌面背景、内容等。

桌面图标分为普通图标和快捷图标两种。它们代表的是一些程序、文件或者文件夹等对象的小图标。普通图标是 Windows XP 设置的，而快捷图标是用户自己设置的，为了方便打开应用程序或者一些其他的对象。这两种图标之间的区别是：普通图标是系统设置的，用户没有权限删除它们；而快捷图标是用户自己设置的，用户可以自行删除。

图 4-10 Windows XP 的桌面

1. "开始"菜单的高级设置

在"任务栏和「开始」菜单"对话框的「开始」菜单"选项卡中单击"自定义"按钮，在出现的"自定义经典「开始」菜单对话框下边的"高级「开始」菜单选项"列表框中（如图 4-11 所示），用户还可以进行以下设置。

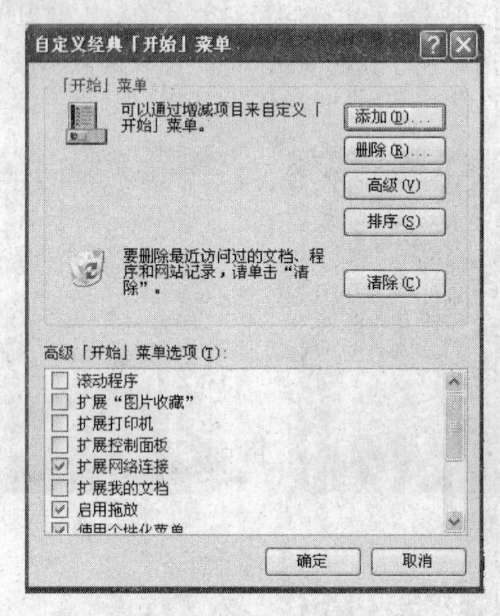

图 4-11 "自定义经典「开始」菜单"对话框

（1）滚动程序。

选择这个复选框就可以使"所有程序"菜单中的菜单项滚动。用户可以通过拖动这个滚动条来选择程序，如果不选中，所有的程序就将排列在"程序"菜单中，看起来杂乱无章。

（2）扩展"图片收藏"。

选择这个复选框时，在"开始"菜单中的"图片收藏"命令将出现级联菜单，可以将它们指向"图片收藏"文件夹中不同的组。

（3）扩展打印机。

在这里，用户如果选择了"扩展打印机"复选框，下次单击"开始"按钮，选择"设置"命令，在打开的级联菜单中再选择"打印机"命令的时候，就会弹出级联菜单，在菜单中显示已经安装好的打印机。在这个菜单中也可以通过选择"添加打印机"命令来添加新的打印机，或者更改已经安装的打印机的属性。

（4）扩展控制面板。

如果用户在这里选择了"扩展控制面板"复选框，那么以后只要在"开始"菜单的"设置"级联菜单中选择"控制面板"命令，就可以在其级联菜单中显示整个"控制面板"中的内容。

（5）扩展网络连接。

如果需要设置网络连接时，在 Windows XP 的默认情况下，用户可以直接在"开始"菜单中选择"网络连接"命令进行设置。如果在"自定义经典「开始」菜单"对话框中选择了“扩展网络连接”复选框，就可以在选择“设置”命令时打开下一级菜单，显示目前已经建立的网络连接。当然，用户也可以在这个窗口内建立新的网络连接。

（6）扩展我的文档。

在 Windows XP 的默认情况下，单击“开始”按钮，选择“文档”命令时系统将打开一个级联菜单。在这个级联菜单中显示了“我的文档”、“图片收藏”和最近使用过的文档列表。如果用户希望在这个级联菜单下看到“我的文档”中的内容，可以选择“扩展我的文档”复选框，以后就可以在选择“我的文档”命令的时候打开级联菜单，显示“我的文档”文件夹中的内容。

（7）启用拖放。

“启用拖放”是指允许通过使用鼠标拖放功能的方法来添加或删除“开始”菜单中的项目。

（8）使用个性化菜单。

Windows XP 系统支持用户根据个人爱好选择自己喜欢的菜单形式。选择了“使用个性化菜单”复选框之后，用户经常需要使用到的选项会出现在屏幕上，而不经常使用的选项就会隐藏起来，如果用户需要用到这些选项，单击下拉列表，它们就会出现，用户可以直接单击相应选项。

（9）显示管理工具。

在 Windows XP 的默认情况下，“开始”菜单的“程序”级联菜单中没有“计算机管理”、“事件查看器”、“性能”、“组件服务”等计算机管理工具。如果用户需要使用这些组件，可以在“任务栏属性”对话框的开始菜单选项”选项卡中选择“显示管理工具”复选框，这样就在“程序”菜单中增加了“管理工具”一项，也方便了用户对计算机的管理。

（10）显示收藏夹。

如果在这个对话框中选择了“显示收藏夹”复选框，就可以在“开始”菜单中显示“收藏夹”命令，并显示其中的子文件夹及内容。

（11）显示运行。

这个选项的作用是在“开始”菜单中显示“运行”菜单项，这样就可以让用户方便地使用 DOS 以及 Windows 程序。

（12）在“开始”菜单中显示小图标。

选择该复选框后，“开始”菜单中的显示条目将以小图标的方式出现，以缩小菜单所占空间。

2. 任务栏的设置

如图 4-12 所示，任务栏就是屏幕底部的一个蓝色的长条区域，它由“开始”菜单、快速启动按钮、已打开的应用程序和一些常驻内存的应用程序的显示图标组成。

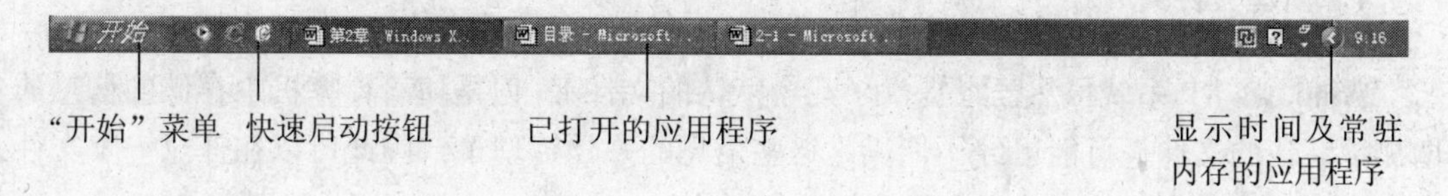

图 4-12　任务栏

用鼠标右键单击任务栏空白区域，用户可以使用菜单中的命令对任务栏进行设置，还可以设置桌面和窗口。例如层叠窗口、横向平铺窗口、纵向平铺窗口、显示桌面等，如图 4-13 所示。如果对任务栏进行设置，选择“工具栏”命令，在弹出的级联菜单中选择相应的命令，如图 4-14 所示。

在图 4-13 所示的快捷菜单中选择“属性”命令，弹出“任务栏和开始菜单属性”对话框，如图 4-15 所示。在“任务栏”选项卡中，用户可以根据自己的需要对任务栏进行设置，包括锁定任务栏、将任务栏保持在其他窗口的前端、分组相似任务栏按钮、显示快速启动等。

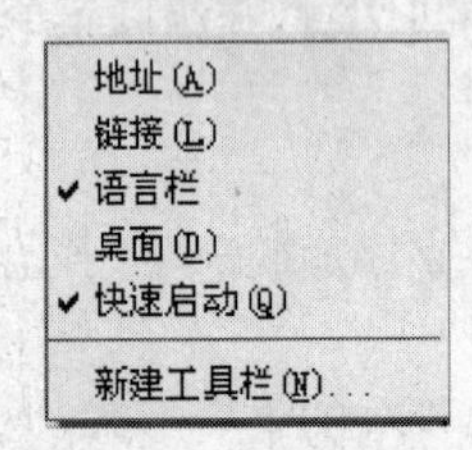

图 4-13　设置任务栏

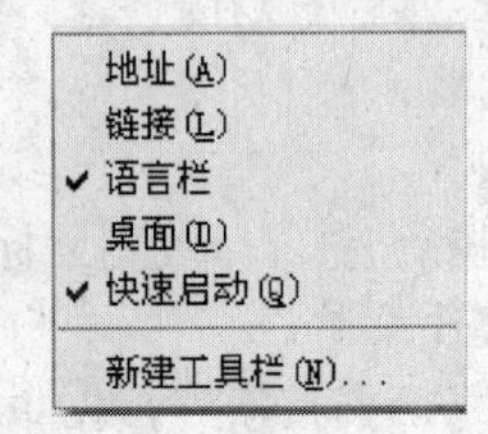

图 4-14　“工具栏”级联菜单

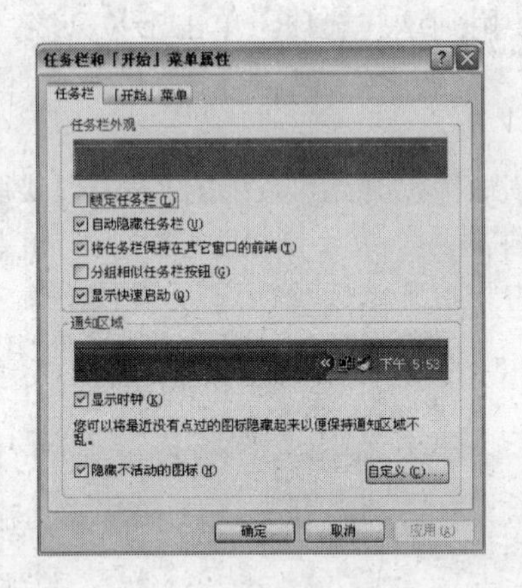

图 4-15　设置“任务栏”选项卡

4.2.4　文件和文件夹的管理

通常，一些数字信息可以被存储在文件中，将信息归类并分别放置于不同的文件夹中，由于信息的变化或者归类的变更，需要对文件或者文件夹进行一些常用的操作。例如，新建一个文件夹，删除一些无用的文件或者文件夹，或者将某个文件移动到其他文件夹中等。

1. 创建文件夹

Windows XP 系统虽然已经提供了几个默认的文件夹，但是随着计算机中存储的信息的增加，默认的文件夹可能已经不能满足这些信息的归档管理了，因此可以在任意一个文件夹中直接创建一个文件夹或者各种类型的文件。

创建文件夹的步骤如下：

（1）选择要创建文件夹的路径，比如在在驱动器 D 中创建一个新文件夹。在“我的计算机”或者“资源管理器”窗口中，双击驱动器D的图标，打开窗口。

（2）在窗口中单击“文件”→“新建”→“文件夹”，如图4-16所示。此时会在窗口中出现一个新文件夹，名称被高亮显示，输入文件夹命名即可。

图4-16 创建文件夹

除了上述方法创建文件夹之外，如果使用“我的计算机”创建文件夹，可以直接在窗口左侧的“文件和文件夹任务”选项组中单击“创建一个新文件夹”选项。如果“文件和文件夹任务”选项组未展开，可以单击展开按钮。另外，用鼠标右键单击窗口空白处，在弹出的快捷菜单中选择“新建”→“文件夹”命令，同样也可以新建一个文件夹。

2. 删除和恢复文件或文件夹

随着计算机使用频率的提高，计算机磁盘中可能存储了一些已经没用、过时的文件或文件夹，而这些过时的文件或者文件夹的存在会占用计算机的磁盘空间，造成计算机磁盘空间的紧张，这一节中将介绍如何删除没用的文件或文件夹，为计算机磁盘腾出空间。

方法1：

（1）选择需要删除的文件或文件夹。

（2）选择菜单栏中的“文件”→“删除”命令即可。

方法2：

（1）选中需要删除的文件或文件夹，单击鼠标右键，弹出快捷菜单。

（2）在快捷菜单中选择“删除”命令。

方法3：

（1）使用“我的计算机”找到希望删除的文件。

（2）选中需要删除的文件或文件夹。

（3）展开“我的计算机”窗口左侧的“文件和文件夹任务”选项组。

（4）如果删除一个选中的文件，选择“删除这个文件”命令；如果删除多个文件，选择“删除所选项目”命令；如果删除一个文件夹，选择“删除这个文件夹”命令。

方法4：

（1）选中需要删除的文件和文件夹。

（2）按下键盘的 Delete 键即可。

按照上述的方法删除文件和文件夹并没有真正地从磁盘上删除，而是暂时把它们放在“回收站”里面。这样，用户如果发现删错了文件或文件夹，还可利用“回收站”来还原。这就像在办公室里，人们将废弃的资料扔到废纸篓中一样，如果需要的话还可以从废纸篓中将它们捡回来。

可以通过下面的步骤，将已经删除的文件从“回收站”中还原。

（1）双击打开“回收站”窗口。

（2）选中需要恢复的文件或文件夹。

（3）选择菜单栏中的“文件”→“还原”命令，此时选中的文件会原封不动地回到原先的磁盘位置中。

“回收站”中的文件或文件夹仍然占有磁盘空间。为了释放这些空间，用户可以在回收站中将文件或文件夹删除。这种删除是永久性的删除，就像把废纸篓中的资料放入了碎纸机，再也无法将其还原。

对于使用 Delete 键删除的文件，并没有真正地从磁盘中消失，用户可以从回收站中找回那些数据。可是当使用 Shift 键和 Delete 键直接将文件删除，或者对磁盘进行误格式化、误分区后，这时在某个分区或整个硬盘中保存的大量数据将无法从回收站再次找回。可以通过一些工具将这么文件找回来，目前比较常用的数据恢复软件主要有 EasyRecovery、FinalData 和硬盘数据恢复大师等。

3. 压缩和解压缩文件或文件夹

Windows XP 一个重要的新功能就是综合了 ZIP 压缩功能。压缩文件、文件夹和程序可以减小它们在驱动器或可移动存储设备上所占用的空间，如果与计算机系统中其他用户共享 ZIP 文件，最好是将压缩文件名称限制在 8 个字符以内，并且以.zip 作为扩展名。

创建一个 ZIP 压缩文件夹的步骤如下：

（1）选择要压缩的文件或文件夹。

（2）用鼠标右键单击打开快捷菜单，选择“发送到”→“压缩（zipped）文件夹”命令。

（3）出现如图 4-17 所示的对话框，然后单击“是”按钮，系统会自动进行压缩。

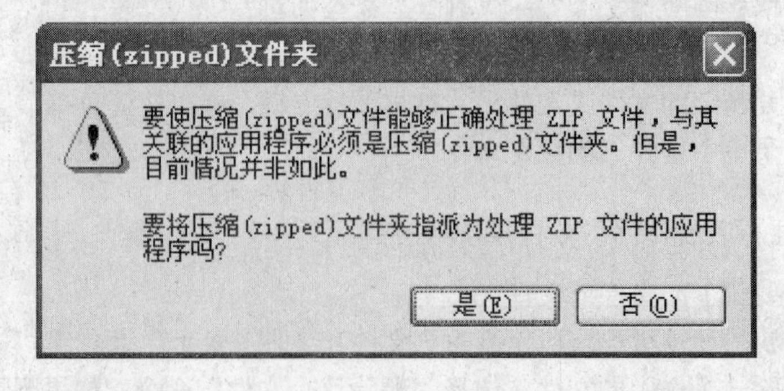

图 4-17 “压缩（zipped）文件夹”对话框

向 ZIP 压缩文件夹中添加文件，只需要直接从资源管理器中将文件拖到压缩文件夹，然后松开鼠标，文件就添加进去了。

要将文件从压缩文件夹中取出来，即解压缩文件，先双击压缩文件夹，将该文件打开，然后从压缩文件夹中将要解压缩的文件或文件夹拖到新的位置。如果要取出所有的文件或者文件夹，用鼠标右键单击该压缩文件夹，在弹出的快捷菜单中选择“解压文件”命令，在“解压路径和选项”对话框中，要指定解压缩后的文件放置的位置。

4. 设置文件或文件夹的安全权限选项

设置文件或文件夹的权限实质上就是将对文件或文件夹的一些操作（如修改、读取等）的权限分配给指定的用户。这里的操作主要分为两个部分，第一，使文件夹的属性中显示“安全”选项卡（默认情况下没有激活这个选项卡功能），第二，分配文件、文件夹的访问权限。

将“安全”选项卡显示出来的步骤如下：

（1）打开“我的计算机”窗口。

（2）选择菜单栏中的“工具”→“文件夹选项”命令。

（3）在弹出的“文件夹选项”对话框中选择“查看”选项卡。

（4）在“高级设置”列表框中将“使用简单文件共享（推荐）”复选框的选择取消，并且单击“确定”按钮。

将“安全”选项卡显示出来后，便可以对文件和文件夹的安全权限进行设置。设置步骤如下：

（1）用鼠标右键单击目标文件或者文件夹，在弹出的快捷菜单中选择“属性”命令。

（2）在出现的“属性”对话框中，选择“安全”选项卡。

（3）在“组或用户名称”列表框中列出了对该文件夹拥有权限的用户名称。在这个列表框中单击一个用户名，在对话框下方就会出现这个用户对该文件或者文件夹的权限级别。如果想添加或者删除用户的访问权限，单击“添加”或者“删除”按钮即可进行相关设置。

5. 文件或文件夹的加/解密

如果有些文件或者文件夹中的信息如果不想被别人看到，那么可以对这些文件或者文件夹进行加密，文件或文件夹所有者在打开这些文件时就跟打开普通文件一样，但是，使用其他用户账户试图打开时，就会弹出一个拒绝访问信息的对话框。

加密文件的步骤如下：

（1）用鼠标右键单击要加密的文件或文件夹，在弹出的快捷菜单中选择“属性”命令。

（2）在“属性”对话框中选择“常规”选项卡，单击“高级”按钮，弹出如图4-18所示的“高级属性”对话框。

（3）用户如果想要在磁盘内多存储一些内容，可以选中“压缩内容以便节省磁盘空间”复选框。

（4）选中“加密内容以便保护数据”复选框，然后单击“确定”按钮，就启动了对该文件夹的加密属性。

（5）返回到“常规”选项卡，单击“应用”按钮，出现如图4-19所示对话框。如果选择“仅将更改应用于该文件夹”单选按钮，则表示加密仅对用户加入的文件和文件夹有效，而对现在已经存在的文件和文件夹无效。

（6）如果单击“将更改应用于该文件夹、子文件夹和文件”单选按钮，则表示加密对现在的文件和文件夹以及用户存入的文件和文件夹都有效。然后单击“确定”按钮即可。

文件进行解密就是加密的逆过程。用户只要在图4-18所示的对话框中取消所选中的“加密内容以便保护数据”复选框，系统就会自动对加密文件进行解密，解密后的文件就跟从前的普通文件一样，大家都可以访问。对文件进行解密必须是文件的加密者或者是Administrator中的成员。

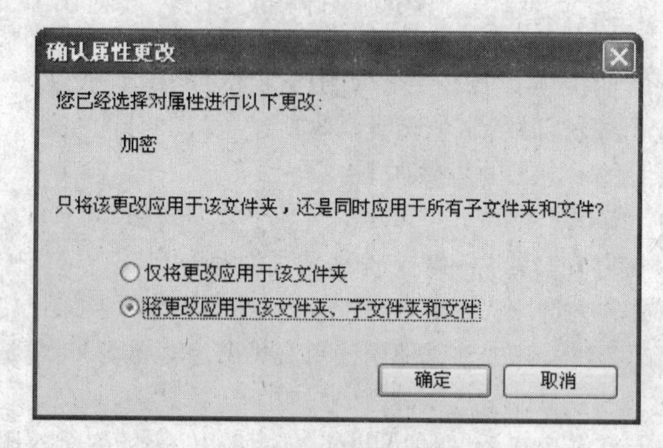

图4-18　“确认属性更改”对话框

4.2.5　磁盘的管理

1．磁盘分区格式

由于不同的操作系统、不同的需求场合，存在各种各样的分区格式，所以下面首先就来看看这些分区格式的介绍，了解它们的优缺点。

（1）FAT文件系统。

FAT（File Allocation Table）是“文件分配表”的意思，它是MS-DOS用来管理磁盘文件的系统，随着DOS系统使用了20多年，支持MS-DOS、Windows 95、Windows 98、Windows NT、Windows 2000和Windows XP。

FAT文件系统是针对小型磁盘和简单文件结构的计算机设计的，它是一种初级且较为简单的文件系统，最初用于DOS操作系统。FAT文件系统在卷的起始位置上放置了文件分配表，也就是FAT文件系统的组织方式。它有两份拷贝，以确保计算机可以正常工作。FAT文件系统是以簇的形式来分配磁盘空间的。具体的一簇的容量与卷的大小有关。但是，对于FAT文件系统，簇的数目必须可以用16位的二进制数表示。

FAT系统的文件名由1～8个以字母开头的字符和数字组成，扩展名由1～3个字符组成，在DOS系统中属于合法字符的有：数字0～9；英文字母A～Z的大小写形式；一些特殊符号（!、{、}、&、@、%、$、#、～、^等）。不能用作文件名的字符有：空格、\、<、>、+、=、:、;、?等。

（2）FAT32文件系统。

FAT32 则是 FAT 文件系统的升级版本，它支持超过 32GB 的卷，可以在容量为 512MB~2TB 的驱动器上使用。FAT32 支持 Windows 98/2000/XP，具备比 FAT 更为先进的文件管理特性，它的簇比 FAT 的簇更小，从而有效减少了磁盘空间的浪费。与 FAT 文件系统相比，FAT32 主要在以下几个方面的特性有了增强。

- **支持长文件名**：FAT32 突破了 FAT 的 8.3 的文件名称的限制，增强了对长文件名的支持。
- **具有更高的存取效率**：FAT32 采用比 FAT 更小的簇进行文件的存储，因此可以更有效地保存信息，存取效率更高，一般情况下可以提高 15%。
- **支持更大的存储空间**：基于 FAT 的 Windows 2000 支持的最大分区为 4GB，而基于 FAT32 的 Windows 2000 支持的最大分区可以达到 32GB。

（3）NTFS 文件系统。

NTFS 是 Microsoft 公司开发的一种更为高级的文件系统，具有 FAT 和 FAT32 所没有的强大的可靠性和兼容性。NTFS 文件系统支持 Windows NT/2000/XP，最初用于网络服务器。

这种文件系统可以为用户提供较为高级的安全性能。而且，它除了可以设定计算机中的共享文件夹的权限之外，还是 Windows XP 系统中唯一允许为单个文件设定访问权限的文件系统。但是，NTFS 分区上的文件不能被 Windows 98 等较低版本的操作系统访问，因此，如果计算机在运行 Windows 98 等较低版本的系统时，就需要将 FAT 或者 FAT32 格式选为文件系统的格式。

2. 磁盘分区

硬盘通常都会分成几个区，比如 C 区、D 区、E 区等，其目的主要是为了更合理、有效地去保存数据，为文件安放提供更宽松的余地。现在所使用的计算机硬盘仍然沿用的是第一台计算机硬盘所使用的分区原理，它由 IBM 的工程师设计，即一个硬盘只允许分为 4 个主分区，而其中的一个主分区可以分成若干逻辑分区，从理论上来说，一个硬盘最多可分 24 个区（即从 C 区～Z 区）。

对新建磁盘进行分区的的步骤如下：

（1）打开“磁盘管理器”窗口，用鼠标右键单击磁盘上需要修改的分区。

（2）在弹出的快捷菜单中选择“创建磁盘分区”或者“创建逻辑驱动器”命令来运行磁盘分区向导。

（3）在向导中需要选择分区的类型。

- **“主磁盘分区”**：如果磁盘还没有分区，那么必须单击“主磁盘分区”按钮，并需要选择磁盘空间大小。
- **“逻辑驱动器”**：如果所选择的区域是一个扩展分区，那么就只能单击“逻辑驱动器”按钮，然后选择逻辑分区的磁盘空间的大小。
- **“镜像卷”和“RAID-5 卷”**：这两个选项都是为动态磁盘准备的，一般用户使用不到这两个按钮。

3. 整理磁盘碎片

磁盘（尤其是硬盘）经过长时间的使用后，难免会出现很多零散的空间和磁盘碎片，一个文件可能会被分别存放在不同的磁盘空间中，这样在访问该文件时，系统就需要到不同的磁盘空间中去寻找该文件的不同部分，从而影响了运行的速度。同时由于磁盘中的可用空间也是零散的，创建新文件或文件夹的速度也会降低。使用磁盘碎片整理程序可以重新安排文件在磁盘中的存储位置，将文件的存储位置整理到一起，同时合并可用空间，实现提高运行速度的目的。

磁盘碎片的形成原理是：Windows XP 把文件保存在磁盘上时，将文件中的数据保存在第一个没有被其他文件占用的空间上。如果这个空白空间不足以存放整个文件，那么 Windows XP 就必须为文件寻找下一块可以用来存储的空间来存放文件的另一部分，直到文件被全部保存到磁盘上为止。如果磁盘中已经存储了许多文件，而又经常对这些文件进行复制和删除工作，那么，整个磁盘中的空白空间就会变小而且不连续。这些磁盘碎片在逻辑上是相互连续的，不会影响用户对文件的正常读取。但是，随着硬盘使用时间的逐渐延长，磁盘碎片就在硬盘上越积越多，在读取和写入的时候，磁盘的磁头必须不断地移动来寻找文件的一个一个碎片，最终导致操作时间延长，降低了系统的性能。

整理磁盘碎片的步骤如下：

（1）打开“磁盘碎片整理程序”窗口，在该窗口中显示了磁盘的一些状态和系统信息。选择一个磁盘，单击“分析”按钮，系统开始分析该磁盘是否需要进行磁盘整理，并弹出是否需要进行磁盘碎片整理的“磁盘碎片整理程序”消息框。

（2）在“分析报告”对话框中，用户可以看到该磁盘的卷标信息及最零碎的文件信息。单击“碎片整理”按钮，即可开始磁盘碎片整理程序，系统会以不同的颜色条来显示文件的零碎程度及碎片整理的进度。

（3）整理完毕后，会弹出如图 4-19 所示的消息框，提示用户磁盘整理程序已完成。

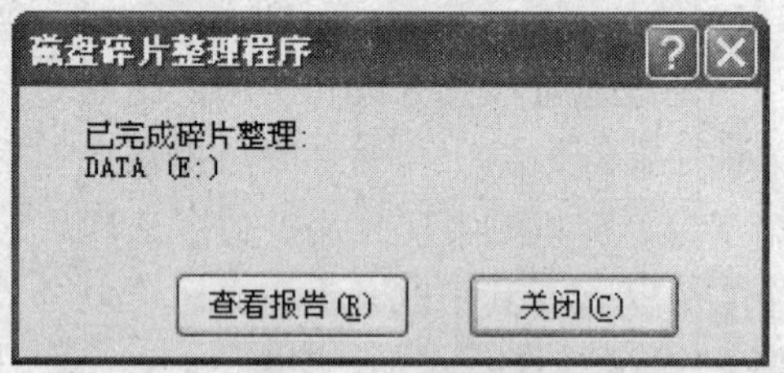

图 4-19　磁盘碎片整理完成的消息框

整理磁盘碎片的时候，要关闭其他所有的应用程序，包括屏幕保护程序，最好将虚拟内存的大小设置为固定值。不要对磁盘进行读写操作，一旦碎片整理程序发现磁盘的文件有改变，它将重新开始整理。

整理磁盘碎片的频率要控制合适，过于频繁的整理也会缩短磁盘的寿命。一般经常读写的磁盘分区一周整理一次。

4.2.6　使用控制面板进行自定义设置

控制面板提供丰富的专门用于更改 Windows 的外观和行为方式的工具。有些工具可帮助用户调整计算机设置，从而使得操作计算机更加个性化。例如，通过“鼠标”将标准鼠标指针替换为可以在屏幕上移动的动画图标。有些工具可以帮助用户将 Windows 设置得更容易使用。例如，如果用户习惯使用左手，则可以利用“鼠标”更改鼠标按钮，以便利用右按钮执行选择和拖放等主要功能。

1. 区域和语言设置

目前，世界上大部分计算机用户都在使用 Windows 操作系统，不同的国家和地区处在不同的时区并且使用不同的语言，其数字、货币、时间和日期所采用的格式也有差异，因此 Windows XP 的用户可以根据自己所在的区域的实际情况设置不同的数字、货币、时间和日期格式。

设置区域和语言选项的步骤如下：

（1）单击“开始”→“控制面板”命令，在“控制面板”窗口中选择“区域和语言选项”命令，弹出“区域和语言选项”对话框，如图 4-20 所示。

（2）在“区域和语言选项”对话框中选择“区域选项”选项卡，在“标准和格式”栏中的下拉列表框中选择本地所使用的语言，在“位置”栏中的下拉列表框中选择本地所在的国家或者区域。

（3）在图 4-20 中单击“自定义”按钮，弹出图 4-21 所示的对话框。在该对话框的“数字”、“货币”、“时间”、“日期”和“排序”选项卡中，根据需要设置相应的格式。

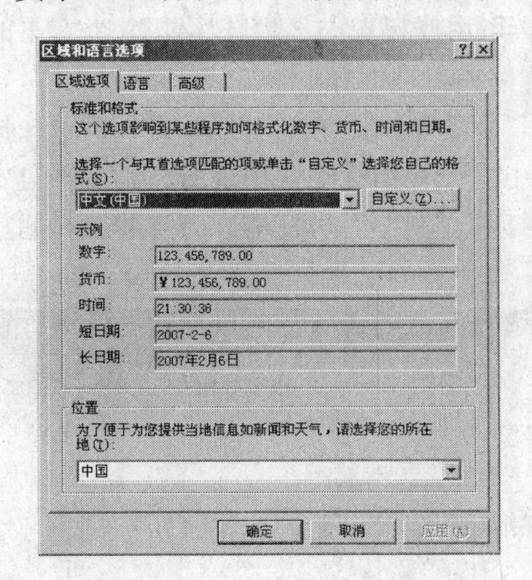

图 4-20　区域和语言选项

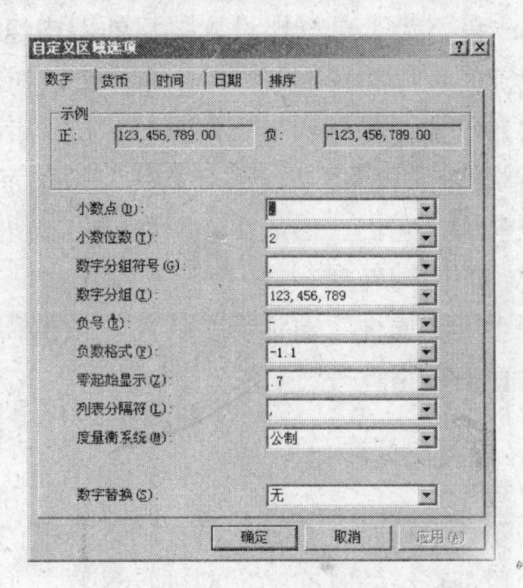

图 4-21　自定义区域选项

2. 键盘设置

无论在 Windows 还是 DOS 操作系统下，对于使用计算机的用户来说，键盘是必不可少的设备，可以通过控制面板来修改键盘的属性以及工作方式。

要改变键盘的工作方式，可以根据以下步骤来进行。

（1）在经典模式下的“控制面板”窗口中，双击“键盘”图标，弹出“键盘属性”对话框。

（2）单击“键盘属性”对话框中的“速度”标签。

（3）在“字符重复”区中，可以拖动“重复延迟”滑块改变键盘重复输入一个字符的延迟时间；拖动“重复率”滑块改变重复输入字符的输入速度。

（4）为了测试改变后的效果，可以单击“单击此处并按住一个键以便测试重复率”文本框，然后在文本框中连续输入同一个字符，测试重复的延迟时间和速度。

（5）在“光标闪烁频率”区中，左右拖动调节滑块，可以改变光标在编辑位置的闪烁速度。对于一般用户来说，光标速度要适中，过慢的速度不利于用户查找光标的位置；过快的速度则容易使视觉感到疲劳。

3. 鼠标设置

Windows XP 在安装的时候，系统会根据默认属性设置鼠标，能够满足大部分用户的需要。用户也可以根据自己的习惯与爱好，随时修改鼠标的按钮和指针的设置，使自己的操作变得更加轻松自如。

要改变鼠标的工作方式，可以根据以下的步骤来进行。

（1）双击“控制面板”窗口中的“鼠标”图标，弹出“鼠标属性”对话框。

（2）如果习惯于使用左手操作鼠标则在“鼠标键”选项卡中，选中“鼠标键配置”区内的“切换主要和次要的按钮”复选框即可。

（3）要想改变鼠标被双击时的响应速度，可以在“双击速度”区中，通过拖动水平滑块来调节鼠标的双击速度。如果对鼠标的使用比较生疏，则将滑块拖至左侧，双击时会比较容易一些。为了更好地设置鼠标的双击速度，可用鼠标双击“测试区域”，当双击的速度与所设置的速度相匹配时，“测试区域”中的文件夹将被打开。

（4）单击“鼠标属性”对话框中的“指针”标签，在“方案”下拉列表框中选择一种自己喜欢的指针方案。如果对选择的指针方案中的一些指针外观不满意，则在“自定义”列表框中选择它们，然后单击“浏览”按钮，打开“浏览”对话框，为当前选择的指针指定一种新的指针外观。

在“鼠标属性”对话框中，可以根据需要选择其他的选项卡对鼠标的属性进行设置，比如设置鼠标指针等。

4. 设置时间和日期

在安装系统时，会提示需要输入当前的时间和日期，如果时间和日期不对，可以通过以下步骤对系统的时间和日期进行设置。

（1）双击“控制面板”窗口中的“时间和日期”图标，弹出“时间和日期 属性”对话框，如图 4-22 所示。

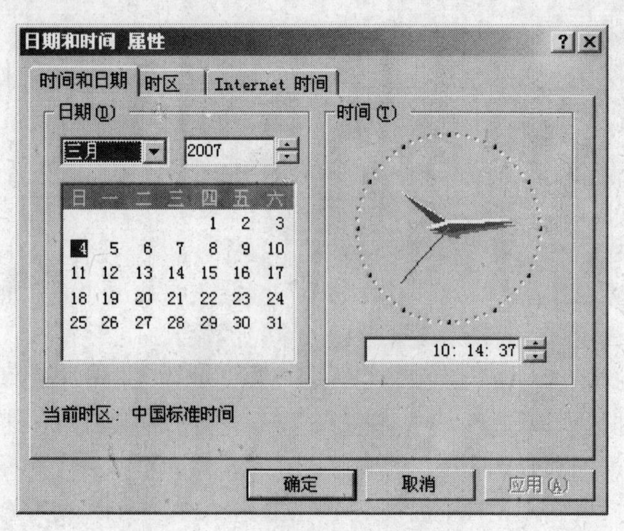

图 4-22 “时间和日期属性”对话框

（2）在“时间和日期 属性”对话框中的“日期”区域中，可以对当前的年月日进行设置；在“时间”区域中，可以通过微调按钮进行调节，同样也可以直接手动输入当前的准确时间。

（3）在“时间和日期 属性”对话框中，可以选择“时区”选项卡，对所处的时区进行选择，并且可以通过设置“Internet 时间”选项卡以保持本机的时间与 Internet 服务器时间同步。

4.2.7 软件安装和卸载

1．安装软件

Windows XP 系统提供了一个平台，在这个平台上可以进行文字处理、表格处理以及图形图像的处理。但是，要进行这些处理就需要安装具有相应处理功能的软件。

一般的应用软件都包含一个自动启动程序，将安装光盘放入光驱，操作系统会自动识别并启动安装程序，然后按照屏幕上的提示即可顺利安装。有些应用软件在安装时，要提供一个序列号，这是一种防止盗版的措施。只有按照屏幕提示输入正确的序列号，才能顺利安装。

对于不具有自动安装功能的程序，可以打开“我的计算机”窗口，然后双击光盘驱动器图标，打开光盘中的文件，双击安装程序（一般名为 Setup.exe 或 Install.exe 的程序），即可运行安装程序。

目前网络上有很多可供免费使用的小程序，一般都是压缩文件，下载下来之后，先解压缩，然后运行.exe 文件即可进行安装。因为是可供免费使用的，因此不需要输入序列号。

下面以安装 QQ 软件为例，介绍应用软件的安装方法。

（1）进入 Windows XP 操作系统。

（2）运行所获得的 QQ 软件的安装程序，进入安装界面，如图 4-23 所示。

（3） 单击“下一步”按钮，进入图 4-24 所示的软件许可协议界面，单击“我同意”按钮，进入下一个界面。这里需要注意的是，一般应用软件的安装程序中都会出现许可协议的界面，如果不同意这个协议的话，单击“取消”按钮，直接退出安装。

图 4-23 QQ 软件安装界面

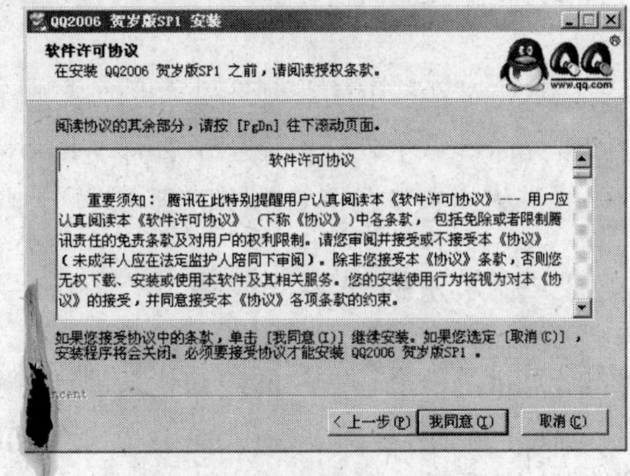

图 4-24 软件许可协议

（4）在图 4-25 所示的界面中，选择安装该软件的目标文件夹，可以使用系统默认的文件夹，也可以单击“浏览”按钮，选择一个新的目标文件夹或者在文本框中直接修改路径。

（5）在图 4-26 所示的界面中，可以对一些安装程序中提供的附加任务进行选择和设置。设置完成之后，单击“安装”按钮即可开始安装程序。

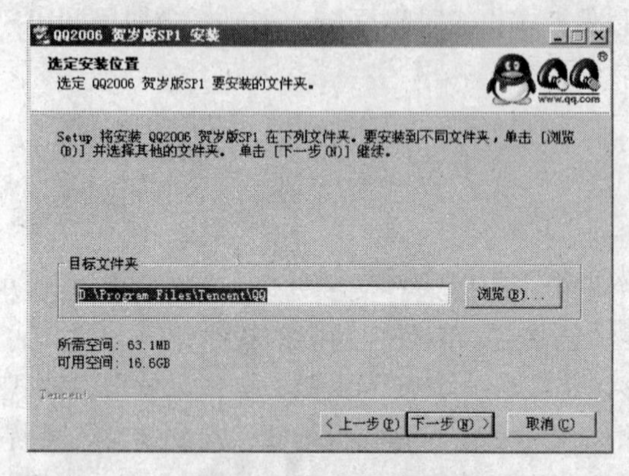

图 4-25　选择安装位置

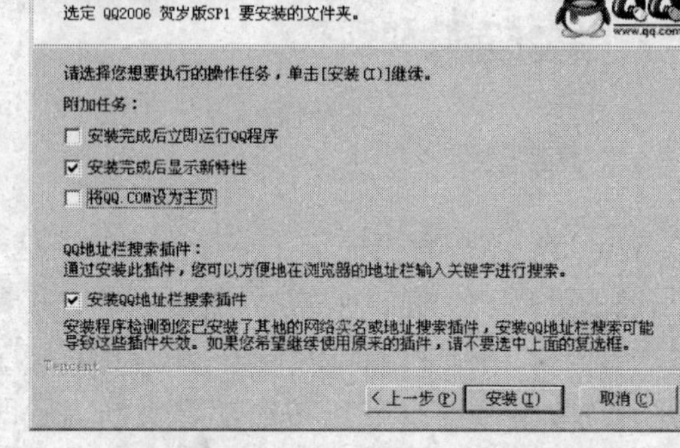

图 4-26　设定安装设置

安装结束之后，会弹出一个安装完成的对话框，单击“完成”按钮即可完成该应用程序的安装。

2. 卸载软件

如果直接删除安装程序的文件夹，是不能完成卸载软件的，因为安装文件不仅存在于安装时所选中的目标文件夹，还有一些文件被复制到系统目录中，因此需要通过卸载程序才能将软件卸载完全。有的应用程序在“开始”菜单的快捷方式中设置了卸载方式，只需要在“开始”菜单中单击该选项即可直接卸载该程序。但是有的应用程序没有设置卸载的快捷方式，因此需要到控制面板中去卸载这些软件。

通过控制面板进行卸载的具体操作如下：

（1）从“开始”菜单中进入“控制面板”窗口。

（2）在“控制面板”窗口中双击“添加或删除程序”图标，弹出“添加或删除程序”对话框。

（3）在对话框中的左侧选中“更改或删除程序”，右边的列表即可切换到更改或者删除程序的界面，这个列表中显示了所有 Windows 已经注册了的应用程序。

（4）从列表中选中要删除的应用程序，单击“删除”按钮即可完成应用软件的卸载。

4.2.8　输入法的安装及使用

计算机的一个较重要的用途就是进行文字信息的处理，不同的操作者使用的文字处理输入法也可能不同，这就需要对中文输入法的安装和使用有一定的认识，下面就通过对几种输入法的介绍来了解操作系统中输入法的使用。

中文输入法大致可分为利用标准英文键盘进行汉字编码输入的键盘输入法和利用其他输入设备通过人工智能方式对汉字或语音进行模式识别的非键盘输入法。

键盘输入法就是利用键盘根据一定的编码规则来输入汉字的一种方法。它是目前使用最广泛的输入法。键盘输入法分为数字输入法（流水码）、拼音输入法（音码）、字形输入法（形码）和音形组合法（音形码）4 种。

随着人工智能技术的发展，出现了许多更简单、方便快捷的非键盘汉字输入方式。这类输入方法不需要大量的训练，但要求特殊的硬件输入设施的支持，这里只做简单介绍。目前，商品化、实用化的非键盘输入方式主要有 3 种：光电扫描输入法、手写输入法和语音识别输入法。

1．安装中文输入法

中文版 Windows XP 系统默认安装了微软拼音、全拼、智能 ABC 和郑码 4 种中文输入法，可以在这 4 种输入法中选择自己喜爱的输入方法。当想要使用 Windows XP 未提供的输入法时，如五笔、紫光等输入法，就需要进行输入法的安装。现在很多共享和商业的输入法软件都有自动安装程序，能够自动安装；对于卸载，也提供自动卸载程序，也有通过输入法的设置窗口来卸载的。有时候，安装完了一种输入法，它不一定会在语言栏上显示出来，这时就需要添加输入法。

添加中文输入法按照以下步骤来进行。

（1）在“开始”菜单中选择“控制面板”命令，打开“控制面板”窗口。

（2）在“控制面板”窗口中双击“区域和语言选项”图标，弹出“区域和语言选项”对话框。

（3）选择“语言”选项卡，单击“语言”选项卡中的“详细信息”按钮，弹出“文字服务和输入语言”对话框。

（4）在“文字服务和输入语言”对话框中，单击“添加”按钮，弹出“添加输入语言”对话框。

（5）在“输入语言”下拉列表框中，选择一种想要添加的语言，单击“确定”按钮回到上一级对话框，然后单击“应用”按钮使设置生效。

中文输入法的删除过程同样在“文字服务和输入语言”对话框中进行操作。首先在“已安装的服务”选项组的列表框中选中需要删除的输入法，然后单击“删除”按钮即可。

2．设置和使用输入法

为了在打开某个窗口或者执行某个程序的同时直接打开某个特定的输入法，从而达到方便快捷的目的，可以根据自己的习惯将这个输入法设置成默认的输入法。例如，将紫光输入法设置成默认的输入法，那么当打开一个程序的时候，就会弹出紫光输入法的输入框，键盘就会默认为中文输入。一般情况下，键盘输入都被默认设置为英文。

将某种输入法设置为默认输入法的步骤如下：

（1）打开“文字服务和输入语言”对话框。

（2）在“设置”选项卡中的“默认输入语言”选项组的下拉列表框中，选中希望设置为默认的输入法，然后单击“确定”按钮即可。

对于输入法而言，使用快捷键能够方便地打开输入法，并在几种输入法之间进行切换。

在 Windows XP 中，为了能够更方便快捷地选择输入法，可以依照以下步骤对输入法设置快捷键：

首先在“文字服务和输入语言”对话框的“设置”选项卡中单击“键设置”按钮，弹出“高级键设置”对话框。然后，在“输入语言的热键”选项组的列表框中，可以看到各种操作的当前设置。例如，在不同的输入语言之间切换的快捷键是左边 Alt+Shift，输入法和非输入切换的快捷键是左边 Alt+空格键，半角/全角切换快捷键为 Shift+空格键。

下面就以紫光输入法指定快捷键为例，介绍快捷键的具体设置过程。

（1）在“高级键设置”对话框的“输入语言的热键”列表框中，选择“切换至中文（中国）－紫光拼音输入法”选项。

（2）单击“更改按键顺序”按钮，弹出“更改按键顺序”对话框。

（3）选中“启用按键顺序”复选框，下面的各项都会被激活，用户就可以自行设置。

（4）可以在图 4-27 中的 Ctrl 和左手 Alt 中任选一项，然后在“键”后面的下拉列表框中任选一个数字键，单击“确定”按钮。

（5）这时候，设置好的快捷键就会显示在“输入语言的热键”列表框中，如图 4-28 所示。单击“确定”按钮就完成了快捷键的设置。

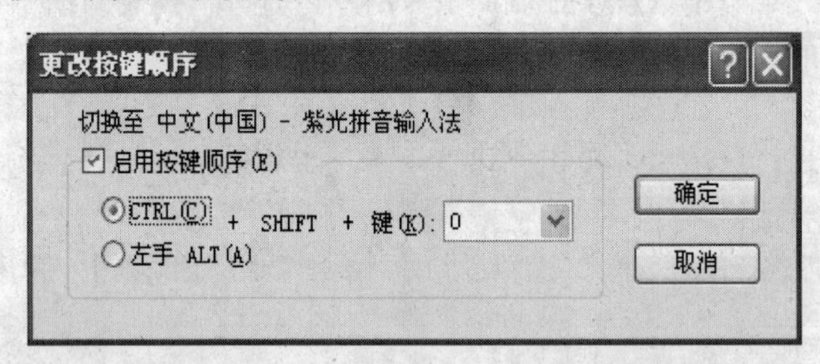

图 4-27　激活后的“更改按键顺序”对话框

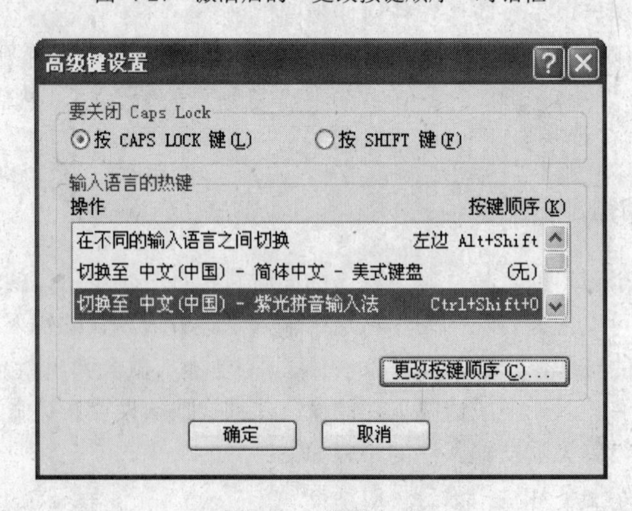

图 4-28　设置完成

最后，设置快捷键之后，用户在选择中文输入法的时候就不必按下左边 Alt+Shift 键进行切换了，只需要直接按下已经设置好的快捷键即可选择输入法。例如，如果要使用紫光输入法，用户只需要直接按下 Ctrl+Shift+0 键即可。

3. 软键盘的使用

软键盘是指屏幕上弹出的一个类似键盘的窗口，单击其中的键就可以输入它所表示的字符。在输入文字或者进行排版的过程中，免不了要输入一些特殊符号、数字符号和一些外文字母等，例如∑、§、&、∏、∮、∞、±、≌、щ、ч、ь、ы、т、з、ё、б 等。中文版 Windows XP 提供了多种软键盘供用户选择，用户可以按照实际需求选用。

Windows XP 内置的中文输入法提供标准 PC 键盘、希腊字母、俄文字母、注音符号、拼音字母、日文平假名、日文片假名、标点符号、数字序号、数学符号、单位符号、表格线及特殊符号键位图等软键盘。

下面就以输入俄文字母 ы、ё 和数学符号⊙、∽为例，介绍怎样使用软键盘来进行输入。

（1）在拼音输入法的任务栏中用鼠标右键单击键盘按钮，弹出一个快捷菜单。

（2）在快捷菜单中选择“软键盘”命令，在级联菜单中，可以选择软键盘的种类。

（3）由于要输入俄文字母，此时选择“俄文字母”命令，出现如图 4-29 所示的键盘。

图 4-29 “俄文字母”软键盘

（4）在键盘中分别单击 N 和 U 键，就会显示出俄文字母 ы、ё。

（5）同理，要输入数字符号⊙、∽，用户应先选择“数字符号”命令，然后在软键盘中单击显示⊙、∽符号的键。

（6）通过上述步骤，就能将俄文字母和数字符号输入计算机。

当完成输入之后，只需要单击键盘按钮就可以关闭软键盘，回到原来的输入法状态。

4. 中文输入法的使用

目前，已经开发出了几百种计算机上的中文输入法，无法哪一种输入法都离不开拼音输入、音行输入和音形输入这 3 种基本的模式。在本节中，主要介绍紫光拼音输入法的使用方法。

紫光拼音输入法的前身是考拉拼音输入法，由清华紫光公司研发，非常符合我国计算机用户的拼音输入习惯，使用起来高效便捷。它是目前可以和微软拼音输入法相媲美的一种输入法，提供了在输入拼音的同时显示字词和输入后显示字词两种输入风格，且具有光标跟随功能。

下面以在 Word 中使用紫光拼音输入法为例，介绍该输入法的使用，如图 4-30 所示。

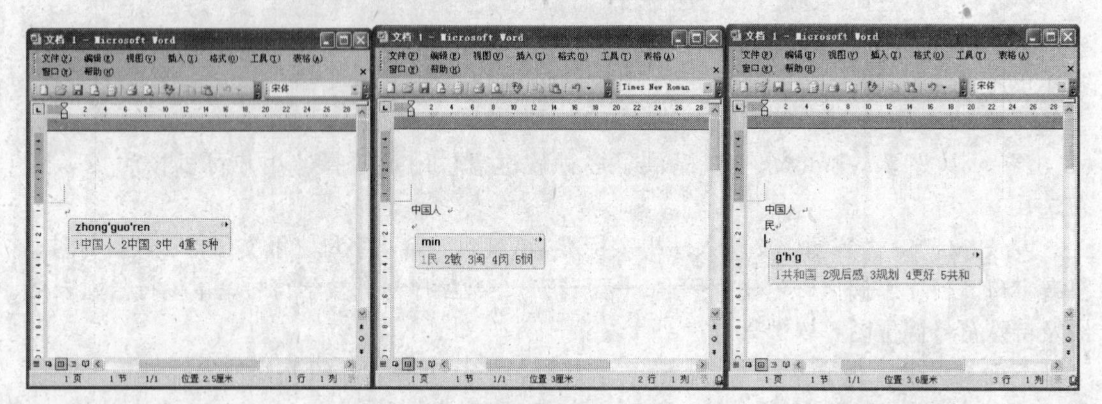

图 4-30　利用紫光拼音输入法进行文字输入

（1）启动 Word 软件。

（2）按下 Ctrl+空格组合键，切换到中文输入法。如果当前不是紫光拼音输入法，则需连续按下 Ctrl+Shift 组合键，直到切换到紫光输入法为止。

（3）在需要输入词组的时候，可以直接输入全拼 zhongguoren，这时候输入栏中将会出现“中国人”以及其他很多词组，由于“中国人”出现在第一位，按下空格键选择排在第一位的词组，完成该词组输入。

（4）当需要输入单个字的时候，直接输入全拼 min，将会出现很多单字，经过观察发现发现“民”仍然排在第一位，所以直接按下空格键即可。

（5）还可以尝试使用简拼，例如需要输入“共和国”，那么只需要输入 ghg 这 3 个字母，将会出现一系列词组，会发现“共和国”仍然排在第一位，直接按下空格键完成输入。

紫光拼音输入法的适应性非常强，提供了全拼和双拼两种功能，而且可以使用拼音的不完整功能（即简拼）进行输入，双拼输入时可以实时提供双拼编码信息，无需记忆；支持翘、平舌音、前后鼻音和南方的模糊音输入。可以任意定义字词和短语进行输入；可以单键切换中英文的输入状态，大小写结合可以同时输入；可以在连续输入多个词的拼音串之后逐词定字；用户使用特殊字符和短语输入定义文字，可以定义所需要的固定词语以提高输入速度。

紫光拼音输入法还拥有大容量的精选词库。它收录了 8 万多条常用词语、短语、地名、人名和数字，可以优先显示常用字词。

紫光输入法还具有智能组词能力、词和短语输入中的自学习能力、智能调整字序能力以及数字后面跟随英文符号的设置库等。用鼠标右键单击紫光输入法的图标栏，出现右键快捷菜单，选择“设置”命令，此时弹出如图 4-32 所示的“紫光华宇拼音输入法 - 设置”窗口，用户可以根据自己的习惯更改紫光输入法的属性。

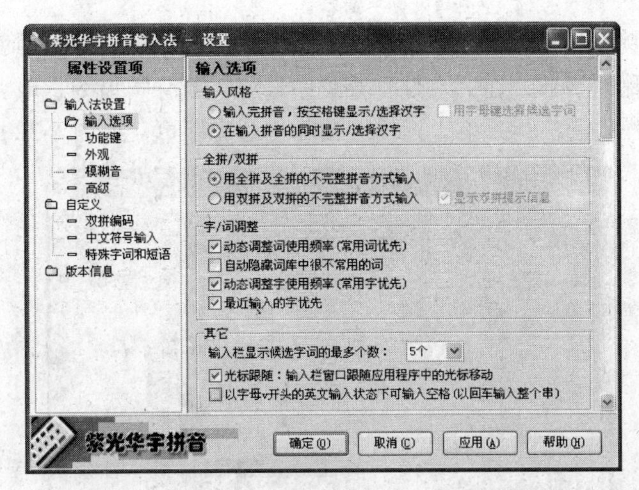

图 4-31　“紫光华宇拼音输入法 - 设置”对话框

4.2.9　字体的安装及使用

字体用于在屏幕上和在打印时显示文本。它一般描述特定的字样和其他性质，如大小、间距和跨度。例如，在写一篇文章时，标题的文字用黑体显示，正文的文字使用宋体来表达。这里说的字体就是字样的名称。有时候可能还会需要文字表现出斜体、粗体或者粗斜体等，这些都是字体的字形。

一般情况下，Windows 提供轮廓字体、矢量字体和光栅字体等 3 种基本字体技术。

1. 安装字体

如果 Windows XP 操作系统中没有需要的字体，那么可以将新的字体文件添加到系统的字体库中，具体操作步骤如下：

（1）在“开始”菜单中选择“控制面板”命令，打开“控制面板”窗口。

（2）在“控制面板”窗口中双击“字体”图标，进入系统字体文件夹。

（3）在“文件”菜单中选择“安装新字体”命令，此时，出现“添加字体”对话框。

（4）在“添加字体”对话框的“驱动器”下拉列表框中，选择新字体文件所在的驱动器。

（5）此时对话框的“文件夹”列表框中会列出当前驱动器的所有文件夹，双击包含所要添加字体的文件夹。

（6）在“字体列表”列表框中会列出该文件夹下包含的字体文件，单击所要添加的字体，若要添加所有列出的字体，则单击“全选”按钮，然后单击“确定”按钮。

2. 删除字体

在字体库中某些字体可能是用户不需要的，或者是由于错误添加进来的，可以使用删除字体的操作将没有用的字体删除。具体操作步骤如下：

（1）在“开始”菜单中选择“控制面板”命令，打开“控制面板”窗口。

（2）在“控制面板”窗口中双击“字体”图标，进入系统字体文件夹。

（3）选择要删除的字体，在“文件”菜单中选择“删除”命令，或者用鼠标右键单击要删除的字体，在弹出的快捷菜单中选择“删除”命令即可，如图 4-32 所示。

图 4-32　删除字体

4.3　练　习　题

1．填空题

（1）分时操作系统的主要特点有____________、____________、____________和____________。

（2）处理器管理又分为____________和____________两个部分。

（3）任务栏就是屏幕底部的一个蓝色的长条区域，它由____________，____________，____________和一些____________组成。

（4）对文件进行解密就是加密的____________。

（5）一般情况下，Windows 提供____________，____________和____________等 3 种基本字体技术。

2．选择题

（1）下列不属于 3 种基本类型的操作系统是______。

A．批处理系统　　B．分时系统

C．实时系统　　D．个人操作系统

（2）下面不属于文件系统组成部分的是______。

A．文件　　B．管理文件的软件

C．程序　　D．相应的数据结构

（3）使用______组合键可以将文件从系统中彻底删除。

A．Delete　　B．Shift+Delete

C．Alt+Delete　　D．Ctrl+Delete

（4）下面不属于磁盘分区格式的是______。

A．NTFS　　B．FAT

C．FAT32　　D．FAT16

（5）下面不属于常见的非键盘输入法的是______。

A．光电扫描输入法　　B．手写输入法

C．语音识别输入法　　D．紫光拼音输入法

3．问答题

（1）操作系统分为哪几类？

（2）操作系统的功能有哪些？

（3）Windows 操作系统经历了那些发展过程？

（4）怎样设置文件或文件夹的安全权限选项以及实现文件或者文件夹的加/解密？

（5）通过控制面板中的选项，对系统进行自定义设置。

第5章

文字处理软件 Word 2003

在众多的文字处理软件中 Word 以其强大的文字处理功能、图文混排等特点被越来越多的人所认可和接受，并成为当今深受大家欢迎的文字处理软件之一。本章以主流的中文 Word 2003 软件为例，介绍创建文档的过程，认识 Word 文档的基本操作和使用方法。

本章主要内容

- Word 2003 简介
- Word 2003 基本操作
- Word 文档的排版
- word 表格处理
- Word 中的图像处理

5.1 Word 2003 简介

Word 2003 是微软公司开发的办公自动化软件 Office System 2003 中的一个组件，是一个功能强大的创作程序，它不但具有一整套编写工具，还具有易于使用的界面，帮助信息工作者快捷地创建专业水准的内容，主要用来进行文本的输入、编辑、排版、打印等，通过它创建和共享文档，如书信、公文、报告、论文、商业合同、写作排版等。

5.1.1 启动 Word 2003

前面已经介绍了 Word 2003 是 Office System 2003 中的一个组件，因此首先必须在安装办公自动化软件 Office System 2003 的过程中使用典型安装的方式，或者在自定义安装过程中将 Word 2003 组件选中进行安装，这样 Word 2003 程序才会被安装在计算机操作系统中。

单击桌面的“开始”按钮，在弹出的菜单中依次选择“所有程序”→Microsoft Office→Microsoft Office Word 2003 命令，即可启动 Word 2003 应用程序，进入如图 5-1 所示的窗口。

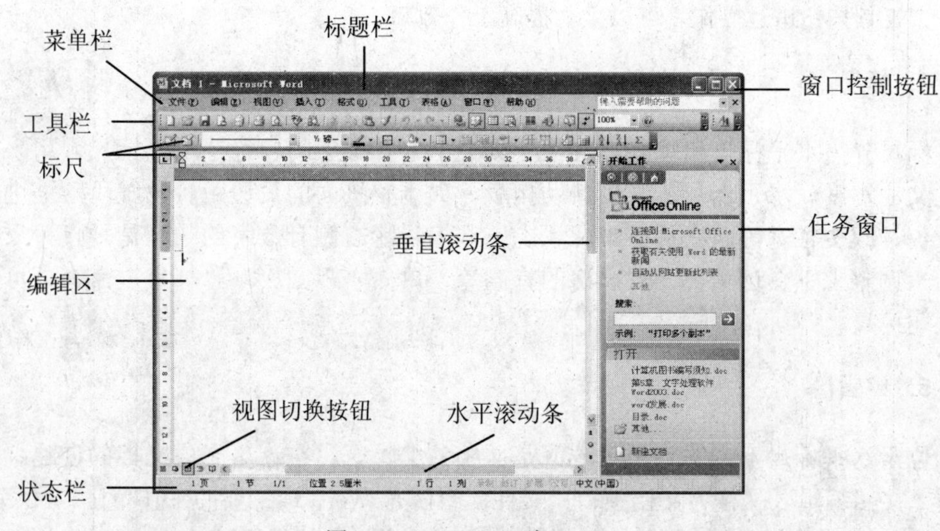

图 5-1　Word 2003 窗口

5.1.2　认识 Word 2003 的窗口

打开 Word 2003 以后，就会出现 Word 2003 的工作窗口，如图 5-1 所示，它主要由以下几部分组成：标题栏、菜单栏、工具栏、标尺、编辑区、滚动条、状态栏和任务窗格。

1．标题栏

位于窗口顶部，它包括最左侧的控制菜单按钮、正在编辑的文档名、程序名称以及右侧的最小化按钮、还原按钮和关闭按钮。单击控制菜单按钮会打开一个下拉菜单，这个菜单提供一些用于控制 Word 2003 窗口的命令，如还原、移动、最小化、关闭等。双击标题栏可以最大化 Word 2003 窗口。Word 2003 在激活状态下标题栏呈现蓝色，未被激活时呈现灰色。

2．菜单栏

位于标题栏的正下方，菜单栏中包括了 Word 中几乎所有的操作命令。这些命令分别归类到 9 个菜单中，分别是“文件”、“编辑”、“视图”、“插入”、“格式”、“工具”、“表格”、“窗口”、“帮助”。单击这些菜单，就可以直接选择需要的命令。

3．工具栏

位于菜单栏下方，工具栏由一系列的工具按钮组成。Word 2003 有十几种不同的工具栏，常见的有常用工具栏与格式工具栏，常用工具栏上包括文件存取、打印、复制、粘贴等工具按钮；格式工具栏则提供字号、字体、对齐方式等文件编排相关的工具按钮。可以将个人常用的工具按钮添加到工具栏中，也可以去除不需要的按钮。灵活利用工具栏中各个工具按钮进行操作，可以大大提高工作效率。

4. 标尺

标尺分为水平标尺和垂直标尺。工具栏下方有数字的一行是水平标尺，用来显示文档正文的宽度。水平标尺还可以帮助排版，如调整页面的页边距、设置段落缩进、设置制表位、改变栏宽等。在页面视图状态下，编辑区右侧有数字的一列是垂直标尺，它主要用来调整上下页边距、设置表格的行高等。单击“视图”→“标尺”命令，可以打开或关闭标尺。

5. 编辑区

位于水平标尺下方的空白区域就是文档的编辑区，在这里完成文档的创建、编辑和查看。文档编辑区又称为文档窗口。文件编辑区是 Word 最主要的工作范围，文字、图片等内容都要放置在这个区域中，随着文件内容的增加，编辑区的范围会逐渐扩大。

6. 状态栏

Word 窗口的最底部就是状态栏，状态栏用来显示当前的编辑状态，如页数、节、目前所在的页数/总页数、插入点所在的位置、行数和列数等信息，如图 5-2 所示。状态栏右侧有 4 个按钮：“录制”、“修订”、“扩展”、“改写”，每一个按钮代表一种工作方式，按钮的颜色变成黑色表示正处于这种工作状态，按钮显示灰色表示非工作状态，双击按钮就进入或者退出这种方式，在“改写”按钮的右侧是语言栏，说明当前文字所使用的语言，如中文、英文等。

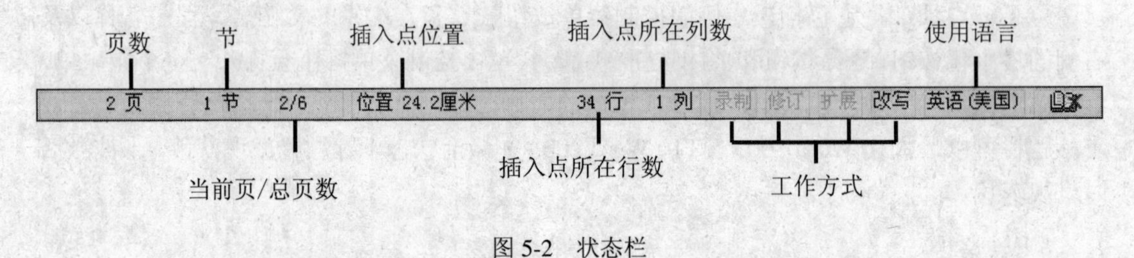

图 5-2　状态栏

7. 滚动条

位于文档编辑区的右侧和下侧，滚动条是可移动的条形工具，它包括垂直滚动条和水平滚动条。水平滚动条用来调节文档的水平位置，垂直滚动条用于调节文档的上下位置。当文档内容在当前的显示区域中不能全部显示出来的时候，编辑区会出现滚动条，拖动滚动条可以查看被隐藏的文档的内容。滚动条还可以以特定的方式向上或者向下进行滚动浏览，单击滚动条上“选择浏览对象”按钮●，在弹出的“浏览方式选择框”中选择具体的浏览方式，如图 5-3 所示。

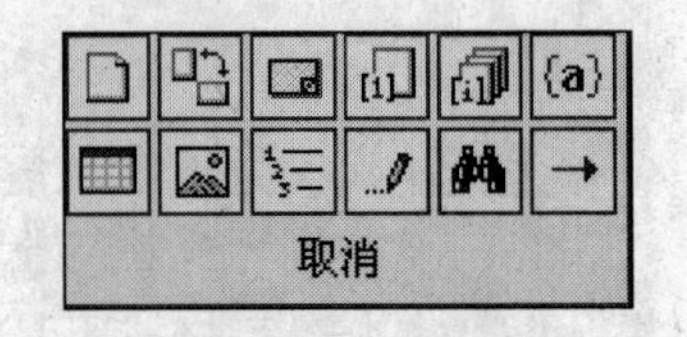

图 5-3　浏览方式选择框

8. 任务窗格

位于编辑区右侧，是 Word 2003 中一个崭新的选择面板，它将多种命令集成在一个统一的窗格中。任务窗格包括“开始工作”、“帮助”、“搜索结果”、“共享工作区”、“文档更新”和“信息检索”。如果在打开窗口时没有出现任务窗格，则打开“视图”菜单，选择“任务窗格”命令即可将任务窗格显示出来。默认情况下，第一次打开 Word 2003 窗口时打开的是“开始工作”任务窗格。单击任务窗格右上角的下三角按钮，将会弹出一个下拉菜单，如图 5-4 所示。选择菜单中的命令可以切换到相应的任务窗格中。任务窗格中的每项任务都是以超链接的形式显示的，单击相应的超链接命令就可以执行相应的任务。任务窗格的任务表现方式直接、明了，给文档的编辑带来了极大的方便。

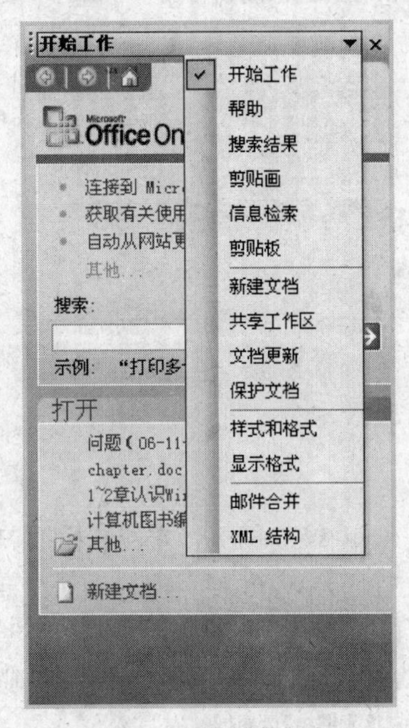

图 5-4 切换其他任务

5.1.3 Word 的版式视图方式

在 Word 窗口中文档显示的方式称为视图。Word 2003 提供 5 种视图模式，包括普通视图、Web 版式视图、页面视图、大纲视图和阅读版式。在编辑区左下角垂直标尺下方有视图切换按钮,通过单击视图切换按钮可以在 5 种视图模式中进行快速切换。也可以打开“视图”菜单，选择“普通”、“页面”、“大纲”、“Web 版式”或者“阅读版式”命令实现视图模式的切换。

下面分别来介绍 5 种视图的功能和特点。

1. 普通视图

普通视图中可以显示文本和段落格式，但是不能显示页面布局，没有垂直标尺，不会看到背景、图文框、文本框及页眉页脚等浮动的数据。这种方式的好处就是在普通视图模式下进行文本的录入、编辑和设置文本格式是十分简便的，没有复杂的页面布局结构的影响。

由于普通视图简化了版式配置，因此如果有多栏排版的文档将被显示为单栏格式，页眉、页脚、页号以及页边距等也不显示出来，页与页之间用一条虚线表示分页符，节与节之间用双行虚线表示分节符，普通视图的效果如图 5-5 所示。

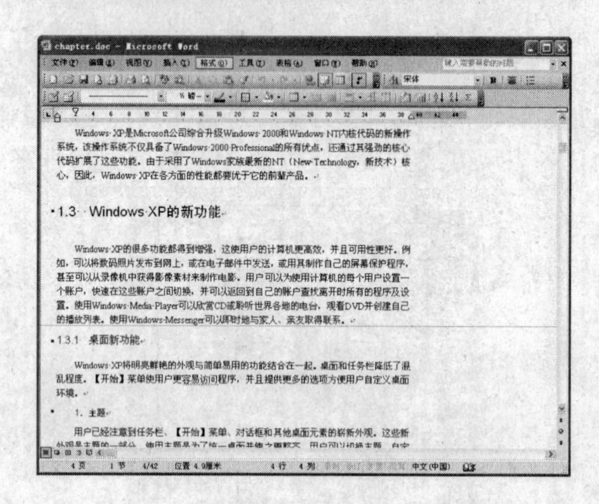

图 5-5 普通视图

2. Web 版式视图

Web 版式视图可以浏览、编辑 Web 网页，它能够模拟 Web 浏览器来显示文档。当使用 Word 打开一个 HTML 的文件时，Word 便自动转换到 Web 版式视图，模拟浏览器画面显示文件。在这个模式下，可以看到网页的背景，同时文本会自动换行以适应 Word 窗口的大小，如图 5-6 所示。由于 Web 版式视图用以模拟 Web 浏览器画面，因此这种方式不提供标尺，不分页，也没有页眉、页脚、页码等布局元素。

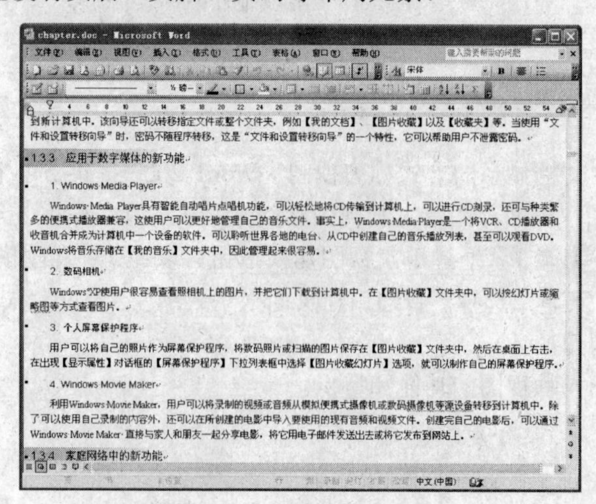

图 5-6 Web 版式视图

3. 页面视图

页面视图是 Word 默认的视图显示方式，如图 5-7 所示。这种模式的最大特点就是它的所见即所得效果，也就是说，在页面视图模式下编辑的文档、设置的边界、页眉及页脚、表格及文本框、分栏、环绕固定位置对象的文字等项目将与打印出来的结果几乎完全一致。

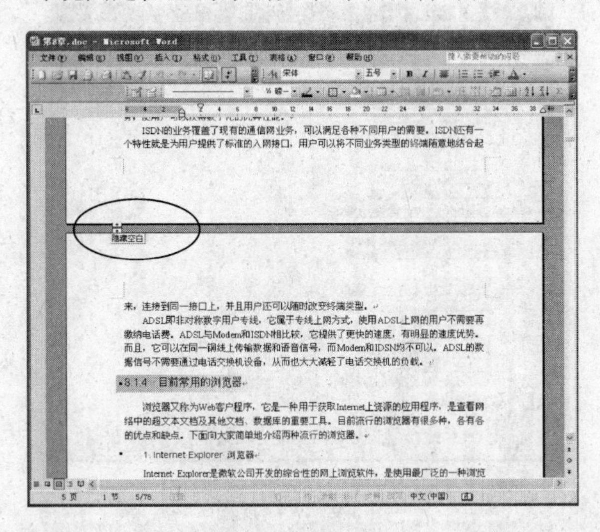

图 5-7　页面视图

在进行文本编辑的时候，为了节省页面视图中的编辑区的空间，可以将页面之间的灰色区域以及页眉、页脚的区域隐藏起来。将鼠标移动到两个页面之间的灰色区域，此时鼠标的形状变为，如图 5-7 所示，这时单击灰色区域，两个页面之间的空白区域就被隐藏起来，转变成一条灰色的分页标记线，如图 5-8 所示。如果希望显示页面之间的空白区域和页眉/页脚，使页与页之间界限明了，可以将鼠标移动到页与页之间的灰色分页标记线上，此时鼠标的形状仍会变为，这时单击标记线即可将空白区域显示出来。

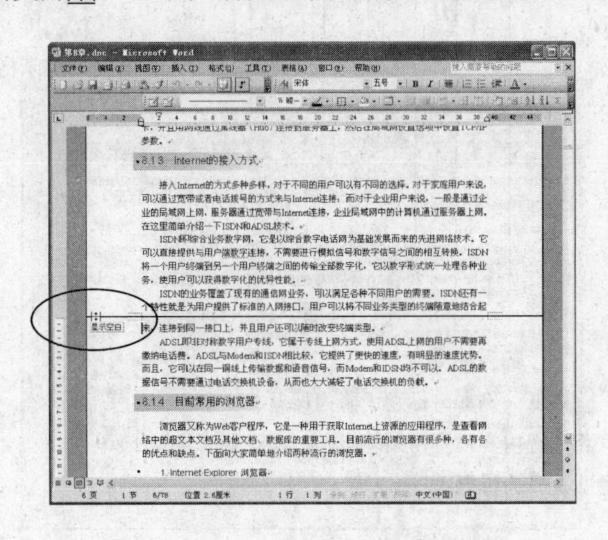

图 5-8　空白区域被隐藏时的页面视图

4. 大纲视图

在大纲视图模式下，可以呈现文档的大纲，并按照大纲的结构层次进行显示，大纲的符号和缩排会显示文件的组织方式，以便快速进行文档大纲的创建、查看以及调整，如图 5-9 所示。

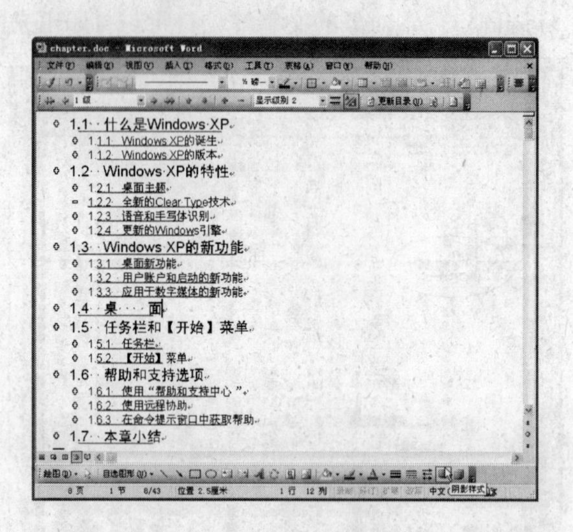

图 5-9 大纲视图

当切换到大纲视图后，会自动呈现一个“大纲”工具栏，如图 5-10 所示。在进行文档大纲编写的时候，可以通过单击“大纲”工具栏提供的按钮，控制文档大纲的组织层次。通过“大纲”工具栏还可以选择仅查看文档的哪个级别的内容，升降各标题的级别，移动标题。

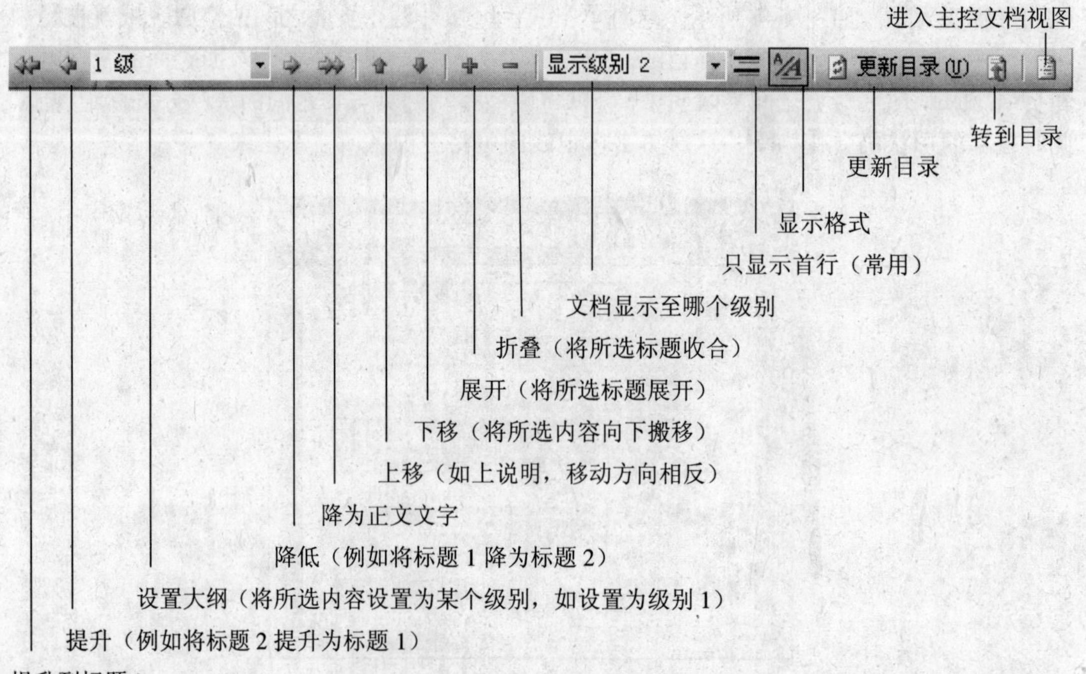

图 5-10 “大纲”工具栏

在大纲视图中，可以折叠或者展开文档，这样可以方便地查看文档的内容，移动、复制文字和重组文档，但是大纲视图中不显示段落的格式、页眉、页脚、页边距以及浮动的图片和背景。

5. 阅读版式视图

阅读版式视图主要方便对文档进行阅读，为了增加文件的可读性，视图把整篇文档分屏显示，浏览的内容会配合屏幕大小自动折行显示，也可以按照需要更改文字显示的大小，如图 5-11 所示。在阅读版式视图中没有页的概念，不显示页眉和页脚，只在屏幕的顶部显示文档当前屏数和总屏数。对于阅读内容连接紧凑的文档来说，这种视图模式可以将相连的两页显示在同一个版面，便于阅读文档。

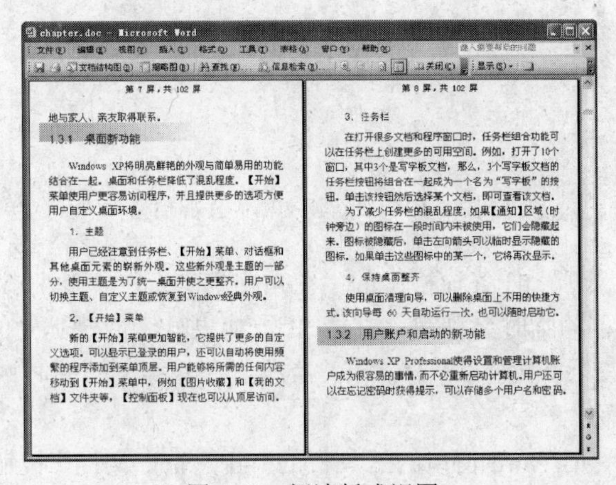

图 5-11 阅读版式视图

5.2 Word 2003 基本操作

上节介绍了 Word 2003 的基本结构，本节将介绍 Word 2003 的一些基本操作——创建和保存文档、录入文档以及查找替换文字的使用方法。

5.2.1 创建文档

在进行书信、公文、报告等文书编写之前首先需要创建一个编写环境，即创建一个新的文档，再在新文档中进行文字的编写与文书的排版工作。Word 创建文档的方式有很多，可以直接在 Word 中新建空白文档，还可以利用本机上的 Word 模板新建文档，利用网站上的模板创建文档以及利用向导新建文档，下面分别对这几种创建方式进行介绍。

1. 新建空白文档

启动 Word 2003 时，系统会自动打开一个名为“文档 1”的空白文档，这样可以直接在 Word 窗口的编辑区中输入文档内容，并对其进行编辑和排版。如果在 Word 窗口中已经打开了一个文档，但是需要重新创建一个新的文档进行文书编写，可以下面的操作步骤新建文档。

（1）打开“文件”菜单，选择“新建”命令，此时在 Word 窗口右侧会出现图 5-12 所示的“新建文档”任务窗格。

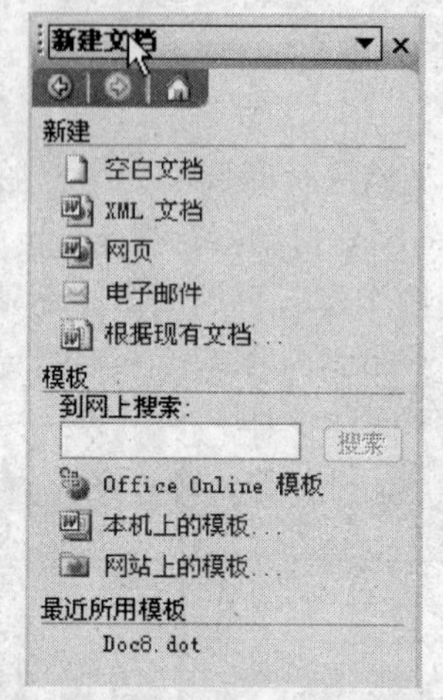

图 5-12 “新建文档”任务窗格

（2）单击“新建文档”任务窗格中的“空白文档”选项，此时就创建了一个新的空白文档。新建的空白文档的临时名称为“文档 1”，如果继续创建其他的新文档，Word 会自动为其取名为“文档 2”、“文档 3”等，依此类推。在保存文档的时候，可以另外为这个文档取一个有意义的名称。

此外，可以直接利用 Word 窗口的工具栏的“新建空白文档”按钮快速新建一个空白文档。

2．利用模板新建文档

模板是 Word 提供的一些按照应用文规范建立的文档，应用文中一些相对固定的内容已经在模板中编写好了，并设定了应用文的格式。利用模板新建的文档，可以快速地构建起标准的应用文框架，在已有的框架中只需要填充自己的编写内容即可，这样减少了文字录入与排版的工作量。对于不熟悉各种应用文样式的人来说，模板可以帮助他们迅速准确地得到符合规范的应用文文档。

Word 2003 中提供了多种类型的模板，如报告、备忘录、信函和传真、邮件合并等，如果需要创建某种应用类型的文档时，可以考虑使用模板来创建文档。具体操作步骤如下：

（1）在“新建文档”任务窗格中单击“本机上的模板”选项，此时会弹出图 5-13 所示的“模板”对话框。

（2）在“模板”对话框的选项卡中选择新文档所使用的模板类型。例如，要写一篇报告，可以选择“报告”选项卡。

（3）在所选的选项卡列表中选择具体的模板，这里选择“现代型报告”图标，单击“确定”按钮，此时会出现一个新的 Word 窗口，该窗口中新建了一个具有报告格式的文档，如图 5-14 所示。

（4）根据报告的格式，输入所需的文本即可。

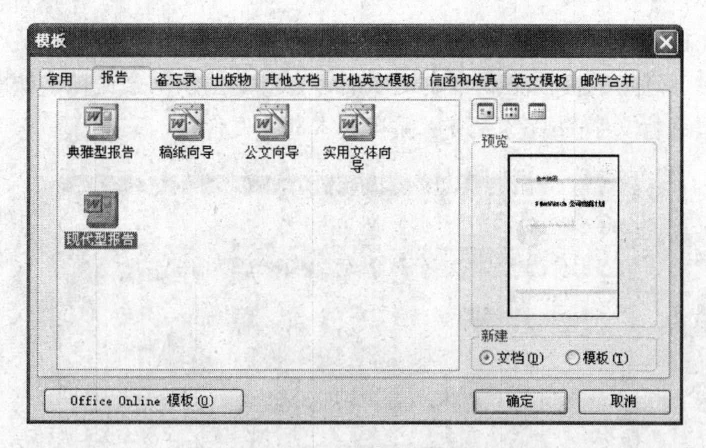

图 5-13　“模板”对话框

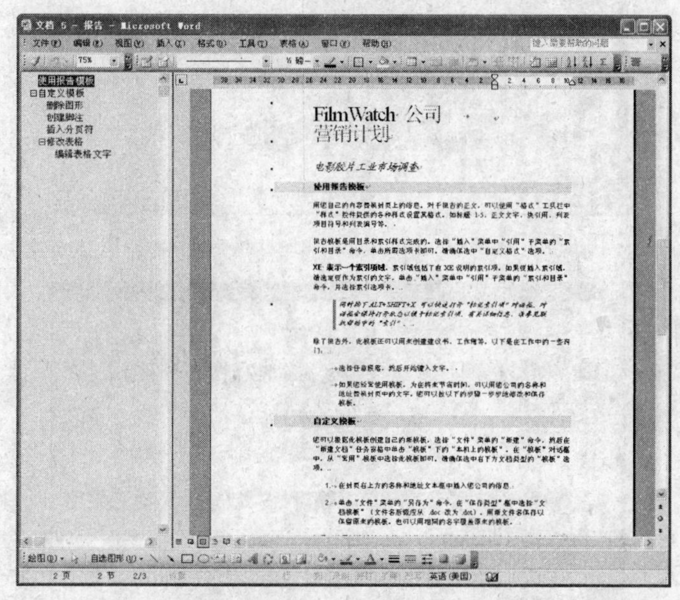

图 5-14　利用模板建立的新的文档

3．利用网站上的模板创建文档

实际生活中，有很多应用文类型，在 Word 中不可能将全部的模板囊括进来。同时随着时间的推移，还会不断地出现新的模板，为了使 Word 使用者能够获得更多的模板的支持，Word 提供了通过网络获取模板创建文档的方式。当本机上的模板不能够满足需求时可以到 Office 的网站上寻找需求的模板，来快速建立新文档。具体操作步骤如下：

（1）在“新建文档”任务窗格中单击“Office Online 模板”选项，此时会弹出图 5-15 所示的 Microsoft Office 模板主页。

（2）从网站中选择模板的类别，例如选择“会议议程”，此时进入对应类别的页面，如图 5-16 所示，进入了会议议程的模板页面。

（3）在模板页面中可以浏览到模板的外观，单击符合个人需求的模板的名称，此时会进入模板下载页面，在下载页面单击“立即下载”按钮。

（4）将网站上选定的模板下载到本地以后，会自动创建一个文档，如图 5-17 所示。在这个文档中可以进行文字的编写，最后保存成本地的文件。

图 5-15　Microsoft Office 模板主页

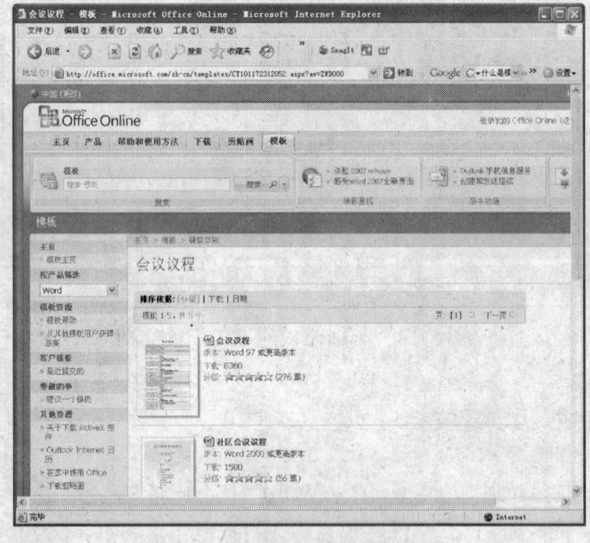

图 5-16　选定类别的模板页面

4．利用向导新建文档

Wop 立一个实用型文档。利用向导新建文档的操作步骤如下：

（1）在“新建文档”任务窗格中单击“本机上的模板”选项，此时会弹出图 5-13 所示的“模板”对话框。

（2）在“模板”对话框的选项卡中选择新文档所使用的向导类型。例如，要写一篇公文，可以选择“报告”选项卡。

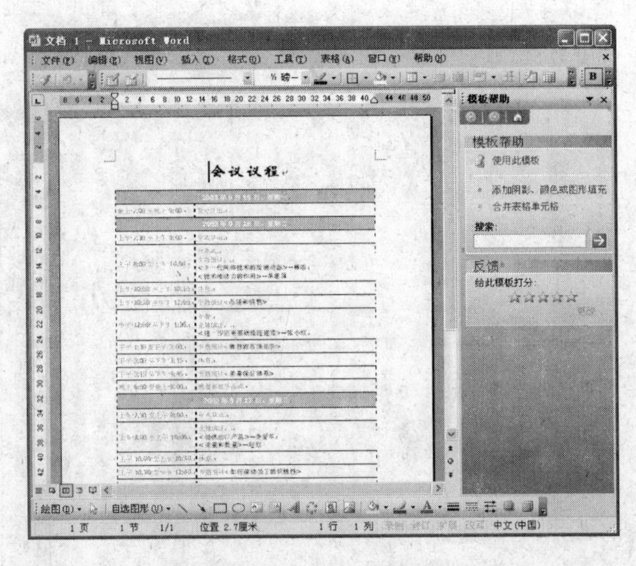

图 5-17　网站上下载的模板

（3）在所选的选项卡列表中选择具体的向导（模板的名称后带有“向导”字样），这里选择“公文向导”图标，单击“确定”按钮，此时会出现一个新的 Word 窗口，该窗口中出现“公文向导”对话框，如图 5-18 所示。

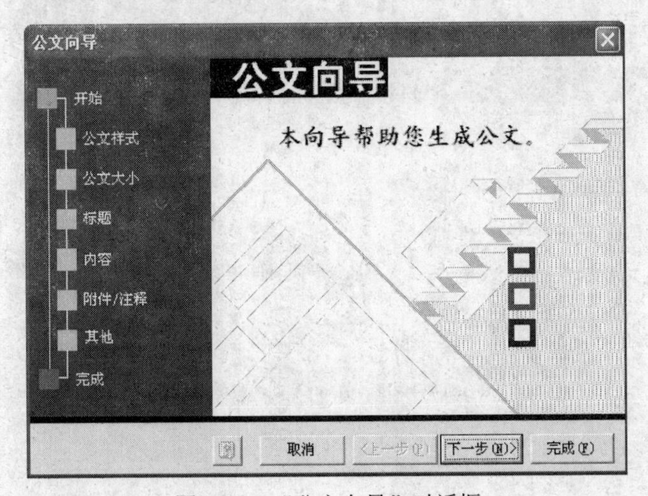

图 5-18　“公文向导”对话框

（4）按照向导对话框的提示进行设置，最后单击“完成”按钮，这样就可以根据向导创建一个新文档，如图 5-19 所示。

5.2.2　保存文档

保存文档是文字编排工作不可缺少的操作。当使用前一节介绍的方法创建了一个文档，或者对文档进行编写、排版后，就需要及时地进行文档保存的操作，将编辑的成果存储在磁盘上。保存文件的操作步骤如下：

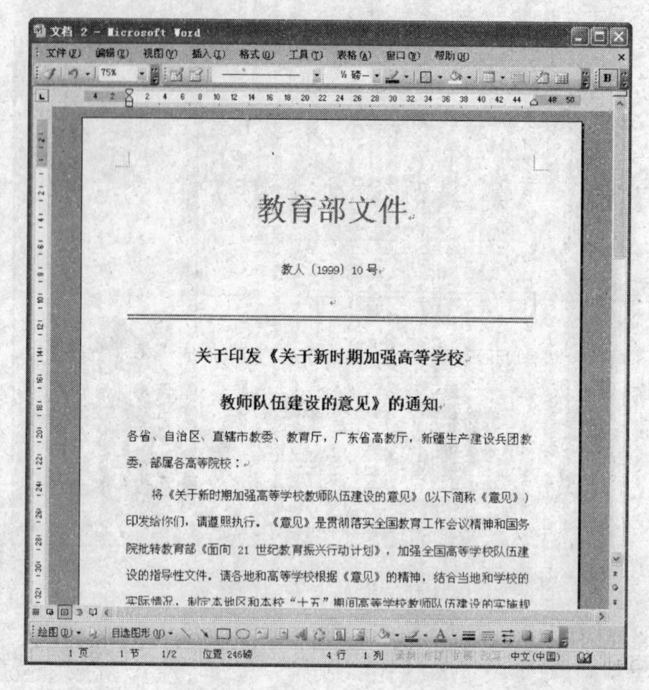

图 5-19　使用向导新建的公文

（1）打开“文件”菜单，单击“保存”命令，如果此文件是新创建的文档，并从没有被保存过，此时会弹出如图 5-20 所示的“另存为”对话框。

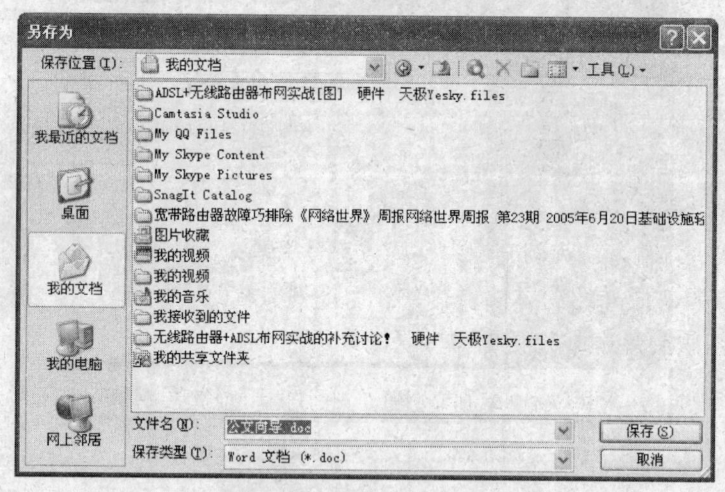

图 5-20　“另存为”对话框

（2）在对话框的“保存位置”列表下拉列表框中选择将该文件存储在磁盘上的具体路径，然后在“文件名”文本框中为该文件设置名称，在“保存类型”下拉列表框中，选择文件的类型，默认情况下文本文件的扩展名为*.doc。Word 还可以将文件保存成为 HTML 类型。如果想将文件作为其他文档的模板，可以选择 Word 模板文件类型“*.dot”。

（3）最后单击“保存”按钮，完成保存文件到磁盘上的操作。

提示：保存文件的操作除了上面通过菜单操作以外，还可以通过工具栏中的“保存”按钮来实现。或者直接使用组合键 Ctrl+S。

5.2.3　录入文档

在创建一个新文档后，就可以进行文书内容的录入工作。这里主要介绍输入法的切换、中、英文标点的使用、特殊符号的录入以及智能标记的使用。

1．输入法的切换

通常情况下，一篇文档中所涉及的文字可能有很多种，比如中文字，英文字、数字等，这就需要在进行文档录入的过程中能够快速地进行输入法的切换，以便将信息及时、准确地输入到文档中。

一般操作系统默认的输入法是英文输入法，当需要输入汉字的时候，就需要将输入法切换到中文输入法状态。在操作系统任务栏的右下角单击语言栏的按钮，此时弹出快捷菜单，如图 5-21 所示，从菜单中选择需要的输入法，此时任务栏右端的语言栏上的图标将会变为相应的输入法图标。

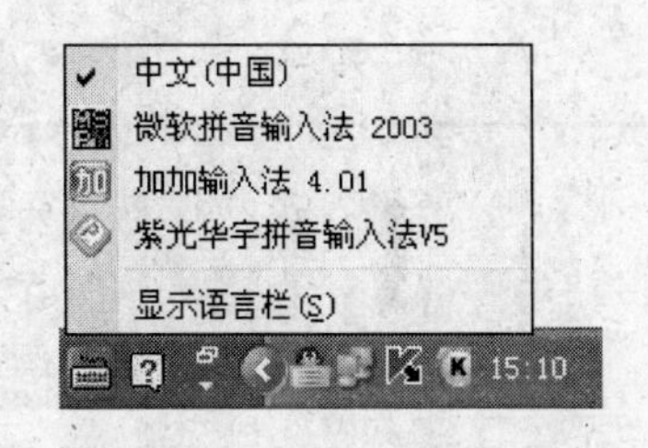

图 5-21　输入法切换

需要注意的是，有些中文输入法中，当键盘处于大写输入状态时是无法输入中文字符的。

2．中、英文标点的使用

中英文的标点符号具有不同的外观，例如，英文的句号是实心的小圆点“.”，而中文的句号是空心的圈“。”。一般情况下，计算机的键盘上没有标明中文的标点的按键，但是在 Windows 操作系统下，会将某些键盘按键定义为中文标号（在中文输入法的时候）。这样，中英文标号之间就存在了某种对应关系。

这里以微软拼音输入法为例介绍中文标点符号的输入方法。

（1）首先依照前面介绍的方法将输入法切换到微软拼音输入法，此时语言栏显示如图 5-22 所示的微软拼音输入法工具条。

图 5-22 微软拼音输入法工具条

（2）要进行中文标点符号的输入时，单击工具条中的中英文标点切换按钮，当按钮图标显示为中文符号时，就可以在文档中输入中文的标点符号。键盘按键与中文标点的关系如表 5-1 所示。

（以微软拼音输入法为例，其他输入法对照可能略有不同）

表5-1　常用中文标点和键盘按键对照表

中文符号名称	键盘按键	中文标点	中文符号名称	键盘按键	中文标点
句号	.	。	单引号	‘	‘’（第一次按键输入‘，第二次按键输入’）
逗号	,	，	破折号	-	——
分号	;	；	省略号	^	……
冒号	:	：	间隔号	@	·
顿号	\	、	左书名号	<	《 或者 〈
人民币符号	$	￥	右书名号	>	》或者 〉
双引号	“	“”（第一次按键输入“，第二次按键输入”）			

（3）要进行英文标点符号的输入时，再次单击工具条中的中英文标点切换按钮，此刻按钮的图标显示为。这时在文档中输入的就是英文标点符号。

除了上述介绍的中英文标点符号切换操作外，还可以使用组合键来直接切换中英文标点，即同时按下 Ctrl+.键。

3．特殊符号的录入

除了标点符号之外，有时要在文件中加入一些特殊符号，这些符号是无法通过键盘按键输入的，这时候就需要通过插入符号的方式输入特殊的符号。

在文档中插入特殊符号的操作方法如下：

（1）将光标移动到要插入符号的位置，打开“插入”菜单，选择“符号”命令，此时弹出“符号”对话框，如图 5-23 所示。

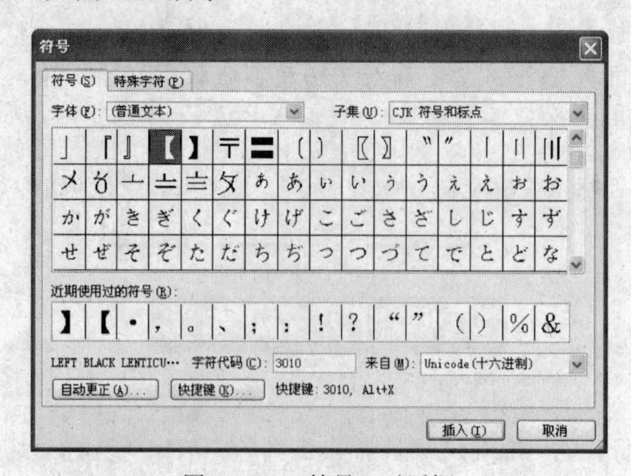

图 5-23　“符号”对话框

（2）在“符号”对话框中选择“符号”选项卡，在“字符”和“子集”下拉列表框中选择符号的类型，然后在符号列表中选择需要插入的符号，此时被选中的符号背景呈现蓝色。最后单击“插入”按钮。

（3）如果希望插入多个特殊符号，可以按照上一步的操作再次选择符号，然后单击“插入”按钮。

（4）插入特殊符号后，单击“关闭”按钮，回到编辑的文档中。此时可以看到编辑区的光标位置已经插入了所选择的符号。

4. 智能标记的使用

Word 中的智能标记是用来识辨和选定为特定类型的数据。例如日期、时间等就是可以使用智能标记进行辨识和选定的数据类型，当 Word 辨识数据类型时，会以智能标记符号（紫色下划虚线）标示数据，如 2007-1-14 。

使用智能标记操作的方法如下：

（1）将鼠标移动到有智能标记符号的文字上，此时在文字的上方会出现智能标记操作按钮。

（2）将鼠标移动到智能标记操作按钮上，此时按钮图标会变成，单击右侧的下拉按钮，此时弹出快捷菜单，如图 5-24 所示。

（3）从菜单中选择合适的命令，如“改成农历显示”，此时文档中被标记的文字就会按照选择的命令进行变更。

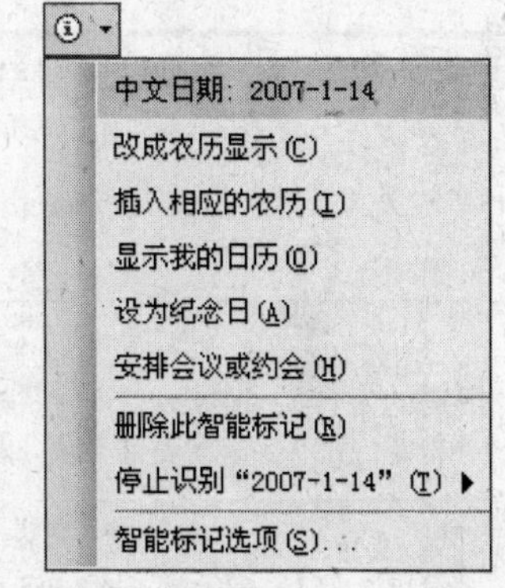

图 5-24　智能标记操作快捷菜单

5. 输入文本

在 Word 编辑区有一个闪烁的竖条，称为“插入点”，它表示当前文档的字符输入的位置，输入文本就是由此开始输入的。通过鼠标可以更改插入点的位置。

在输入文字的过程中，插入点从左向右移动，如果输错了一个或者几个错字或者字符，可以按 Back Space 键（退格键）删除错字。

通常在纸张上手写文章，当完成一行文字的书写后需要另起一行继续书写。在 Word 中输入文本时，Word 的自动换行功能帮助录入者完成换行的操作。录入者只需要连续不断输入文本，当到达本行的末端时插入点会自动移到下一行的行首位置。

一般情况下，一篇文章会有多个自然段落，在 Word 中是以回车换行符（↵）来划分自然段落的。也就是说，当完成一个段落信息的输入，需要另起一段时，可以按回车键开始一个崭新的段落输入。此时无论当前的插入点是否到达本行的末端，新输入的文本都会从新的段落开始。

如果在同一段落中，希望某些专有词语（如门牌号）不被分别拆分到两个行中，这就需要在本行文字没有到达行末的时候就开始新的一行。如果按回车键，可以取得开始新的一行的效果，但是同时也开始了一个新的段落，这样是不可行的。此时可以按下 Shift+Enter 键，Word 会插入一个换行符（↓）并把插入点移到下一行的开端。从外观上看，是重新起了一行，但实际上新一行仍然与上一行是同一段落，沿用同一段落的格式。

5.2.4 编辑文档

编辑通常是对一个已经完成录入的文档或者磁盘文件进行内容的添加、复制、移动、删除或者修改等操作。下面介绍一些编辑文档的基本操作。

1. 选定文本

无论在 Word 中进行何种编辑操作，首先需要选定文本。选定文本可以利用鼠标也可以利用键盘，表 5-2 和表 5-3 依次介绍了利用鼠标和键盘选定文本的操作方法。

表5-2 利用鼠标选定文本

选定的范围	操作方法	图 例
一个中文词语或者英文单词	在文字上双击	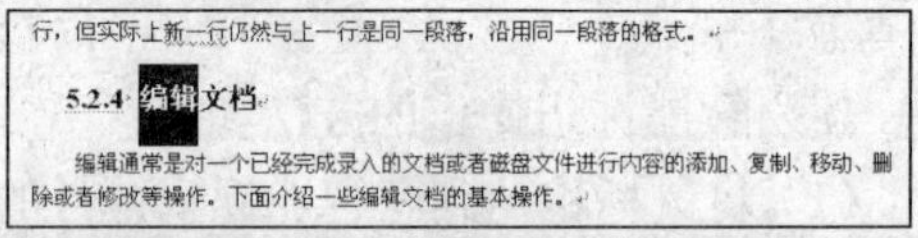 行，但实际上新一行仍然与上一行是同一段落，沿用同一段落的格式。 5.2.4 编辑文档 编辑通常是对一个已经完成录入的文档或者磁盘文件进行内容的添加、复制、移动、删除或者修改等操作。下面介绍一些编辑文档的基本操作。
指定的内容	按住鼠标左键不放，拖过要选定的文字。选定的文字数量不受限制，只要是连续的即可	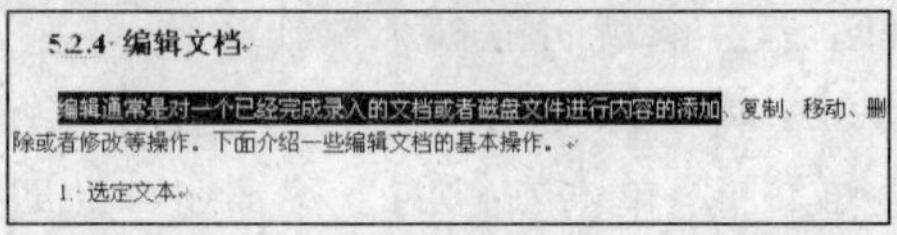 5.2.4 编辑文档 编辑通常是对一个已经完成录入的文档或者磁盘文件进行内容的添加、复制、移动、删除或者修改等操作。下面介绍一些编辑文档的基本操作。 1. 选定文本
一句话	按住 Ctrl 键，单击句子任意位置	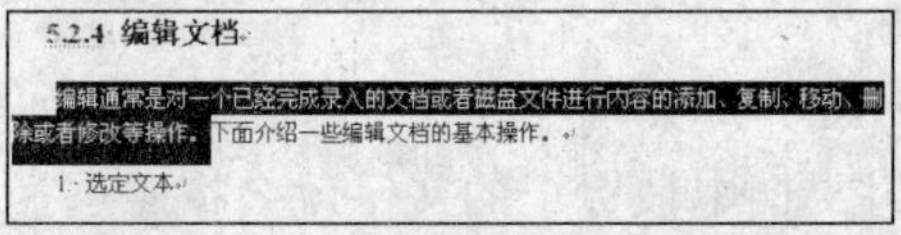 5.2.4 编辑文档 编辑通常是对一个已经完成录入的文档或者磁盘文件进行内容的添加、复制、移动、删除或者修改等操作。下面介绍一些编辑文档的基本操作。 1. 选定文本
一行	将鼠标移动到段落左侧的选定栏，此时鼠标变成向右上方向的箭头，单击鼠标	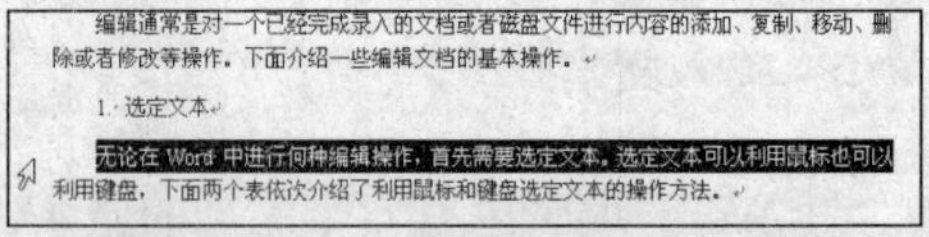 编辑通常是对一个已经完成录入的文档或者磁盘文件进行内容的添加、复制、移动、删除或者修改等操作。下面介绍一些编辑文档的基本操作。 1. 选定文本 无论在 Word 中进行何种编辑操作，首先需要选定文本。选定文本可以利用鼠标也可以利用键盘，下面两个表依次介绍了利用鼠标和键盘选定文本的操作方法。
多行	将鼠标移动到段落左侧的选定栏，此时鼠标变成向右上方向的箭头，单击鼠标不放，向上/向下移动鼠标	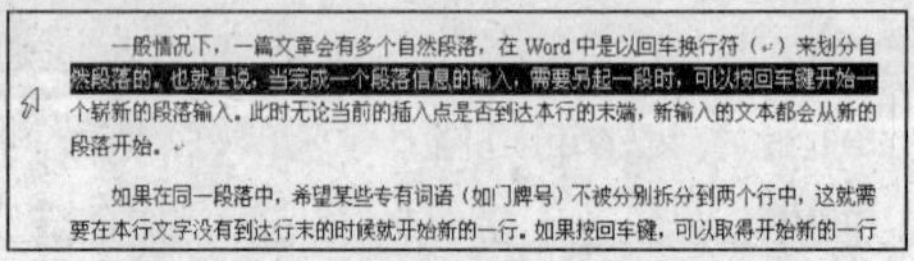 一般情况下，一篇文章会有多个自然段落，在 Word 中是以回车换行符（↵）来划分自然段落的。也就是说，当完成一个段落信息的输入，需要另起一段时，可以按回车键开始一个崭新的段落输入。此时无论当前的插入点是否到达本行的末端，新输入的文本都会从新的段落开始。 如果在同一段落中，希望某些专有词语（如门牌号）不被分别拆分到两个行中，这就需要在本行文字没有到达行末的时候就开始新的一行。如果按回车键，可以取得开始新的一行
一段	将鼠标移动到段落左侧的选定栏，此时鼠标变成向右上方向的箭头，双击鼠标	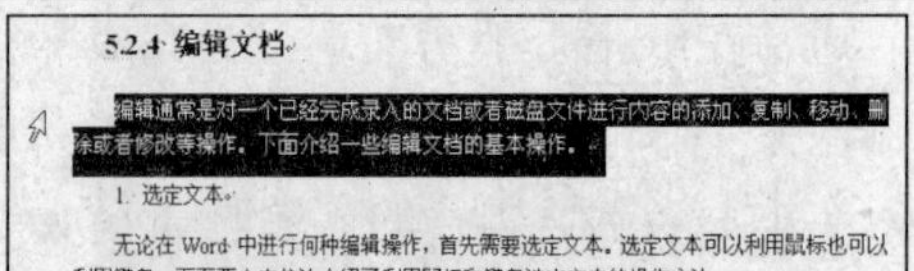 5.2.4 编辑文档 编辑通常是对一个已经完成录入的文档或者磁盘文件进行内容的添加、复制、移动、删除或者修改等操作。下面介绍一些编辑文档的基本操作。 1. 选定文本 无论在 Word 中进行何种编辑操作，首先需要选定文本。选定文本可以利用鼠标也可以利用键盘，下面两个表依次介绍了利用鼠标和键盘选定文本的操作方法。
多段	将鼠标移动到段落左侧的选定栏，此时鼠标变成向右上方向的箭头，双击鼠标后不放，向上/向下移动鼠标	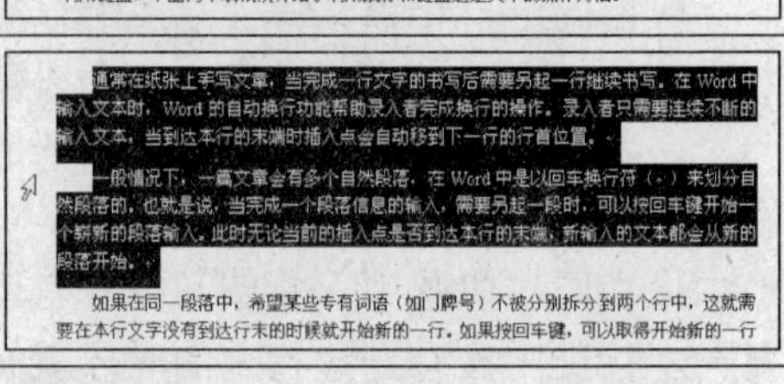 通常在纸张上手写文章，当完成一行文字的书写后需要另起一行继续书写。在 Word 中输入文本时，Word 的自动换行功能帮助录入者完成换行的操作。录入者只需要连续不断的输入文本，当到达本行的末端时插入点会自动移到下一行的行首位置。 一般情况下，一篇文章会有多个自然段落，在 Word 中是以回车换行符（↵）来划分自然段落的。也就是说，当完成一个段落信息的输入，需要另起一段时，可以按回车键开始一个崭新的段落输入。此时无论当前的插入点是否到达本行的末端，新输入的文本都会从新的段落开始。 如果在同一段落中，希望某些专有词语（如门牌号）不被分别拆分到两个行中，这就需要在本行文字没有到达行末的时候就开始新的一行。如果按回车键，可以取得开始新的一行
全文	鼠标移动选定栏，此时鼠标变成向右上方向的箭头，快速按三次。 或者选择“编辑”→“全选”命令	

续上表

选定的范围	操作方法	图　例
不连续文本	先选定第一个文本区域，按住 Ctrl 键，再利用鼠标选定其他的文本区域	输入文本，当到达本行的末端时插入点会自动移到下一行的行首位置。 一般情况下，一篇文章会有多个自然段落，在 Word 中是以回车换行符（↵）来划分自然段落的。也就是说，当完成一个段落信息的输入，需要另起一段时，可以按回车键开始一个崭新的段落输入。此时无论当前的插入点是否到达本行的末端，新输入的文本都会从新的段落开始。
竖块文本	按住 Alt 键，用鼠标在需要选中的文本块上拖动，最后释放 Alt 键和鼠标	中英文的标点符号具有不同的外观，例如，英文的句号是实心的小圆点"."，而中文的句号是空心的圈"。"。一般情况下，计算机的键盘上没有标明中文的标点的按键，但是在 Windows 操作系统下，会将某些键盘按键定义为中文标号（在中文输入法的时候）。这样，中英文标号之间就存在了某种对应关系。 这里以微软拼音输入法为例介绍中文标点符号的输入方法。 （1）首先依照前面介绍的方法将输入法切换到微软拼音输入法，此时语言栏显示如图 5.21 所示的微软拼音输入法工具条。
取消选定	单击文档任意位置	

表5-3　利用键盘选定文本

选定的范围	操作方法
插入点右侧的一个字符	Shift + →
插入点左侧的一个字符	Shift + ←
选定插入点所在行及其上一行	Shift + ↑
选定插入点所在行及其下一行	Shift + ↓
选定插入点到行首之间的文本	Shift + Home
选定插入点到行尾之间的文本	Shift + End
选定插入点到全篇文档的开头	Ctrl + Shift + Home
选定插入点到全篇文档的结尾	Ctrl + Shift + End
选定全部	Ctrl + A
取消选定	按→、↓、↑、←键、或者按 PageUp，PageDown，Home，End 键即可

2．移动文本

在编写文档的时候，往往需要多次对文档进行修改，包括移动一些语句、词语等，这就需要使用移动文本的操作。移动文本的操作可以通过鼠标拖放法来实现，也可以通过菜单命令来实现。

（1）利用鼠标拖放法移动文本。

鼠标拖放法适合移动距离较近的文本。具体操作步骤如下：

① 选定要移动的文本。

② 将鼠标移至选定的文本区域，此时鼠标变成箭头形状。

③ 拖动鼠标，此时鼠标指针变成形状，同时还会出现一条虚线插入点，如图 5-25 所示，这条虚线插入点表明文本要移动的目标位置。

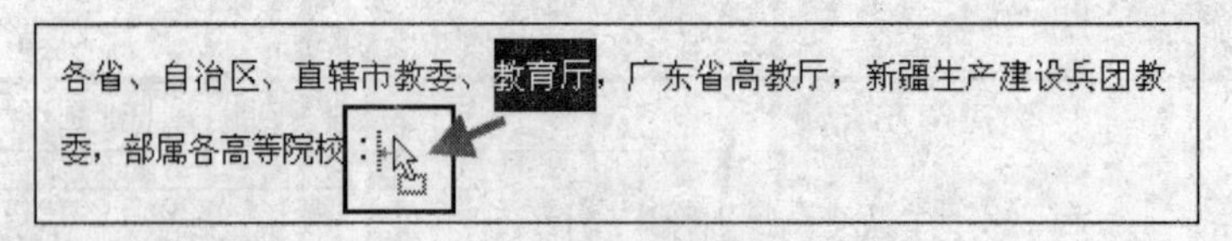
各省、自治区、直辖市教委、教育厅，广东省高教厅，新疆生产建设兵团教委，部属各高等院校：

图 5-25　用鼠标拖放法移动文本

④ 释放鼠标，此时文本移动到了虚线插入点的位置，同时在文本的右侧会出现一个“粘贴”智能标记按钮，单击这个按钮，出现如图 5-26 所示的列表。这个列表中的选项表明移动的文本是带着原有的格式一起移动至目标位置还是根据目标位置的格式进行显示。例如：选择“匹配目标格式”单选按钮，表示移动的文本要与目标位置的格式保持一致。

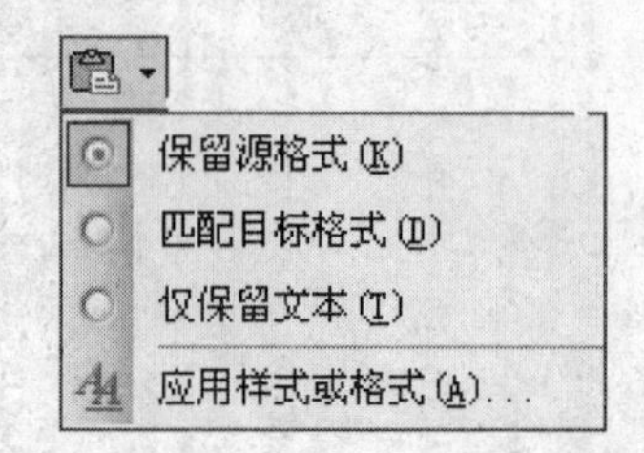

图 5-26　“粘贴”智能标记按钮下拉列表

（2）利用菜单命令移动文本。

对于移动距离较长的文本，使用菜单命令来操作更加合适。具体操作步骤如下：

① 选定要移动的文本。

② 单击“编辑”菜单→“剪切”命令（组合键 Ctrl+X），或者在工具栏中单击“剪切”按钮，此时选定的文本在原有位置上被删除并被存放到剪贴板中。

③ 将插入点移动到文本的目标位置。

④ 单击“编辑”菜单→“粘贴”命令（组合键 Ctrl+V），或者在工具栏各种单击“粘贴”按钮，此时选定的文本移动到了目标位置。

3. 复制文本

在一篇文档中，有些句子或者语句可能会重复出现多次，这样每出现一次就重新输入一次比较浪费时间，也无法提高录入效率，这时可以使用复制文本的方法来节省重复录入文本的时间。复制文本的操作和移动文本的操作类似，可以通过鼠标拖放法来实现，也可以通过菜单命令来实现。

（1）利用鼠标拖放法移动文本。

鼠标拖放法适合复制距离较近的文本。具体操作步骤如下：

① 选定要复制的文本。

② 将鼠标移至选定的文本区域，此时鼠标变成箭头形状。

③ 拖动鼠标，此时鼠标指针变成形状，同时还会出现一条虚线插入点，如图 5-27 所示，这条虚线插入点表明文本要复制的目标位置。

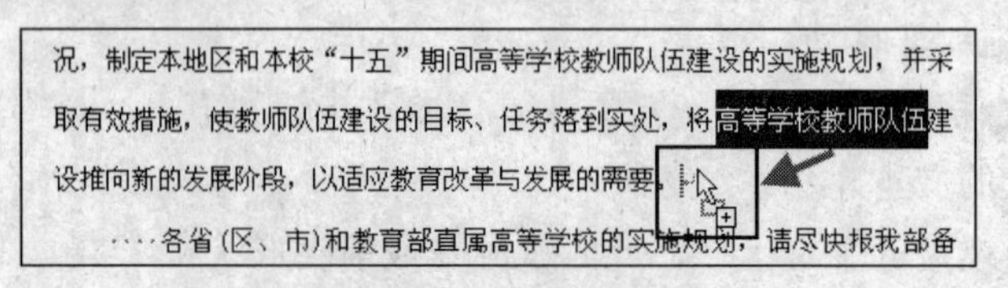
况，制定本地区和本校“十五”期间高等学校教师队伍建设的实施规划，并采取有效措施，使教师队伍建设的目标、任务落到实处，将高等学校教师队伍建设推向新的发展阶段，以适应教育改革与发展的需要。

····各省（区、市）和教育部直属高等学校的实施规划，请尽快报我部备

图 5-27　用鼠标拖放法复制文本

④ 释放鼠标，此时文本复制到了虚线插入点的位置，同时在文本的右侧会出现一个“粘

贴”智能标记按钮，单击这个按钮，出现如图 5-26 所示的列表。这个列表中的选项表明移动的文本是带着原有的格式一起移动至目标位置还是根据目标位置的格式进行显示。例如：选择“匹配目标格式”单选按钮，表示移动的文本要与目标位置的格式保持一致。

（2）利用菜单命令复制和粘贴文本

对于复制距离较长的文本，使用菜单命令来操作更加合适。具体操作步骤如下：

① 选定要复制的文本。

② 单击“编辑”菜单→“复制”命令（组合键 Ctrl+C），或者在工具栏中单击“复制”按钮，此时选定的文本的副本被存放到剪贴板中。

③ 将插入点移动到文本的目标位置。

④ 单击“编辑”菜单→“粘贴”命令（组合键 Ctrl+V），或者在工具栏中单击“粘贴”按钮，此时选定的文本副本就复制到了目标位置。

4. 撤销与恢复操作

在编辑文档的时候，难免会出现误操作，或者执行一些操作后认为不妥当需要重新回到原处进行修改，这时可以使用 Word 提供的撤销和恢复功能。撤销操作就是将编辑状态恢复到前一次插入、复制、移动、删除等操作时的状态。恢复操作是当执行了至少一次撤销操作后，恢复最近一次被撤销的操作。例如，在 Word 中删除了“我们的”3 个文字后，又决定不删除这 3 个字，这时就可以使用撤销操作将刚才所作的删除的操作撤销，这时“我们的”3 个字就重新显示出来。但是最后还是决定要删除这三个字，那么就可以再执行恢复操作，恢复到最后一次撤销删除操作之前的文本状态，也就是将 3 个字删除。

撤销操作的方法有两种，第一，单击工具栏中的“撤销”按钮执行撤销操作。单击一次“撤销”按钮就退回到前一次操作的状态，连续单击“撤销”按钮，就退回到若干步操作之前的状态。或者单击“撤销”按钮右侧的倒三角标志，从下拉列表中选择要撤销的多步操作。第二，通过“编辑”菜单中的“撤销键入”命令执行撤销操作。

恢复操作是撤销操作的逆过程，它可以恢复到撤销操作之前的状态。恢复操作和撤销操作一样，有两种操作方式，第一，单击工具栏中的“恢复”按钮；第二，通过“编辑”菜单中的“重复粘贴”命令执行撤销操作。

5.2.5 查找和替换文字

在仅有几行文字的文档中找出某些文字很容易，也可以轻而易举地将文字进行替换。但是在篇幅较长的文档中，用眼力去逐行查找某些文字，可能需要花费很长时间，而且还有可能漏查一些文字。或者当一篇文章中多次出现一个词语，如“基本知识”，现在想把这个词语统一修改为“基础知识”，怎样才能找到一个高效、精准的方法修改呢？使用 Word 提供的查找和替换功能，就可以快速地找到指定的文字并进行修改。

1. 查找文本

Word 2003 的查找文字功能十分强大，它不仅可以查找字符、词语、句子、标点符号，甚至可以查找字体、字号、特殊字符等。

查找文本的具体操作如下。

（1）打开“编辑”菜单，选择“查找”命令，此时出现如图 5-28 所示的“查找和替换”对话框。

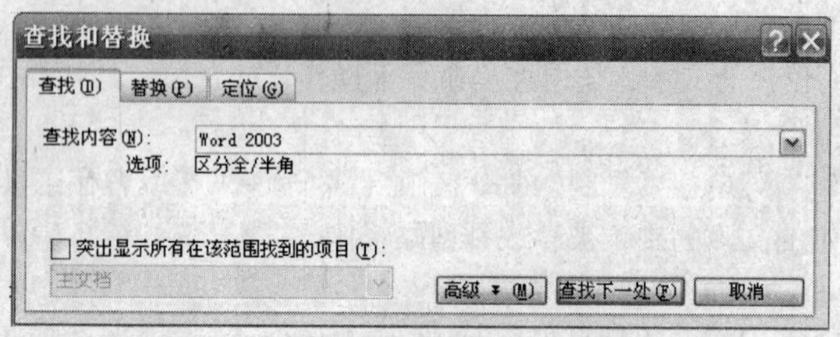

图 5-28 “查找和替换”对话框

（2）在“查找内容”输入框中输入需要查找的目标文本。

（3）单击“查找下一处”按钮，Word 开始在文档中查找与输入文本相匹配的内容。当找到第一个符合条件的文本时，会选定该文本（即该文本反白显示），并将该文本位置显示在当前的编辑区域内。

（4）如果继续查找下一个符合条件的文本时，再次单击“查找下一处”按钮即可。

（5）如果文档中没有符合条件的文本，Word 将显示一个信息框，通知用户对文档已经搜索完毕，但是搜索项未找到。

（6）单击“取消”按钮，关闭“查找和替换”对话框，返回文档。

2. 高级查找功能

如果需要查找更加详细的文本或者查找特殊文本，如区分大小写、区分全角与半角等，可以使用 Word 的高级查找功能。

（1）按照前面介绍的操作打开“查找和替换”对话框。

（2）在“查找”选项卡中单击“高级”按钮，此时“高级”按钮变成“常规”按钮，同时在对话框下部展开搜索选项，如图 5-29 所示。

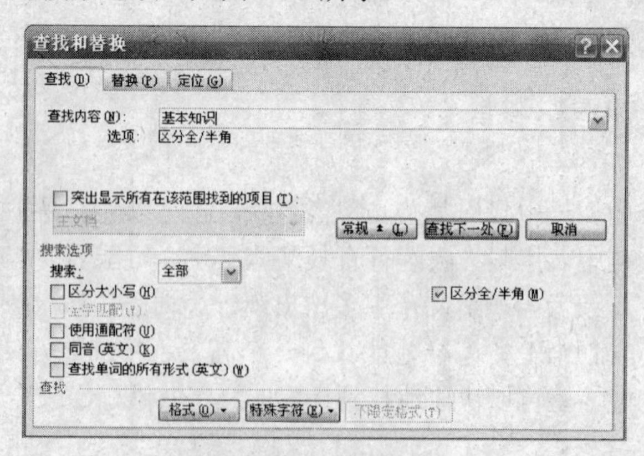

图 5-29 高级查找功能

（3）在“查找内容”输入框中输入需要查找的目标文本。在搜索选项中选择搜索的详细条件，如区分大小写等，然后按照查找文本的方法，单击“查找下一处”按钮查找文本。

3. 替换文本

利用查找功能能够快速找到指定文本或者格式的位置，而替换功能则是在找到指定文本后对其进行文本替换。

（1）打开“编辑”菜单，选择“查找”命令，此时出现“查找和替换”对话框，将对话框切换到“替换”选项卡，如图5-30所示。

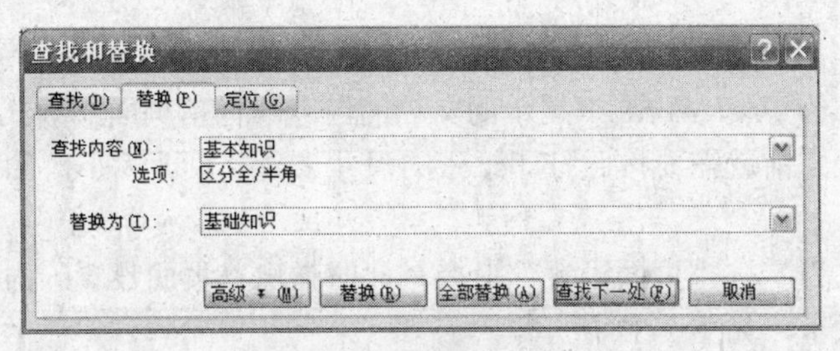

图5-30　“替换”选项卡

（2）在“查找内容”输入框中输入需要替换的文本。在“替换为”输入框中输入替换的文本。此时“查找内容”输入框中的文本长度不一定要等于“替换为”输入框中的文本长度。

（3）单击“查找下一处”按钮，Word开始在文档中查找与“查找内容”输入框中输入的文本相匹配的内容。当找到第一个符合条件的文本时，会选定该文本（即该文本反白显示），并将该文本位置显示在当前的编辑区域内。此时根据具体需要，选择以下操作之一：

- 如果不想替换当前查找到的文本，则单击“查找下一处”按钮，继续查找下一个目标。
- 如果想替换当前的文本，则单击“替换”按钮，此时选中的文本就会被“替换为”输入框中的文本替换，然后继续单击“查找下一处”按钮查找下一个目标。
- 如果确定想全篇文档中所有的符合条件的文本都将替换成指定文本，则直接单击“全部替换”按钮，当Word替换完成后，会出现如图5-31所示的提示框，提示共替换了几处。

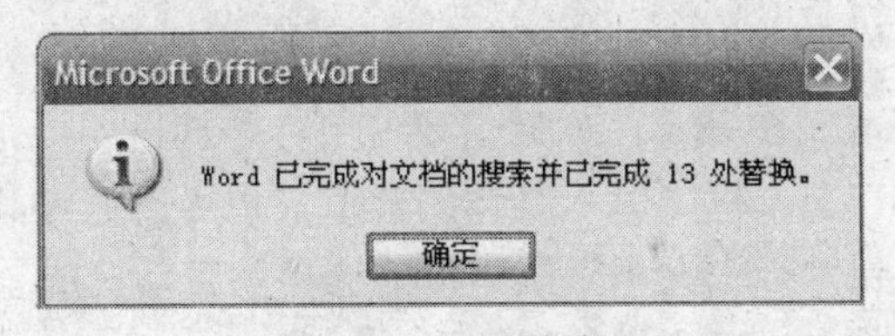

图5-31　替换提示框

（4）单击“确定”按钮，返回到“查找和替换”对话框，再单击“关闭”按钮，返回文档中。

5.3　Word文档的排版

一篇阅读性强的文档不但要有充实的内容，还要有清晰的格式及赏心悦目的版式，使人对文章有阅读的兴趣。要获得这样的效果就需要使用一定的Word排版技术。本节主要介绍一些在 Word 2003 中常用的排版方式。

5.3.1 页面设置

Word 中的页面设置是指纸张的大小、边界、页眉与页脚的位置等的总称。下面分别对页面设置的内容进行介绍。

1. 纸张大小

通常情况下，为了使 Word 中显示的文档的内容（包括页面的版式等）与打印出来的一样，在编写文档之前就需要按照打印纸张的尺寸来设置页面大小，如 A4、16 开等。具体操作如下：

（1）单击“文件”→“页面设置”命令，此时弹出“页面设置”对话框，在对话框中选择“纸张”选项卡，如图 5-32 所示。

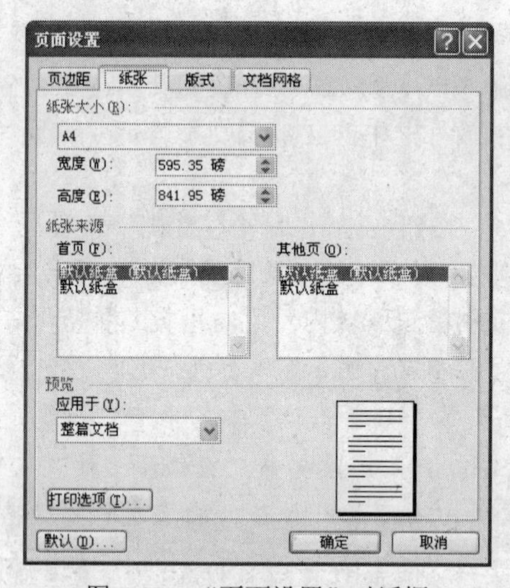

图 5-32 “页面设置”对话框

（2）在“纸张大小”下拉列表框中选择纸张的类型。在这个列表中列出了常用的各种纸张的尺寸，如 B5、A4、16 开等。如果需要使用特殊规格的纸张，可以在下拉列表框的下方“宽度”和“高度”文本框中输入具体的数值，也可以通过其右边的微调按钮设置合适的尺寸。此时可以看到“纸张大小”文本框的选项就自动变成了“自定义大小”。

（3）设置完毕后，单击“确定”按钮即可。

2. 页边距

页边距的设置直接影响版面的整体效果，因此首先来认识一下版面的组成部分。

一般来说 Word 文档中每一页的全部页面称为版面。版面通常由版心、页眉、天头、页脚和地脚以及左右两侧的页边（留白）组成。版心是指正文所占的大小。版心尺寸通常由作者或者出版社的编辑决定，例如，16 开的版心为 14.5cm×21.4cm 等。

页边距就是用来设置版面中各个组成部分所占的尺寸，图 5-33 展示了某文档页边距的设置。图 5-33 中的数字意义如图 5-34 所示。

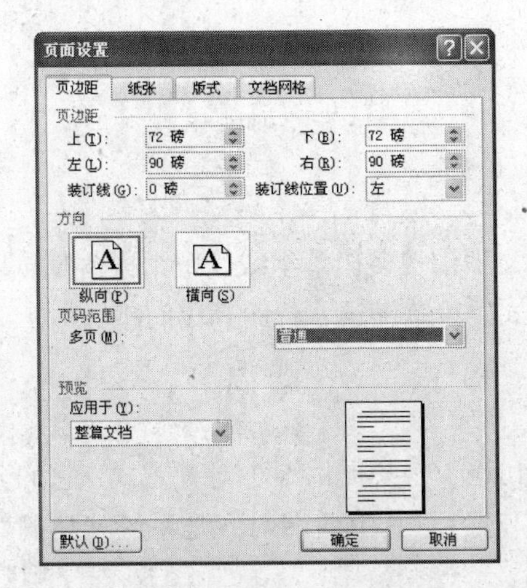

图 5-33　某文档页边距设置图

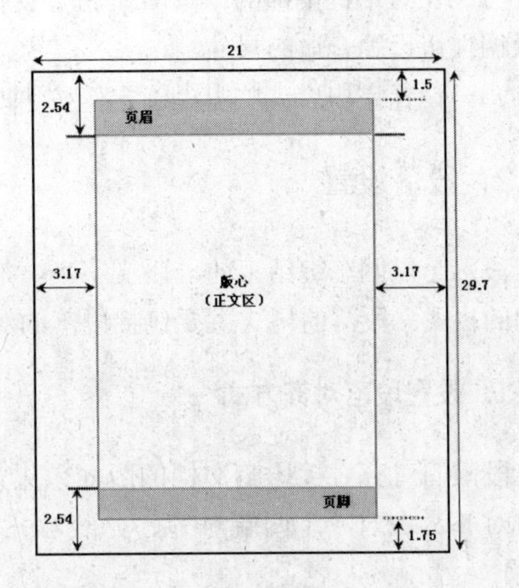

图 5-34　页边距设置的数据意义

设置了页边距后，还需要设置页面摆放的方向，在 Word 中允许页面以纵向或者横向显示文本内容。如果是一般的文本，通常使用 Word 默认方向纵向显示。对于一些大型的表格，当其宽度远大于高度，往往可以考虑选用横向的版式显示，只需要在相应的图标上单击即可。

3. 页眉与页脚的位置

页眉是指打印在文档中每页顶部的文本或图形，页脚是指打印在文档中每页底部的文本或者图形，它们在版面的大致范围如图 5-34 所示。在“页面设置”对话框的“版式”选项卡中可以设置页眉距离页面顶部的距离以及页脚距离页面底部的距离。具体操作如下：

（1）单击“文件”→“页面设置”命令，此时弹出“页面设置”对话框，在对话框中选择“版式”选项卡，如图 5-35 所示。

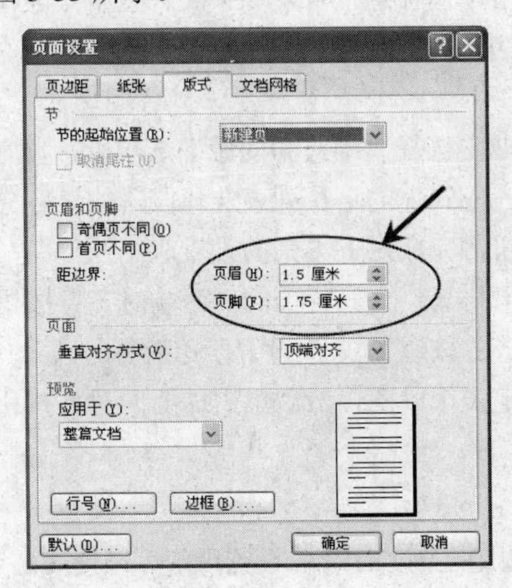

图 5-35　在“版式”选项卡中设置页眉/页脚

（2）在对话框中部的“页眉”和“页脚”文本框中输入具体的数值，也可以通过其中的微调按钮设置合适的尺寸。

（3）设置完毕后，单击“确定”按钮即可。

5.3.2 段落设置

段落是以回车键结束的一段文字。一般一篇文档由很多段落组成，每个段落都可以有不同的格式。段落的格式主要包括段落的对齐方式、段落缩进、行距和段间距等。

1. 设置段落对齐方式

段落的对齐直接影响文档的版面效果，Word 2003 一共提供 5 种对齐方式，它们分别是左对齐、右对齐、两端对齐、分散对齐和居中对齐。其中两端对齐是系统默认的对齐方式。

- **两端对齐**：段落除了最后一行文本外，其余行调整文字的水平间距，使其均匀分布在左右页边距之间。两端对齐使两侧文字具有整齐的边缘。这是常用的段落对齐方式。
- **左对齐**：段落中的每一行文本都以文档左边界为基准向左对齐。对于段落中全部都是中文文本来说，左对齐和两端对齐的方式显示效果差不多。但是如果当某些行有英文时，左对齐将会使英文文本的右边缘参差不齐，如果使用两端对齐方式，文本两侧会对齐，但是某些英文单词之间会有很大的空白。
- **右对齐**：段落中文本以文档右边界为基准向右对齐。一般文章的落款多使用这种方式。
- **居中对齐**：文本位于文档左右边界中间，一般文章的标题都采用这种对齐方式。
- **分散对齐**：段落所有行的文本都与文档的左右边界对齐。

设置段落的对齐方式具体操作如下：

（1）将插入点置于段落中的任意一行，如果要设置多个段落，需要选定多个段落。

（2）选择“格式”菜单中的“段落”命令，此时弹出“段落”对话框，如图 5-36 所示。

（3）在“段落”对话框中选择“缩进和间距”选项卡，并在选项卡的上部“常规”设置选项组中通过选择“对齐方式”的下拉列表选择段落的对齐方式。

（4）单击“确定”按钮，完成对齐方式的设置。

对齐方式还可以通过“格式”工具栏上的“两端对齐”按钮、“居中”按钮、“右对齐”按钮和“分散对齐”按钮来快设置段落对齐方式。只需要将插入点置于要设置对齐方式的段落中或者选定多个段落，然后单击需要的对齐按钮即可。

2. 设置段落缩进

段落缩进是指段落与边距之间的距离。设置段落可以使文档条理更加清晰，段落层次更加分明，增强可读性。段落缩进一般分为首行缩进、左缩进、右缩进和悬挂缩进 4 种方式。

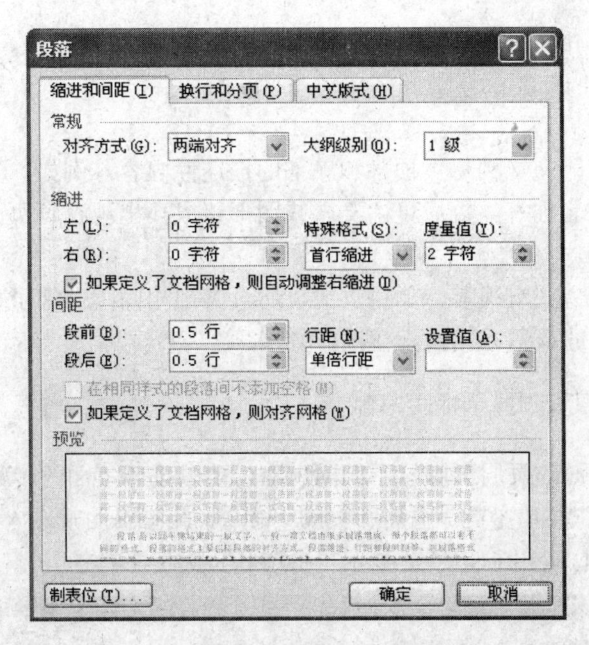

图 5-36　“段落”对话框

- **首行缩进**：段落的第一行缩进，其他行位置不动。一般中文的段落习惯就是段落首行空两个空格，就可以采用首行缩进的方式控制。
- **悬挂缩进**：段落中首行位置不变，其他行进行缩进。
- **左（右）缩进**：段落中所有行的左（右）边界向右（左）缩进。

设置段落缩进的具体操作方法如下：

（1）将插入点置于段落中的任意一行，如果要设置多个段落，需要选定多个段落。

（2）打开“段落”对话框，并选择“缩进和间距”选项卡。

（3）在“特殊格式”下拉列表框中选择缩进方式，如“首行缩进”，在“度量值”文本框中单击微调按钮选择缩进距离，如设置“2 个字符”。

（4）单击“确定”按钮。

3. 设置行间距和段落间距

段落间距是指两个段落之间的间隔。行间距是一个段落中行与行之间的距离。合理的段落间距和行间距可以提高整个文档的版面显示效果，增强文章的可读性。

设置行间距和段落间距的具体操作如下：

（1）将插入点置于段落中的任意一行，如果要设置多个段落，需要选定多个段落。

（2）打开“段落”对话框，并选择“缩进和间距”选项卡。

（3）在“间距”选项组的“段前”和“段后”文本框中单击微调按钮，选择行间距，如设置段前和段后间距都为 0.5 行，就在文本框中设置“0.5 行”即可。

（4）在“行距”的下拉列表框中选择段落行距，如“单倍行距”。也可以通过其右侧的“设置值”文本框设置段落间距。

（5）单击“确定”按钮。

5.3.3 页眉页脚的设置

页眉和页脚是打印在文档每页顶部和底部的描述性内容，例如，页码、日期、作者名称、单位名称或章节名称等。页眉可由文本或图形组成，出现在每页的顶端；页脚出现在每页的底端。

页眉页脚的显示方式有很多，如每页的页眉页脚都相同，奇偶页显示不同的页眉页脚等。下面就来介绍不同显示方式的具体操作方法。

1. 全篇文档页眉页脚显示相同内容

如果要使所有页面的页眉页脚显示相同内容，可以按照下面的步骤进行操作。

（1）选择“视图”菜单中的“页眉和页脚”命令，此时页面就进入了页眉/页脚编辑区，如图 5-37 所示，同时 Word 窗口还会显示“页眉和页脚”工具栏。

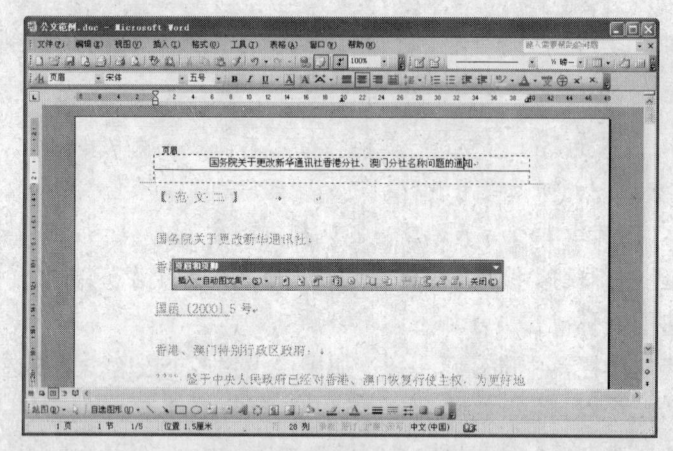

图 5-37 页眉/页脚编辑区和“页眉和页脚”工具栏

（2）在页眉编辑区输入文字或者插入需要的图形，在页眉编辑区编写文本与在正文编辑区编写文本一样，并且可以使用菜单命令和工具栏按钮等方法进行各项编辑排版操作。Word 还专门为页眉页脚提供了“页眉和页脚”工具栏，利用其中的按钮可以在页眉页脚插入页码、总页数、日期等内容。

（3）单击“页眉和页脚”工具栏中的“在页眉和页脚间切换”按钮，将插入点切换到页脚编辑区，按照前面的说明编写页脚的文本。

（4）单击“页眉和页脚”工具栏上的“关闭”按钮，返回到正文编辑区。

2. 奇偶页页眉页脚显示不同的内容

对于一些正式出版的读物由于采用双面印刷，因此大多时候采用奇数页和偶数页分别显示不同页眉页脚内容的方式。如奇数页页眉显示书名，偶数页页眉则显示本页所在的章节名称。对于这种显示方式，可以通过下面的操作步骤执行。

（1）选择“视图”菜单中的“页眉和页脚”命令，进入页眉/页脚编辑区，同时 Word

窗口还会显示“页眉和页脚”工具栏。

（2）在“页眉和页脚”工具栏中单击按钮，此时出现“页面设置”对话框，选择“版式”选项卡，如图5-37所示。

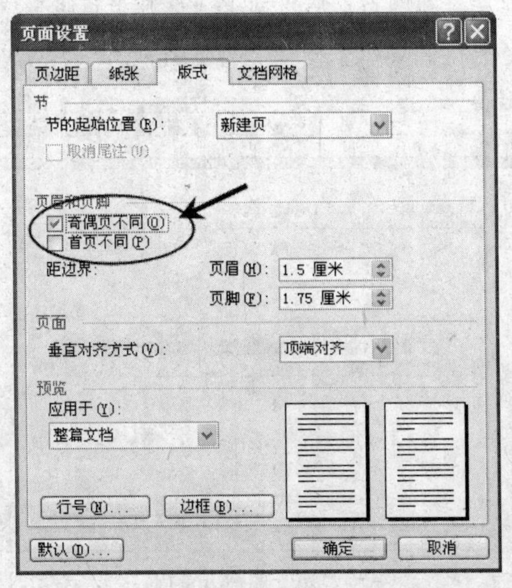

图5-38　在“版式”选项卡中设置页眉/页脚

（3）在“页眉和页脚”选项组中选中“奇偶页不同”复选框。

提示： 如果希望首页的页眉页脚内容与其他页内容不同，可以将“页眉和页脚”选项组中的“首页不同”复选框选中。

（4）单击“确定”按钮，返回页眉页脚编辑区，可以看到编辑区左上角出现“奇（偶）数页页眉”的字样，如图5-39所示。

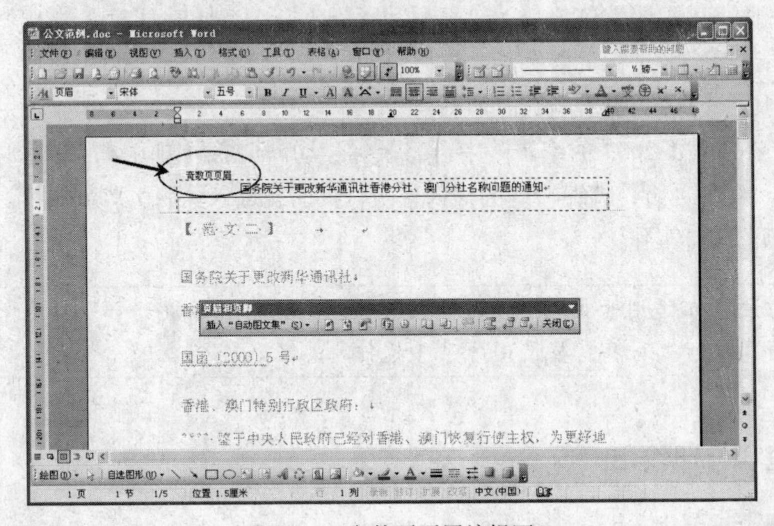

图5-39　奇数页页眉编辑区

（5）在奇数页页眉编辑区中输入内容，然后单击“页眉和页脚”工具栏中的“在页眉和页脚间切换”按钮，将插入点切换到页脚编辑区，编写页脚的文本。

（6）单击“页眉和页脚”工具栏中的“显示下一项”按钮，进入偶数页页眉页脚编辑区，此时编辑区左侧显示“偶数页页眉”或者“偶数页页脚”字样，如图 5-40 所示。

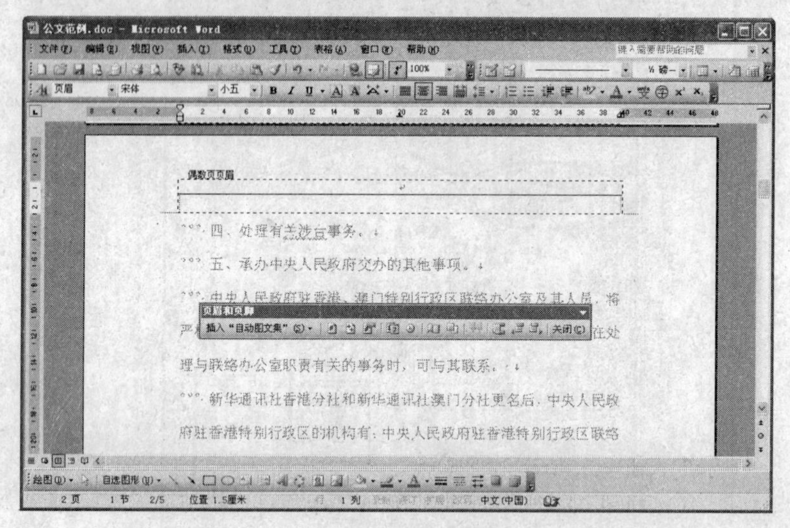

图 5-40　偶数页页眉

（7）在偶数页页眉页脚编辑区中按照步骤（4）所述编写偶数页的页眉页脚的内容。

（8）单击“页眉和页脚”工具栏上的“关闭”按钮，返回到正文编辑区。

此时可以看到页面的奇数页与偶数页的页眉/页脚会显示不同的内容。

3. 修改页眉和页脚

当处于正文编辑区时，可以看到页眉页脚编辑区处于未激活状态，即呈现灰色不可编辑状态。如果需要对页眉页脚进行编辑修改，可以按照如下两种方法进入页眉页脚编辑区。

方法 1：选择“视图”菜单中的“页眉和页脚”命令，此时页面就进入了页眉/页脚编辑区。可以在该编辑区进行页眉页脚文本内容的编写与修改以及格式的编排。最后单击“页眉和页脚”工具栏上的“关闭”按钮即可。

方法 2：在 Word 2003 的编辑区中，将鼠标移动到页眉页脚编辑区（此时呈现灰色不可编辑状态）。双击页眉页脚编辑区的任何位置，页面就进入页眉页脚编辑区。此时就可以进行页眉页脚的编排工作。

提示： 方法 2 仅适用于文档的页眉页脚编辑区有内容的情况。如果从来未对页眉页脚进行编写，需要使用方法 1 操作。

5.3.4　预览和打印输出

文档的编辑排版完成之后，通常还需要将其打印成纸张，以便读者阅读或者归档。Word

提供文档的打印和预览功能。在打印之前首先通过 Word 的打印预览功能查看文档的整体编排，满意后才将其打印。

1．打印预览

打开“文件”菜单，选择“打印预览”命令或者单击“常用”工具栏中的“打印预览”按钮，可以进入打印预览窗口，如图 5-41 所示。

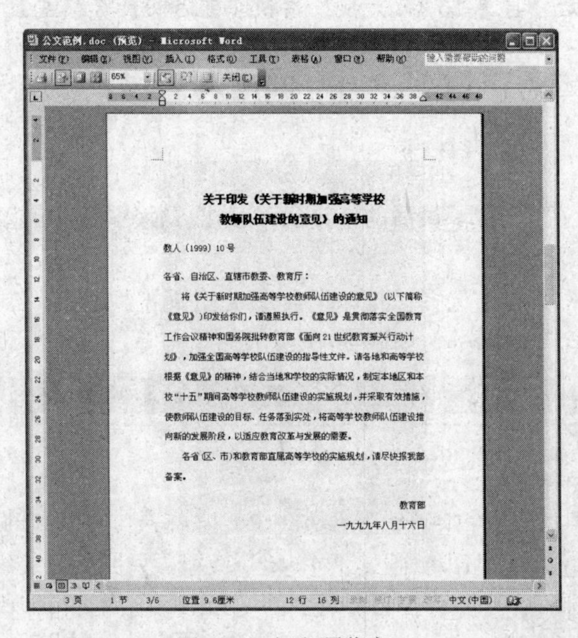

图 5-41　打印预览窗口

可以利用“打印预览”工具栏对预览窗口进行控制。在显示比例尺的列表框中选择所需的比例，可以改变文档显示比例，以便用户查看文档的整体结构。如果文档有很多页面，当前也无法一次显示完全，可以通过 PageDown、PageUp 键或者使用窗口中的滚动条查看其他页面的打印预览效果。在 Word 中还可以允许在一个窗口中同时显示多个页面，只需要单击“打印预览”工具栏上的“多页”按钮，此时在按钮下方出现如图 5-42 所示的网格，按住鼠标左键在网格中拖动，选中的网格数就是需要显示的页数。释放鼠标后，Word 就会根据所选择的页数进行显示。

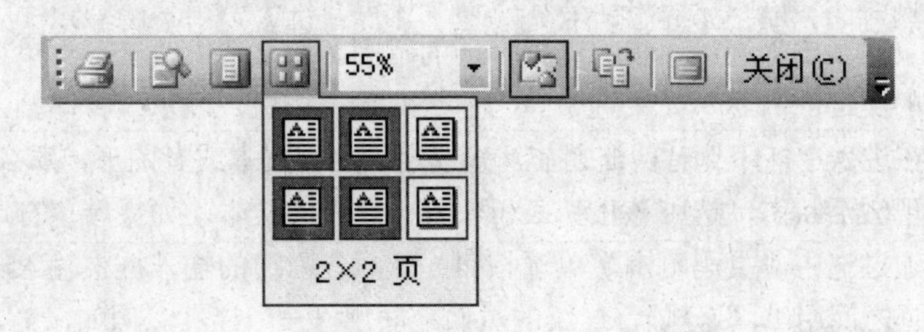

图 5-42　选择多页预览

打印预览还有放大镜的功能，单击“打印预览”工具栏中的“放大镜”按钮，使该按钮呈现被选中的状态，然后，鼠标移动到打印预览窗口中，可以将打印预览页面放大到100%的显示比例下，再次单击预览页面，页面又恢复为原来的比例尺显示。

如果在打印预览页面发现有些文本需要修改，可以单击“打印预览”工具栏上的“放大镜”按钮，使其变成未选中状态，这样鼠标指针在文档编辑区域中从放大镜图标变为“I”图标，此时就可以编辑该文档了。

提示：编辑完成后，再单击“放大镜”按钮即可返回预览模式。

预览结束后，单击“打印预览”工具栏中的“关闭”按钮，可以返回正文编辑窗口。

2. 打印输出

利用打印预览对文档进行了最后的修订后，就可以使用打印功能将文档输出。打印输出的具体操作如下：

（1）打开“文件”菜单，选择“打印”命令或者单击“常用”工具栏中的“打印”按钮，可以打开“打印”对话框，如图5-43所示。

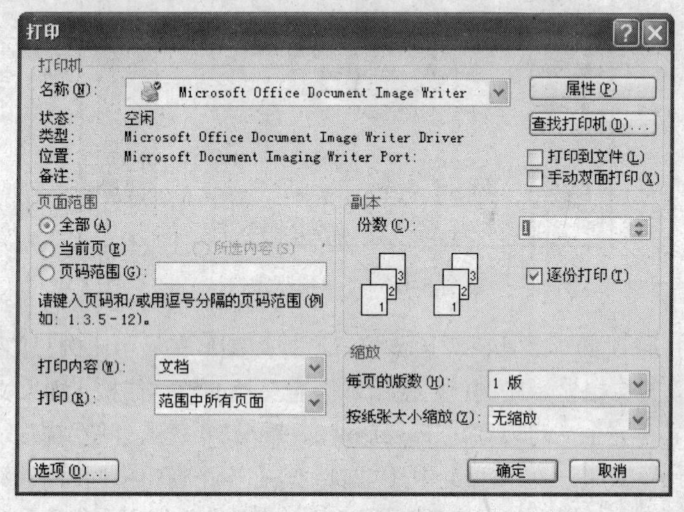

图5-43 “打印”对话框

（2）在“打印机”选项组中，单击“名称”列表框右边的下拉箭头，这里将会显示目前与本地计算机能够连接的打印机，选择一种要使用的打印机。

（3）在“页面范围”选项组中，选择打印的范围。如果选中“全部”单选按钮，表示打印当前所有的文档的内容。如果选中“当前页”单选按钮，表示仅打印插入点所在的页的内容。如果在进入“打印”对话框之前，先选定了某些文本或者图形，那么“所选内容”单选按钮就呈现激活状态，选中该按钮表示仅打印选中的文本。如果希望打印正文中的某些页面，可以通过选中“页码范围”单选按钮，然后在右边的输入框中输入希望打印的页码，不连续的页之间用“，”分隔，连续的页面之间用“－”连续。例如，输入“2，4，7”表示打印第2页，第4页、第7页的内容；输入“2-4”表示打印从第2页到第4页的所有内容。

（4）在“副本”选项组的“份数”文本框中利用微调按钮选择需要打印的份数。如果选中“份数”输入框下方的“逐份打印”复选框，表示打印时将需要打印的页数全部打印一次，形成第一份，然后依次打印后续的份数。

（5）单击“确定”按钮，与计算机相连的打印机就开始打印文档。

5.4　Word 表格处理

表格是编辑文档常见的文字信息组织形式，通过表格表现出的信息具有结构严谨、效果直观的特点，会给人一种清晰、简洁、明了的感觉。

制作表格是 Word 的一个主要的功能之一，Word 2003 提供了强大的制表功能，使用户能够在最短的时间内制作出非常复杂的表格。

5.4.1　创建 Word 表格

用户可以在 Word 文档的编辑区中任意位置创建表格，Word 2003 提供了多种创建表格的方法，例如，使用“插入表格”按钮，使用“插入表格”命令或者手工绘制表格等。下面介绍几种常用的创建表格的方法。

1．使用“插入表格”按钮创建表格

创建表格最快速简单的方法就是使用“常用”工具栏中的“插入表格”按钮，具体操作如下：

（1）把插入点移动到要插入表格的位置。

（2）单击“常用”工具栏中的“插入表格”按钮，此时该按钮下方出现一个示意表格。

（3）用鼠标在示意表格中拖动，用以选择表格的行数和列数，可以看到在示意表格的下方显示即将插入的行列数，如图 5-44 所示。

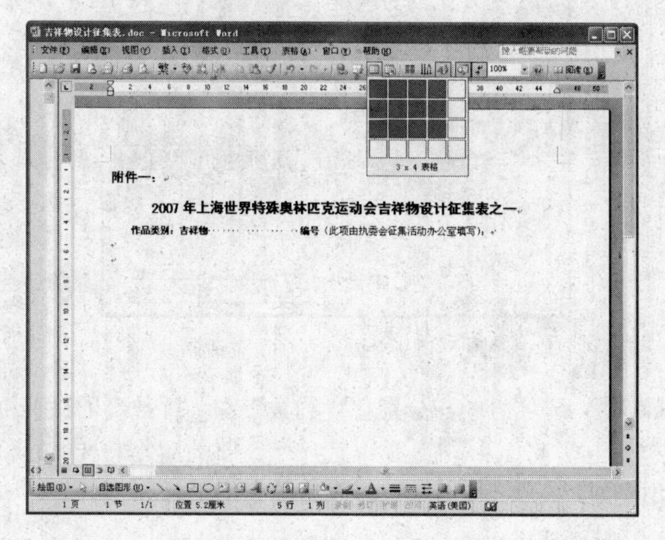

图 5-44　制定表格的行数和列数

（4）设置好表格的行列数后，释放鼠标，插入点处就插入了如图 5-45 所示的表格。

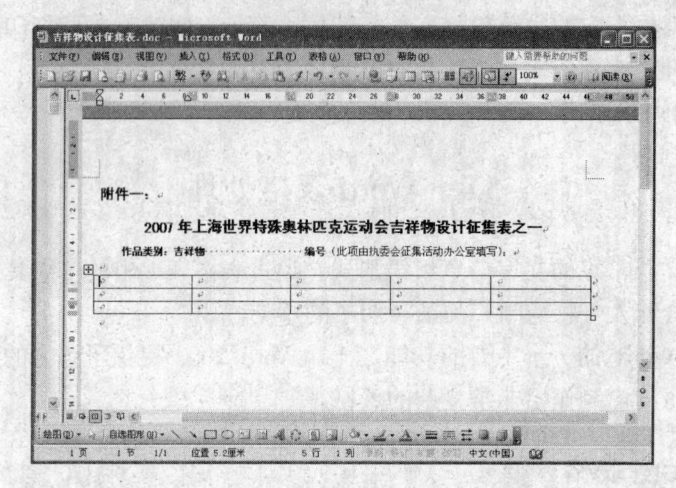

图 5-45　新建的表格

2. 使用“插入表格”命令创建表格

使用“插入表格”按钮创建表格不能设置自动套用格式和设置列宽，这些都需要在创建后重新调整。如果要在创建表格的同时设置这些格式，可以使用“插入表格”命令来创建，具体操作如下：

（1）将插入点定位于要插入表格的位置。

（2）打开“表格”菜单，选择“插入”→“表格”命令，此时出现如图 5-46 所示的“插入表格”对话框。

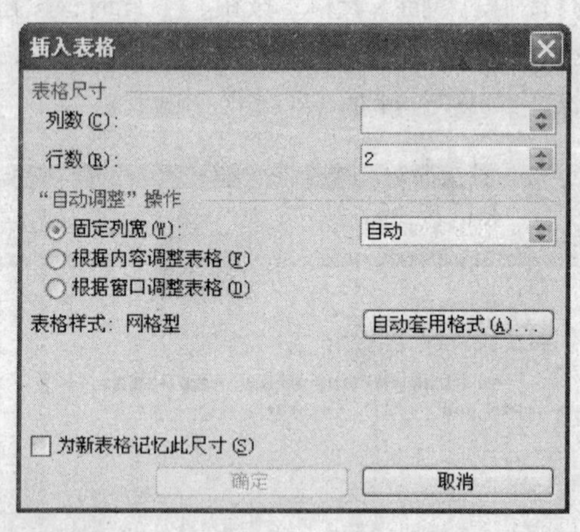

图 5-46　“插入表格”对话框

（3）在“表格尺寸”选项组中，分别在“列数”和“行数”的微调框中输入要插入表格的列数和行数。

（4）在“自动调整操作”选项组中选择表格的组织形式。

- **“固定列宽”单选按钮**：表示要插入的表格的列宽是一个固定的值，可以在其后的文本框中指定列宽值。默认设置为“自动”，表示表格宽度与页面宽度相同。

- **“根据内容调整表格”单选按钮**：表示要插入的表格会是一个列宽由表中内容而定的表格，当在表中输入内容时，列宽将随内容的变化而相应变化。
- **“根据窗口调整表格”单选按钮**：表示表格宽度与页面宽度相同，列宽等于页面宽度除以列数。

（5）单击“自动套用格式”按钮，此时打开“表格自动套用格式”对话框，可以在对话框中选择一种 Word 预设的表格样式来格式化表格。

（6）单击“确定”按钮，在插入点就创建了所需的表格。

3. 手工绘制表格

前面介绍的两种创建表格的方法适用于比较规则的表格的制作，如果需要制作的表格比较复杂，例如包括一些斜线等，可以使用手工绘制表格的方法制作，具体操作如下：

（1）选择“表格”菜单中的“绘制表格”命令，或者单击“常用”工具栏上的“表格和边框”按钮，此时在工具栏中会出现“表格和边框”工具栏，如图 5-47 所示。

图 5-47 “表格和边框”工具栏

（2）单击“表格和边框”工具栏上的“线型”以及“粗细”列表，指定将要画线的线型。

（3）单击“表格和边框”工具栏上的“绘制表格”按钮，使该按钮呈现选中状态，此时若将鼠标移动到正文编辑区，其指针将变成“笔”形。

（4）在编辑区需要插入列表的位置拖动鼠标，此时出现跟随鼠标不断变化的矩形框。

（5）当矩形框的大小合适后，释放鼠标，即可绘制出表格的外框。

（6）继续使用上述方法用“绘制表格”按钮在方框内画出表格的框架结构，如横线、竖线甚至斜线，形成单元格。图 5-48 所示就是一个绘制的表格。

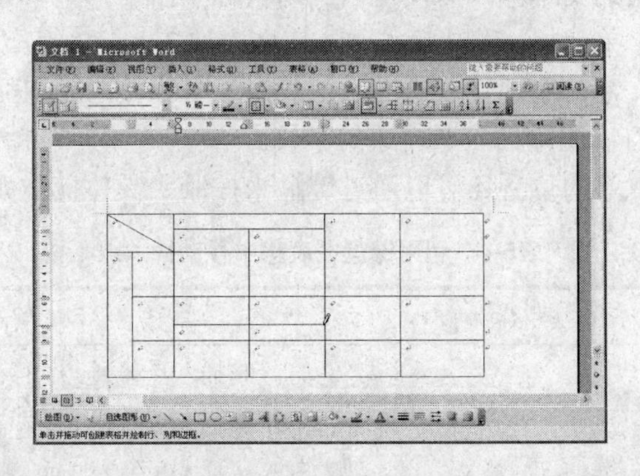

图 5-48 手工绘制的表格

（7）绘制完毕，再次单击“表格和边框”工具栏上的“绘制表格”按钮，此时鼠标在正文编辑区的指针将恢复原状，可以继续输入文本了。

如果需要对绘制的表格进行修改，如删除某些边线或者单元格，可以单击“表格和边框”工具栏上的“擦除”按钮，此时将鼠标移动到正文编辑区，其指针将变成“橡皮”形状，在要擦除的边线上单击，这时这条边线就被擦除了。

5.4.2 对表格内容进行编辑

表格创建之后，就可以进行表格文本的输入。与普通文档的文字输入一样，在表格中输入文本信息时，首先定位插入点，然后在表格中输入文本。

1. 在表格中录入本文

在单元格中单击鼠标，此时插入点就会定位在该单元格中，然后可以在插入点中输入文本信息，如图 5-49 所示。如果输入的文本超过单元格的宽度，文本将会自动换行并增大表格行高。如果要在单元格中开始一个新段落，可以按回车键，该行的高度也会相应地增大。

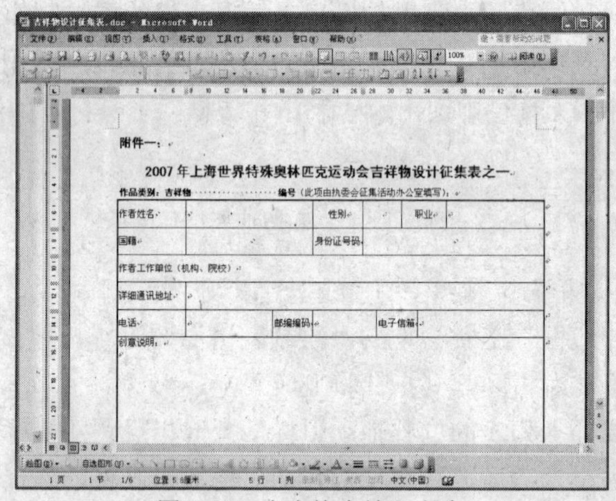

图 5-49　在表格中输入文本

当完成一个单元格的文本输入后，可以利用鼠标单击下一个单元格或者按 Tab 键，此时将插入点移动到一个单元格，继续输入文本，多次按 Tab 键，直至完成所有数据的输入。

在单元格中输入文本，出现输入错误的信息时，可以按 BackSpace 键删除插入点左边的字符，按 Delete 键可以删除插入点右边的字符。

在表格中移动插入点的位置还可以通过键盘来控制，具体操作如表 5-4 所示。

表5-4　利用键盘在表格中移动插入点

按　键	移　动
↑	将插入点移到上一行
↓	将插入点移到下一行
→	将插入点向右移动一个字符
←	将插入点向左移动一个字符
Tab	将插入点移到下一个单元格
Shift+Tab	将插入点移到上一个单元格

续上表

按　键	移　动
Alt+Home	将插入点移到本行的第一个单元格中
Alt+End	将插入点移到本行的最后一个单元格中
Alt+PageUp	将插入点移到本列的第一个单元格中
Alt+PageDown	将插入点移到本列的最后一个单元格中

2. 移动表格内容

与在正文中移动文本一样，Word 允许在表格中移动表格信息。可以通过选中、拖动等来调整文本在表格的行和列的位置。移动表格内容的具体操作如下：

（1）将插入点定位在需要移动的单元格中。

（2）选择“表格”→“选择”→“单元格”命令，选中该单元格，如 5-50 所示。

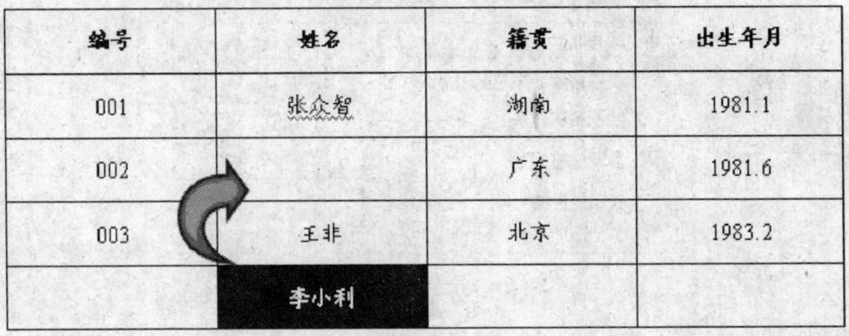

编号	姓名	籍贯	出生年月
001	张众智	湖南	1981.1
002		广东	1981.6
003	王非	北京	1983.2
	李小利		

图 5-50　选中移动的单元格

（3）在选中的单元格上按住鼠标，拖动至目标单元格位置，释放鼠标，移动后的效果如图 5-51 所示。

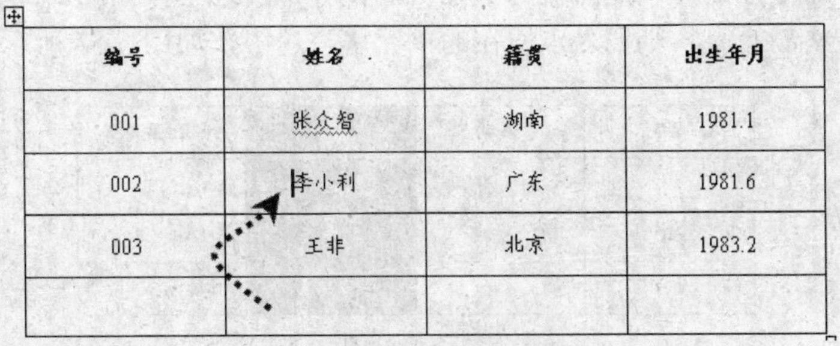

编号	姓名	籍贯	出生年月
001	张众智	湖南	1981.1
002	李小利	广东	1981.6
003	王非	北京	1983.2

图 5-51　移动后的表格

提示： 以上是以移动单元格内容为例，移动整行、整列的内容的操作方法与上述操作类似，不同之处就是选中的菜单命令不同。

5.4.3　表格的版式

通常情况下，使用前面的方法创建的表格仅仅是一个基本的框架，很多时候都是不能够符合实际应用表格的要求的，为了使表格的结构更加符合实际，还需要对表格的结构进行调整。可以通过调整表格的宽度和高度，实现增加表格的单元格、行或列，删除多余的单元格、行或列，合并单元格等操作。

1．选定单元格

选定单元格是编辑表格的最基本的操作之一，对表格行、列或者单元格的任何操作必须要先选定它们才能进行编辑。

选定单元格可以通过菜单命令来实现，具体操作如下：

（1）将插入点定位在要选定的单元格中。

（2）选择“表格”→“选择”命令，此时出现选择命令的级联菜单，如图 5-52 所示。

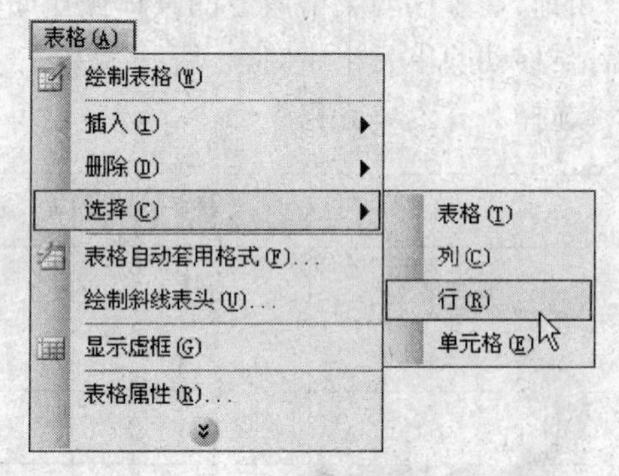

图 5-52　选定命令

（3）选择不同的命令，则不同级别的内容被选定。

选中“表格”命令，表格的全部内容都被选定。

选中“列”命令，则插入点所在的单元格的整列都被选中，如图 5-53 所示。

选中“行”命令，则插入点所在的单元格的整行都被选中，如图 5-54 所示。

选中“单元格”命令，则插入点所在的单元格被选中，如图 5-55 所示。

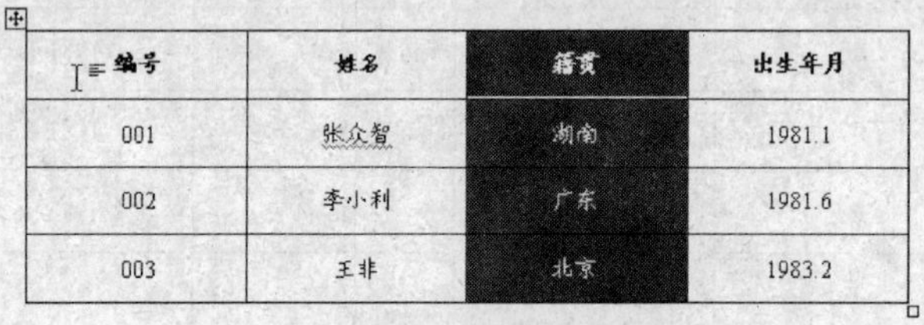

编号	姓名	籍贯	出生年月
001	张众智	湖南	1981.1
002	李小利	广东	1981.6
003	王非	北京	1983.2

图 5-53　选中列

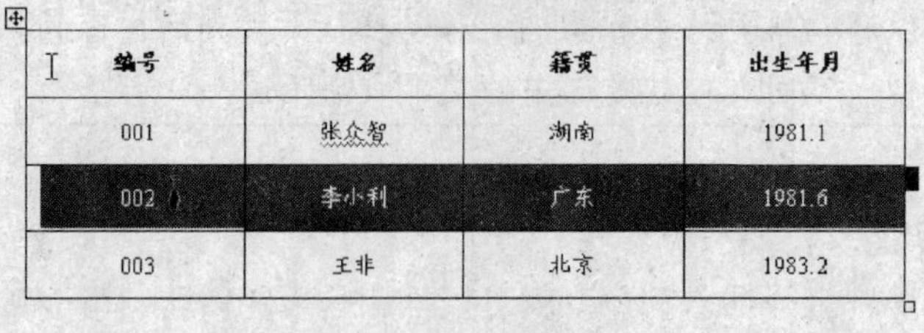

编号	姓名	籍贯	出生年月
001	张众智	湖南	1981.1
002	李小利	广东	1981.6
003	王非	北京	1983.2

图 5-54　选中行

编号	姓名	籍贯	出生年月
001	张众智	湖南	1981.1
002	李小利	广东	1981.6
003	王非	北京	1983.2

图 5-55　选中单元格

Word 还可以使用鼠标选定单元格，具体操作如表 5-5 所示。

表5-5　利用鼠标选定单元格

选中范围	操作方法
选中一列	将鼠标移动到表格的上边线，并处于要选中列的位置，当鼠标变为向下的黑色实心箭头⬇，单击鼠标选中当前列，如图 5-51 所示
选中一行	将鼠标移动到表格的左边线，并处于要选中行的位置，当鼠标变为向右的黑色实心箭头⬈，单击鼠标选中当前行，如图 5-52 所示
选中单元格	将鼠标移动到单元格左边界附近，当鼠标变为黑色实心箭头⬈，单击鼠标选中当前的单元格，如图 5-53 所示
选中多个单元格	按住鼠标左键，在表格中拖动，被鼠标拖过的单元格区域被选中
选中全部表格区域	将鼠标移动到表格左上角的位置，此时表格左上角出现⊞，单击该图标，表格区域全部被选中。或者按住 Alt 键同时双击表格内任意位置也会将表格全部选中

2．插入行、列或单元格

当表格需要增加行或者列、单元格来表达一些新信息时，可以通过如下的操作进行：

（1）将插入点移动到要插入新行（新列、或者单元格）的位置。

（2）选择“表格”→“插入”命令，此时出现“插入”命令的级联菜单，如图 5-54 所示。

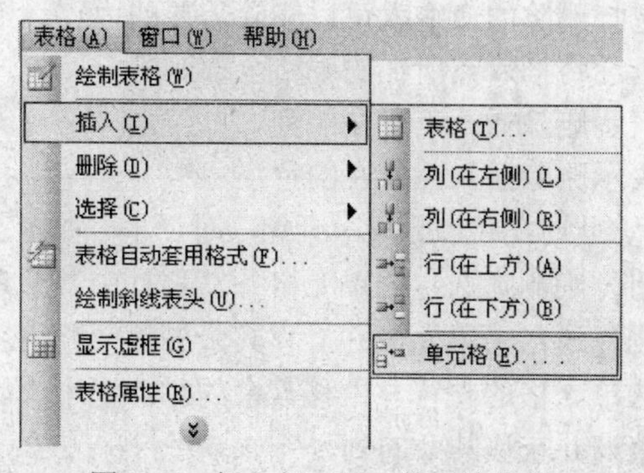

图 5-56　插入行、列、单元格菜单

（3）在级联菜单中选择插入的命令就可以插入需要的内容。下面是各命令的含义。

选择“表格”命令，此时出现“插入表格”对话框，在这个对话框中设置表格的行列数和样式，单击“确定”按钮后，会在插入点位置插入一个子表格。

选择“列（在左侧）”命令，表示在插入点的左侧插入一个新的列。

选择“列（在右侧）”命令，表示在插入点的右侧插入一个新的列。

选择“行（在上方）”命令，表示在插入点的上方插入一个新的行。

选择“行（在下方）”命令，表示在插入点的下方插入一个新的行。

选择“单元格”命令，此时出现“插入单元格”对话框，如图 5-57 所示。如果要在选定的单元格左边插入新单元格，则选中“活动单元格右移”单选按钮；要在选定的单元格上方插入新单元格，则选中“活动单元格下移”单选按钮；若要插入一行或数行，则选中“整行插入”单选按钮；要插入一列或数列，则选中“整列插入”单选按钮。

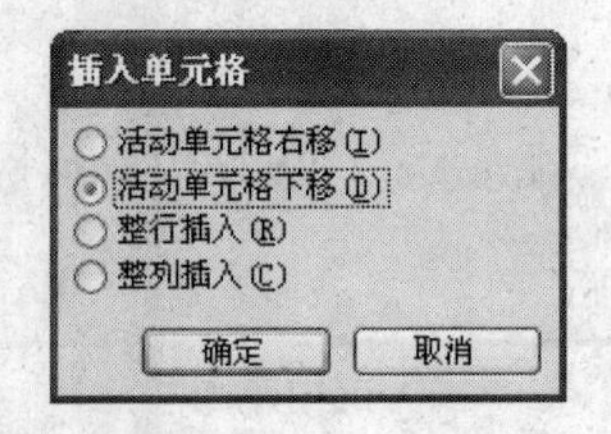

图 5-57 “插入单元格”对话框

3. 删除行或列、单元格

在表格中出现某些多余的行、列、单元格，可以使用删除命令将其删除，可以通过如下的操作进行：

（1）将插入点移动到要删除的行（列或者单元格）的位置。

（2）选择“表格”→“删除”命令，此时出现“删除”命令的级联菜单，如图 5-58 所示。

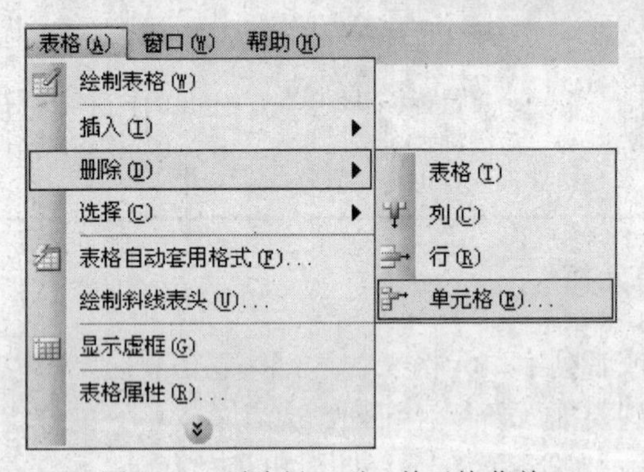

图 5-58 删除行、列、单元格菜单

（3）在级联菜单中选择删除的命令就可以删除需要的内容。下面是各命令的含义。

选择“表格”命令，会将插入点所在的表格全部删除。

选择“列”命令，表示删除插入点所在的列。

选择“行”命令，表示删除插入点所在的行。

选择“单元格”命令，此时出现“删除单元格”对话框，如图 5-59 所示。如果选中“右侧单元格左移”单选按钮，则删除选定的单元格并左移行中其余单元格；选中“下方单元格上移”单选按钮，则删除选定的单元格并上移其余的单元格内容；选中“删除整行”单选按钮，则删除包含所选单元格的整行并上移其余的行；选中“删除整列”单选按钮，则删除包含所选单元格的整列并左移其余的列。

4. 合并单元格

合并单元格就是将几个相邻的单元格合并成一个大的单元格。合并单元格的操作如下：

（1）选定要合并的单元格。

（2）选择“表格”→“合并单元格”命令，这时选中的若干单元格就合并为一个大单元格，如图 5-60 所示。

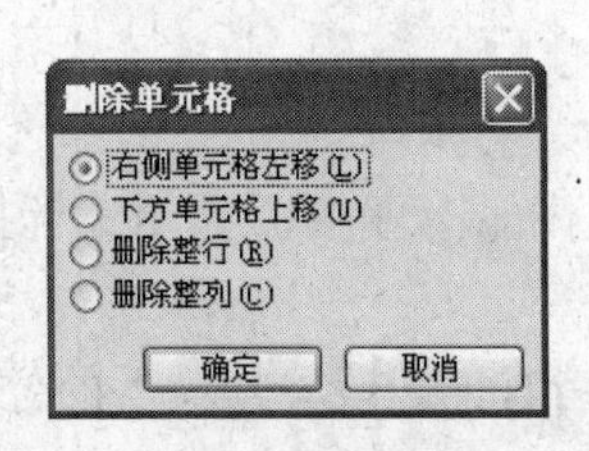

图 5-59　“删除单元格”对话框

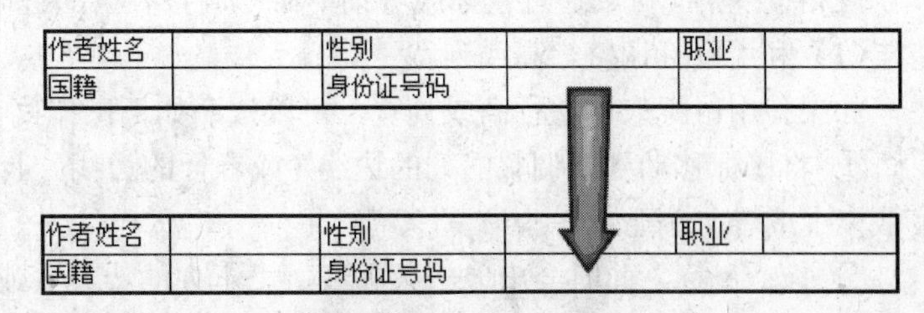

图 5-60　合并单元格

5. 拆分单元格

拆分单元格与合并单元格的含义正好相反。就是将一个单元格拆分成多个单元格。拆分单元格的操作如下：

（1）选定要拆分的单元格。

（2）选择“表格”→“拆分单元格”的命令，此时出现“拆分单元格”对话框，如图 5-61 所示。

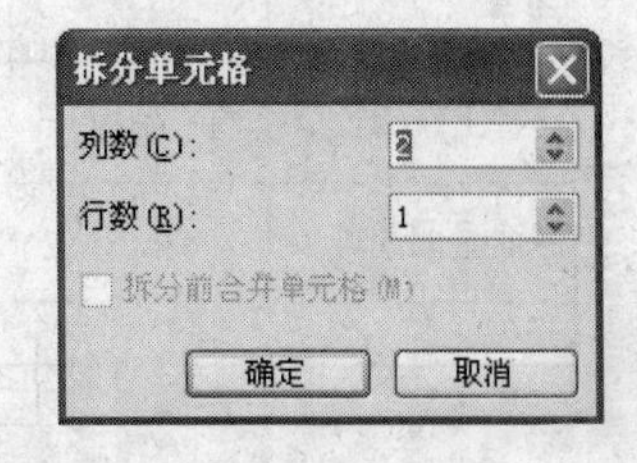

图 5-61　“拆分单元格”对话框

（3）在“列数”和“行数”的微调框中分别输入单元格要拆分的列数和行数。

（4）如果选中了多个单元格，“拆分单元格”对话框中的“拆分前合并单元格”的单选框就呈现激活状态，此时选中该选项，则表示拆分前把选定的单元格先做合并的操作，在按照设置的行列数拆分。

（5）单击“确定”按钮，拆分后的效果如图 5-62 所示。

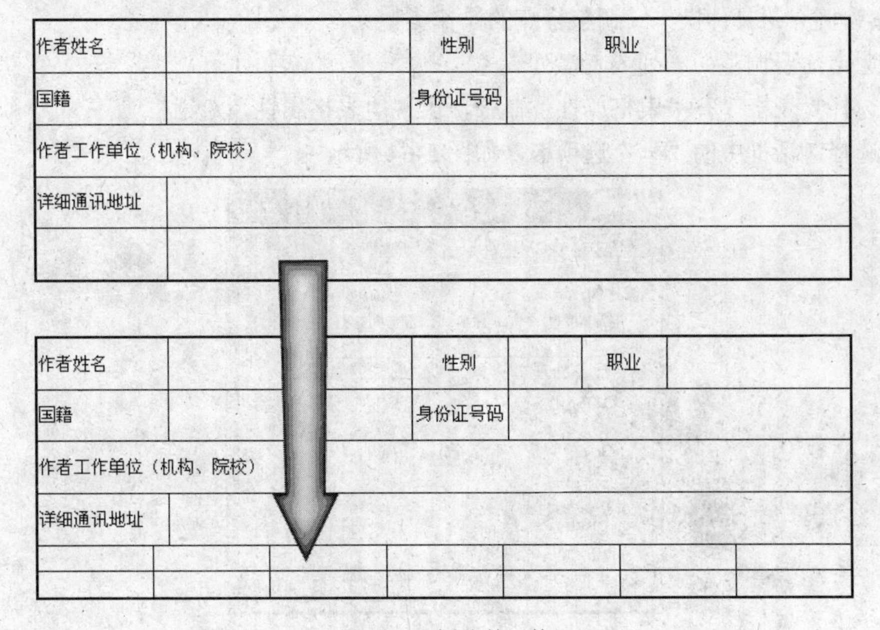

图 5-62　拆分单元格

6. 调整表格行高和列宽

表格创建后，可以通过鼠标或者菜单命令调整表格的行高和列宽，增强表格的表现力。

（1）利用鼠标调整行高或列宽

如果使用鼠标来调整行高或列宽，可以按照如下操作执行。

① 将鼠标移动到要调整的列的边线（或者行的边线）上，微调鼠标位置直至鼠标指针变成（或者）形状。

② 拖动鼠标，此时会出现一条虚线，表示列的边线（或者行的边线）拖动后的位置，如图 5-63 所示。

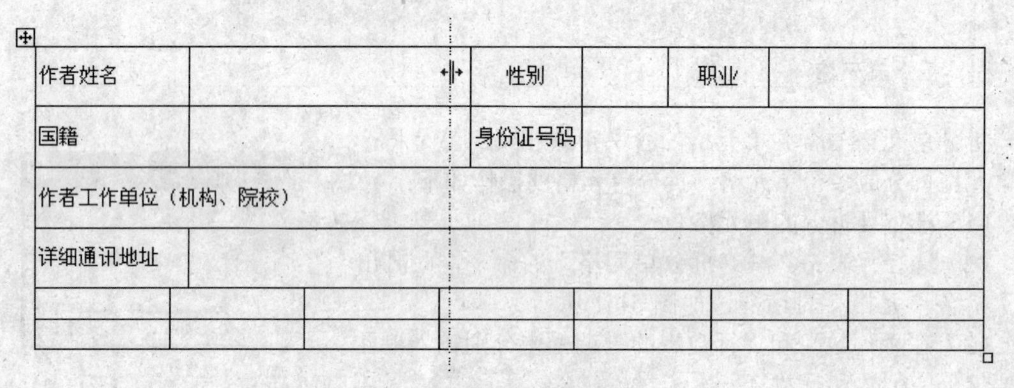

图 5-63　利用鼠标调整列宽

③ 在合适的位置释放鼠标，此时列宽（行高）就改变了。

（2）利用菜单命令调整行高或列宽

某些表格需要进行精确的行高和列宽的设置，这时可以使用菜单命令来完成，以下以调整列宽为例介绍具体操作（调整行高的操作类似）：

① 选定需要调整的一列或者多列。

② 选择“表格”→“表格属性”命令，出现“表格属性”对话框。

③ 选择对话框中的“列”选项卡，如图 5-64 所示。

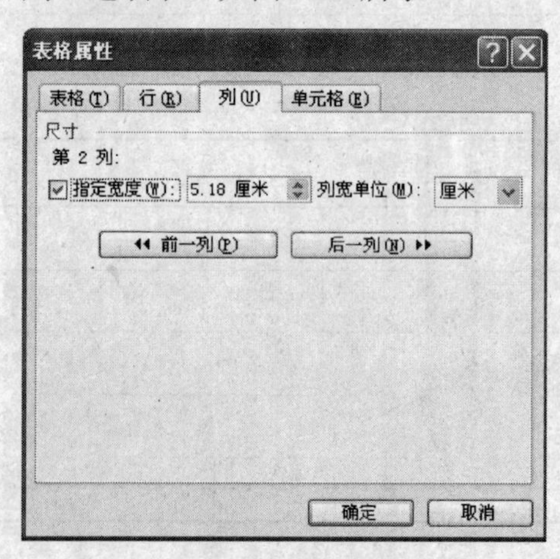

图 5-64　“列”选项卡

④ 选中“指定宽度”复选框，然后输入具体的列宽值。如果想改变列宽的单位，可以打开“列宽单位”下拉列表框，其中有“厘米”和“百分比”两个选项，“百分比”表示选定列的宽度占表格宽度的比例。

⑤ 如果要设置其他列的宽度，可以单击“前一列”或“后一列”按钮。

⑥ 单击“确定”按钮。

提示： 如果想使表格中各列的宽度相同，可以先选定这几个列，然后选择“表格”→“自动调整”→“平均分布各列”命令，每一列的宽度将是这几列的总宽度除以列数。同理，若希望表格中各行的高度相同，可以先选定这几个行，然后选择“表格”→“自动调整”→“平均分布各行”命令，每一行的高度将是这几行的总高度除以行数。

---

7. 缩放表格

缩放表格就是指将表格整体放大或者缩小，具体操作如下：

（1）将插入点置于表格中任一位置，此时表格右下角出现一个调整句柄，如图5-65所示。

（2）鼠标移动到句柄上，当鼠标指针变成↖↘时，拖动鼠标。

（3）拖动过程中会出现一个虚线框，它表示表格拖动后的大小，在合适的位置释放鼠标，完成表格的缩放。

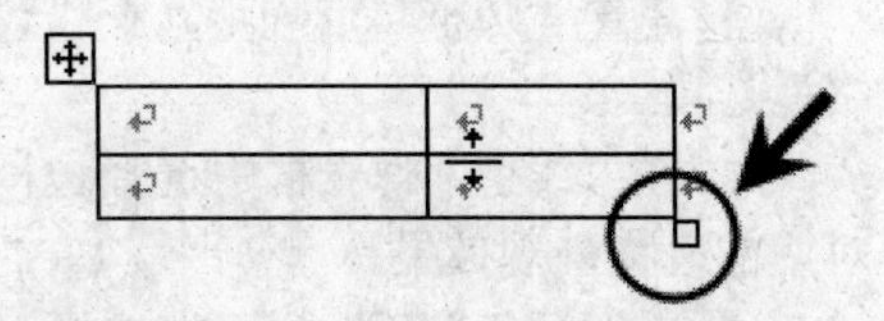

图5-65　表格调整句柄

8. 表格文本的对齐方式

除了表格的行高、列宽等影响表格的外观，表格中文字的对齐方式也是表格外观的影响因素之一，在Word 2003中表格文字有9种对齐方式，它们分别是靠上两端对齐、靠上居中对齐、靠上右对齐、中部两端对齐、中部居中对齐、中部右对齐、靠下两端对齐、靠下居中对齐、靠下右对齐。下面介绍如何设置表格中文本的对齐方式。

（1）选定要处理的文本所在单元格。

（2）单击“表格和边框”工具栏中的“单元格对齐方式”按钮右侧的倒三角标志，从下拉列表中选择所需要的对齐方式即可。

9. 表格的边框和底纹

在Word 2003中可以编辑表格的边框和底纹。

（1）添加表格边框。

默认情况下，Word 2003 创建的表格边框都是单边（1/2磅宽的边线）。如果需要为表格添加不同的边框，可以按照如下的操作步骤进行：

① 选中全部表格。

② 选择“格式”→“边框和底纹”命令，出现“边框和底纹”对话框，如图 5-66 所示。

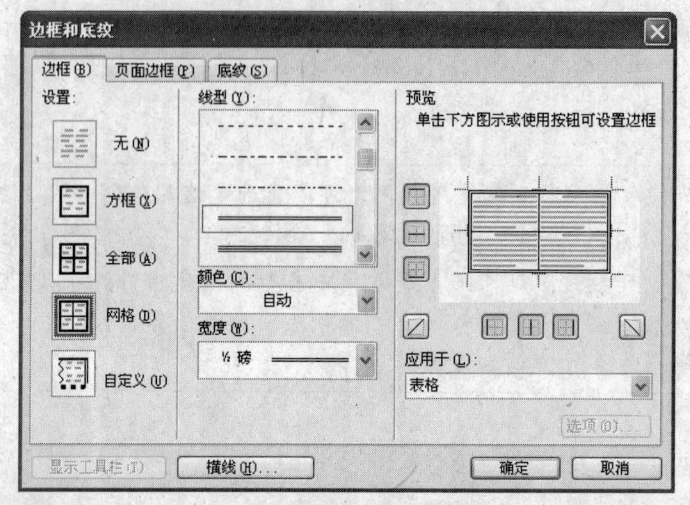

图 5-66 “边框和底纹”对话框

③ 单击“边框”选项卡，在“设置”选项组中选择边框的设置方式。例如，选择“网络”选项。

④ 在“线型”列表框中选择边框的线型，例如选择双线。可以看到预览窗口中会显示对应的表格外观效果。

⑤ 在“颜色”下拉列表中选择表格边线的颜色，在宽度的下拉列表中为表格边线设置粗细程度。

⑥ 单击“确定”按钮，可以在编辑区看到设置边框后的表格，如图 5-67 所示。

编号	姓名	籍贯	出生年月
001	张众智	湖南	1981.1
002	李小利	广东	1981.6
003	王非	北京	1983.2

图 5-67 设置边框的表格外观

（2）设置表格中单元格的边框。

如果要为表格中某些单元格进行边框的设置，如设置图 5-67 的第一行单元格，使该行所有单元格的下边线和中间边线都呈现虚线，其他边线不变，可以按照如下的操作执行。

① 选定要设置边框的单元格，例如选定表格第一行。

② 选择“格式”→“边框和底纹”命令，出现“边框和底纹”对话框，选择“边框”选项卡，如图 5-66 所示。

③ 在“线型”列表框中选择边框的线型，例如选择虚线。

④ 在“颜色”下拉列表框中选择单元格边线的颜色，在“宽度”下拉列表框中为单元格边线设置粗细程度。

⑤ 在“预览”区域中，单击预览图的底端边线，使其呈现虚线形状，然后单击预览图中间边线，也使其呈现虚线，如图 5-68 所示。

⑥ 单击“确定”按钮，可以在编辑区看到设置边框后的表格，如图 5-67 所示。

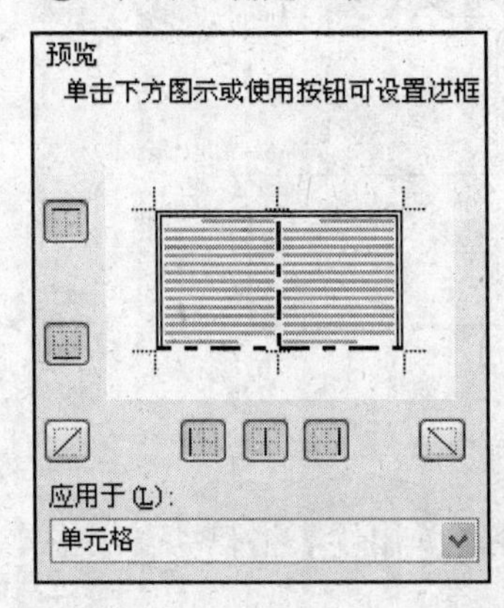

图 5-68 “边框”选项卡的“预览”区域

编号	姓名	籍贯	出生年月
001	张众智	湖南	1981.1
002	李小利	广东	1981.6
003	王非	北京	1983.2

图 5-69 设置单元格的边框

（3）添加表格底纹。

为了加强表格的表现力，可以为表格或者单元格的添加底纹，具体操作如下：

① 选中要添加底纹的表格或者单元格。

② 选择“格式”→“边框和底纹”命令，出现“边框和底纹”对话框，打开“底纹”选项卡，如图 5-71 所示。

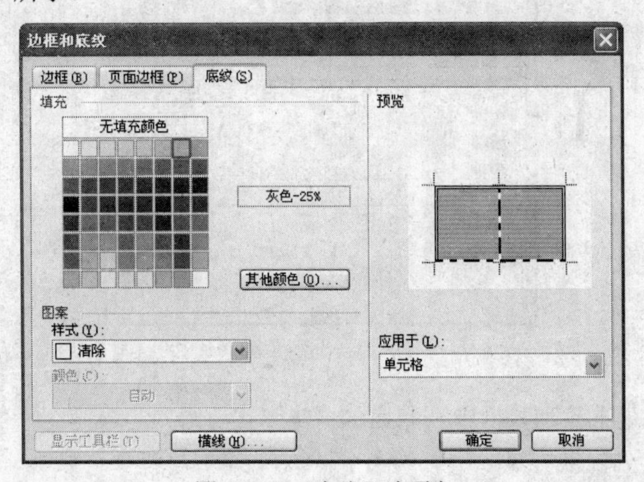

图 5-70 “底纹”选项卡

③ 在“填充”列表框中选择所需的底纹填充色。

④ 单击“确定”按钮，添加底纹的效果如图 5-71 所示。

9. 表格自动套用格式

利用前面介绍的设置表格格式的方法可以自定义个性化的表格，但是需要花费很长的时间，而且需要一定的耐心，如果要快速设置表格格式，还可以采用 Word 提供的自动套用格式的功能来完成。Word 提供几十种预定义的表格格式，无论是新建的空白表格还是已经输入文本的表格都可以通过自动套用格式来快速编排表格格式。具体操作步骤如下：

编号	姓名	籍贯	出生年月
001	张众智	湖南	1981.1
002	李小利	广东	1981.6
003	王非	北京	1983.2

图 5-71　添加表格底纹

（1）将插入点置于要排版的表格中。

（2）选择“表格”菜单中的“表格自动套用格式”命令，弹出“表格自动套用格式”对话框，如图 5-72 所示。

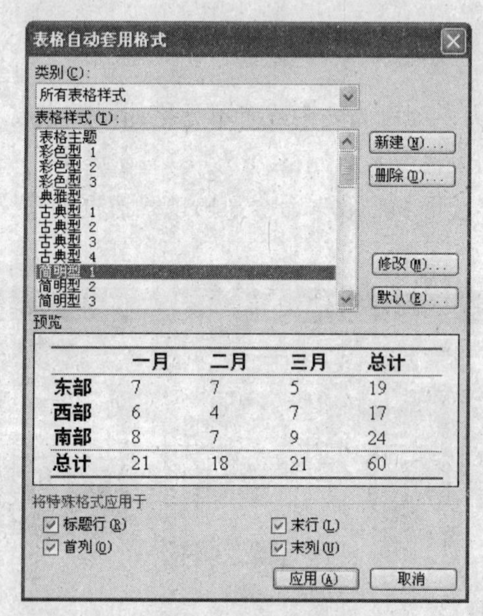

图 5-72　“表格自动套用格式”对话框

（3）在“类别”下拉列表框中控制显示哪些样式。例如，选择“所有表格样式”选项，则在“表格样式”列表框中显示所有的表格样式。

（4）在“表格样式”列表框中选择一种样式名，此时可以在下方的“预览”框中显示相应的表格样式。

（5）如果 Word 提供的表格样式在某些细节上还需要进行修改，可以单击“修改”按钮，打开“修改样式”对话框，然后根据自己的需要修改样式。

（6）在“将特殊格式应用于”选项组中包含 4 个复选框：“标题行”、“末行”、“首列”和“末列”，这些选项可以决定将特殊格式应用到哪些区域。默认情况下，这 4 个选项都是被选中的状态，当对这 4 个选项之一进行了修改时，可以通过“预览”框查看修改后的效果。

（7）单击“应用”按钮完成操作。

5.4.4　表格中的公式处理

Word 2003 的表格还具有一些简单的计算功能，可以迅速地对表格中一行或者某一范围进行数学计算。

在 Word 2003 的表格中单元格可以引用 A1，A2，B1，B2 等作为位置的参考，其中字母代表列，数字代表行，如图 5-73 所示。

	A	B	C
1	A1	B1	C1
2	A2	B2	C2
3	A3	B3	C3
…	…	…	…
n	An	Bn	Cn

图 5-73　单元格的引用示意图

下面以对成绩单进行成绩求和的例子介绍 Word 的表格运算功能。成绩单如图 5-74 所示，对每个学生的三门功课的成绩进行求和，进行可以按照下述步骤进行操作：

编号	姓名	性别	数学	语文	英语	总分
001	张众智	男	80	90	90	
002	李小利	女	85	92	96	
003	王非	女	90	86	97	
004	张玉范	女	92	87	92	
005	李如昔	女	95	83	93	
006	郝东	男	85	89	94	
007	陈昊	男	86	93	87	
008	陈力训	女	86	95	89	
009	曹智	男	96	86	91	
			795	801	829	

图 5-74　学生成绩单

（1）要进行数据求和，表格中必须有专门放置求和结果的单元格，这里将总成绩放入表格最后一列，总分单元格中，将插入点移至第一个学生的总分的单元格中。

（2）单击“表格”菜单中的“公式”命令，弹出“公式”对话框，如图 5-75 所示。

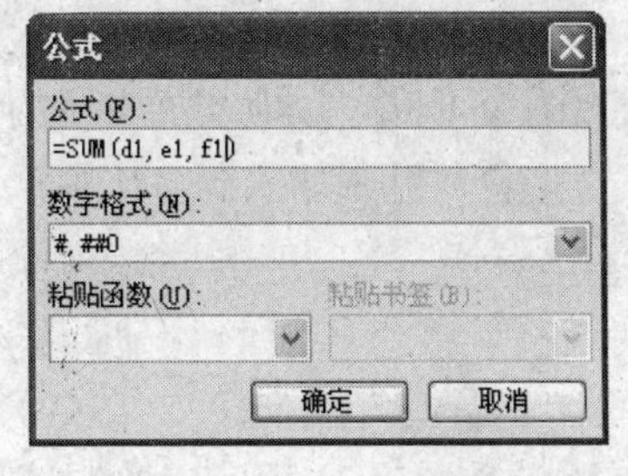

图 5-75　“公式”对话框

（3）如果在“公式”文本框中出现的公式不是需要的公式，可以将输入框中的公式删除（等于号不要删除），然后在“粘贴函数”下拉列表框中选择所需的公式，如果下拉列表中没有所需的公式，就需要手工在“公式”文本框中输入运算，并在公式的括号中键入单元格引用，可引用单元格的内容。例如，本例需要计算第一个学生的数学（所在 D2 列）、语文（所在 E2 列）、英语（所在 F2 列）的总成绩，因此需要计算单元格 D2～F2 中数值的和，应建立这样的公式：=SUM（d2,e2,f2）。

（4）在“数字格式”下拉列表框中选择结果表现的形式，如选择“#，##0”。

（5）单击“确定”按钮，回到表格编辑区，可以看到第一名学生的总成绩就显示在总分的单元格中。

（6）其他学生的总分按照前面的步骤依次进行计算即可，如图 5-76 所示。

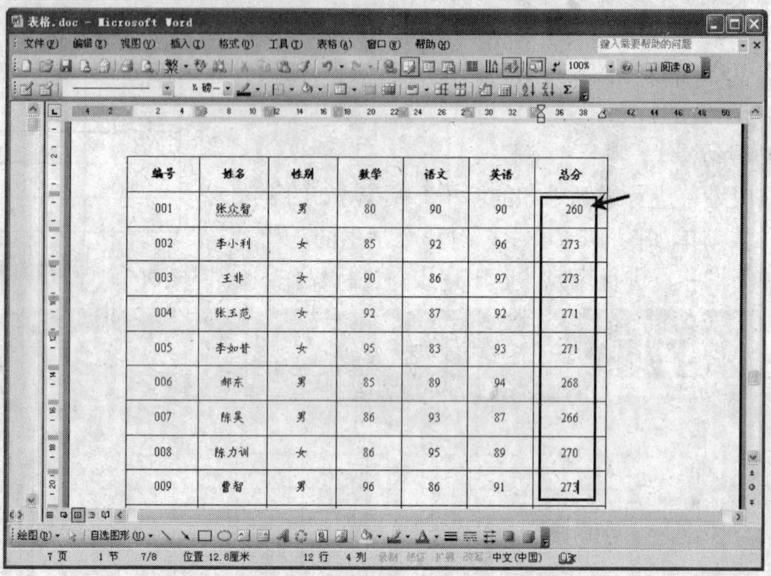

编号	姓名	性别	数学	语文	英语	总分
001	张众智	男	80	90	90	260
002	李小利	女	85	92	96	273
003	王非	女	90	86	97	273
004	张玉范	女	92	87	92	271
005	李如昔	女	95	83	93	271
006	郝东	男	85	89	94	268
007	陈昊	男	86	93	87	266
008	陈力训	女	86	95	89	270
009	曹智	男	96	86	91	273

图 5-76 计算学生成绩总分

Word 将计算结果作为一个域插入选定的单元格中，也就是表格中的数据发生变化不需要更新进行计算，只需要更新域即可得到最新的计算结果。更新域的方法是，选定要更新的计算结果，按 F9 键即可。

5.5 Word 中的图像处理

一篇文章从头至尾没有图片，会显得很枯燥生硬。灵活运用 Word 提供的插图功能，可以使文章图文并茂，高文章的可读性，也能帮助读者更快地理解文章内容。下面将学习在文档中插入图像、插入文本、图文混排的基本方法。

5.5.1 插入图像

图像使文章更容易被读者接受，因此适当地在文章中插入图像可以有效地增加文章的吸引力。在 Word 2003 中提供了内容丰富的剪贴画库，可以直接将剪贴画插入到文档中，还可以将其他外来各种格式的图形文件插入到文档中。

1. 插入剪贴画

将剪贴画插入到文档中的操作如下：

（1）将插入点移至要插入剪贴画的位置。

（2）单击“插入”→“图片”→“剪贴画”命令，此时出现“剪贴画”任务窗格，如图5-77所示。

（3）在“剪贴画”任务窗格中的“搜索范围”下拉列表框中选择要搜索的集合。

（4）单击“结果类型”下拉列表框中的下拉按钮并选择要查找的剪辑类型。

（5）在“搜索文字”文本框中，输入描述所需剪辑（剪辑是一个媒体文件，包含图片、声音、动画或电影）的词汇，或键入剪辑的全部或部分文件名。

（6）单击“搜索”按钮。此时Word开始按照搜索条件查找合适的剪贴画，并将其显示在结果框中。

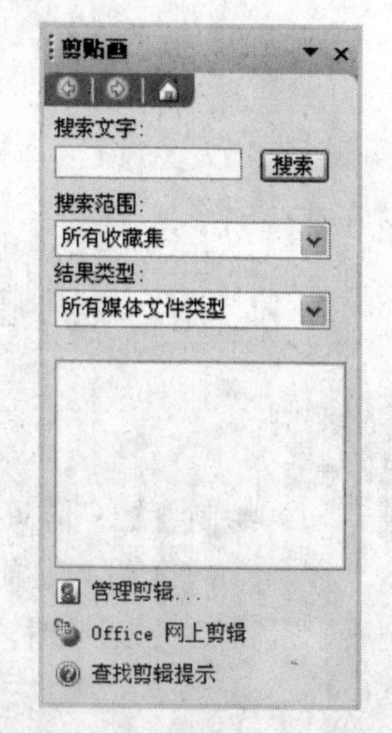

图5-77 “剪贴画”任务窗格

（7）在结果框中，单击剪辑将其插入到文档的插入点位置。

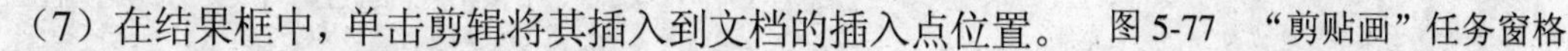

提示：如果不知道确切的文件名，可使用通配符表示一个或多个实际字符。使用星号（*）表示文件名中的零个或多个字符。使用问号（?）表示文件名中的单个字符。

2. 插入外部图片文件

要在文档中插入来自外部的图片文件，可以按照下面的步骤进行操作：

（1）将插入点移至要插入图片的位置。

（2）单击“插入”→“图片”→“来自文件”命令，此时出现“插入图片”对话框，如图5-78所示。

图5-78 “插入图片”对话框

（3）在对话框的“查找范围”下拉列表框中选择图片文件所在的位置，在下拉列表中选择要插入的图片文件。

（4）单击“插入”按钮，选中的图片就插入到文档中了。

3. 插入自选图形

除了插入 Word 的剪贴画以及外部图片文件外，Word 还提供了一些绘图工具，可以直接在文档中绘制一些简单的图行，如直线、曲线、箭头等。

选择“视图”→“工具栏”→“绘图”命令，或者单击“常用”工具栏上的“绘图”按钮，使其呈现激活状态，Word 2003 窗口会在编辑区下方出现“绘图”工具栏。

“绘图”工具栏提供了很多按钮专门用于绘制各种图形，下面介绍几种常用的图形的绘制方法。

（1）绘制直线、箭头、矩形、椭圆。

① 单击“绘图”工具栏上的“直线”按钮（或者“箭头”按钮、“矩形”按钮、“椭圆”按钮），此时，在窗口编辑区中将出现一个绘图画布。

② 在适当的位置拖动鼠标到结束的位置。释放鼠标，直线（箭头、矩形、椭圆）就出现在画布上了。

③ 对绘制的图像设置线型和粗细。在画布上选中该图像，然后单击“绘图”工具栏上的“虚线线型”按钮，在下拉列表框中选择一种线型。如果绘制的是箭头，可以对绘制的箭头设置箭头方向。在画布上选中该箭头，然后单击“绘图”工具栏上的“箭头样式”按钮，在下拉列表框中选择一种样式。

④ 单击“绘图”工具栏上的“线型”按钮，在下拉列表框中选择线的宽度即可。

提示： 绘图画布用于指定绘图的区域，可以在该区域上绘制多个图形对象，这些图形对象将作为一个单元进行移动和调整大小。如果不想在绘图时自动创建绘图画布，选择“工具”菜单中的“选项”命令，从弹出的“选项”对话框中选择“常规”选项卡，取消“插入‘自选图形’时自动创建绘图画布”复选框。

（2）绘制正方形。

① 单击“绘图”工具栏上的“矩形”按钮，此时，在窗口编辑区中将出现一个绘图画布。

② 按住 Shift 键，同时在画布的适当的位置拖动鼠标到结束的位置。释放鼠标，正方形就出现在画布上了。

③ 可以按照前述的方法对正方形设置边线线型和粗细。

（3）绘制圆。

① 单击“绘图”工具栏上的“椭圆”按钮，此时，在窗口编辑区中将出现一个绘图画布。

② 按住 Shift 键，同时在画布的适当的位置拖动鼠标到结束的位置。释放鼠标，圆形就出现在画布上了。

③ 可以按照前述的方法对圆设置边线线型和粗细。

（4）绘制自选图形。

自选图形的绘制可以按照如下的步骤进行：

（1）单击“绘图”工具栏上的“自选图形”按钮，出现“自选图形”级联菜单，如图 5-76 所示。

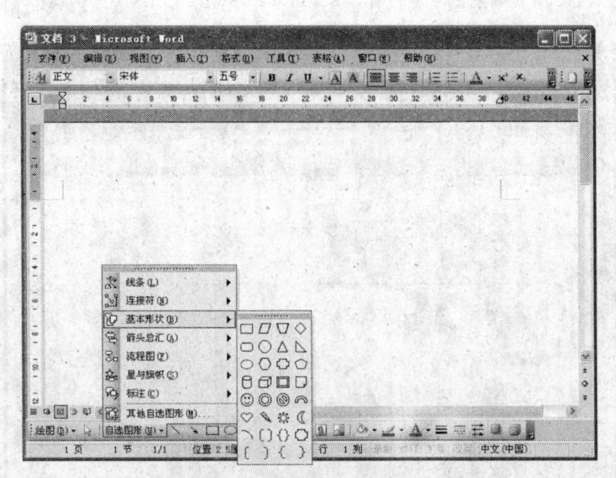

图 5-79　“自选图形”级联菜单

（2）在“自选图形”菜单中选择所需的类型，从出现的级联菜单中选择要绘制的图形。

（3）绘制自选图形的方法与绘制直线的方法相同。

4. 插入艺术字

虽然在编辑区输入文本的时候可以使用各种各样的字体来表现文本，但是如果要作出广告效果的文本，普通的字体样式是无法满足需求的，Word 提供艺术字的功能，可以将文本修饰成各种样式的艺术字，以满足各种类型版本的需求。

在 Word 2003 中插入艺术字可以按照下面的步骤进行操作：

（1）将插入点置于要插入艺术字的位置。

（2）单击“绘图”工具栏上的“插入艺术字”按钮，出现“艺术字库”对话框，如图 5-80 所示。

（3）在“艺术字库”对话框中选择一种艺术字样式，单击“确定”按钮，出现“编辑‘艺术字’文字”对话框，如图 5-81 所示。

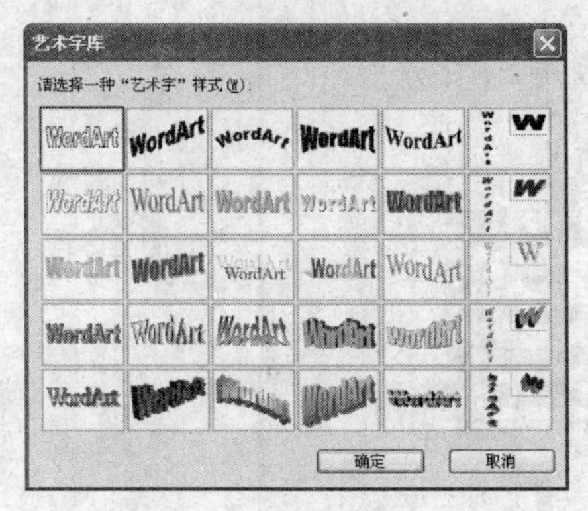

图 5-80　“艺术字库”对话框

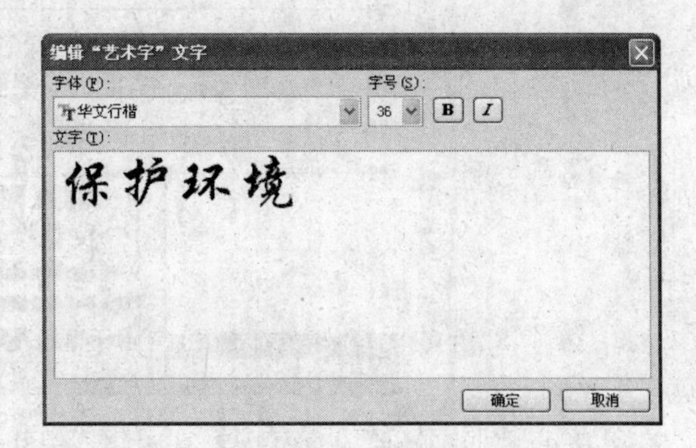

图 5-81　“编辑‘艺术字’文字”对话框

（4）在“文字”输入框中输入文本信息，选择“字体”和“字号”列表框的文字的字体和字号。单击“加粗”或“倾斜”按钮可以设置文字加粗或倾斜。

（5）单击“确定”按钮，将艺术字插入到插入点的位置，如图 5-82 所示。

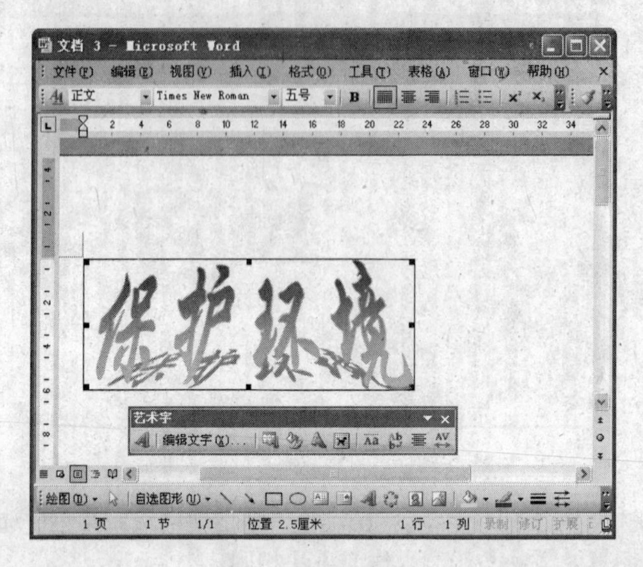

图 5-82　插入艺术字

完成上述操作后，艺术字出现在文本区中，同时还会自动显示“艺术字”工具栏，如果对艺术字不满意，可以使用“艺术字”工具栏对艺术字进行编辑。例如，要改变艺术字的形状，可以单击“艺术字”工具栏中的“艺术字形状”按钮，此时弹出如图 5-83 所示的“艺术字形状”列表，单击列表中需要的形状即可。

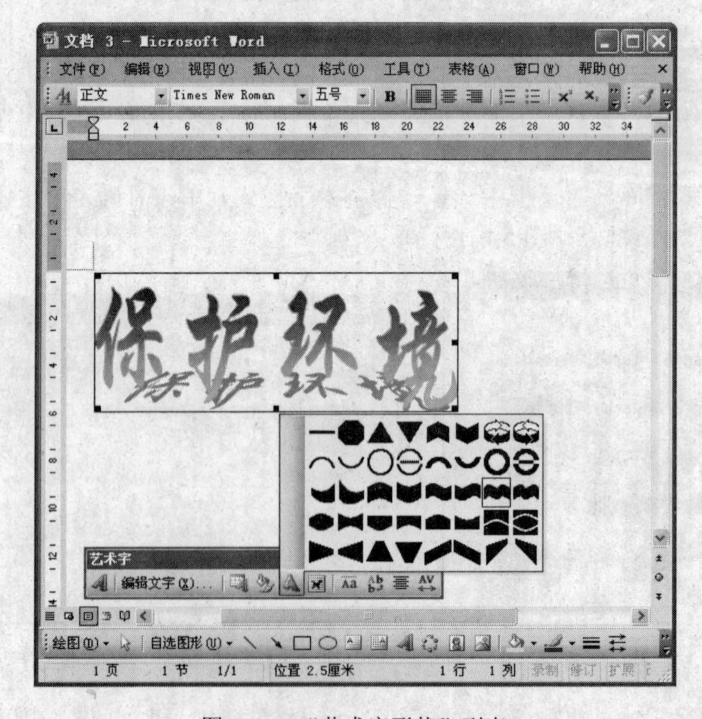

图 5-83　“艺术字形状”列表

5.5.2　插入文本

通常来说，在正文中输入的文本受到编辑区网格的控制，不能像图片那样可以浮贴于页面任何地方，甚至是版心之外。如果想使某些文本不受页面格式控制，具有“随遇而安”的弹性，可以利用 Word 的文本框对象来实现。文本框对象可以将文字和其他图形、图片、表格等对象定位到页面中的任意位置。

1．绘制文本框

要使一段文字、图形等可以插入到页面的任何位置，可以绘制一个文本框，将这段文字、图像放于文本框内，使用文本框插入文本等对象的操作如下：

（1）选择“工具”菜单中的“选项”命令，在弹出的“选项”对话框中选择“常规”选项卡，取消“插入‘自选图形’时自动创建画布”复选框，然后单击“确定”按钮。

（2）单击“绘图”工具栏上的“文本框”按钮或者“竖排文本框”按钮。

（3）在正文编辑区中拖动鼠标，即可绘制一个文本框。

（4）当文本框的大小合适后，释放鼠标。此时，插入点位于文本框中，可以在插入点位置输入文本，如图 5-84 所示。

提示： 在文本框中输入文本时，文本在到达文本框右边的框线时会自动换行。如果文本框绘制的不够大，可以修改字体的字号或者拉伸文本框，以便将文本完整地显示出来。

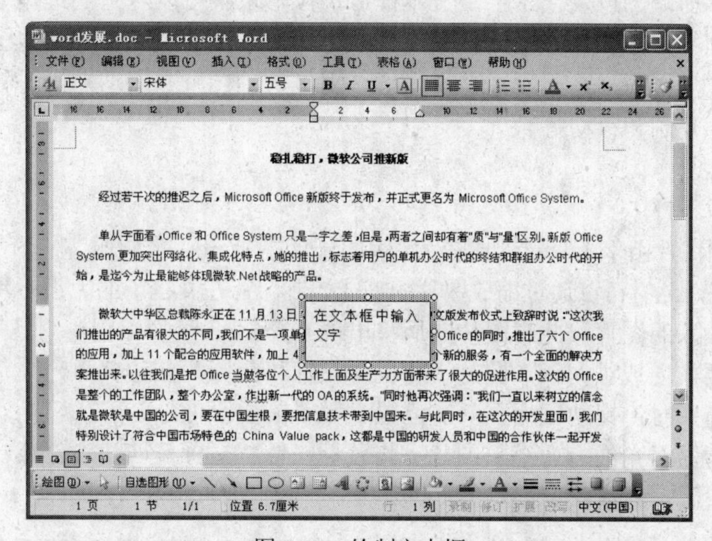

图 5-84　绘制文本框

2．编辑文本框

如果要对文本框的尺寸、边框进行编辑，可以按照如下的操作执行：

（1）单击文本框的边框将其选定，此时文本框的四周出现 8 个句柄，如图 5-84 所示，将鼠标移至句柄上，鼠标指针会变成箭头的形状，此时拖动句柄即可调整文本框的大小。

（2）将鼠标指针指向文本框的边框，当鼠标指针变成四向箭头时，拖动鼠标，可将文本框调整到任何位置。

（3）如果要设置文本框的格式，则右击文本框的边框，弹出快捷菜单，选择“设置文本框格式”命令，此时弹出“设置文本框格式”对话框，如图 5-85 所示，在对话框中设置文本框的边框、颜色、边距等属性。

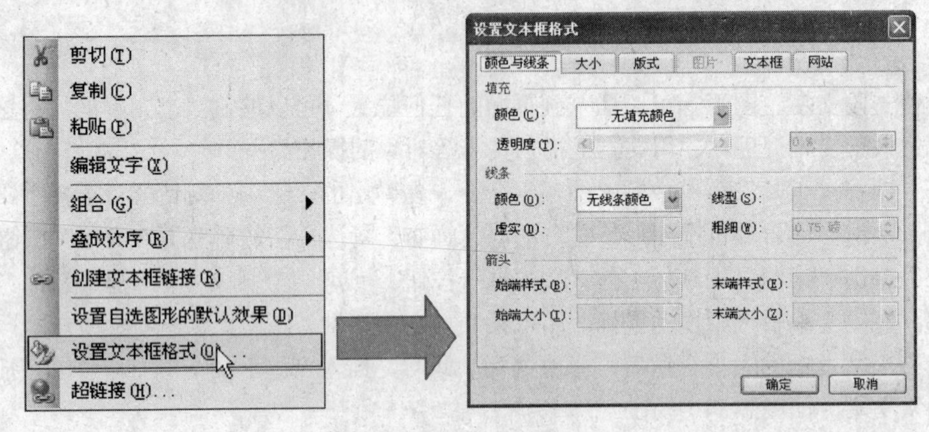

图 5-85　设置文本框的格式

5.5.3　图文混排

插入图片和剪贴画以及艺术字、文本框后，接下来就可以对它们进行编排，与正文文本相融合，达到文档排版的最佳效果，使文章图文并茂，生动活泼，清晰易读。

在进行图文混排前，需要利用 Word 2003 对插入的图片或者剪贴画进行编辑，如图片的缩放、裁剪、复制和移动等。

1．缩放图片

有些插入的图片由于本身尺寸比较大，因此显示在 Word 中会出现显示不全，或者占用过大的空间的情况，此时可以通过缩放图片的功能控制图片在文档中的大小。具体操作如下：

（1）单击插入的图片，此时图片四周将出现 8 个句柄。

（2）如果要横向或纵向缩放图片，将鼠标指针移至图片四边任意一个句柄上，当鼠标指针变成双向箭头时，拖动鼠标至所需位置，释放鼠标即可。

（3）如果想沿对角线方向缩放图片，将鼠标指针移至图片四角中任意一个句柄上，拖动鼠标至所需位置，释放鼠标即可。

提示： 缩放图片也可通过菜单命令实现，并且通过菜单命令能够实现控制图片精确地显示尺寸。选定图片后，选择“格式”菜单中的“图片”命令，在出现的“设置图片框格式”对话框中选择“大小”选项卡，然后输入图片的宽度和高度值即可。

2. 裁剪图片

对于插入的对象，可能只需要使图片的某部分显示出来，这时可以利用裁剪图片的功能去除图片无用的部分，具体操作如下：

（1）选中要裁剪的图片，此时出现“图片”工具栏。

（2）单击“图片”工具栏上的“裁剪”按钮，然后将鼠标移至靠近裁剪区的某个句柄上，沿裁剪方向拖动，裁剪区域会以虚线框表示裁剪的范围。

（3）拖至所需的位置后，释放鼠标，虚线框外的图片部分就会被裁剪掉。图5-86所示就是裁剪图片的示例。

提示： 裁剪图片也可通过菜单命令实现，并且通过菜单命令能够实现图片的精确裁剪。选定图片后，选择“格式”菜单中的“图片”命令，在出现的“设置图片框格式”对话框中选择“图片”选项卡，然后在“裁剪”选项组中输入具体的数值即可。

---

3. 设置图片的属性

使用“图片”工具栏可以设置图片的属性，具体操作方法如下：

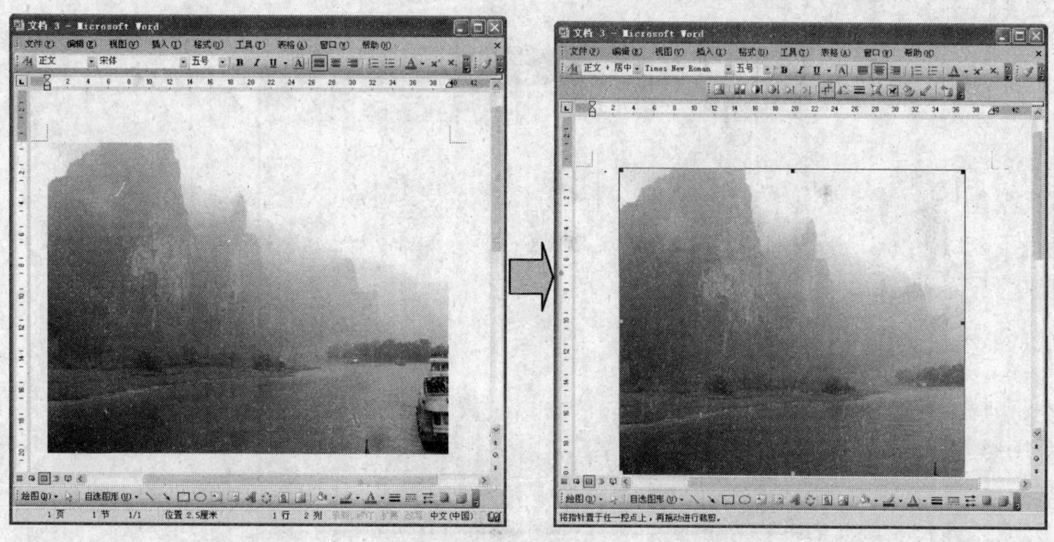

图5-86　裁剪图片

（1）选中需要编辑的图片，此时出现“图片”工具栏。

（2）单击“图片”工具栏上的“颜色”按钮，可以将图片设置为“自动”、“灰度”、“黑白”和“冲蚀”等效果。

（3）单击“图片”工具栏上的“增加对比度”按钮或者“降低对比度”按钮，可以调整图片的对比度。

（4）单击“图片”工具栏上的“增加亮度”或者“降低亮度”按钮，可以调整图片的亮度。

4. 图片版式

Word 提供图片版式设置的功能，可以将图片置于文字中的任何位置，并可以通过设置不同的环绕方式得到各种环绕效果。设置图片版式的操作如下：

（1）单击图片，将图片选中，此时图片周围出现 8 个句柄。

（2）双击图片，或者选择“格式”菜单中的“图片”命令，出现“设置图片格式”对话框，如图 5-87 所示，选择“版式”选项卡。

（3）在“环绕方式”选项组中 Word 提供了 5 种环绕方式，根据具体需求选择一种。

- **嵌入型**：这种版式是图片的默认插入版式，在插入图片或者剪贴画时，Word 自动将它们的版式设置为嵌入型。这种版式把图片嵌入到文本中，此时可将图片作为普通文字处理。嵌入型插入的图片是作为段落的一部分的，它会跟随段落格式变化。其余 4 种版式不作为段落一部分。
- **四周型**：这种版式的图片可以将它置于文档的任何位置，文本排列在图片的周围，如果图片的边界不规则，那么文字会按照一个规则的矩形边界排列在图片的四周。
- **浮于文字上方**：这种版式从显示的角度看，图片和正文的文本处于上下两层，图片位于文本上层，此时被图片覆盖的文字是不会显示出来的。这个版式下的图片也是可以在页面中任意放置的。

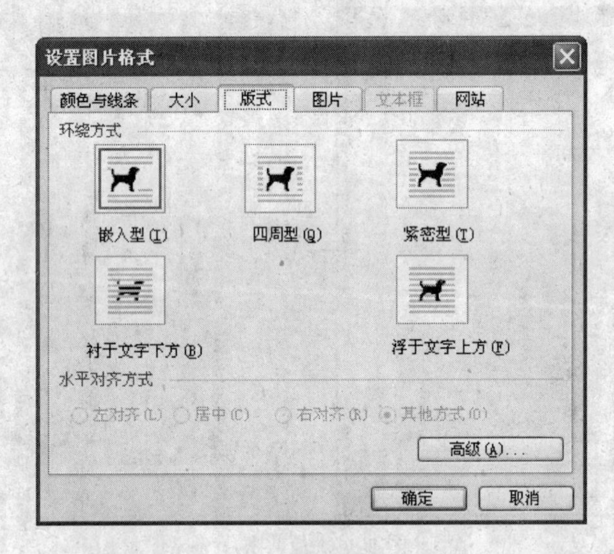

图 5-87 “设置图片格式”对话框

- **衬于文字下方**：与浮于文字上方刚好相反，正文文本位于图片的上方，图片就像文本的背景一样显示在页面上。但是把鼠标放在文本空白处图片的显示区还是可以拖动图片，将其置于页面任何的位置。
- **紧密型**：与四周型的版式类似，不同的就是如果图片边界不规则，那么正文文字会紧密地排列在图片的周围。

（4）单击“确定”按钮，图片按照设置的版式显示在页面上。

5.6 练　习　题

1．填空题

（1）Word 2003 提供____________视图模式，包括______________，______________，____________，____________和____________。

（2）Word 中的页面设置是指纸张的____________，____________，____________与____________的位置等的总称。

（3）段落的格式主要包括段落的____________，____________，____________和____________等。

（4）“根据窗口调整表格”表示表格宽度与页面宽度相同，列宽等于页面宽度________________。

（5）图片在编辑区中有 5 种环绕方式，分别为：____________，______________，____________，____________和____________。

2．选择题

（1）在 Word 窗口的最底部，用来显示当前的编辑状态是______。

A．工具栏　　B．编辑栏

C．状态栏　　D．菜单栏

（2）选定插入点到行首之间的文本，所使用的快捷操作为按______组合键。

A．Ctrl+Home　　B．Shift+Home

C．Ctrl+Shift+Home　　D．Alt+Home

（3）段落是以______结束的一段文字。

A．回车键　　B．空格键

C．Shift+回车键　　D．Ctrl+回车键

（4）在进行表格内容编辑时，将插入点移到本列的第一个单元格中的快捷操作为按______组合键。

A．Alt+Home　　B．Alt+End

C．Alt+PageUp　　D．Alt+PageDown

（5）当只需要被插入图片的某部分显示出来时，可以使用______功能。

A．缩放　　B．移动

C．旋转　　D．裁剪

3．问答题

（1）Word 2003 的工作窗口有几部分组成？

（2）Word 2003 提供了集中视图模式，他们的各自功能和特点是什么？

（3）练习创建一个模板，并利用该模板新建文。

（4）按照 Word 的编写与排版技巧创建如下的公文。

（5）利用创建表格的各种方法，创建如下的表格。

附件三：

2007年上海世界特殊奥林匹克运动会主题歌词、曲征集表之一

作品类别：主题歌　　　　编号（此项由执委会征集活动办公室填写）：

<table>
<tr><td>作者姓名</td><td colspan="2"></td><td>性别</td><td></td><td>职业</td><td></td></tr>
<tr><td>国籍</td><td colspan="2"></td><td>身份证号码</td><td colspan="3"></td></tr>
<tr><td colspan="7">作者工作单位（机构、院校）</td></tr>
<tr><td>详细通讯地址</td><td colspan="6"></td></tr>
<tr><td>电话</td><td></td><td>邮编编码</td><td></td><td>电子信箱</td><td colspan="2"></td></tr>
<tr><td colspan="7">创意说明：</td></tr>
</table>

填表日期：　　年　　月　　日

呈交作品单位（盖章）：

注：

一、请将填妥后的本表张贴在作者所送主题歌词（曲）作品A稿的背面，连同《2007年上海世界特殊奥林匹克运动会吉祥物、主题歌、招贴画应征作品著作权转让承诺函》，连同作品B稿与本表二一并提交本征集活动办公室。

二、如以单位名义参加本征集活动的，须在本表上加盖该单位公章方可生效。

（6）利用Word的图像处理方法，创建如下的文档。

飞翔的蜘蛛

信念是一种无坚不催的力量，当你坚信自己能成功时，你必能成功。

一天，我发现，一只黑蜘蛛在后院的两檐之间结了一张很大的网。难道蜘蛛会飞？要不，从这个檐头到那个檐头，中间有一丈余宽，第一根线是怎么拉过去的？后来，我发现蜘蛛走了许多弯路--从一个檐头起，打结，顺墙而下，一步一步向前爬，小心翼翼，翘起尾部，不让丝沾到地面的沙石或别的物体上，走过空地，再爬上对面的檐头，高度差不多了，再把丝收紧，以后也是如此。

蜘蛛不会飞翔，但它能够把网凌结在半空中。它是勤奋、敏感、沉默而坚韧的昆虫，它的网制得精巧而规矩，八卦形地张开，仿佛得到神助。这样的成绩，使人不由想起那些沉默寡言的人和一些深藏不露的智者。于是，我记住了蜘蛛不会飞翔，但它照样把网结在空中。奇迹是执着者造成的。

第6章

表格处理软件 Excel 2003

Excel 2003 是当前最流行的电子表格处理软件之一，也是 Offcie System 2003 办公套装软件的一个重要组成部分。利用 Excel 2003 可以制作出美观大方的表格，利用公式与函数功能可以对表格中的数据进行处理，制作统计图表等。

本章主要内容

- Excel 2003 的基本知识
- 创建和关闭工作表
- 插入和删除工作表
- 使用表格函数
- 编辑工作表
- 查找和替换数据
- 数据排序和分类汇总
- 公式的使用
- 工作表中的数据管理与操作
- 报表打印
- Word 和 Excel 的综合应用

6.1 Excel 2003 简介

Excel 2003 是美国微软公司发布的 Office System 2003 办公套装软件家族中优秀的电子表格制作和数据处理软件，它可以帮助用户制作普通的表格，还可以进行简单的加、减、乘、除运算，能够通过内置的函数完成一些逻辑判断、时间运算、财务管理、科学计算、信息统计等复杂的运算。由于它界面友好，操作方便，功能完善、易学易用，因而已逐渐被广大用户接受，并成为现今数据处理的主流软件。

6.1.1 启动 Excel 2003

前面已经介绍了 Excel 2003 是 Office System 2003 中的一个组件，因此首先必须在安装办公自动化软件 Office System 2003 的过程中使用典型安装的方式，或者在自定义安装过程中将 Excel 2003 组件选中进行安装，这样 Excle 2003 程序才会被安装在计算机操作系统中。

单击桌面的“开始”按钮，在弹出的菜单中依次选择“所有程序”→Microsoft Office→Microsoft Office Excel 2003 命令，即可启动 Excel 2003 应用程序，进入如图 6-1 所示的窗口。

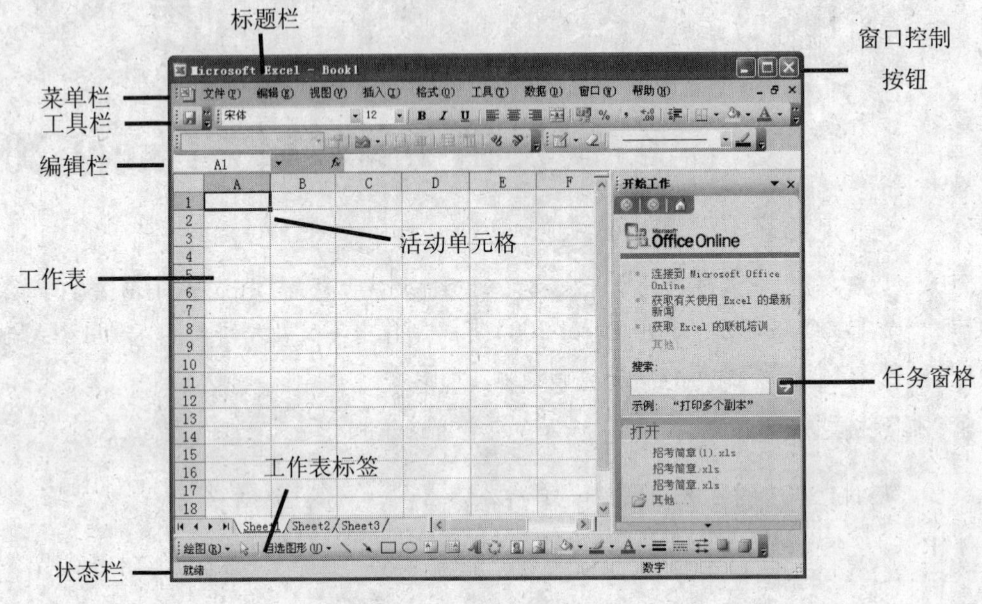

图 6-1　Excel 2003 窗口

6.1.2　认识 Excel 2003 的窗口

打开 Excel 2003 以后，就会出现 Excel 2003 的工作窗口，如图 6-1 所示，它主要由以下几部分组成：标题栏、菜单栏、工具栏、工作表、编辑栏、工作表标签、状态栏和任务窗格。

1. 标题栏

位于窗口顶部，它包括最左侧的控制菜单按钮、工作簿名、程序名称以及右侧的最小化按钮、还原按钮和关闭按钮。单击控制菜单按钮会打开一个下拉菜单，这个菜单提供一些用于控制 Excel 2003 窗口的命令，如还原、移动、最小化、关闭等。双击标题栏可以最大化 Excel 2003 窗口。Excel 2003 在激活状态下标题栏呈现蓝色，未被激活时呈现灰色。

2. 菜单栏

位于标题栏的正下方，菜单栏中包括了 Excel 中几乎所有的操作命令。这些命令分别归类到 9 个菜单中，分别是“文件”、“编辑”、“视图”、“插入”、“格式”、“工具”、“数据”、“窗口”、“帮助”。单击这些菜单，就可以直接选择需要的命令。

3. 工具栏

位于菜单栏下方，工具栏由一系列的工具按钮组成。Excel 2003 有十几种不同的工具栏，常见的有常用工具栏与格式工具栏，常用工具栏上包括文件存取、打印、复制、粘贴等工具按钮；“格式”工具栏则提供字号、字体、对齐方式等文件编排相关的工具按钮。可以将个人常用的工具按钮添加到工具栏中，也可以去除不需要的按钮。灵活利用工具栏中各个工具按钮进行操作，可以大大提高工作效率。

4. 编辑栏

用于显示活动单元格的数据和公式。编辑栏的左侧是名称框，显示活动单元格的名称，如 A1，B1 等。

5. 工作表

工作表是 Excel 最主要的工作范围，数据、图片等内容都要放置在这个区域中，随着文件内容的增加，工作表的范围会逐渐扩大。

6. 状态栏

Excel 窗口的最底部就是状态栏，状态栏用来显示当前命令或者操作的相关信息，如打开 Excel 后，状态栏显示“就绪”，在活动单元格中输入数据的时候，状态栏显示“输入”等。

7. 工作表标签

位于工作表下方，它显示工作簿中每一个工作表的名称，利用工作表标签可以在工作簿的不同工作表间切换。

8. 任务窗格

位于工作表右侧，是 Excel 2003 中一个崭新的选择面板，它将多种命令集成在一个统一的窗格中。任务窗格包括“开始工作”、“帮助”、“搜索结果”、“剪贴画”、“新建工作簿”和“信息检索”等。如果在打开窗口时没有出现任务窗格，打开“视图”菜单，选择“任务窗格”命令即可将任务窗格显示出来。默认情况下，第一次打开 Excel 2003 窗口时打开的是“开始工作”任务窗格。单击任务窗格右上角的下三角按钮，将会弹出一个下拉菜单，如图 6-2 所示。选择菜单中的命令可以切换到相应的任务窗格中。任务窗格中的每项任务都是以超链接的形式显示的，单击相应的超链接命令就可以执行相应的任务。任务窗格的任务表现方式直接、明了，给 Excel 的编辑带来了极大的方便。

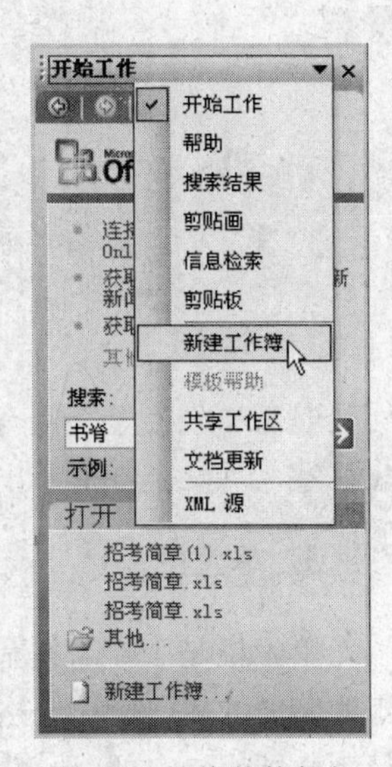

图 6-2　切换其他任务

6.1.3 认识 Excel 2003 的工作簿、工作表、单元格

在开始学习 Excel 的使用方法之前，首先需要了解 Excel 中相关的基本概念，以及它们的相互关系。

1. 工作簿

Microsoft Excel 工作簿实际上就是指 Excel 的文件，它采用*.xls 的文件格式，在一个工作簿中包含一个或多个工作表，该文件可用来组织各种相关信息。

在启动 Excel 2003 的时候系统会默认创建一个空白的工作簿，取名为“Book1”，可以在保存工作簿的时候重新设置一个符合自己需要的名字。

2. 工作表

工作表是在 Excel 中用于存储和处理数据的主要文档，也称为电子表格。工作表由排列成行或列的单元格组成，总是存储在工作簿中。

在一个工作簿中可同时在多张工作表上输入并编辑数据，并且可以对多张工作表的数据进行汇总计算。例如，在一个工作簿中存放 3 个工作表，分别存储超市食品、日常用品、衣服在一月份的销售数据，还可以对它们进行汇总计算一月销售总额。

通过单击工作簿窗口底部的工作表标签，可从一张工作表或图表移动到另一张工作表或图表上。编辑区中的工作表称之为活动工作表，它的工作表标签以反白显示，并且名称下方有下划线，如图 6-3 所示。为了使工作表标签更容易识别，还可以用不同的颜色来标记工作表标签。活动工作表的标签将按所选颜色加下划线，非活动工作表的标签全部被填上颜色。默认情况下，新创建的 Excel 工作簿中包含 3 个工作表，分别是 Sheet1、Sheet2 和 Sheet3，用户可以根据实际情况修改工作表的名称，并可以添加、删除工作表。

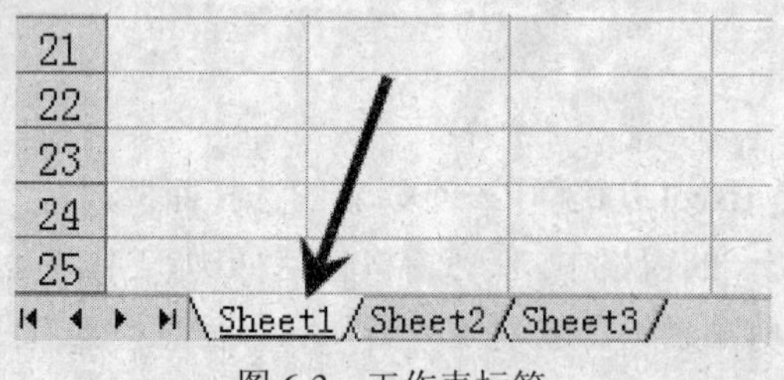

图 6-3　工作表标签

在工作表标签左侧有 4 个按钮，用于管理工作表标签。如果工作簿中添加了很多工作表标签，无法全部显示出来，可以通过这 4 个按钮显示工作表标签。

3. 单元格

单元格是工作表的基本单元，所有对工作表的操作都是在对单元格操作的基础上的。工作表中的每一个单元格都有独立的名称。在 Excel 2003 中，单元格是按照单元格所在的行列位置来命名的。一般来说，工作表由行和列构成，每张工作表最多包括 256 列和 65536

行，每一列的列标都由 A、B、C 等字母表示；每一行的行号由 1、2、3 等数字表示。因此单元格的名称由“所在行的字母＋所在列的列号”组成。例如，单元格 B6 表示位于第 6 行 B 列交叉点上的单元格；若要表示一个连续单元格的区域，可以用该区域左上角和右下脚单元格表示，中间用冒号分隔，如 B6：D10 表示一个从单元格 B6 到 D10 的区域。

活动单元格就是选定的单元格，可以向其中输入数据。每次操作时能有一个活动单元格，并且活动单元格四周的边框加粗显示。

6.2　Excel 2003 的基本操作

在了解了 Excel 2003 的基本结构和概念后，本节将介绍 Excel 2003 的一些基本操作——创建和保存工作簿，添加、删除工作表，编辑工作表以及查找替换数据的使用方法。

6.2.1　创建工作簿

在进行数据录入和处理之前首先需要创建一个工作环境，即创建一个新的工作簿，再在新工作簿中制作表格和进行数据处理。Excel 2003 提供了多种方式创建工作簿，可以直接在 Excel 中新建空白工作簿，还可以利用本机上的模板创建工作簿，或利用网站上的模板创建，下面分别对这几种创建方式进行介绍。

1．新建空白工作簿

启动 Excel 2003 时，系统会自动打开一个名为“Book1”的空白工作簿，这样可以直接在 Excel 窗口的第一个工作表中输入数据，并对其进行编辑和运算。如果在 Excel 窗口中已经打开了一个工作簿，是需要重新创建一个新的工作表进行其他数据的处理，可以按照如下的操作步骤新建工作簿。

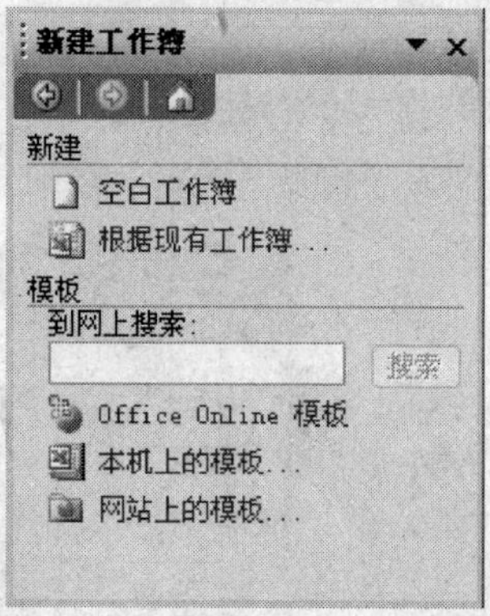

图6-4　“新建工作簿”任务窗格

（1）打开“文件”菜单，选择“新建”命令，此时在 Excel 2003 窗口右侧会出现图 6-4 所示的“新建文档”任务窗格。

（2）单击“新建工作簿”任务窗格中的“空白工作簿”选项，此时就创建了一个新的空白工作簿。新建的空白文档的临时名称为“Book1”，如果继续创建其他的新文档，Excel 2003 会自动为其取名为“Book2”、“Book3”等，依此类推。在保存文档的时候，可以另外为这个文档取一个有意义的名称。

此外，可以直接利用 Excel 2003 窗口的工具栏的“新建空白工作簿”按钮，快速新建一个空白文档。

2．利用模板新建文档

模板是 Excel 提供的一些按照不同行业表格规范建立的表格，表格中一些相对固定的内容已经在模板中编写好了，并设定了表格的格式。利用模板新建的工作簿，可以快速地构建起标准的数据处理表单，在已有的框架中只需要填充自己的数据，这样减少了文字录入与排版的工作量。对于不熟悉行业规范表格样式的人来说，模板可以帮助他们迅速准确地得到符合规范的工作表。

Excel 2003 中提供了多种类型的模板，如个人预算表、报销单、考勤记录、股票记录单等，如果需要创建某种行业类型的表单时，可以考虑使用模板来创建文档。具体操作步骤如下：

（1）在“新建工作簿”任务窗格中单击“本机上的模板”选项，在弹出的“模板”对话框中选择“电子方案表格”选项卡，如图 6-5 所示。

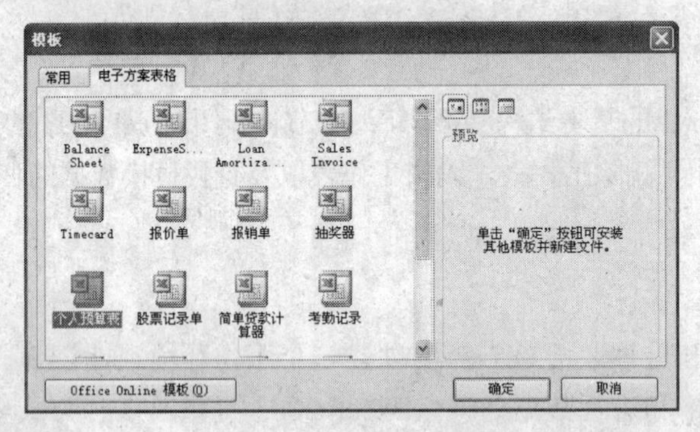

图 6-5 “模板”对话框

（2）在“电子方案表格”选项卡中选择使用的模板类型。例如，要填写预算表，可以选择“个人预算表”。

（3）单击“确定”按钮，此时会出现一个新的 Excel 窗口，如图 6-6 所示。

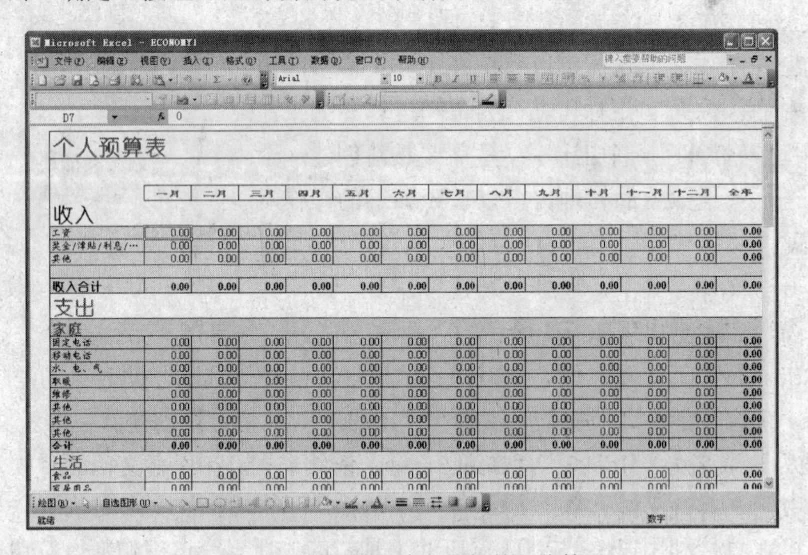

图 6-6 利用模板建立的新的工作簿

（4）根据表格的格式，输入所需的数据即可。

3. 利用网站上的模板创建工作簿

实际生活中，有很多行业表格类型，在 Excel 中不可能将全部的模板囊括进来。同时随着时间的推移，还会不断的出现新的模板，为了使 Excel 使用者能够获得更多的模板的支持，Excel 提供了通过网络获取模板创建表单的方式。当本机上的模板不能够满足需求时可以到 Office 的网站上寻找需求的模板，来快速建立新工作簿。具体操作步骤如下：

（1）在“新建工作簿”任务窗格中单击“Office Online 模板”选项，此时会弹出图 6-7 所示的 Microsoft Office 模板主页。

图 6-7 Microsoft Office 模板主页

（2）从网站中选择模板的类别，例如选择“2007 年日历”，此时进入对应类别的页面，如图 6-8，进入了 2007 年日历的模板页面。

图 6-8 选定类别的模板页面

（3）在模板页面中可以浏览到模板的外观，单击符合个人需求的模板的名称，此时会进入模板下载页面，在下载页面单击“立即下载”按钮。

（4）网站上选定的模板下载到本地以后，会自动创建一个文档，如图 6-9 所示。在这个文档中可以进行文字的编写了，最后保存成本地的文件。

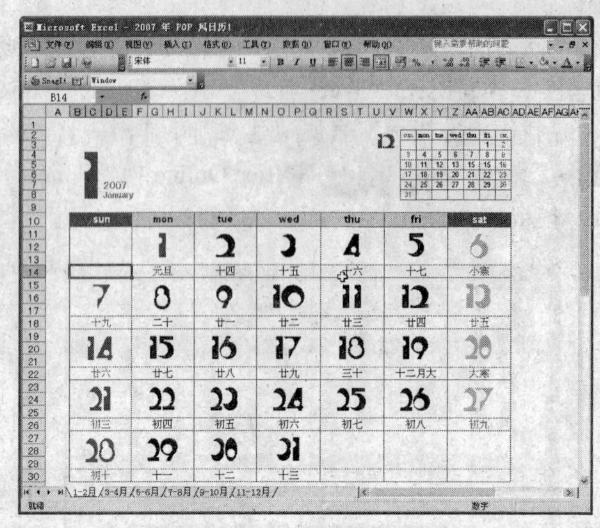

图 6-9　网站上下载的模板

6.2.2　保存工作簿

保存工作簿是数据处理不可缺少的操作。当使用前一节介绍的方法创建了一个工作簿，或者对工作表进行数据录入和处理后，就需要及时地进行文档保存的操作，将编辑的成果存储在磁盘上。保存文件的操作步骤如下：

（1）打开“文件”菜单，单击“保存”命令，如果此文件是新创建的，并从没有被保存过，此时会弹出如图 6-10 所示的“另存为”对话框。

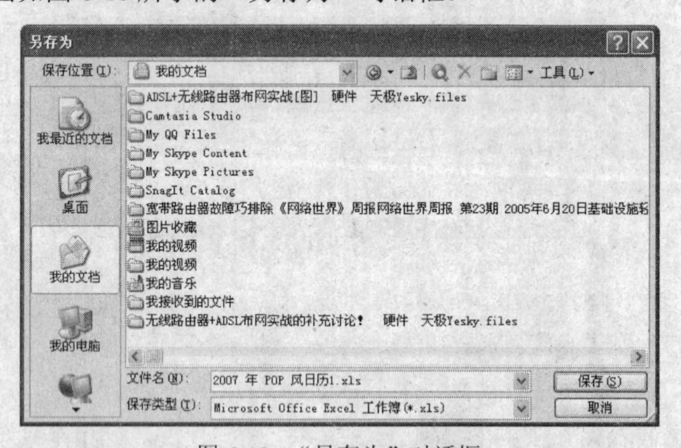

图 6-10　“另存为”对话框

（2）在对话框的“保存位置”下拉列表框中选择将该文件存储在磁盘上的具体路径，然后在“文件名”输入框中为该文件设置名称，在“保存类型”下拉列表框中，选择文件的类型，默认情况下文本文件的扩展名为*.xls。Excel 2003 还可以将文件保存成为 XML、HTML 等类型。如果想将文件作为其他文档的模板，可以选择 Excel 模板文件类型“*.xlt”。

（3）最后单击“保存”按钮，完成保存文件到磁盘上的操作。

需要说明的是，如果在旧文件（已经保存过的文件）上作了修改，并单击“保存”命令，此时 Excel 直接执行保存操作，不会在出现“另存为”对话框。如果希望在原有的文件上将所做的修改重新保存到新文档中，可以单击“文件”→“另存为”命令，此时会弹出如图 6-10 所示的“另存为”对话框。按照前面介绍的步骤选择文件路径和设置文件名、文件类型即可。

提示： 保存文件的操作除了上面通过菜单操作以外，还可以通过工具栏中的“保存”按钮来实现。或者直接使用快捷键 Ctrl+S。

6.2.3　管理工作表

通过前面的介绍了解了在一个工作簿中可同时在多张工作表上输入并编辑数据，下面就来学习如何在工作簿中对多个工作表进行管理。

1．切换工作表

Excel 2003 提供多种切换工作表的方法，下面来介绍几种常用的方法。

单击工作簿下方的工作表标签，在 Excel 编辑区就会显示选择的工作表标签所对应的工作表内容，如图 6-11 所示。单击 Sheet1 工作表标签，此时，“Sheet1”为白底且带下划线显示，它的工作表数据就显示在编辑区。

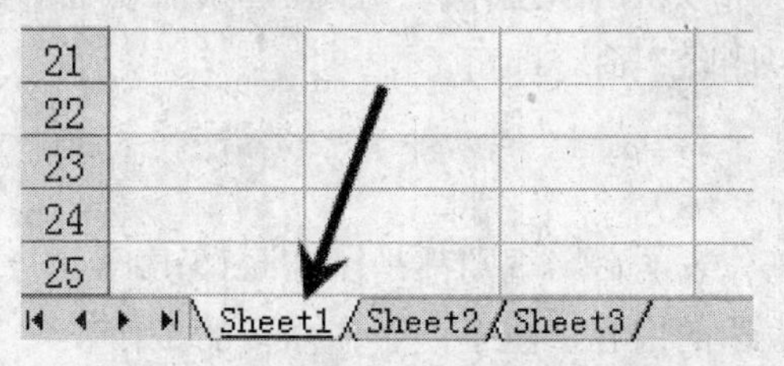

图 6-11　通过工作表标签切换工作表

如果工作簿中有很多工作表，会有一些工作表标签被隐藏，此时可以使用工作表标签左侧的 4 个滚动按钮滚动工作表标签，然后单击目标工作表标签。其中按钮表示移动到最左侧的工作表标签，按钮表示向左移动一个工作表标签，按钮表示向右移动一个工作表标签，按钮表示移动到最右侧的工作表标签。

用鼠标右击工作表标签左侧的区域，在弹出的右键菜单中会列出所有工作簿中的工作表名称，选择目标工作表也可以切换到该表工作区中。

前面介绍的都是使用鼠标进行工作表的切换，Excel 2003 还支持通过键盘切换工作表。按 Ctrl+PageUp 键，切换到上一个工作表；按 Ctrl+PageDown 键，切换到下一个工作表。

2．插入工作表

当工作簿默认提供的 3 个工作表并不能满足实际工作的需求时，可以在工作簿中插入新的工作表，具体操作如下：

（1）右击任意已经存在的工作表标签，此时弹出右键菜单，如图 6-12 所示。

（2）选择“插入”命令，在弹出的“插入”对话框中选择“工作表”选项，如图 6-13 所示。

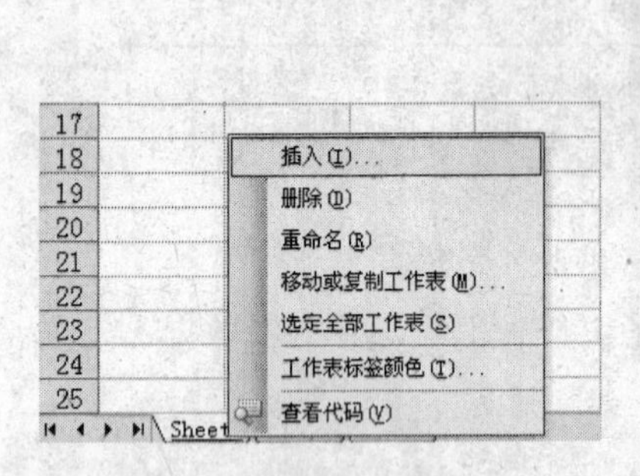

图 6-12　插入工作表

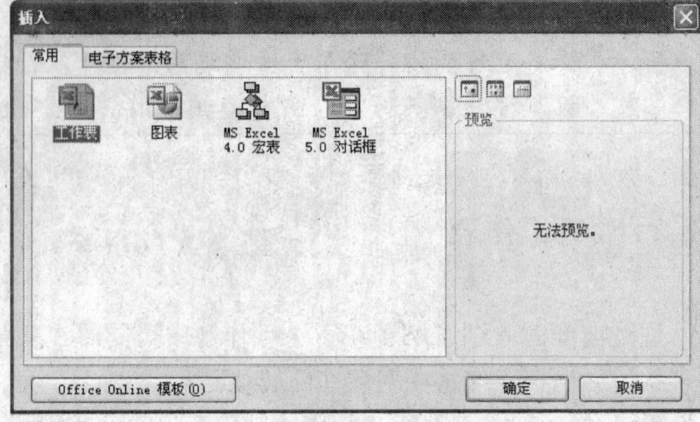

图 6-13　“插入”对话框

（3）单击“确定”按钮，此时工作簿中就添加了一个新的工作表，并作为当前工作表显示。

3．删除工作表

对于无用的工作表，可以将其从工作簿中删除，只需要右击要删除的工作表标签，在弹出的右键菜单中选择“删除”命令即可。

4．重命名工作表

工作簿中默认建立工作表的命名规则都是以 Sheet＋序号组合成的，这样的命名往往不能直观地体现工作表所表达的内容，也不便于在众多的工作表中寻找目标数据，因此很多 Excel 使用者都习惯将工作表重新命名，取一个有意义的名称，例如，将“Sheet1”重命名为“2006 软件销售数据”，方便工作。工作表重命名的操作比较简单，只需要右击要重命名的工作表标签，在弹出的右键菜单中选择“重命名”命令，此时工作表标签呈反白显示，输入新的工作表标签，单击回车键即可。

5．为工作表标签添加颜色

Excel 2003 提供了为工作表标签添加颜色的功能，这样可以使工作表标签更容易识别，例如将不同类别产品的工作表标签设置不同的颜色，加以区分。可以按照下面的方法设置标签颜色。

（1）选定需要添加颜色的工作表标签。

（2）单击“格式”→“工作表”→“工作表标签颜色”命令。

（3）在弹出的“设置工作表标签颜色”对话框中选择一种颜色，如图 6-14 所示，单击“确定”按钮。

图 6-14　“设置工作表标签颜色”的对话框

（4）由于设置标签颜色的工作表处于活动状态，因此该工作表标签将按所选颜色加下划线显示，当该工作表处于非活动状态时，工作表标签将全部被填上颜色。

6. 选定多个工作表

前面介绍了在 Excel 2003 中可以同时对多个工作表进行数据操作，这个功能很有用，当这些工作表的相同位置的单元格的数据相同时，可以将这些工作表同时选中，使其都处于活动状态，然后在单元格中输入数据即可。因此需要先学习如何将多个工作表全部选中。选定多个工作表的操作如下：

（1）单击其中的一个工作表标签，按住 Ctrl 键，依次单击其他工作表标签即可。此时选中的工作表标签全部呈反白显示。

（2）如果要选定多个相邻工作表，单击第一个工作表标签，按住 Shift 键，然后单击最后一个工作表标签即可。

（3）如果要选定工作簿中的所有工作表，右击任何一个工作表标签，在弹出的快捷菜单中选择“选定全部工作表”命令即可。

在选定多个工作表后，可以看到标题栏的文件名旁边出现“[工作组]”字样。此时可以在编辑区中输入数据或者进行数据运算等操作，这些操作在所有选中的工作表中都会有效。

如果要取消工作表的选定，只需单击任意一个未选定的工作表标签，或者在工作表标签上右击，从弹出的快捷菜单中选择“取消成组工作表”命令即可。

7. 移动与复制工作表

Excel 提供在工作簿中或者在工作簿之间进行工作表的复制和移动的功能，具体操作如下。

（1）移动工作表。

① 单击要移动的工作表标签，然后单击“编辑”→“移动或复制工作表”命令，弹出“移动或复制工作表”对话框，如图 6-15 所示。

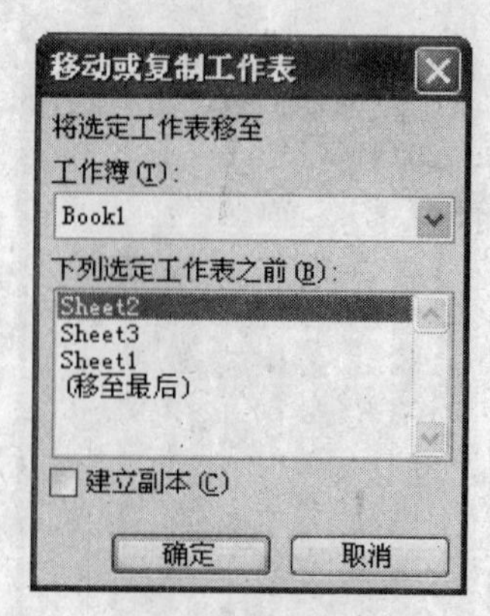

图 6-15　“移动或复制工作表”对话框

提示： 右击要移动的工作表标签，在弹出的右键菜单中选择“移动或复制工作表”命令，也会出现“移动或复制工作表”对话框。

---

② 在“工作簿”下拉列表框中选择一个目标工作簿，即表示要将工作表移动到选中的工作簿中。在这个下拉列表中列出了目前已经打开的工作簿（包括自身工作簿）以及一个“新工作簿”选项，如果选中“新工作簿”，Excel 会自动创建一个新的工作簿文件，然后将工作表移动到新工作簿中。

③ 当在“工作簿”下拉列表中选择一个已存在的工作簿，在“下列选定工作表之前”选择区域中就会列出该工作簿中的所有工作表名单，选择将需要移动的工作表插入的位置，例如，选择“Sheet3”，表示将待移动的工作表移动到“Sheet3”之前。

④ 单击“确定”按钮，完成工作表的移动。

（2）复制工作表。

复制工作表的操作与移动工作表的操作基本相同，在弹出的“移动或复制工作表”对话框中选择目标工作簿（即将工作表复制到哪一个工作簿中），然后选择插入的位置，此时需要将“建立副本”复选框勾选上，最后单击“确定”按钮即可。

提示： 如果在同一个工作簿中移动和复制工作表，也可以通过鼠标直接操作。用鼠标选中要移动的工作表标签，拖动其到目标位置，释放该标签即可。如果要复制工作表，可以按住 Ctrl 键，然后用鼠标拖动要复制的工作表标签，释放标签到目标位置，松开 Ctrl 键，此时工作表的副本就出现在目标位置，但是工作表标签的名称由于与原工作表同名，因此会在复制的工作表名称后附上一个带括号的编号，例如，复制“Sheet1”工作表，其副本名称为“Sheet1（2）”。

---

8. 隐藏工作表

当工作簿中某些工作表不希望被别人浏览，可以使用隐藏工作表的功能将其隐藏起来，再在必要的时候将其显示出来即可。

隐藏工作表的操作比较简单，单击要隐藏的工作表标签，单击“格式”→“工作表”→“隐藏”命令，此时选中的工作表会隐藏起来。

如果希望将隐藏的工作表显示在街面上，单击“格式”→“工作表”→“取消隐藏”命令，在弹出的“取消隐藏”对话框中选择要显示出来的工作表，单击“确定”按钮，此时隐藏的工作表就出现了。

6.2.4　编辑工作表

前面已经学习了如何创建工作表以及对工作表进行一些基本操作，下面就开始对工作表进行数据的输入、编辑的操作介绍。

1．选定单元格

选定单元格是进行数据输入和编辑之前必须执行的操作，通常在选定的单元格中输入数据，对选定的单元格和区域进行移动、复制等操作，因此这里首先来学习如何选定单元格。

（1）选定活动单元格。

Excel规定必须在活动单元格中进行数据的输入和编辑数据，活动单元格就是选定的单元格。每次数据输入时只能有一个活动单元格，并且活动单元格四周的边框加粗显示。

活动单元格可以使用鼠标选定，只需要将鼠标移动到要选定的单元格上单击，此时该单元格变成一个带有黑色边框的外观，这样就可以进行数据的录入和编辑。

提示： 如果要选定的单元格没有显示在当前的工作表区域内，可以使用滚动条来显示被遮盖的单元格，然后选定它。

在工作表中往往还需要活动单元格在单元格之间移动，以便数据的陆续输入和编辑。Excel中可以使用鼠标、键盘或者菜单命令在工作表中移动，使所需的单元格成为活动单元格。其中用鼠标移动活动单元格只要在需要的单元格上单击即可。使用键盘选定活动单元格有以下的规定，参见表6-1。

表6-1　使用键盘选定活动单元格规定

按　　键	功　　能
↑	向上移动一个单元格
↓	向下移动一个单元格
←	向左移动一个单元格
→	向右移动一个单元格
Ctrl+←	移到当前行上有数据的最左边的单元格
Ctrl+→	移到当前行上有数据的最右边的单元格
Ctrl+↑	移到当前列上有数据的最上边的单元格
Ctrl+↓	移到当前列上有数据的最下边的单元格

续上表

按　　键	功　　能
PageUp	向上移动一屏
PageDown	向下移动一屏
Alt+PageUp	向左移动一屏
Alt+PageDown	向右移动一屏
Home	移到当前行的第一个单元格
Ctrl+Home	移到当前工作表的第一个单元格
Ctrl+End	移到当前工作表使用的最后一个单元格

Excel 还可以使用菜单命令将活动单元格精确定位到一个指定的单元格，具体操作如下：

① 单击“编辑”→“定位”命令，弹出“定位”对话框。

② 在“引用位置”文本框中输入单元格引用或区域。单元格引用由列标和行号构成，根据列标和行号从而可以定位单元格的位置，例如 E8。如果要显示当前工作表之外的其他工作表的某个单元格，需要在“引用位置”文本框中输入工作表名称、一个感叹号和单元格引用，例如 Sheet2!E8。

③ 单击“确定”按钮，此时 E8 成为活动单元格。

（2）选定单元格区域。

在进行数据编辑的时候，往往需要先选定编辑的单元格或者单元格区域（多个单元格组成的区域）然后执行编辑处理，如图 6-16 所示，前面已经介绍了如何选定单元格，下面可以按照表 6-2 的方法选定单元格区域。

表 6-2　选定单元格区域

选定范围	操　　作
选定矩形的区域	用鼠标选定第一个单元格，拖动鼠标到待选定的单元格区域的最后一个单元格，释放鼠标，此时选定的区域以淡紫色显示，如图 6-16 所示
选定一行	将鼠标移至该行左侧的行号上，当鼠标光标变成➡时单击，此时该行所有单元格被选定
选定一列	将鼠标移至该列列标上，当鼠标光标变成⬇时单击，此时该列所有单元格被选定
选定不相邻的单元格	用鼠标选定第一个单元格，按住 Ctrl 键，用鼠标依次单击其他目标单元格
选定全部单元格	单击工作表左上角的“全选”按钮（在行号 1 上方和列号 A 左边），或者按 Ctrl+A 组合键
取消选定的单元格区域	单击工作表中的任意一个单元格

除了上述输入文本数据的方法，还可以直接双击要输入数据的单元格，然后在单元格中直接输入文本，最后单击 Enter（回车）键即可。

提示：每个单元格最多可以包含32000个字符。每个单元格都是有宽度的，当输入的文本超过单元格的宽度时，在其右侧相邻的单元格中没有数据的情况下，超出的文本会占用右侧单元格的显示空间。如果右侧相邻单元格有数据，则超出的文本会被隐藏起来，这时可以采取更改单元格的宽度或者启动单元格自动换行的功能来显示全部内容。

2. 编辑单元格

文本在单元格中默认采用左边对齐的方式，如果想改变文本对齐方式，可以选定单元格并单击“格式”工具栏上的“居中”或者“右对齐”按钮来改变文本的对齐方式。如果输入的数据全部是数字，但是又想让这段数字以文本的方式显示，需要先输入一个英文状态下的“'”，然后再输入数字，此时在该单元格左上角会出现一个绿色的三角标记，说明该单元格的数据为文本。

（1）输入数字。

默认情况下，Excel对数字在单元格中采用右对齐的方式显示，并且对数字的内容限制比较严格，只有以下内容属于数字范畴：

0 1 2 3 4 5 6 7 8 9 + – ( ) / $ ￥ % . E e

输入数字的方法与前面介绍的输入文本的方法一样，这里就不再重复，需要说明的是输入数字的一些规定。

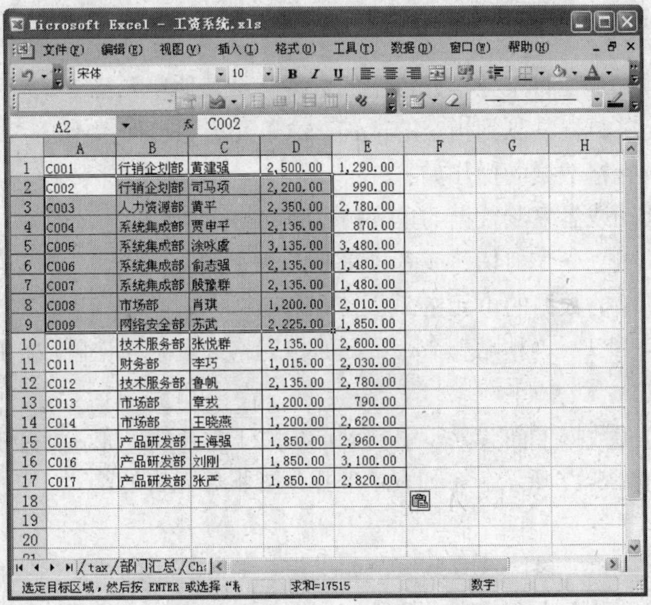

图6-16 选定单元格区域

在单元格中如果输入正数，数字前面的“+”可以省略。如果要输入负数，则在数字前加一个负号（–），或者将数字放在圆括号内。

如果要在单元格中输入分数，应该在分数前加上“0”和空格。如输入“0 1/5”，这样可以避免将输入的分数视作日期。

当输入一个较长的数字时，在单元格中数字会自动显示为科学记数法（2.34E+09），表示该单元格的列宽太小，不能显示整个数字。

（2）输入日期和时间。

在 Excel 2003 中，当在单元格中输入系统可识别的时间和日期型数据时，单元格的格式不需要人工干预，会自动转换为相应的“时间”或“日期”格式。在单元格中输入的日期将被视为数字处理，因此是右对齐的方式，如果系统不能识别输入的日期或时间格式，那么输入的内容将被视为文本，并在单元格中左对齐。

输入日期或时间的操作步骤如下：

① 选定要输入日期或时间的单元格。

② 当输入日期时，可以用“/”（斜杠）或“–”（减号）分隔日期的各个部分；当输入时间时，可以用“:”（冒号）分隔时间的各个部分，例如“2007-1-26”，或者“12:20”。如果要在同一单元格中键入日期和时间，需要在它们之间用空格分隔。

提示：对于时间的显示可以采用 12 小时制或者 24 小时制。如果使用 24 小时制格式，不必使用 AM 或者 PM；如果使用 12 小时制格式，应该在时间后加上一个空格，然后输入“AM”或（“A”表示上午）或“PM”（或“P”表示下午），例如“3:40 PM”代表下午 3 点 40 分。

③ 按 Enter（回车）键，完成数据的输入。

3. 复制与移动单元格数据

移动单元格数据是指将某些单元格中的数据移至其他单元格中，复制单元格数据是指将某个或某些单元格数据复制到指定的位置，原单元格数据保持不变。

移动和复制单元格数据的操作如下：

（1）选定要移动或者复制数据的单元格或单元格区域。

（2）单击“编辑”→“剪切”或者“复制”命令。

（3）选定要粘贴的数据的单元格。

（4）单击“编辑”→“粘贴”命令，此时单元格或者单元格区域中的数据就被移动或复制到了新的位置。

（5）在新的位置数据下面会显示“粘贴选项”下拉按钮，单击该下拉按钮，将会弹出一个下拉列表，如图 6-17 所示。在列表中选择是否将单元格的格式一起复制或移动到当前的位置。

在进行单元格或单元格区域复制时，如果需要复制其中的特定内容而不是全部内容，可以使用“选择性粘贴”命令来完成，具体操作如下：

（1）选定要复制的单元格或者单元格区域，单击“编辑”→“剪切”或者“复制”命令。

（2）选定目标区域的左上角单元格，单击“编辑”→“选择性粘贴”命令，弹出“选择性粘贴”对话框，如图 6-18 所示。

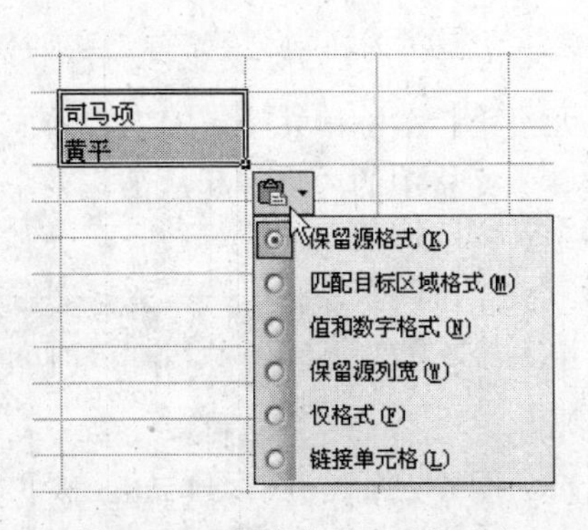

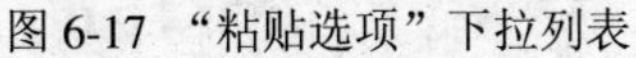
图 6-17 “粘贴选项”下拉列表

图 6-18 “选择性粘贴”对话框

（3）在对话框中选择粘贴的选项，单击“确定”按钮即可。

4. 插入行、列或单元格

在已输入数据的工作表中可能需要添加一行或者列或单元格来增加一些内容，可以按照如下的方法操作。

（1）插入行或列

- **上插入行**：在需要插入新行的位置单击任意单元格，然后单击“插入”→“行”命令，此时在当前位置就插入了一行，原有的行自动下移。
- **插入列**：在需要插入新列的位置单击任意单元格，然后单击“插入”→“列”命令，此时在当前位置就插入了一整列，原有的列自动右移。
- **插入多行或列**：选定与需要插入的新行、列下侧或者右侧相邻的若干行/列（选定的行/列数应该与要插入的行/列数相等），单击“插入”→“行”或者“列”命令，此时会插入新行/列,原有行/列自动下移或右移。

（2）插入单元格或单元格区域

在要插入的位置选定单元格或单元格区域，单击“插入”→“单元格”命令，此时弹出“插入”对话框，如图 6-19 所示，选项的具体含义见表 6-3，选择需要的选项，单击“确定”按钮即可。

表 6-3 “插入”对话框选项含义

选 项	含 义
活动单元格右移	插入的单元格出现在选定的单元格左边
活动单元格下移	插入的单元格出现在选定的单元格上方
整行	在选定的单元格的上面插入一行，如果选定的是单元格区域，那么选定单元格区域包括多少行就插入多少行
整列	在选定的单元格左侧插入一列，如果选定的是单元格区域，那么选定单元格区域包括多少列就插入多少列

5．清除和删除单元格

清除和删除单元格具有不同的含义，清除单元格是指清除单元格中的内容，而单元格仍保留在工作表中。删除单元格是指将单元格及其单元格中的内容一起从工作表中清除，空出的位置由周围的单元格补充。

（1）删除单元格。

删除单元格的操作如下：

① 选定要删除的行、列或单元格。

② 选择“编辑”菜单中的“删除”命令，出现如图 6-20 所示的“删除”对话框。

③ 在对话框中，根据需要选择“右侧单元格左移”、“下方单元格上移”、“整行”或者“整列”选项，这些选项的含义见表 6-4。

④ 单击“确定”按钮。

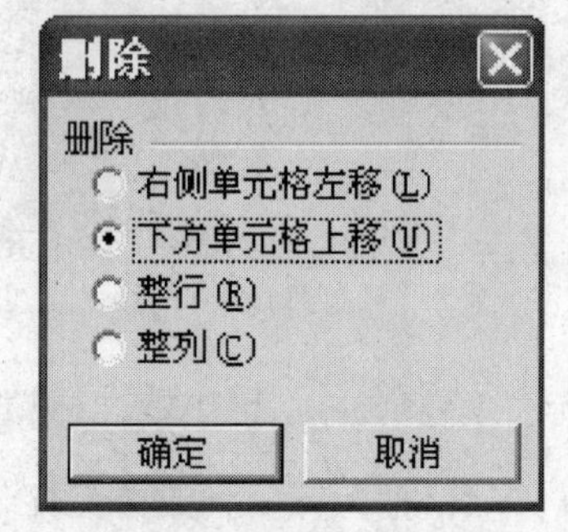

图 6-20 “删除”对话框

表 6-4 “删除”对话框选项含义

选　　项	含　　义
右侧单元格左移	选定的单元格或区域被删除，其右侧相邻的单元格或区域填充到该位置
下方单元格上移	选定的单元格或区域被删除，其下方相邻的单元格或区域填充到该位置
整行	将选定的单元格或者区域所在行删除
整列	将选定的单元格或者区域所在列删除

（2）清除单元格内容。

清除单元格内容的操作如下：

要删除单元格的内容，可以先选定单元格，在按 Delete 键；要删除多个单元格中的内容，首先选中多个单元格区域，然后按 Delete 键即可。

使用 Delete 键的方式只能删除单元格中的内容，但是单元格的其他属性，如格式、注释仍然保留。

如果想清除单元格的内容及其他属性，可以使用菜单命令。单击“编辑”菜单中的“清除”命令，在级联菜单中选择需要清除的程度。其中如果选择“全部”指彻底删除单元格中的全部内容、格式和批注；如果选择“格式”指仅删除格式，保留单元格中的内容；如果选择“内容”表示只删除单元格中的内容，保留单元格的其他属性；如果选择“批注”只删除带批注单元格的批注信息。

6．插入批注

如果想对单元格中的数据添加备注信息，可以使用插入批注的功能。

（1）选定需要添加批注的单元格。

（2）单击“插入”→“批注”命令，此时在选定的单元格的旁边弹出一个批注框，如

图 6-21 所示。

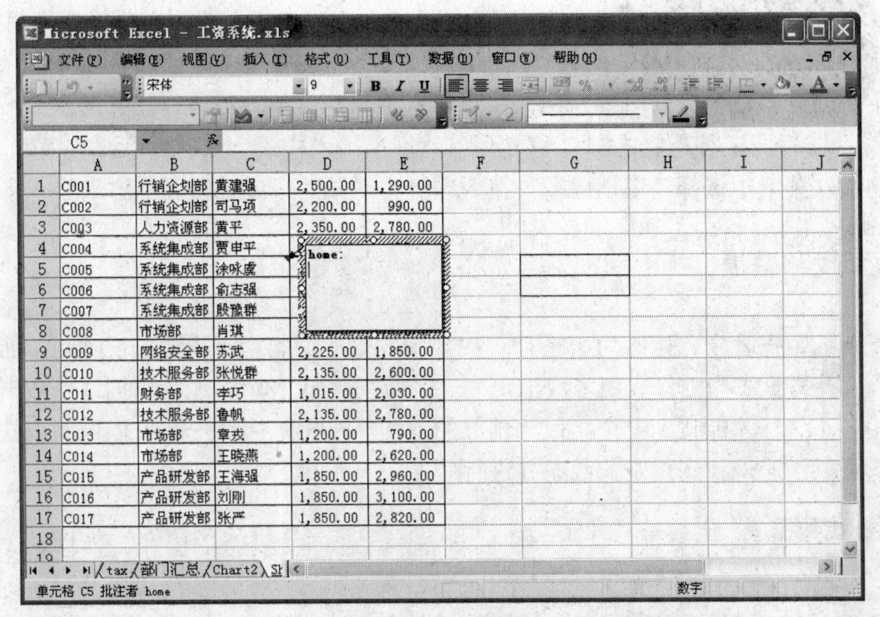

图 6-21　插入批注

提示： 右击选定的单元格，在弹出的右键菜单中选择“插入批注”命令，也会弹出批注框。

（3）在批注框中输入批注信息，完成后单击批注框外的任意工作表区域，关闭批注框。

7. 冻结行和列

当工作表中的内容不能在一屏中显示的时候，就需要使用滚动条来显示其他区域的数据，这样表中的标题就会被隐藏，从而为数据录入造成不便。使用 Excel 的冻结行和列的功能，可以冻结选定的行和列，这样无论使用滚动条如何滚动工作表，被冻结的区域都会保持不变。

冻结行和列的操作步骤如下：

（1）单击要冻结位置的单元格。

（2）选择“窗口”→“冻结窗口”命令，这时所选单元格上边和左边分别出现直线，当使用滚动条进行屏幕滚动时，位于线条上边和左边的内容就始终保持不变。

如果想要取消冻结状态，选择“窗口”→“取消窗口冻结”命令即可。

8. 隐藏行和列

在一张工作表中如果行和列都比较多，影响对工作表数据的浏览，这时可以考虑将不需要显示出来的行或者列隐藏起来，再在需要的时候将其显示出来。隐藏行和列的操作如下：

（1）选定要隐藏的行或者列。

（2）单击“格式”→“行”或者“列”命令，在出现的级联菜单中选择“隐藏”命令，此时选定的行或者列就被隐藏了。

如果想将隐藏的行或者列显示出来，可以选中与隐藏的列或者行相邻的两列或者行，例如隐藏了 D 列，这时需要选中 C 和 E 列。然后单击“格式”→“行”或者“列”命令，在出现的级联菜单中选择“取消隐藏”命令即可将隐藏的行或者列显示出来。

6.2.5　查找和替换

在复杂的数据表中，用眼力去逐行查找某些数据，可能需要花费很长时间，而且还有可能漏查一些数据。当工作表中多次出现同一个数据，如“89”，现在想把这个数据统一修改为“100”，怎样才能找到一个高效、精准的方法修改呢？使用 Excel 提供的查找和替换功能，就可以快速地找到指定的数据并进行修改。

1．查找数据

Excel 2003 的查找功能十分强大，它不仅可以在当前的工作表中查找，还可以按照行和列查找数据等。

查找数据的具体操作如下：

（1）选定要查找的区域，如果要在整个工作表范围内查找，则单击任意单元格。

（2）打开“编辑”菜单，选择“查找”命令，此时出现如图 6-22 所示的“查找和替换”对话框。

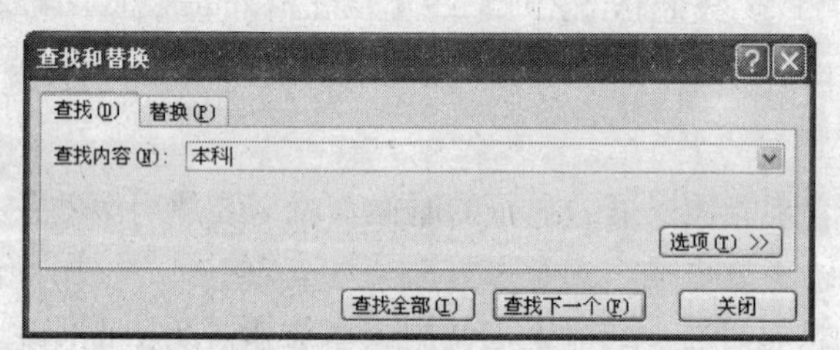

图 6-22　“查找和替换”对话框

（3）在“查找内容”输入框中输入需要查找的目标文本。Excel 支持模糊查找，即可以在输入框中输入带通配符的查找内容。

（4）单击“查找下一处”按钮，Excel 开始在工作表中查找与输入文本相匹配的内容。当找到第一个符合条件的数据时，会将该数据所在的单元格设为活动单元格。如果继续查找下一个符合条件的数据时，再次单击“查找下一处”按钮即可。

（5）如果工作表中没有符合条件的数据，将显示一个信息框，通知用户对工作表已经搜索完毕，但是搜索的数据未找到。

（6）单击“取消”按钮，关闭“查找和替换”对话框，返回工作表。

2．高级查找功能

Excel 2003 还提供了一些查找选项，如设定查找范围（工作表或是工作簿，），按行查找还是按列查找，区分大小写，区分全角与半角等，通过这些选项可以扩宽查找力度。

（1）按照前面介绍的操作打开“查找和替换”对话框。

（2）在“查找”选项卡中点击“选项”按钮，在对话框下部展开搜索选项，如图6-23所示。

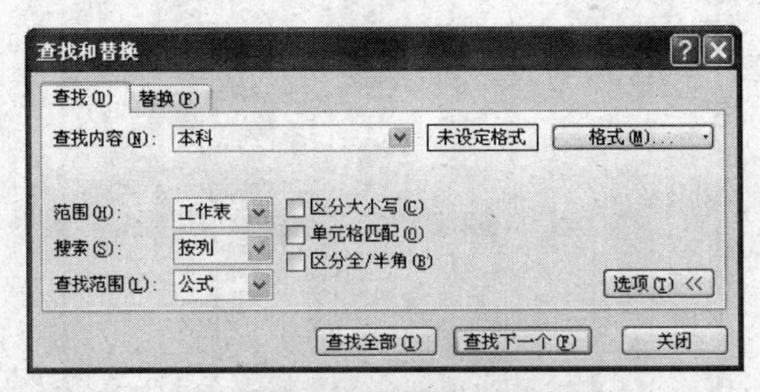

图6-23　高级查找选项

（3）在“查找内容”输入框中输入需要查找的目标数据。如果要根据单元格的格式属性进行搜索，可以单击查找内容右侧的“格式”按钮，在出现的“查找格式”对话框中设置查找格式，如果想查找与某一单元格（例如A3单元格）相同格式的数据，例如，这个单元格边框颜色为绿色。可以单击“格式”按钮右侧的倒三角，在下拉列表中选择“从单元格选择格式”命令，此时鼠标指针变为，单击A3单元格，此时回到“查找和替换”对话框。

（4）在“范围”下拉列表框中选择查找的范围，如果选择“工作簿”，表示在工作簿中所有的工作表中查找数据；如果选择“工作表”，表示在当前活动工作表中查找。

（5）在“搜索”下拉列表框中设置搜索方向。选择“按列”表示沿着列向下搜索，选择“按行”表示沿着行向右搜索。

（6）在“查找范围”下拉列表框中指定是否需要搜索单元格的值或者其基础公式的值。

（7）勾选搜索的其他条件，如区分大小写等。

（8）单击“查找下一个”按钮查找数据。如果单击“查找全部”按钮，会将所有符合条件的数据及其详细信息列于“查找和替换”对话框的下方，如图6-24所示。

3. 替换数据

利用查找功能能够快速找到指定数据或者格式的位置，而替换功能则是在找到指定数据后对其进行数据替换。

（1）选定要查找的区域，如果要在整个工作表范围内查找单击任意单元格。

（2）打开“编辑”菜单，选择“查找”命令，此时出现“查找和替换”对话框，将对话框切换到“替换”选项卡，如图6-25所示。

（3）在“查找内容”输入框中输入需要替换的数据。在“替换为”输入框中输入替换的数据。此时“查找内容”输入框中的文本长度不一定要等于“替换为”输入框中的文本长度。这里可以按照前面介绍的设置高级的搜索选项。

（4）单击“查找下一处”按钮，Excel开始在工作表中查找与输入文本相匹配的内容。当找到第一个符合条件的数据时，会将该数据所在的单元格设为活动单元格。此时根据具体需要，选择以下操作之一：

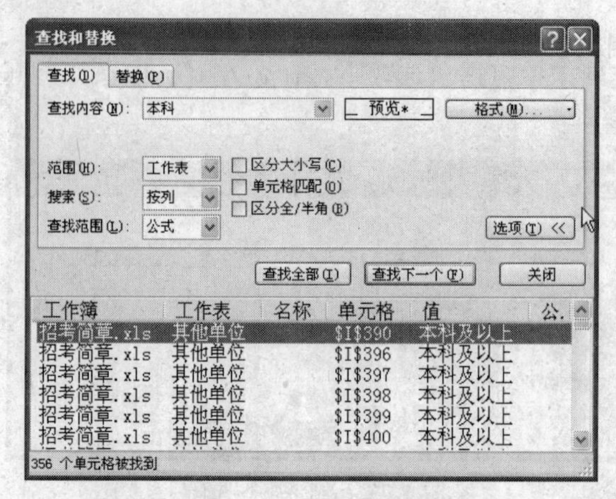

图 6-24　单击“查找全部”按钮的结果

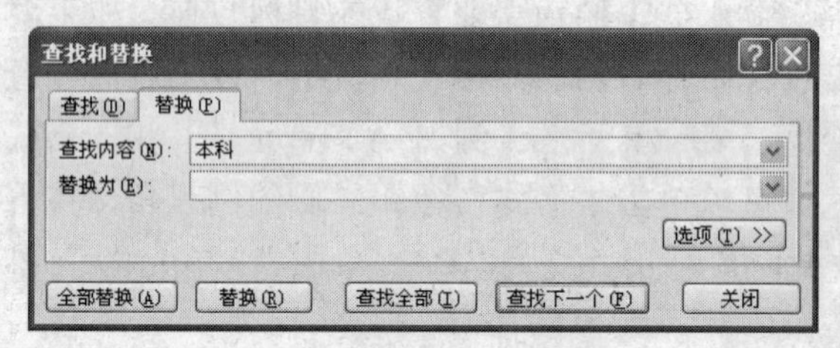

图 6-25　“替换”选项卡

① 如果不想替换当前查找到的数据，则单击“查找下一处”按钮，继续查找下一个目标。

② 如果想替换当前的数据，则单击“替换”按钮，此时选中的数据就会被“替换为”输入框中的文本替换，然后继续单击“查找下一处”按钮查找下一个目标。

③ 如果确定要全篇文档中所有的符合条件的文本都要替换成指定文本，则直接单击“全部替换”按钮，当 Word 替换完成后，会出现如图 6-26 所示的提示框，提示共替换了几处。

（5）单击“确定”按钮，返回到“查找和替换”对话框，再单击“关闭”按钮，返回工作表中。

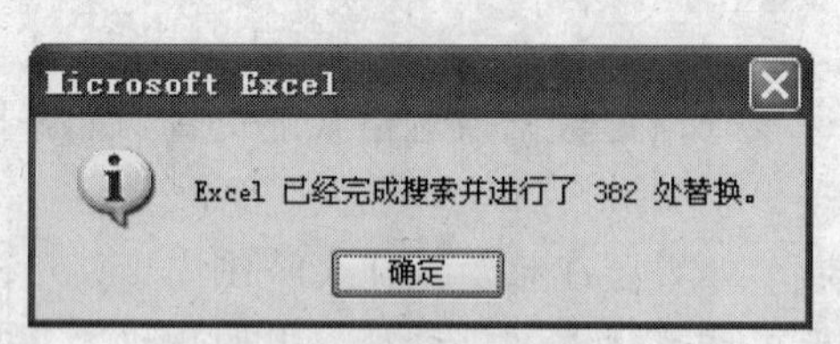

图 6-26　替换提示框

6.3　管理和分析数据

Excel 2003 除了能够制作普通的表格外，还有强大的数据管理和分析的功能。它可以实现加、减、乘、除运算，甚至能够通过内置的函数完成诸如逻辑判断、统计分析、财务管理等的复杂运算。可以对数据进行排序、筛选和分类汇总等操作。本节主要介绍 Excel 2003 的数据管理和分析功能的操作。

6.3.1　数据排序和分类汇总

数据排序是指按照一定的规则对数据进行整理和排列，这样有利于对表单规则性的信息进行浏览与分析。除了排序外 Excel 2003 还可以自动计算列表中的分类汇总和总计值。本节将介绍如何使用 Excel 进行数据的排序和分类汇总。

1．数据排序

Excel 2003 提供了多种数据排序的方式，如升序、降序和自定义排序。同时 Excel 2003 还提供了多种排序方法，包括简单排序、多重排序。下面分别对这两种排序方法进行介绍。

（1）简单排序。

简单排序是指对选定的列进行排序，一般的排序规则是数字格式的，排序依据是数值的大小，字母格式的排序依据是字母顺序的先后，汉字格式的排序依据是汉语拼音的顺序的先后。简单排序的操作如下：

① 选定需要排序的列中任意一个单元格，例如图 6-27，若想要浮动奖金按照降序排列，可以选定图 6-26 中浮动奖金列中的任意一个单元格。

② 单击“常用”工具栏中的“升序”按钮或者“降序”按钮，可以看到表中选定的列就按照所选规则进行排序，如图 6-27 所示。

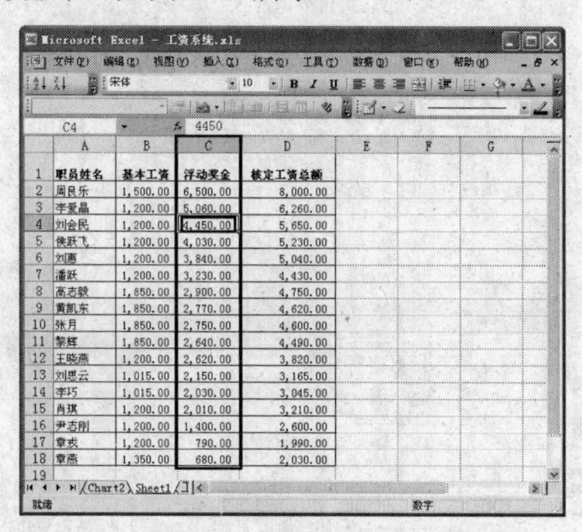

职员姓名	基本工资	浮动奖金	核定工资总额
周良乐	1,500.00	6,500.00	8,000.00
李爱晶	1,200.00	5,060.00	6,260.00
刘会民	1,200.00	4,450.00	5,650.00
侯跃飞	1,200.00	4,030.00	5,230.00
刘惠	1,200.00	3,840.00	5,040.00
潘跃	1,200.00	3,230.00	4,430.00
高志毅	1,850.00	2,900.00	4,750.00
黄凯东	1,850.00	2,770.00	4,620.00
张月	1,850.00	2,750.00	4,600.00
黎辉	1,850.00	2,640.00	4,490.00
王晓燕	1,200.00	2,620.00	3,820.00
刘思云	1,015.00	2,150.00	3,165.00
李巧	1,015.00	2,030.00	3,045.00
肖琪	1,200.00	2,010.00	3,210.00
尹志刚	1,200.00	1,400.00	2,600.00
章戎	1,200.00	790.00	1,990.00
章燕	1,350.00	680.00	2,030.00

图 6-27　浮动奖金按降序排列的工作表

（2）多重排序。

当数据表中的数据比较多而且复杂时，往往一列数据中有很多相同值，这时简单的排序方法就无法对相同值的单元格进行进一步细化的排序，这时可以使用多重排序的方法进行数据表的排序，例如，对“基本工资”列排序后，发现有很多相同的数据，可以继续对“浮动奖金”列排序，这样基本工资相同的项之间也会再根据浮动奖金的升降规则进行排序。

多重排序通常使用 Excel 2003 的菜单命令执行，具体操作如下：

① 选定工作表中任意单元格。

② 单击“数据”→“排序”命令，弹出“排序”对话框，如图 6-28 所示。

③ 在“主要关键字”下拉列表框中选择要排序的字段名，然后选择对该字段的排序方式是“升序”还是“降序”。

④ 在“次要关键字”下拉列表框中选择要排序的字段名，然后选择对该字段的排序方式是“升序”还是“降序”。

⑤ 在“第三关键字”下拉列表框中选择要排序的字段名，然后选择对该字段的排序方式是“升序”还是“降序”。

⑥ 单击“确定”按钮，可以看到工作表首先按照主要关键字排序，然后根据次要关键字和第三关键字进行排序。

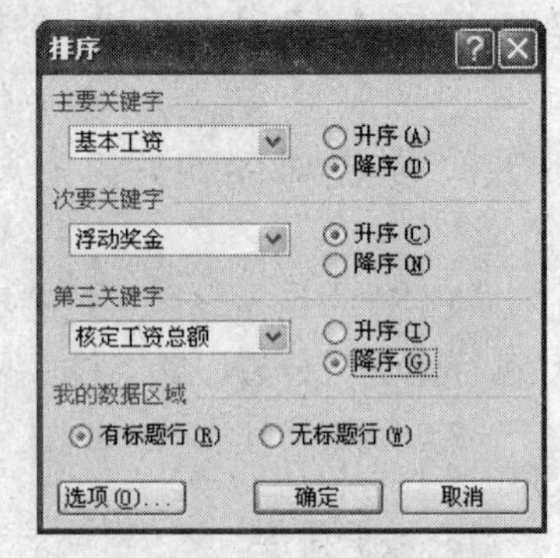

图 6-28 “排序”对话框

提示：Excel 2003 提供 3 级排序方法。

---

2. 数据的分类汇总

使用 Excel 的分类汇总功能后，Excel 将分级显示列表，以便为每个分类汇总显示和隐藏明细数据行。

Excel 2003 的汇总方式灵活多样，可以采用求和、平均值、最大值或方差等方法汇总，下面就以图 6-29 中的表单为例，通过分类汇总的操作汇总各部门的核定工资总额。

(1) 对汇总类别进行排序，选定要汇总类别的列（B 列部门名称）中有数据的单元格，例如 B2，单击“常用”工具栏中“升序”按钮或者“降序”按钮对所选列进行排序，具体方法参照数据排序的介绍。

(2) 单击“数据”→“分类汇总”命令，弹出“分类汇总”对话框，如图 6-30 所示。

(3) 在“分类字段”下拉列表中，选择要分类汇总的列——部门名称。

	A	B	C	D	E	F
1	职员编号	部门名称	职员姓名	基本工资	浮动奖金	核定工资总额
2	C020	财务部	刘思云	1,015.00	2,150.00	3,165.00
3	C011	财务部	李巧	1,015.00	2,030.00	3,045.00
4	C044	产品研发部	张月	1,850.00	2,750.00	4,600.00
5	C041	产品研发部	高志毅	1,850.00	2,900.00	4,750.00
6	C038	产品研发部	黄凯东	1,850.00	2,770.00	4,620.00
7	C031	产品研发部	黎辉	1,850.00	2,640.00	4,490.00
8	C033	技术服务部	肖童童	2,135.00	3,320.00	5,455.00
9	C029	技术服务部	伊然	2,135.00	3,140.00	5,275.00
10	C025	技术服务部	萧潇	2,135.00	2,960.00	5,095.00
11	C012	技术服务部	鲁帆	2,135.00	2,780.00	4,915.00
12	C010	技术服务部	张悦群	2,135.00	2,600.00	4,735.00
13	C049	人力资源部	章燕	1,350.00	680.00	2,030.00
14	C048	市场部	侯跃飞	1,200.00	4,030.00	5,230.00
15	C042	市场部	潘跃	1,200.00	3,230.00	4,430.00
16	C039	市场部	尹志刚	1,200.00	1,400.00	2,600.00
17	C013	市场部	章戎	1,200.00	790.00	1,990.00
18	C008	市场部	肖琪	1,200.00	2,010.00	3,210.00
19	C021	市场部	周良乐	1,500.00	6,500.00	8,000.00
20	C034	系统集成部	钟幻	2,135.00	2,450.00	4,585.00
21	C026	系统集成部	詹仕勇	2,135.00	2,450.00	4,585.00
22	C022	系统集成部	薛利恒	2,135.00	3,420.00	5,555.00

图 6-29 需要分类汇总的表单

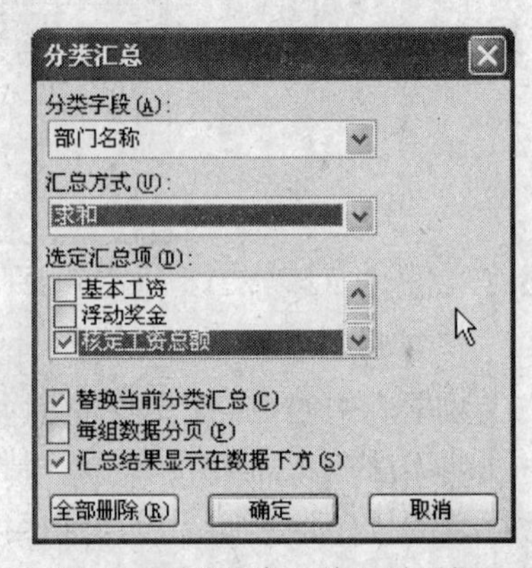

图 6-30 “分类汇总”对话框

（4）在“汇总方式”下拉列表中，选择所需的用于计算分类汇总的汇总函数，这里选择“求和”。

提示： 汇总函数是一种计算类型，用于在数据透视表或合并计算表中合并源数据，或在列表或数据库中插入自动分类汇总。汇总函数的例子包括 Sum、Count 和 Average。

（5）在“选定汇总项”列表框中，选中包含了要进行分类汇总的数值的每一列的复选框。在上面的示例中，应选中“核定工资总额”列。

（6）如果想在每个分类汇总后有一个自动分页符，选中“每组数据分页”复选框；如果希望分类汇总结果出现在分类汇总的行的上方，而不是在行的下方，应清除“汇总结果显示在数据下方”复选框。

（7）单击“确定”按钮，分类汇总的结果如图 6-31 所示。

	A	B	C	D	E	F
1	职员编号	部门名称	职员姓名	基本工资	浮动奖金	核定工资总额
2	C020	财务部	刘思云	1,015.00	2,150.00	3,165.00
3	C011	财务部	李巧	1,015.00	2,030.00	3,045.00
4		财务部 汇总				6,210.00
5	C044	产品研发部	张月	1,850.00	2,750.00	4,600.00
6	C041	产品研发部	高志毅	1,850.00	2,900.00	4,750.00
7	C038	产品研发部	黄凯东	1,850.00	2,770.00	4,620.00
8	C031	产品研发部	黎辉	1,850.00	2,640.00	4,490.00
9		产品研发部 汇总				18,460.00
10	C033	技术服务部	肖童童	2,135.00	3,320.00	5,455.00
11	C029	技术服务部	伊然	2,135.00	3,140.00	5,275.00
12	C025	技术服务部	萧潇	2,135.00	2,960.00	5,095.00
13	C012	技术服务部	鲁帆	2,135.00	2,780.00	4,915.00
14	C010	技术服务部	张悦群	2,135.00	2,600.00	4,735.00
15		技术服务部 汇总				25,475.00
16	C049	人力资源部	章燕	1,350.00	680.00	2,030.00
17		人力资源部 汇总				2,030.00
18	C048	市场部	侯跃飞	1,200.00	4,030.00	5,230.00
19	C042	市场部	潘跃	1,200.00	3,230.00	4,430.00
20	C039	市场部	尹志刚	1,200.00	1,400.00	2,600.00
21	C013	市场部	章戎	1,200.00	790.00	1,990.00
22	C008	市场部	肖琪	1,200.00	2,010.00	3,210.00
23	C021	市场部	周良乐	1,500.00	6,500.00	8,000.00
24		市场部 汇总				25,460.00
25	C034	系统集成部	钟幻	2,135.00	2,450.00	4,585.00
26	C026	系统集成部	詹仕勇	2,135.00	2,450.00	4,585.00
27	C022	系统集成部	薛利恒	2,135.00	3,420.00	5,555.00
28		系统集成部 汇总				14,725.00
29		总计				92,360.00

图 6-31　分类汇总结果

6.3.2　使用工具栏按钮进行自动计算

在使用 Excel 处理电子表格的过程中，数据运算是常用的操作，为了便于操作者快速地对采集的数据进行运算分析，提供工作效率，Excel 2003 在工具栏中提供了自动求和的按钮，其中包括一些常用的求和运算函数，如求和、求平均值、计数等。下面介绍使用工具栏按钮进行自动计算的操作。

（1）选定要放置求和结果的单元格。

（2）单击“常用”工具栏中的“自动求和”按钮右侧的Σ ▾，在弹出的下拉列表中选择求和计算的类型，例如选择“求和”。

在 Excel 2003 自动求和按钮中共提供了 5 种求和公式，包括求和、平均值、计数、最大值和最小值。另外还可以通过“其他函数”自定义运算公式。

（3）在选定的单元格中出现求和函数和需要求和的数据区域，如图 6-32 所示。同时 Excel 会将需要求和的数据区域以虚线表示，也就是说，将对工作表中虚线框中所有的数据进行运算。如果 Excel 自动选中的需要求和的数据区域不是想要的，可以在选定的单元格的求和函数中输入新的区域。例如 Excel 默认选定的是 SUM（D2:D18），表示对 D 列的 D2 单元格到 D18 单元格所有数据进行求和。如果只想计算 D5 到 D10 单元格区域的总和，可以将“=SUM(D2:D18)”修改为“=SUM(D5:D10)”。

（4）按下 Enter 键，Excel 会按照函数进行结算并将结果显示在选定的单元格中。

6.3.3 使用公式和函数进行计算

在使用纸制表格进行数据分析和处理的时代，每当有数据产生变更，就需要人工对统计结果重新计算并修改。电子表格处理软件的诞生将人们从这样的重复性的工作中解脱出来，使用公式和函数计算功能统计和分析数据，可以使数据变更的同时，统计结果也会自动重新计算，同时还可以保证计算的准确性。

下面分别对公式和函数的使用进行介绍。

1. 公式

公式是对工作表中数值执行计算的等式。公式要以等号（=）开始。例如，“=5+2*3”表示 2 乘 3 再加 5 的结果。

	A	B	C	D	E
1	职员姓名	基本工资	浮动奖金	核定工资总额	
2	周良乐	1,500.00	6,500.00	8,000.00	
3	李爱晶	1,200.00	5,060.00	6,260.00	
4	刘会民	1,200.00	4,450.00	5,650.00	
5	侯跃飞	1,200.00	4,030.00	5,230.00	
6	刘惠	1,200.00	3,840.00	5,040.00	
7	潘跃	1,200.00	3,230.00	4,430.00	
8	高志毅	1,850.00	2,900.00	4,750.00	
9	黄凯东	1,850.00	2,770.00	4,620.00	
10	张月	1,850.00	2,750.00	4,600.00	
11	黎辉	1,850.00	2,640.00	4,490.00	
12	王晓燕	1,200.00	2,620.00	3,820.00	
13	刘思云	1,015.00	2,150.00	3,165.00	
14	李巧	1,015.00	2,030.00	3,045.00	
15	肖琪	1,200.00	2,010.00	3,210.00	
16	尹志刚	1,200.00	1,400.00	2,600.00	
17	章戎	1,200.00	790.00	1,990.00	
18	章燕	1,350.00	680.00	2,030.00	
19				=SUM(D2:D18)	
20				SUM(number1, [number2], ...)	

图 6-32　自动求和计算

（1）插入公式。

在 Excel 2003 中插入公式的操作步骤如下：

① 选定要输入公式的单元格。

② 在编辑栏中输入等号“=”，然后输入公式的表达式，例如：“D4+D5+D6”。

③ 单击 Enter（回车）键，可以看到在选定的单元格中显示公式计算的结果，在编辑栏中显示公式表达式。

（2）公式的组成部分。

如图 6-33 所示，公式由以下 4 部分组成。

① ——**函数**：函数是预先编写的公式，可以对一个或多个值执行运算，并返回一个或多个值。函数可以简化和缩短工作表中的公式，尤其在用公式执行很长或复杂的计算时。例如 PI( )，该函数的返回值 π 为=3.142…。

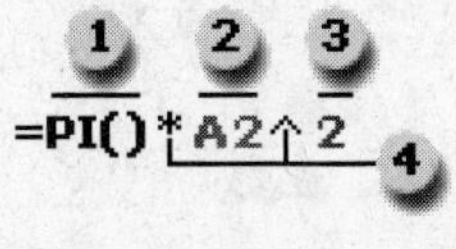

② ——**引用（或名称）**：A2 返回单元格 A2 中的数值。

③ ——**常量**：直接输入公式中的数字或文本值，例如 2。

④ ——**运算符**：一个标记或符号，指定表达式内执行的计算的类型。包括数学、比较、逻辑和引用运算符等。图 6-33 中“^”运算符表示将数字乘幂，“*”（星号）运算符表示相乘。

=PI()*A2^2

图 6-33　公式的组成部分

（3）关于公式中的引用。

引用的作用在于标识工作表上的单元格或单元格区域，并指明公式中所使用的数据的位置。通过引用，可以在公式中使用工作表不同部分的数据，或者在多个公式中使用同一个单元格的数值。还可以引用同一个工作簿中不同工作表上的单元格和其他工作簿中的数据。引用不同工作簿中的单元格称为链接。通常情况下，Excel 2003 使用“行字母＋列数字”的引用方式。在公式中使用引用的表达方式见表 6-5。

表 6-5　公式中引用的表达方式

引用范围	表达方式
列 A 和行 10 交叉处的单元格	A10
在列 A 和行 10 到行 20 之间的单元格区域	A10:A20
在行 15 和列 B 到列 E 之间的单元格区域	B15:E15
行 5 中的全部单元格	5:5
行 5 到行 10 之间的全部单元格	5:10
列 H 中的全部单元格	H:H
列 H 到列 J 之间的全部单元格	H:J
列 A 到列 E 和行 10 到行 20 之间的单元格区域	A10:E20
引用其他工作表的单元格，例如要引用工作表 Sheet2 的单元格 B4	Sheet2!B4，用感叹号“!”将工作表引用和单元格引用分开

Excel 2003 公式的引用包括 3 种类型，分别是相对引用，绝对引用和混合引用。

- **相对引用**：公式中的相对引用是基于包含公式和单元格引用的单元格的相对位置。例如 A1。如果公式所在单元格的位置改变，引用也随之改变。例如，单元格 F3 中的公式为“=F1+F2”，如果将单元格 F3 的公式复制到 E3 中，那么 E3 单元格中的公式会自动调整为“=E1+E2”。

- **绝对引用**：在指定位置引用单元格。在行字母和列字母前加“$”表示使用绝对引用，例如$A$1。如果公式所在单元格的位置改变，绝对引用保持不变。如果多行或多列地复制公式，绝对引用将不作调整。例如，单元格F3中的公式为“=$F$1+$F$2”，如果将单元格F3的公式复制到E3中，那么E3单元格中的公式保持为“=$F$1+$F$2”。
- **混合引用**：混合引用具有绝对列和相对行，或是绝对行和相对列。例如绝对引用列采用$A1、$B1等形式。绝对引用行采用A$1、B$1等形式。如果公式所在单元格的位置改变，则相对引用改变，而绝对引用不变。如果多行或多列地复制公式，相对引用自动调整，而绝对引用不作调整。例如，单元格 F3 中的公式为“=F$1”，如果将一个混合引用单元格F3的公式复制到E3中，那么E3单元格中的公式变为“=E$1”。

2. 函数

函数是一些预定义的公式，通过使用一些称为参数的特定数值来按特定的顺序或结构执行计算。函数可用于执行简单或复杂的计算。例如，SUM（A1:A5）函数可将单元格A1到A5中的数字进行求和。函数与公式的输入一样，要以等号（=）开始。

（1）常用函数介绍

在日常的工作中，有一些函数是经常使用的，表6-6列出了一些常用函数的语法和说明。

表6-6 常用函数的语法

常用函数	含义和示例
SUM	含义：求指定区域中的数据的和。 语法：SUM（number1,number2,…） number1，number2，…为1~30个需要求和的参数。 示例：=SUM(A2:A4) 将A列中A2到A4之间的数相加。
COUNT	含义：返回包含数字以及包含参数列表中的数字的单元格的个数。利用函数COUNT可以计算单元格区域或数字数组中数字字段的输入项个数。 语法：COUNT（value1,value2,…） value1, value2, …为包含或引用各种类型数据的参数（1~30个），但只有数字类型的数据才被计算。 示例：=COUNT(A5:A8) 计算A5到A8这4行中包含数字的单元格的个数。
MAX	含义：返回一组值中的最大值。 语法：MAX（number1,number2,…） number1, number2,… 是要从中找出最大值的 1~30 个数字参数。 示例：=MAX(A2:A6) 计算A2到A6数组的数字中的最大值。
MIN	含义：返回一组值中的最小值。
AVERAGE	含义：返回参数的平均值（算术平均值）。 语法：AVERAGE（number1,number2,...） number1, number2, ... 为需要计算平均值的 1 到 30 个参数。 示例：=AVERAGE(A2:A6) 计算A2到A6数组数字的平均值。

续上表

常用函数	含义和示例
ROUND	含义：返回某个数字按指定位数取整后的数字。 语法：ROUND（number,num_digits） number：需要进行四舍五入的数字。 num_digits：指定的位数，按此位数进行四舍五入。 示例：=ROUND（2.15, 1） 将2.15四舍五入到一个小数位（2.2）

（2）插入函数。

由于Excel 2003提供几百种函数，如果单纯通过手工的方式在单元格中输入函数，就需要操作者牢记这些函数的命令和语法，而且准确率也无法保证，这样可以使用Excel 2003的插入函数的功能，在对话框中输入需要的参数可以方便地将需要的函数插入到单元格中。插入函数的操作步骤如下：

① 选定要插入函数的单元格。

② 单击“插入”→“函数”命令，弹出“插入函数”对话框，如图6-34所示。

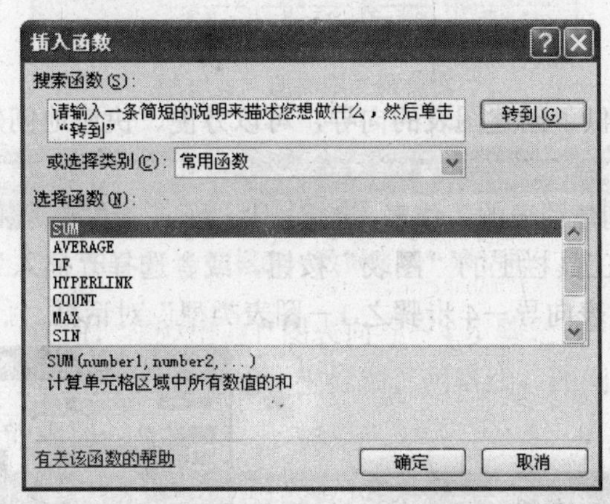

图6-34 “插入函数”对话框

提示：可以通过单击编辑栏中的“插入函数”按钮直接打开“插入函数”对话框。

③ 在“选择类别”下拉列表框中选择要插入函数的函数类别，例如要插入求和函数SUM可以选择“常用函数”。然后在“选择函数”列表中选择需要的函数。如果不知道函数所属的类别，可以在“搜索函数”的文本框中输入一条简短的说明来描述想做什么，然后单击“转到”按钮，此时Excel会显示一些推荐函数的列表。

④ 单击“确定”按钮，出现“函数参数”对话框，如图6-35所示。

⑤ 将插入点移动到“Number1”输入框中，然后鼠标回到工作表中选择要计算的单元格或者单元格区域，当鼠标释放的时候，“函数参数”对话框重新出现，并可以看到“Number1”的输入框中会自动输入刚才鼠标选定的单元格区域的引用。按照这样的步骤依次操作“Number2”、“Number3”等参数。

图表作为对象嵌入到当前工作表中，选中“作为其中的对象插入”单选按钮。

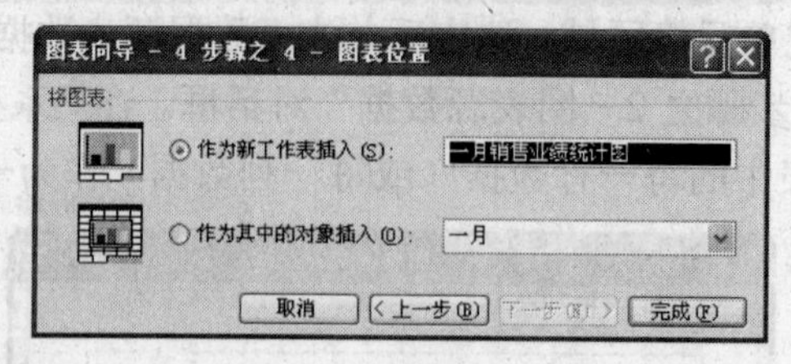

图 6-41　设置图表位置

（8）单击“完成”按钮，可以看到工作表中插入了一个图表，如图 6-42 所示。

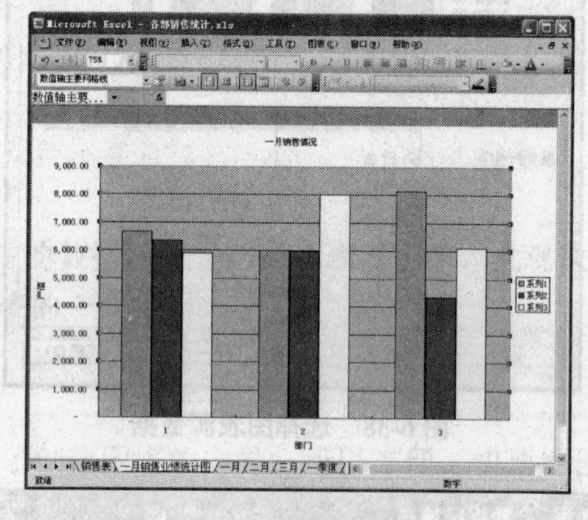

图 6-42　创建的图表

提示：创建图表时，图表和选定的数据区域之间建立了链接关系。当对工作表中的数据进行修改时，Excel 会自动更新图表。

2．编辑图表

对于创建好的图表可以进一步对其进行编辑，包括对图表进行缩放、修改图表的坐标、图表的数据等。

（1）修改图表的大小和位置。

当图表创建后，默认的图表大小如果不能满足浏览的需求，可以将其进行拉伸操作，具体操作如下：

① 用单击图表的空白区域，此时图表边框上出现 8 个句柄，表明选定了图表区域。

② 用鼠标单击图表空白处，然后拖动鼠标，可以看到图表随着鼠标一起移动，到达目标位置后，释放鼠标即可。

③ 将鼠标移动到边框的句柄上，此时鼠标指针变成双向的箭头，拖动鼠标，将图表拉伸到满意的程度，释放鼠标即可。

提示：以上修改图表大小和位置的操作仅当图表作为一个对象插入到数据工作表中才有效。当图表放置在新的工作表中时，通过上述操作无法修改其大小和位置。

（2）添加图表数据。

在已经创建的图表中允许添加新的数据，具体操作如下：

① 选定需要添加到图表中的单元格区域。

② 单击“常用”工具栏中的“复制”按钮，或者按Ctrl+C组合键。

③ 转到放置图表的工作表中，单击图表的空白处，选定图表。

④ 单击“常用”工具栏中的“粘贴”按钮，或者按Ctrl+V组合键，可以看到图表中就增加了几个系列的图表信息。

（3）删除图表数据。

通常情况下，工作表中的数据如果被删除了，与之相连的图表的数据也会自动删除，如果想保留工作表中的数据，仅删除图表中的显示信息，可以单击图表中想删除的数据系列，此时可以看到编辑区中显示选中数据系列的名字，如“=SERIES（,,一月!$B$4:$D$4,1）”，将编辑区中的名字删除，单击回车键，可以看到该数据系列就从图表中删除。

（4）修改图表类型。

Excel 2003提供了14种基本图表类型，这些图表类型有些可以叠放在一起成为组合图表，用于区分不同数据所代表的意义。每一种图表类型在外观上都有所差别，选择合适的图表可以把数据意义表达得更加充分、形象。

如果创建的图表类型不能够充分表达所需要体现的数据内涵，可以通过下面的方法来修改图表类型。

① 单击需要修改的图表的空白区域，此时图表呈现被选中状态。

② 单击“图表”→“图表类型”命令，出现“图表类型”对话框。

③ 在“标准类型”或“自定义类型”选项卡中，单击需要的图表类型。例如，从“自定义类型”选项卡的“图表类型”列表框中选择“带深度的柱形图”。

④ 单击“确定”按钮，完成图表类型的修改。

（5）设置图表格式。

Excel 2003 可以分别对图表中的不同图表项进行单独的格式设置，包括图表区格式、图例格式、绘图区格式、坐标轴格式、数据系列格式。下面介绍如何设置图表格式。

① 要进行图表格式的设置，首先要选中图表项。选择图表项可以直接使用鼠标进行操作。

- **选中图表区**：单击图表坐标轴之外的空白区域，此时图表的边框出现8个句柄，此时表示图表区被选中。
- **选中绘图区**：绘图区用以显示图表的背景，图表坐标轴之内的矩形区域就是绘图区，鼠标单击坐标轴以内的空白区域就可以选中绘图区。
- **选中坐标轴**：单击图表中坐标轴线或者坐标值即可选中坐标轴。
- **选中数据系列**：单击图表中任意系列，即可选中数据系列。
- **选中图例**：图例是一个方框，用于标识为图表中的数据系列或分类指定的图案或颜色。鼠标单击图例框内任何位置即可选中图例。

② 选中图表项后，单击“格式”菜单，在子菜单中会有选中图表项的命令，如选中绘

图区后，单击“格式”→“绘图区”命令。也可以双击图表项，例如双击绘图区，此时会出现“绘图区格式”对话框，在对话框中就可以进行格式的设置。

6.3.5 页面设置和报表打印

当制作出美观、实用的表格或者图表后，接下来就可以将其打印输出。通常情况下，在将表格打印出来之前，需要进行页面设置，并使用打印预览的功能预览打印效果，最后执行打印输入的命令，本节将介绍页面设置和报表打印的一些操作方法。

1. 页面设置

Excel 的页面设置可以设置打印方向，纸张的大小，页边距以及页眉页脚。具体操作如下：

单击“文件”→“页面设置”命令，弹出“页面设置”对话框，如图 6-43 所示，在这个对话框中可以对页面、页眉页脚、纸张大小进行详细的设置。

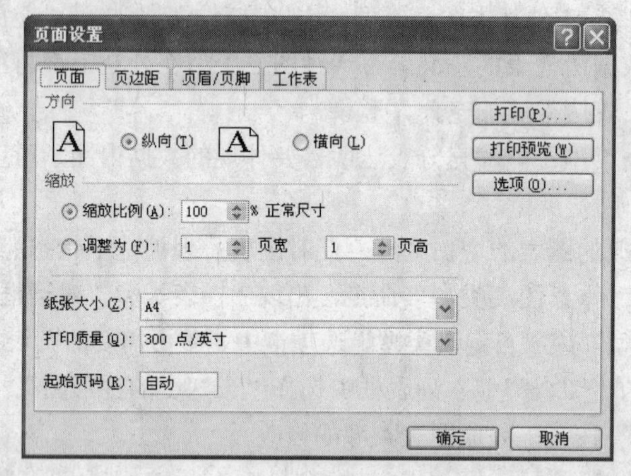

图 6-43 “页面设置”对话框

（1）设置页面。

在图 6-43 中的“页面”选项卡，可以设置页面的相关参数。

① 设置方向。在“方向”区域单击“纵向”单选按钮或者“横向”单选按钮。在 Excel 中页面可以以纵向或者横向显示工作表内容。对于一些较宽的表格，当表格的宽度远大于高度，往往可以考虑选用横向的版式打印。

② 设置打印缩放的比例。通常情况下，Excel 默认按照 100%的比例打印工作表，当工作表内容较多时，100%的比例下工作表内容不能全部在同一页打印出来，这时可以在“缩放”区域进行打印比例的设置。单击“缩放比例”单选按钮，然后在其右侧的微调框中输入比例，例如输入 50，这就表明将工作表尺寸缩小一半打印出来。如果通过缩放比例无法预估打印的页数，可以单击“调整为”单选按钮，然后在“调整为”右侧的两个微调框中分别输入页宽和页高的数值。

③ 设置纸张。在“纸张大小”下拉列表框中选择打印的纸张尺寸。

④ 设置打印质量。在“打印质量”下拉列表框中指定当前文件的打印质量，打印质量

的等级以分辨率为标准，分辨率越高，打印质量越好。

③ 设置纸张。在“纸张大小”下拉列表框中选择打印的纸张尺寸。

④ 设置打印质量。在“打印质量”下拉列表框中指定当前文件的打印质量，打印质量的等级以分辨率为标准，分辨率越高，打印质量越好。

⑤ 设置起始页码。在“起始页码”文本框中输入打印的起始页码。

（2）设置页边距。

页边距是页面上打印区域之外的空白空间。打开图 6-43 中“页边距”选项卡，在“上”、“下”、“左”和“右”框中键入所需的页边距大小。在“页眉”和“页脚”框中输入具体的数值来设置页眉和页脚距离纸张的上边缘、下边缘的尺寸。在“居中方式”选项组中，选择打印的数据在纸张上显示的位置，选中“水平”复选框，表示在左右页边距之间水平居中显示数据；选中“垂直”复选框，表示在上下页边距之间垂直居中显示数据。

（3）设置页眉和页脚。

打开图 6-43 中的“页眉/页脚”选项卡，可以设置页眉、页脚显示的内容。可以直接通过单击页眉或者页脚下拉列表框来选择内置的页眉和页脚的内容。

（4）设置要打印的数据。

打开图 6-43 中的“工作表”选项卡，可以设置要打印的数据。

① 设置打印区域。如果仅打印局部区域的数据，在“打印区域”输入框中输入要打印的单元格区域，如“A2:F8”，或者单击“打印区域”输入框右侧的按钮，此时对话框折叠成一个小的活动窗口，在工作表中选定单元格区域，然后在折叠的活动窗口中单击按钮，回到“页面设置”对话框中。

② 设置打印标题。当工作表有多页时，若要在每一页上打印列标志，可以在“打印标题”下的“顶端标题行”框中，输入列标志所在行的行号。若要在每一页上打印行标志，可在“打印标题”下的“左端标题列”框中，输入行标志所在列的列标。

③ 设置打印参数。在“打印”选项组中对工作表的打印选项进行设置，可以设置是否打印网格线，按草稿方法打印等。

④ 设置打印顺序。在“打印顺序”选项组中，可以选择多页工作表的打印是按照先列后行，还是先行后列的顺序进行。

2．打印预览

Excel 提供工作表的打印和预览功能。在打印之前首先通过 Excel 的打印预览功能查看打印表格的整体布局，满意后才将其打印。

打开“文件”菜单，选择“打印预览”命令或者单击“常用”工具栏中的“打印预览”工具按钮，可以进入打印预览窗口，如图 6-44 所示。

在打印预览窗口有一个“打印预览”工具栏，可以使用工具栏中的按钮进行打印页面的调整和设置。下面就分别其中介绍主要按钮的作用。

- **“下一页”**：显示要打印的下一页。如果选择了多张工作表并且当显示选定工作表的最后一页时单击了“下一页”按钮，那么 Excel 将显示下一张选定工作表的第一页。
- **“上一页”**：显示要打印的上一页。如果选择了多张工作表并且当显示选定工作表的第一页时您单击了“上一页”，那么 Excel 将显示上一张选定工作表的最后一页。

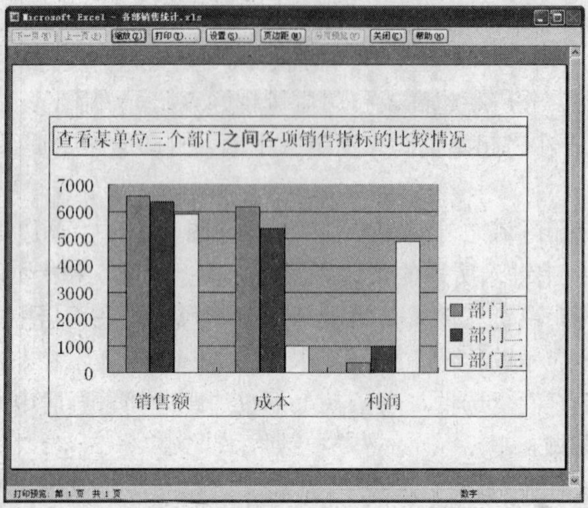

图 6-44　打印预览窗口

- **“缩放”**：在全页视图和放大视图之间切换。“缩放”功能并不影响实际打印时的大小。也可以单击预览屏幕中工作表上的任何区域，使工作表在全页视图和放大视图之间切换。
- **“打印”**：设置打印选项，然后打印所选工作表。
- **“设置”**：打开“页面设置”对话框，设置用于控制打印工作表外观的选项。
- **“页边距”**：可通过拖动来调整页边距、页眉和页脚边距以及列宽的操作柄。
- **“分页预览”**：切换到分页预览视图，在分页预览视图中可以调整当前工作表的分页符。还可以调整打印区域的大小以及编辑工作表。在分页预览中当单击“打印预览”时，按钮名会由“分页预览”变为“普通视图”。
- **“普通视图”按钮**：在普通视图中显示活动工作表。
- **“关闭”按钮**：关闭打印预览窗口，并返回活动工作表的以前显示状态。

3. 打印输出

利用打印预览对表格进行了最后的修订后，就可以使用打印功能将表格输出。打印输出的具体操作如下：

（1）打开“文件”菜单，选择“打印”命令或者单击“常用”工具栏中的打印按钮，可以打开“打印内容”对话框，如图 6-45 所示。

（2）在“打印机”选项组中，单击“名称”列表框右边的下拉箭头，这里将会显示目前与本地计算机能够连接的打印机，选择一种要使用的打印机。

（3）在“打印范围”选项组中选择打印的范围。如果选中“全部”单选按钮，表示打印当前工作表中所有的内容。如果选中“页”单选按钮，然后在右边的输入框中输入希望打印的页码，表示仅输入的页码的内容。

（4）在“份数”选项组的“打印份数”文本框中利用微调按钮选择需要打印的份数。如果选中“份数”输入框下方的“逐份打印”复选框，表示打印时将需要打印的页数全部打印一次，形成第一份，然后依次打印后续的份数。

（5）在“打印内容”选项组中选择要打印的文档部分。

（6）单击“确定”按钮，与计算机相连的打印机就开始打印文档。

图 6-45　“打印内容”对话框

6.4　综合应用 Word 和 Excel

Word 和 Excel 都是 Office 的组件，它们都是办公自动化的优秀软件。Word 主要在文字处理方面有很强大的功能优势，Excel 则在电子表格和数据处理分析方面具有较强的实力。在日常工作过程中，除了使用 Word 进行文字处理外，往往还需要插入一些图表对文档内容进行形象的表述，使文档更具有说服力。或者需要将 Word 中的一些数据导入到 Excel 中以便进行深度分析，Office 强大的组件融合能力为这些需求带来了希望，用户可以实现 Word 和 Excel 之间的互操作。

6.4.1　对象链接与嵌入

在介绍 Word 和 Excel 的互操作之前，首先需要了解两个概念，就是对象的链接与嵌入。无论是将 Word 文档导入到 Excel 还是将 Excel 图表导入到 Word，都将文档或者图表作为对象以链接或者嵌入的方式导入到应用程序中。

以嵌入的方式插入到应用程序中的对象不仅带有对象的内容，还会将对象来源端的信息带进应用程序中。因此如果双击嵌入方式插入的对象，其对应的编辑软件会被在程序中调用。例如将 Excel 中的一部分数据表以嵌入的方式插入到 Word 中，当双击这个图表时，Word 窗口中会自动打开 Excel 的一个小的视窗，以便进行图表的修正等。值得说明的是，以嵌入方式插入的对象会增大文件的体积，因为该对象的内容完全被嵌入到了文档中，成为文档的一部分。

以链接的方式插入到应用程序中的对象仅将对象的属性、路径等方面的小量信息加入到文档中，对象的主体内容仍保存在文档之外。但是一旦以链接方式插入的对象在文档外的路径变更了，那么文档中的对象将可能无法正常显示。

6.4.2 导入 Word 文档到 Excel

在了解了对象的链接和嵌入的概念后，下面就来介绍如何导入 Word 文档到 Excel 中。

1. 将 Word 文档中的部分内容导入 Excel

将 Word 文档链接或嵌入到 Excel 的操作步骤如下：

（1）打开要进行链接和嵌入的 Word 文档。

（2）在 Word 中选定要导入到 Excel 中的内容。

（3）单击 Word 中的“编辑”→“复制”命令，或者单击“常用”工具栏中的“复制”按钮。

（4）打开要导入数据的 Excel 工作表，选中要链接数据的单元格。

（5）单击 Excel 中的“编辑”→“选择性粘贴”命令，此时弹出“选择性粘贴”对话框，如图 6-46 所示。

（6）如果想将 Word 文档以嵌入的方式导入，选择对话框左侧的“粘贴”单选按钮；如果想将 Word 文档以链接的方式导入，选择对话框左侧的“粘贴链接”单选按钮。

（7）如果想将 Word 文档导入到 Excel 中，不显示它具体的内容，而仅显示一个 Word 图标，可以选中“选择性粘贴”对话框中右侧的“显示为图标”复选框，单击“确定”按钮，可以看到 Excel 中插入了 Word 文档，但是并没有显示具体的内容，仅在插入的位置显示出 Word 的图标，如图 6-47 所示。

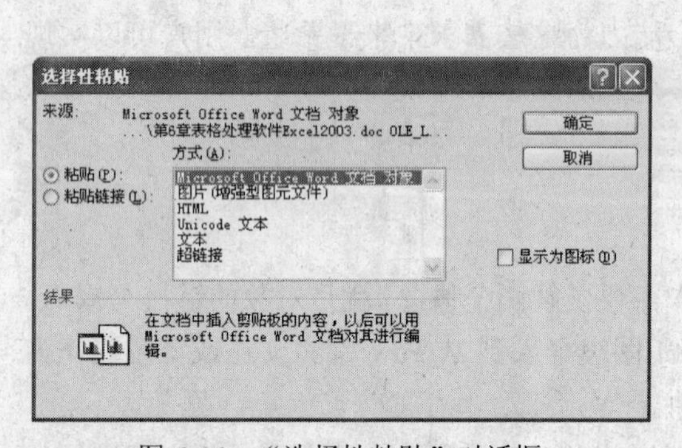

图 6-46 “选择性粘贴”对话框

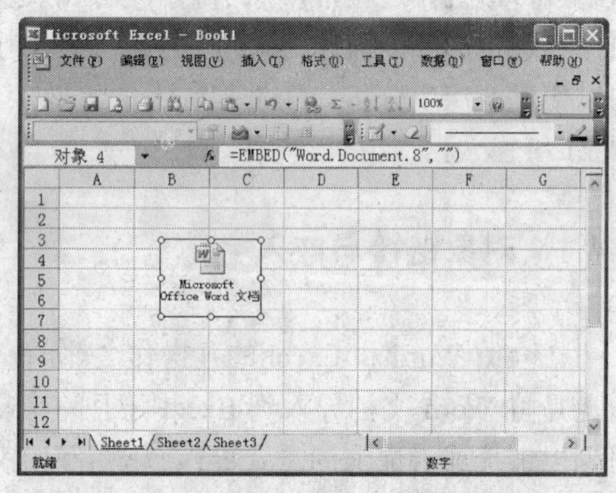

图 6-47 将插入的 Word 内容显示为图标

（8）如果想在 Excel 中显示导入的 Word 文档的具体内容，取消“选择性粘贴”对话框中右侧的“显示为图标”复选框，单击“确定”按钮，此时 Word 的文档的具体内容就导入到 Excel 中了。

2. 将 Word 文件导入到 Excel 中

将 Word 文件导入到 Excel 中的具体操作如下：

（1）在 Excel 工作表中选中要插入 Word 文件的单元格。

（2）单击“插入”→“对象”命令，此时弹出“对象”对话框，如图 6-48 所示。

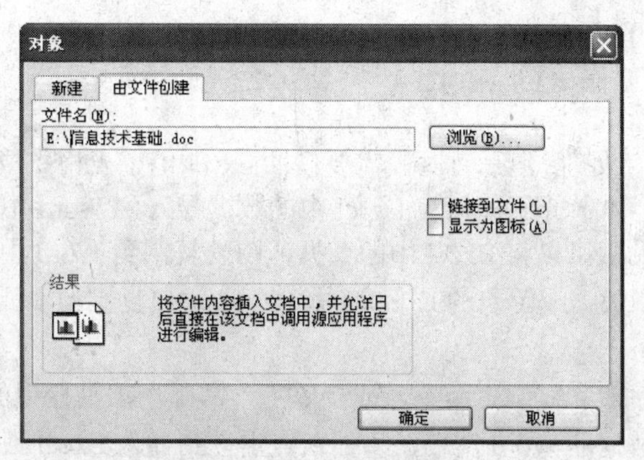

图6-48　“对象”对话框

（3）选择“由文件创建”选项卡，在“文件名”文本框中输入要导入的 Word 文件所在的路径。

（4）选中“由文件创建”选项卡右侧的“链接到文件”复选框，表示 Word 文件将以链接的方式导入 Excel，取消该复选框表示 Word 文件以嵌入的方式导入。

（5）选中“显示为图标”复选框，那么 Word 文件在导入到 Excel 中后将不显示具体内容，仅显示一个 Word 图标。

（6）单击“确定”按钮，Word 文件便导入到 Excel 中了。

3. 在 Excel 中创建新的嵌入对象

在 Excel 中可以创建其他应用程序的文档，并把文档嵌入到工作表中，这里以创建一个 Word 文档为例，介绍创建新嵌入对象的操作步骤。

（1）打开要创建嵌入对象的 Excel 工作表，选择嵌入对象的单元格。

（2）单击“插入”→“对象”命令，此时弹出“对象”对话框。

（3）选择“新建”选项卡，并在“对象类型”列表框中选择要嵌入的应用程序类型，这里选择“Microsoft Word 文档”选项，如图 6-49 所示。

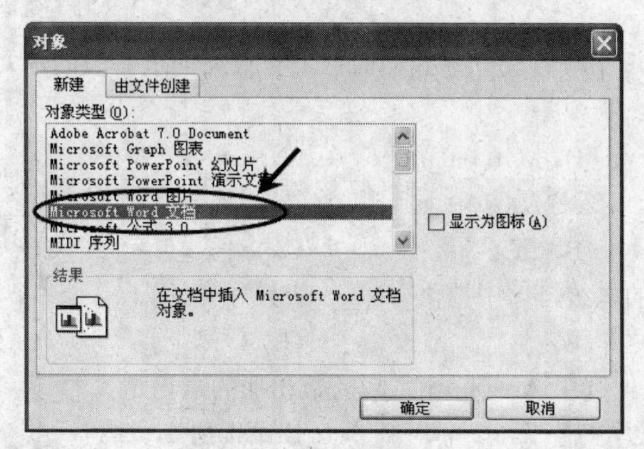

图6-49　选择嵌入 Word 对象

（4）单击“确定”按钮，这时在 Excel 工作表中嵌入了一个 Word 应用程序的空白文档，在文档中输入所需的文本即可。

6.4.3 导入 Excel 工作表到 Word

Word 主要用于文字处理，但是有时候需要借助 Excel 电子表格生成的数据来表达信息，使得文档更有说服力，本节介绍如何将 Excel 中的数据导入到 Word 中。

利用 Office 的剪贴板可以将 Excel 中的数据或图表复制到 Word 中，具体操作如下：

（1）打开需要复制数据或图表的 Excel 工作表，选定要复制的单元格或者单元格区域，或者选中图表。

（2）单击“编辑”→“复制”命令，或者单击“常用”工具栏中的“复制”按钮。

（3）打开要导入数据的 Word 文档，将插入点定位到插入 Excel 数据的位置。

（4）在 Word 中单击“编辑”→“粘贴”命令，或者单击“常用”工具栏中的“粘贴”按钮。这样 Excel 中的图表或者数据就导入到 Word 中了。

提示： 除了使用以上的步骤导入 Excel 数据外，还可以直接通过鼠标拖动的方式将 Excel 中的数据复制或者移动到 Word 中。

6.5 练 习 题

1．填空题

（1）Excel 2003 是美国微软公司发布的____________软件。

（2）在 Excel 2003 中，每张工作表最多包括____列和____________行。

（3）默认情况下 Excel 对数字在单元格中采用____________对齐的方式显示。

（4）使用____________和____________功能统计和分析数据，可以使数据变更的同时，统计结果也会自动重新计算。

（5）Excel 2003 公式的引用包括 3 种类型，分别是____________，____________和____________相对引用，绝对引用和混合引用。

2．选择题

（1）在 Excel 2003 中，移动光标到当前行上有数据的最右边的单元格的快捷操作是按______键。

A．End　　B．Ctrl+End　　C．→　　D．Ctrl+→

（2）默认情况下，Excel 2003 中下列哪个符号不属于数字范畴？______

A．$　　B．￥　　C．e　　D．d

（3）Excel 2003 的多级排序中提供______级排序方法。

A．2　　B．3　　C．4　　D．5

（4）下面可以将 A 列中 A2 到 A4 之间的数相加的语句是______。

A．SUM(A2:A4)　　B．SUM($A2:A4)

C．SUM(A2:$A4)　　D．SUM($A2:$A4)

（5）如果想 Word 文档以链接的方式导入，应选择______。

A．粘贴　　B．粘贴链接　　C．选择粘贴　　D．导入粘贴

3．问答题

（1）Excel 窗口由几部分组成，它们都具有什么功能？

（2）什么是工作簿，什么是工作表，二者的关系是什么？

（3）复制公式时，绝对引用和相对引用的区别是什么？

（4）练习在工作簿中移动与复制工作表。

（5）如何设置工作表标签的颜色？

（6）如何隐藏一个工作表？

（7）什么叫做单元格的相对引用、绝对引用和混合引用？如何表示他们？

（8）在 Excel 中创建如图 6-50 所示的表格。

日期	出差旅途记录（起、止地点）	交通费（元）	伙食费	住宿费	电话费	其它	小计（元）

图 6-50　差旅费登记表效果

（9）创建如图 6-51 所示的工作表数据，并利用公式或者函数计算各部门销售业绩以及各产品的销售业绩。

	A	B	C	D	E
1	某单位销售统计报表（三月）				
2					
3	部门名称	产品一	产品二	产品三	合计
4	部门一	6,687.00	6,001.00	8,135.00	
5	部门二	6,369.00	5,984.00	4,356.00	
6	部门三	5,896.00	8,003.00	6,118.00	
7	合计				

图 6-51　问答题（9）效果

（10）利用下表创建三维柱形图：

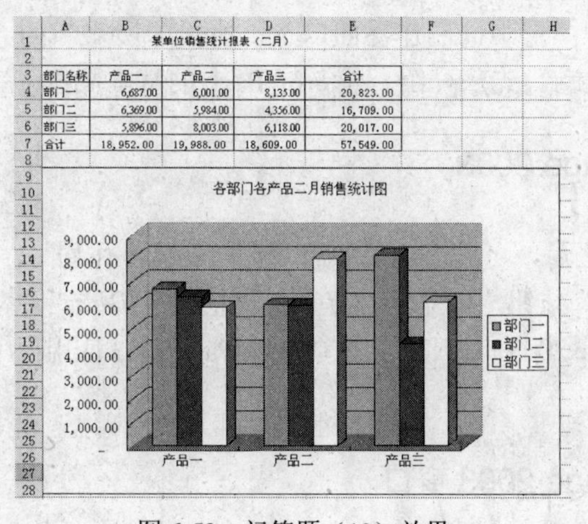

	A	B	C	D	E	F	G	H
1	某单位销售统计报表（二月）							
2								
3	部门名称	产品一	产品二	产品三	合计			
4	部门一	6,687.00	6,001.00	8,135.00	20,823.00			
5	部门二	6,369.00	5,984.00	4,356.00	16,709.00			
6	部门三	5,896.00	8,003.00	6,118.00	20,017.00			
7	合计	18,952.00	19,988.00	18,609.00	57,549.00			

图 6-52　问答题（10）效果

（11）将习题 10 中的表格导入到 Word 中。

第7章

使用 FrontPage 制作网页

随着 Internet 的普及，网页成为了人们快捷、方便、有效地进行工作和学习的主要信息传播媒体之一。同时人们也越来越热衷于在网络上将自己的作品和个性空间通过网页展示出来，本章以主流的中文 FrontPage 2003 为例，介绍网页的基本结构以及创建网页的基本方法。

本章主要内容

- FrontPage 简介
- HTTP 和 HTML 的概念
- 制作网页

7.1 FrontPage 简介

FrontPage 2003 是美国微软公司发布的 Office System 2003 办公套装软件家族中制作网页的软件，它提供各种图形画面制作界面以及“所见即所得”的方式编写网页。在讲解 FrontPage 的各种用法之前，先来介绍一些 FrontPage 的基本操作。

7.1.1 启动 FrontPage 2003

安装了 FrontPage 之后，可以通过菜单启动它，具体操作如下：

单击桌面的“开始”按钮，在弹出的菜单中依次选择“所有程序”→Microsoft Office→Microsoft Office FrontPage 2003 命令，即可启动 FrontPage 2003 应用程序，进入如图 7-1 所示的窗口。

7.1.2 认识 FrontPage 2003 窗口

打开 FrontPage 2003 以后，就会出现 FrontPage 2003 工作窗口，如图 7-1 所示，它主要由以下几部分组成：标题栏、菜单栏、工具栏、编辑区、状态栏和任务窗格。

1．标题栏

位于窗口顶部，它包括最左侧的控制菜单按钮、程序名称、网页名称以及右侧的最小化按钮、还原按钮和关闭按钮。单击控制菜单按钮会打开一个下拉菜单，这个菜单提供一些用于控制 FrontPage 2003 窗口的命令，如还原、移动、最小化、关闭等。双击标题栏可以最大化 FrontPage 2003 窗口在激活状态下。FrontPage 2003 的标题栏呈现蓝色，未被激活时呈现灰色。

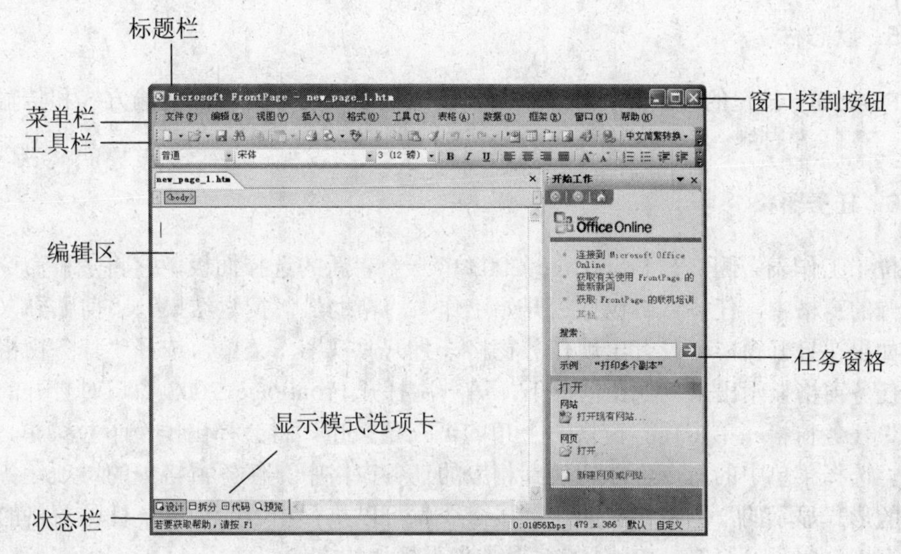

图 7-1　FrontPage 2003 窗口

2．菜单栏

位于标题栏的正下方，菜单栏中包括了 FrontPage 中几乎所有的操作命令。这些命令分别归类到 11 个菜单中，分别是“文件”、“编辑”、“视图”、“插入”、“格式”、“工具”、“表格”、“数据”、“框架”、“窗口”、“帮助”。单击这些菜单，就可以直接选择需要的命令。

3．工具栏

位于菜单栏下方，工具栏由一系列的工具按钮组成。FrontPage 2003 有十几中不同的工具栏，常见的有“常用”工具栏与“格式”工具栏，“常用”工具栏上包括文件存取、打印、复制、粘贴等工具按钮；格式工具栏则提供字号、字体、对齐方式等文件编排相关的工具按钮。可以将个人常用的工具按钮添加到工具栏中，也可以去除不需要的按钮。灵活利用工具栏中各个工具按钮进行操作，可以大大提高工作效率。

4．编辑区

工具栏下方就是编辑区，它主要管理站点、编辑网页的工作区。在编辑区中可以把各种文字、图片、动画等加入到其中，制作体现个性风格的网页。在编辑区的的左下角有 3

个切换显示模式的选项卡，包括“设计”、“拆分”、“代码”、“预览”。“拆分”视图将视图拆分为两部分。上半部分显示这个网页的HTML代码，下半部分显示网页，修改任意部分的内容，另一半会自动更新。“代码”视图显示网页的HTML代码。如果对HTML语言十分熟悉，可以直接在“代码”视图中通过编写HTML制作网页。简而言之，“代码”视图可快速而精确地插入和编辑HTML标记、属性和事件。“预览”视图显示了在Web浏览器中打开网页时的近似外观视图。当需要快速确认段落或布局看起来是否合适时，“预览”视图可以提供快速的确认信息。

5. 状态栏

FrontPage窗口的最底部就是状态栏，状态栏用来显示内容的传输方式和传输所需要的时间。

6. 任务窗格

位于工作表右侧，是FrontPage 2003中一个崭新的选择面板，它将多种命令集成在一个统一的窗格中。任务窗格包括“开始工作”、“帮助”、“搜索结果”、“剪贴画”、“新建”等。如果在打开窗口时没有出现任务窗格，打开“视图”菜单，选择“任务窗格”命令即可将任务窗格显示出来。默认情况下，第一次打开FrontPage 2003窗口时打开的是“开始工作”任务窗格。单击任务窗格右上角的下三角按钮，将会弹出一个下拉菜单，如图7-2所示。选择菜单中的命令可以切换到相应的任务窗格中。任务窗格中的每项任务都是以超链接的形式显示的，单击相应的超链接命令就可以执行相应的任务。任务窗格的任务表现方式直接、明了，给FrontPage的编辑带来了极大的方便。

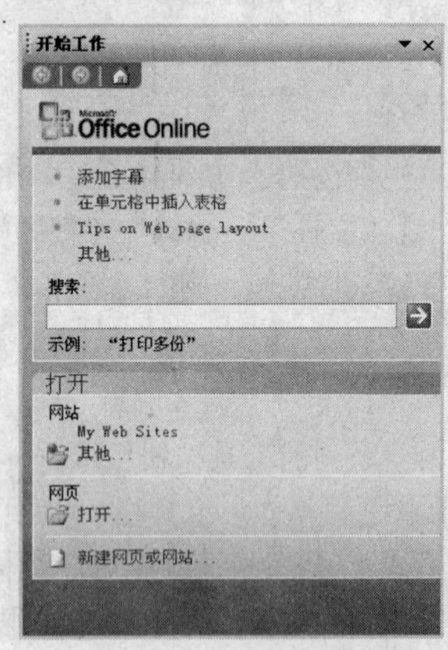

图7-2 切换其他任务

7.2 HTTP和HTML的概念

如果想制作网站并将其发布到Internet中，就需要了解一些网络中的基本知识，如网络通信协议以及网络通用语言。在介绍 FrontPage 制作网页的方法之前，首先来了解一下网络通信协议 HTTP 和网络通用语言 HTML 的基本知识。

7.2.1 HTTP 基础知识

众所周知，Internet 的基本协议是 TCP/IP 协议，目前广泛采用的 FTP、ArchieGopher 等是建立在 TCP/IP 协议之上的应用层协议，不同的协议对应着不同的应用。

WWW 服务器使用的主要协议是 HTTP 协议，即超文本传输协议。由于 HTTP 协议支持的服务不限于 WWW，还可以是其他服务，因而 HTTP 协议允许用户在统一的界面下，采用不同的协议访问不同的服务，如 FTP、Archie、SMTP、NNTP 等。另外，HTTP 协议还可用于名字服务器和分布式对象管理。

1. HTTP 简介

超文本传输协议（HyperText Transfer Protocol，HTTP）是互联网上应用最为广泛的一种网络传输协议。HTTP 是 Web 的核心，所有的 WWW 文件都必须遵守这个标准。HTTP 在 Web 的客户程序和服务器程序中得以实现。运行在不同端系统上的客户记程序和服务器程序通过交换 HTTP 消息彼此交流。HTTP 定义这些消息的结构以及客户和服务器如何交换这些消息。设计 HTTP 最初的目的是为了提供一种发布和接收 HTML 页面的方法。 目前的应用主要除了 HTML 网页外，还被用来传输超文本数据 例如：图片、音频文件（MP3 等）、视频文件（RM、AVI 等）、压缩包（ZIP、RAR 等）……基本上只要是文件数据均可以利用 HTTP 进行传输。

HTTP 定义 Web 客户（即浏览器）如何从 Web 服务器请求 Web 页面，以及服务器如何把 Web 页面传送给客户。当用户请求一个 Web 页面（譬如说单击某个超链接）时，浏览器把请求该页面中各个对象的 HTTP 请求消息发送给服务器。服务器收到请求后，以运送含有这些对象的 HTTP 响应消息作为响应。到 1997 年底，基本上所有的浏览器和 Web 服务器软件都实现了在 RFC 1945 中定义的 HTTP/1.0 版本。1998 年初，一些 Web 服务器软件和浏览器软件开始实现在 RFC 2616 中定义的 HTTP/1.1 版本。H1TP/1.1 与 HTTP/1.0 后向兼容;运行 1.1 版本的 web 服务器可以与运行 1.0 版本的浏览器“对话”，运行 1.1 版本的浏览器也可以与运行 1.0 版本的 Web 服务器“对话”。

在进一步解释 HTTP 之前，先来介绍一下什么是 URL。URL（UniformResourceLocator，统一资源定位符）也就是常说的“网址”。就像每家每户都有一个门牌地址一样，每个网页也都有一个 Internet 地址。当在浏览器的地址框中输入一个 URL 或单击一个超级链接时，URL 就确定了要浏览的地址。浏览器通过超文本传输协议将 Web 服务器上站点的网页代码提取出来，并翻译成相应的网页。URL 一般由几个部分组成，例如，http://www.microsoft.com/china/index.htm就包含下面几个部分。

- **http://**：代表超文本传输协议，通知 microsoft.com 服务器显示 Web 页，通常不用输入;
- **www**：代表一个 Web（万维网）服务器;
- **microsoft.com/**：这是装有网页的服务器的域名或站点服务器的名称;

- **china/**：为该服务器上的子目录，就好像文件夹；
- **ndex.htm**：ndex.htm 是文件夹中的一个 HTML 文件（网页）。

当然不仅 HTML 文件可以通过 URL 给定网络位置，JPG 图像、GIF 图像、JAVA 小应用程序、语音片段等也可以通过 URL 定位。

2．HTTP 协议的主要特点

（1）支持客户/服务器模式。

（2）简单快速。客户向服务器请求服务时，只需传送请求方法和路径。请求方法常用的有 GET、HEAD、POST。每种方法规定了客户与服务器联系的类型不同。由于 HTTP 协议简单，使得 HTTP 服务器的程序规模小，因而通信速度很快。

（3）灵活。HTTP 允许传输任意类型的数据对象。正在传输的类型由 Content-Type 加以标记。

（4）无连接。无连接的含义是限制每次连接只处理一个请求。服务器处理完客户的请求，并收到客户的应答后，即断开连接。采用这种方式可以节省传输时间。无状态。HTTP 协议是无状态协议。无状态是指协议对于事务处理没有记忆能力。缺少状态意味着如果后续处理需要前面的信息，则它必须重传，这样可能导致每次连接传送的数据量增大。另一方面，在服务器不需要先前信息时它的应答就较快。

3．HTTP 协议的运作方式

HTTP 协议是基于请求/响应范式的。一个客户机与服务器建立连接后，发送一个请求给服务器，请求方式的格式为，统一资源标识符、协议版本号，后边是 MIME 信息包括请求修饰符、客户机信息和可能的内容。服务器接到请求后，给予相应的响应信息，其格式为一个状态行包括信息的协议版本号、一个成功或错误的代码，后边是 MIME 信息包括服务器信息、实体信息和可能的内容。

许多 HTTP 通信是由一个用户代理初始化的并且包括一个申请在源服务器上资源的请求。最简单的情况可能是在用户代理（UA）和源服务器（O）之间通过一个单独的连接来完成（见图 7-3）。

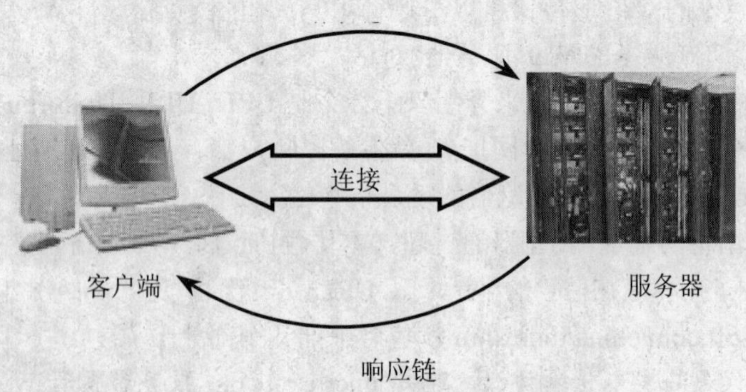

图 7-3　单独连接时的响应请求方式

当一个或多个中介出现在请求/响应链中时，情况就变得复杂一些。中介有三种：代理

（Proxy）、网关（Gateway）和通道（Tunnel）。一个代理根据URI的绝对格式来接受请求，重写全部或部分消息，通过URI的标识把已格式化过的请求发送到服务器。网关是一个接收代理，作为一些其他服务器的上层，并且如果必须的话，可以把请求翻译给下层的服务器协议。

一个通道作为不改变消息的两个连接之间的中继点。当通信需要通过一个中介（例如防火墙等）或者中介不能识别消息的内容时，通道经常被使用。

上面的图7-4表明了在用户代理（UA）和源服务器之间有3个中介（A,B和C）。一个通过整个链的请求或响应消息必须经过四个连接段。这个区别是重要的，因为一些HTTP通信选择可能应用于最近的连接、没有通道的邻居，应用于链的终点或应用于沿链的所有连接。尽管图7-4是线性的，每个参与者都可能从事多重的、并发的通信。例如，B可能从许多客户机接收请求而不通过A，并且/或者不通过C把请求送到A，同时它还可能处理A的请求。

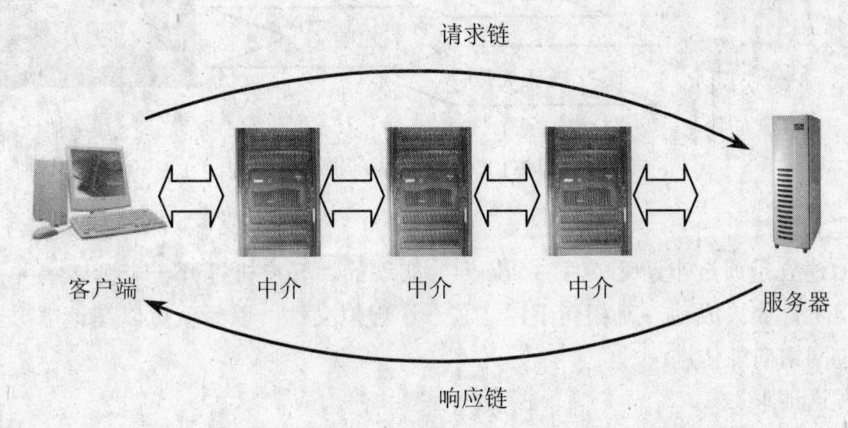

图7-4　通过中介的请求/响应方式

任何针对不作为通道的汇聚可能为处理请求启用一个内部缓存。缓存的效果是请求/响应链被缩短，条件是沿链的参与者之一具有一个缓存的响应作用于那个请求。图7-5说明结果链，其条件是针对一个未被UA或中介A加缓存的请求，中介B有一个经过C来自源服务器的一个前期响应的缓存拷贝。

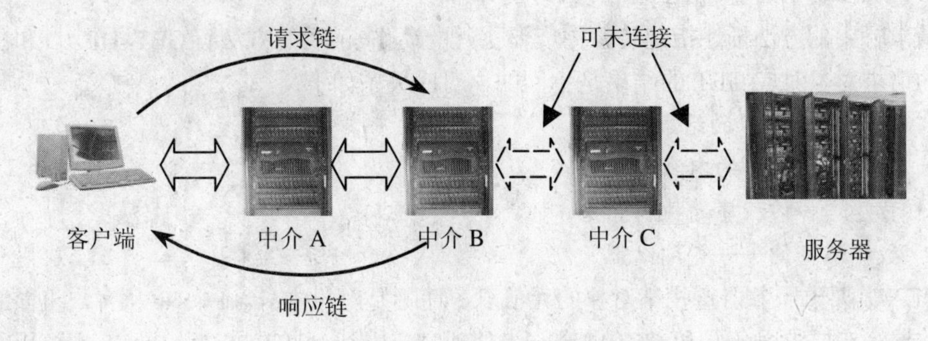

图7-5　通过中介缓存的请求/响应方式

在Internet上，HTTP通信通常发生在TCP/IP连接之上。其默认端口是TCP 80，但其他的端口也是可用的。但这并不预示着HTTP协议在Internet或其他网络的其他协议之上才能完成。HTTP只预示着一个可靠的传输。

以上简要介绍了HTTP协议的宏观运作方式，下面介绍HTTP协议的内部操作过程。

首先，简单介绍基于HTTP协议的客户/服务器模式的信息交换过程，如图7-6所示，它分为4个过程：建立连接、发送请求信息、发送响应信息、关闭连接。

在WWW中，“客户机”与“服务器”是一个相对的概念，只存在于一个特定的连接期间，即在某个连接中的客户在另一个连接中可能作为服务器。WWW服务器运行时，一直在TCP 80端口（WWW的默认端口）监听，等待连接的出现。在HTTP协议下的客户机/服务器模式中，信息交换通过下面几个步骤实现。

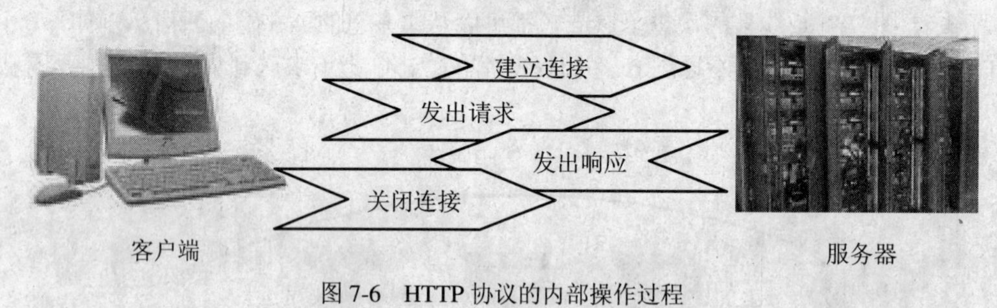

图7-6　HTTP协议的内部操作过程

（1）建立连接。

连接的建立是通过申请套接字（Socket）实现的。客户机打开一个套接字并把它约束在一个端口上，如果成功，就相当于建立了一个虚拟文件。以后就可以在该虚拟文件上写数据并通过网络向外传送。

（2）发送请求。

打开一个连接后，客户机把请求消息送到服务器的停留端口上，完成提出请求动作。HTTP/1.0的请求消息的格式为：

- 请求消息=请求行（通用信息→请求头→实体头）CRLF [实体内容]。
- 请求行=方法　请求URL　HTTP版本号　CRLF。
- 方法=GET→HEAD→POST→扩展方法。
- URL=协议名称+宿主名+目录与文件名。

请求行中的方法描述指定资源中应该执行的动作，常用的方法有GET、HEAD和POST。不同的请求对象对应GET的结果是不同的，对应关系如下：

- 对象——GET的结果。
- 文件——文件的内容。
- 程序——该程序的执行结果。
- 数据库查询——查询结果。

HEAD要求服务器查找某对象的元信息，而不是对象本身。POST从客户机向服务器传送数据，在要求服务器和CGI做进一步处理时会用到POST方法。POST主要用于发送HTML文本中FORM的内容，让CGI程序处理。

一个请求的例子为：

GET http://networking.zju.edu.cn/zju/index.htmHTTP/1.0

头信息又称为元信息，即信息的信息，利用元信息可以实现有条件的请求或应答。请求头告诉服务器怎样解释本次请求，主要包括用户可以接受的数据类型、压缩方法和语言等。实体头说明实体信息类型、长度、压缩方法、最后一次修改时间、数据有效期等。实体请求或应答对象本身。

（3）发送响应。

服务器在处理完客户的请求之后，要向客户机发送响应消息。HTTP/1.0 的响应消息格式如下：

响应消息=状态行（通用信息头→响应头→实体头） CRLF 〔实体内容〕

状态行=HTTP 版本号 状态码 原因叙述

其中状态码表示响应类型：

- 1××保留；
- 2××表示请求成功地接收；
- 3××表示为完成请求客户需进一步细化请求；
- 4××表示客户错误；
- 5××表示服务器错误。

响应头的信息包括服务程序名，通知认证客户请求的 URL，请求的资源何时能使用。

（4）关闭连接。

客户机和服务器双方都可以通过关闭套接字来结束 TCP/IP 对话。

7.2.2 什么是 HTML

在制作网页的时候需要使用 HTML 语言来组织网页的文本与图片，本节将介绍 HTML 的基本概念和发展史。

1. HTML 的概念

HTML（Hypertext Marked Language）即超文本标记语言,是一种用来制作超文本文档的简单标记语言。HTML 是网络的通用语言，是一种简单、通用的全置标记语言。它允许网页制作人建立文本与图片相结合的复杂页面，这些页面可以被网上任何其他人浏览，无论使用的是什么类型的计算机或浏览器。

用 HTML 编写的超文本文档称为 HTML 文档，它能独立于各种操作系统平台（如 UNIX，Windows 等）。自 1990 年以来 HTML 就一直被用作 WWW 的信息表示语言，用于描述主页的格式设计和它与 WWW 上其他主页的连接信息。使用 HTML 语言描述的文件，需要通过 WWW 浏览器显示出效果。

所谓超文本，因为它可以加入图片、声音、动画、影视等内容，可以从一个文件跳转到另一个文件，与世界各地主机的文件连接。HTML 只不过是组合成一个文本文件的一系列标签。它们好比乐队的指挥，告诉乐手们哪里需要停顿,哪里需要激昂。

HTML 标签通常是英文词汇的全称（如块引用:blockquote）或缩略语（如“p”代表

Paragragh），但它们与一般文本有区别，因为它们放在单书名号里。故 Paragragh 标签是<p>，块引用标签是<blockquote>。有些标签说明页面如何被格式化（例如，<p>表示开始一个新段落），其他则说明这些词如何显示（<b>使文字变粗）还有一些其他标签提供在页面上不显示的信息，例如标题。

关于标签，需要记住的是，它们是成双出现的。每当使用一个标签，如<blockquote>，则必须以另一个标签</blockquote>将它关闭。注意“blockquote”前的斜杠就是关闭标签与打开标签的区别。基本的 HTML 页面以<html>标签开始，以</html>结束。在它们之间，整个页面有两部分：标题和正文。

标题夹在<head>和</head>标签之间。正文则夹在<body>和</body>之间，即所有页面的内容所在。页面上显示的任何东西都包含在这两个标签之中。

2. HTML 的发展史

Web 的重要意义是展现信息内容，而 HTML 语言则是信息展现的最有效载体之一。作为一种实用的超文本语言，HTML 的历史最早可以追溯到 20 世纪 40 年代。1945 年，Vannevar Bush 在一篇文章中阐述了文本和文本之间通过超级链接相互关联的思想，并在文中给出了一种能实现信息关联的计算机 Memex 的设计方案。Doug Engelbart 等人则在 1960 年前后，对信息关联技术做了最早的实验。与此同时，Ted Nelson 正式将这种信息关联技术命名为超文本（Hypertext）技术。1969 年，IBM 的 Charles Goldfarb 发明了可用于描述超文本信息的 GML（Generalized Markup Language）语言。1978 到 1986 年间，在 ANSI 等组织的努力下，GML 语言进一步发展成为著名的 SGML 语言标准。当 Tim Berners-Lee 和他的同事们在 1989 年试图创建一个基于超文本的分布式应用系统时，Tim Berners-Lee 意识到，SGML 是描述超文本信息的一个上佳方案，但美中不足的是，SGML 过于复杂，不利于信息的传递和解析。于是，Tim Berners-Lee 对 SGML 语言做了大刀阔斧的简化和完善。1990 年，第一个图形化的 Web 浏览器“World Wide Web”终于可以使用一种为 Web 度身定制的语言——HTML 来展现超文本信息了。

最初的 HTML 语言只能在浏览器中展现静态的文本或图像信息，这满足不了人们对信息丰富性和多样性的强烈需求。这最终的结果是，由静态技术向动态技术的转变成为了 Web 客户端技术演进的永恒定律。

能存储、展现二维动画的 GIF 图像格式早在 1989 年就已发展成熟。Web 出现后，GIF 第一次为 HTML 页面引入了动感元素。但更大的变革来源于 1995 年 Java 语言的问世。Java 语言天生就具备的平台无关的特点，让人们一下子找到了在浏览器中开发动态应用的捷径。1996 年，著名的 Netscape 浏览器在其 2.0 版中增加了对 JavaApplets 和 JavaScript 的支持。Netscape 的冤家对头——Microsoft 的 IE 3.0 也在这一年开始支持 Java 技术。现在，喜欢动画、喜欢交互操作、喜欢客户端应用的开发人员可以用 Java 或 JavaScript 语言随心所欲地丰富 HTML 页面的功能。顺便说一句，JavaScript 语言在所有客户端开发技术中占有非常独特的地位：它是一种以脚本方式运行的简化了的 Java 语言，这也是脚本技术第一次在 Web 世界里崭露头角。为了用纯 Microsoft 的技术与 JavaScript 抗衡，Microsoft 还为 1996 年的 IE 3.0 设计了另一种后来也声名显赫的脚本语言——VBScript 语言。

真正让 HTML 页面又酷又炫、动感无限的是 CSS（Cascading Style Sheets）和 DHTML

（Dynamic HTML）技术。1996年底，W3C提出了CSS的建议标准，同年，IE 3.0引入了对CSS的支持。CSS大大提高了开发者对信息展现格式的控制能力。1997年的Netscape 4.0不但支持CSS，而且增加了许多Netscape公司自定义的动态HTML标记，这些标记在CSS的基础上，让HTML页面中的各种要素“活动”了起来。1997年，Microsoft发布了IE 4.0，并将动态HTML标记、CSS和动态对象模型（DHTML Object Model）发展成了一套完整、实用、高效的客户端开发技术体系，Microsoft称其为DHTML。同样是实现HTML页面的动态效果，DHTML技术无需启动Java虚拟机或其他脚本环境，可以在浏览器的支持下，获得更好的展现效果和更高的执行效率。

为了在HTML页面中实现音频、视频等更为复杂的多媒体应用，1996年，Netscape 2.0成功地引入了对QuickTime插件的支持。1996年，IE 3.0正式支持在HTML页面中插入ActiveX控件的功能。1999年，RealPlayer插件先后在Netscape和IE浏览器中取得了成功，与此同时，Microsoft自己的媒体播放插件Media Player也被预装到了各种Windows版本之中。1990年代初期，Jonathan Gay在FutureWave公司开发了一种名为Future Splash Animator的二维矢量动画展示工具，1996年，Macromedia公司收购了FutureWave，并将Jonathan Gay的发明改名为我们熟悉的Flash。从此，Flash动画成了Web开发者表现自我、展示个性的最佳方式。

除了编写HTML页面之外，客户端应用的开发者还可以利用一些成熟的技术将浏览器的功能添加到自己的应用程序中。从1992年开始，W3C就免费向开发者提供libwww开发库。借助libwww可以编写Web浏览器和Web搜索工具，也可以分析、编辑或显示HTML页面。1999年，Microsoft在IE 5.0中引入的HTAs（HTML Applications）技术则允许用户直接将HTML页面转换为一个真正的应用程序。从1997年的IE 4.0开始，Microsoft为开发者提供了WebBrowser控件和其他相关的COM接口，允许程序员在自己的程序中直接嵌入浏览器窗口，或调用各种浏览器的功能，如分析或编辑HTML页面等。Windows 98及其后的Windows操作系统甚至还利用WSH（Windows Script Host）技术将原本只在浏览器中运行的JavaScript、VBScript变成了可以在WIN32环境下使用的通用脚本语言。

7.3 制 作 网 站

在了解了FrontPage 2003的基本结构和HTTP、HTML的概念后，本节将介绍制作网页的一些基本知识。

7.3.1 创建站点

FrontPage 2003提供两种方式创建站点，可以直接在FrontPage中新建空白网页，在网页中设计个性化的内容，还可以利用FrontPage模板或者向导快速创建Web站点的结构，然后使用网页制作技术编辑和修饰网页内容。下面介绍创建网站的方法。

1. 利用模板创建站点

模板是FrontPage预先设计好的Web站点或者网页，这里提供创建站点或页面的框架，一般初学者比较适合使用模板进行网站的设计。利用模板创建站点的具体操作如下：

（1）打开“文件”菜单，选择“新建”命令，此时在 FrontPage 2003 窗口右侧会出现图 7-7 所示的“新建”任务窗格。

（2）在任务窗格中单击“新建网站”选项组中的“由一个网页组成的网站”选项，出现“网站模板”对话框。

（3）在对话框中，选择需要的模板，这里选择“个人站点”模板，如图 7-8 所示。此时“网站模板”对话框右下方的“说明”选项区将出现选中模板的简单信息。

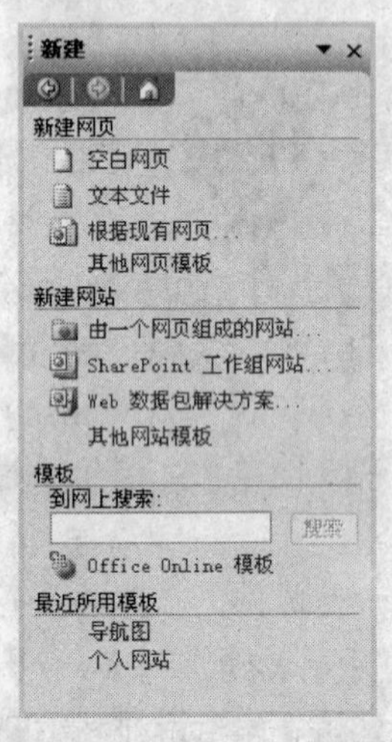

图 7-7 “新建”任务窗格

图 7-8 “网站模板”对话框

（4）在“选项”选项区的“指定新网站的位置”下拉列表框中输入要保存网站的目录，或者直接输入 Web 地址。这里使用 FrontPage 默认的目录地址 C:\Documents and Settings\Administrator\My Documents\My Web Sites\mysite1。

（5）单击“确定”按钮，FrontPage 就创建了新站点，如图 7-9 所示，这个网站包含收藏夹、兴趣爱好、照片等项目。默认情况下，FrontPage 窗口处于“文件夹”的视图模式下，可以看到新建站点的所有文件内容。

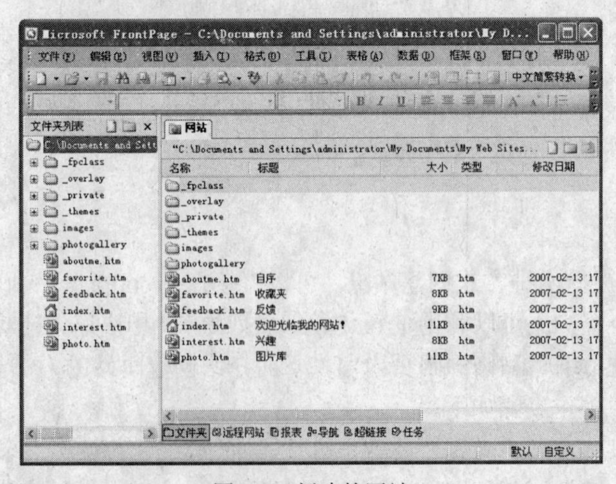

图 7-9 新建的网站

2．利用向导创建新站点

除了模板，FrontPage 还提供以向导的方式创建网站，包括“导入站点向导”、“公司展示向导”、“讨论站点向导”，同时 FrontPage 还提供了“数据库界面向导”。向导是一种创建网站的工具，它通过对用户提问，并按照用户的回答来创建网站。利用向导创建新站点地具体操作如下：

（1）打开“文件”菜单，选择“新建”命令，此时在 FrontPage 2003 窗口右侧会出现图 7-7 所示的“新建”任务窗格。

（2）在任务窗格单击“新建网站”选项组中的“由一个网页组成的网站”，出现“网站模板”对话框。

（3）在对话框中，选择需要的向导，这里选择“讨论站点向导”模板，在“选项”选项区的“指定新网站位置”的下拉列表框中输入要保存网站的目录，或者直接输入 Web 地址。这里使用 FrontPage 默认的目录地址 C:\Documents and Settings\Administrator\My Documents\My Web Sites\mysite2，然后单击“确定”按钮。

（4）此时 FrontPage 开始启动向导，并向用户提出一些问题，用户按照向导的提示进行设置，就可以创建一个新站点。

3．创建空白站点

对于比较熟悉网页制作技术的用户来说，可以不使用模板或者向导的帮助来创建站点，通过创建一组空白网页，设计个性化的站点构架，这样可以完全按照设计者的意图来表现网站。

创建空白站点的具体操作如下：

（1）打开“文件”菜单，选择“新建”命令，此时在 FrontPage 2003 窗口右侧会出现图 7-7 所示的“新建”任务窗格。

（2）在任务窗格中单击“新建网站”选项组中的“由一个网页组成的网站”选项，出现“网站模板”对话框。

（3）在对话框中，选择“只有一个网页的网站”模板，在“选项”选项区的“指定新网站的位置”下拉列表框中输入要保存网站的目录，或者直接输入 Web 地址。这里使用 FrontPage 默认的目录地址 C:\Documents and Settings\Administrator\My Documents\My Web Sites\mysite3，然后单击“确定”按钮，此时就建立了一个只有一个网页的站点。

7.3.2　保存站点

保存网页是制作网页不可缺少的操作。当使用前一节介绍的方法创建了一个网站，或者对网站中的网页进行编辑后，就需要及时地进行网页保存的操作，将编辑的成果存储在磁盘上。保存网页的操作步骤如下：

（1）打开“文件”菜单，单击“保存”命令，如果此网页是新创建的，并从没有被保存过，此时会弹出如图 7-10 所示的“另存为”对话框。

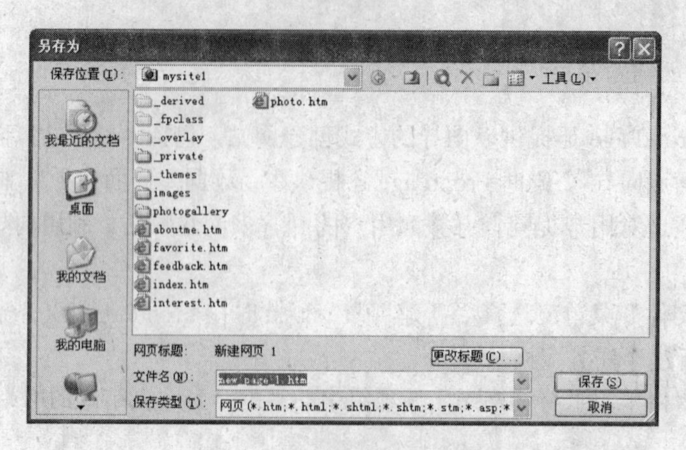

图 7-10 “另存为”对话框

（2）在对话框的“保存位置”下拉列表框中选择将该网页存储在磁盘上的具体路径，然后在“文件名”输入框中为该文件设置名称，在“保存类型”下拉列表框中，选择文件的类型，默认情况下文本文件的扩展名为*.htm。FrontPage 2003 还可以将文件保存成为 HTML、asp 等类型。

（3）最后单击“保存”按钮，完成保存文件到磁盘上的操作。

需要说明的是，如果在旧文件（已经保存过的文件）上作了修改，并单击“保存”命令，此时 FrontPage 直接执行保存操作，不再在出现“另存为”对话框。如果希望在原有的网页上将所做的修改重新保存到新网页中，可以单击“文件”→“另存为”命令，此时会弹出如图 7-10 所示的“另存为”对话框，按照前面介绍的步骤选择文件路径和设置文件名、文件类型即可。

提示： 保存文件的操作除了上面通过菜单操作以外，还可以通过工具栏中的“保存”按钮来实现或者直接使用组合键 Ctrl+S。

7.3.3 编辑网页

从本节开始介绍如何制作和编辑网页，这是网页制作的基础。在这里将学习基本的网页操作技巧、编辑网页的文本、设置文本的属性等。

1. 设置网页的主题

主题是一组统一的设计元素和配色方案，它表明网页的用途，要体现什么样的风格，使网页具有专业外观。使用主题是使网页视觉一致且具有吸引力的快捷方法。网页的主题在很大程度上决定了 Web 网站的设计风格，概括了一个站点的大致模式，它包括一系列的文本、链接、颜色、字体、背景、类型等多方面的内容。FrontPage 提供了多种形式的主题，供网页制作者选择。设置主题的操作如下：

（1）打开“格式”菜单，选择“主题”命令，在窗口右侧出现“主题”任务窗格，如图 7-11 所示。

（2）“主题”任务窗格的下方有3个复选框，选中“鲜艳的颜色”复选框，当前站点的文本、超链接和图形等的颜色都会变得鲜艳；选中“动态图形”复选框，主题下的按钮将会改变形状，单击按钮时，按钮的颜色和形状会变化并具有动态效果；如果选中“背景图片”复选框，主题会具有背景。

（3）FrontPage在“选择主题”选项区中提供了多种主题的风格，通过拖动滚动条可以预览每一个主题，单击需要的主题，可以看到选择的主题被应用到当前的网页中，网页中的标题、链接、编号列表和按钮以及正文都应用了主题中的格式和背景，此时背景是不能进行更换的，但可以将主题背景删除。

（4）如果希望网站中其他的网页也应用选择的主题，首先在“视图”菜单上，单击“文件夹”命令，然后在“网站”选项卡上，通过按住Ctrl键并单击需要的网页来选择多个网页，如图7-12所示。

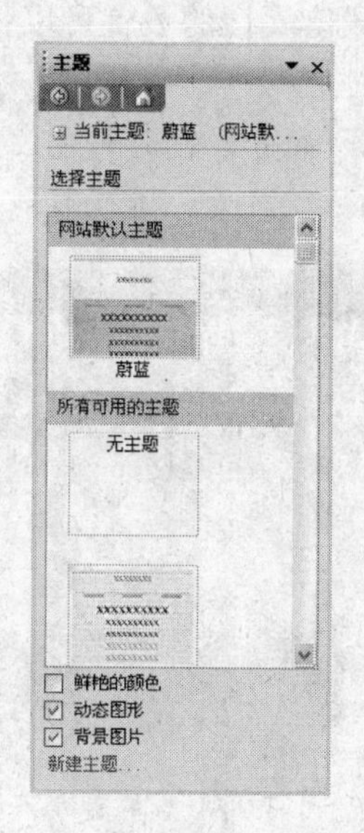

图7-11 “主题”任务窗格

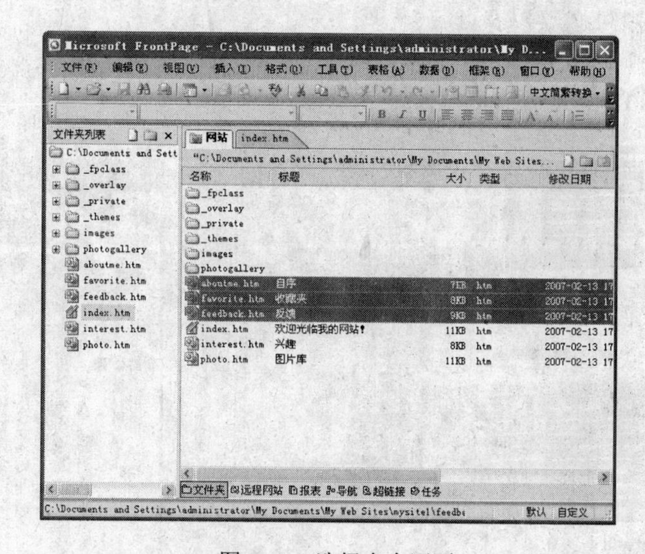

图7-12 选择多个网页

（5）按照步骤（1）～（3）的操作，设置选中网页的主题即可。

提示：如果在单个网页中应用了主题设置，那么这些网页将不再使用网站的默认主题设置（如果有）。因此，应用到网站的任何主题更改都不会影响这些网页。

2．网页文本的编辑

文本是网页中最基本的元素，通过文本可以表述网页要表达的信息，同时通过对网页中文本风格的设置可以更加淋漓尽致地表达网页信息。下面就来介绍网页中文本的基本操作。

（1）输入文本。

FrontPage中文本的输入比较简单，打开一个网页，切换到“设计”模式，在FrontPage的编辑区直接输入文本即可。

（2）设置文本的字体。

输入文本后，有些时候需要突出强调一些文本，这就需要对文本设置一些特殊的字体或者对文本进行加粗处理，下面介绍设置文本字体的操作方法：

① 选中要设置的文本，单击“格式”菜单中的“字体”命令。

② 在弹出的“字体”对话框的“字体”选项区中设置文本的字体，例如选择“宋体”。在“字形”列表框中选择字体的字形，如加粗，在“大小”选项区中设置字体的大小。还可以在“颜色”下拉框中选择文本显示的颜色。当进行上述字体设置后，在对话框的下方“预览”区中可以看到设置后的字体效果，如图 7-13 所示。

③ 单击“确定”按钮，完成文本字体的设置。

提示： 文本字体、字号和颜色的设置也可以直接在格式工具栏的“字体”、“字号”和“字体颜色”下拉列表中执行。

（3）设置段落属性。

段落属性主要指段落的对齐方式、标题字号和字符间距。段落属性的设置可以使用如下的操作：

① 选中网页中的目标段落，单击“格式”菜单中的“段落”命令，此时弹出“段落”对话框，如图 7-14 所示。

图 7-13 “字体”对话框

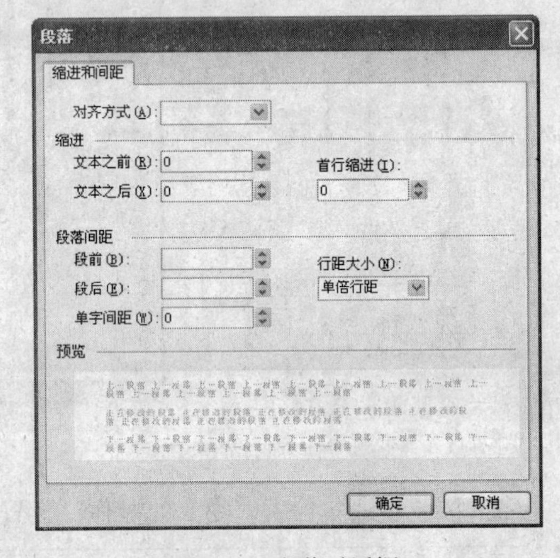

图 7-14 段落对话框

② 在“对齐方式”下拉列表框中选择文本段落的对齐方式。FrontPage 提供多种段落对齐方式，包括左对齐、右对齐、居中，两端对齐以及交互象形文字。

③ 在“缩进”选项区中设置段落缩进的参数。若要在段落之前缩进，在“文本之前”框中，以像素为单位输入一个值，若要在段落之后缩进，在“文本之后”框中，以像素为单位输入一个值；若要缩进段落中文本的首行，在“首行缩进”框中，以像素为单位输入一个值。

④ 在“段落间距”选项区中设置单字之间的间距，行与行之间的间距以及段落之间的间距。

⑤ 在对话框下方的“预览”区可以看到设置的效果，最后单击“确定”按钮。

（4）插入特殊符号。

除了标点符号之外，有时要在文本中加入一些特殊符号，这些符号是无法通过键盘按键输入的，这时候就需要通过插入符号的方式输入特殊的符号。插入特殊符号的操作方法如下：

① 将网页切换到“设计”模式，并将光标移动到要插入符号的位置，打开“插入”菜单，选择“符号”命令，此时弹出“符号”对话框，如图 7-15 所示。

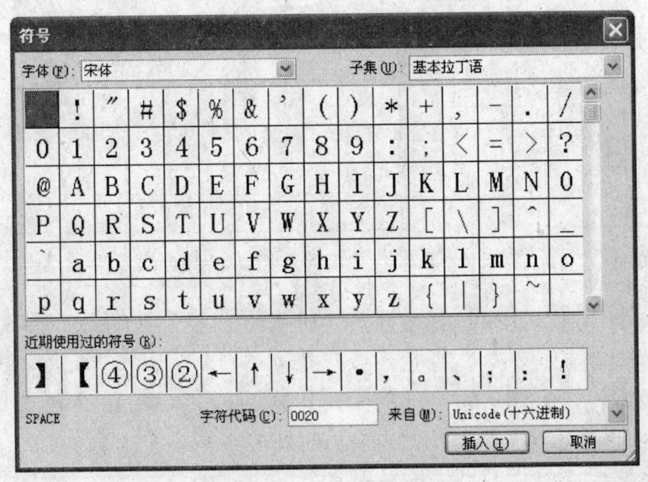

图 7-15　“符号”对话框

② 在“符号”对话框中选择“符号”选项卡，在“字符”和“子集”下拉列表框中选择符号的类型，然后在符号列表框中选择需要插入的符号，此时被选中的符号背景呈现蓝色。最后单击“插入”按钮。

③ 如果希望插入多个特殊符号，可以按照上一步的操作再次选择符号，然后单击“插入”按钮。

④ 插入特殊符号后，单击“关闭”按钮，回到网页中。此时可以看到编辑区的光标位置已经插入了所选择的符号。

7.3.4　使用表单

我们在访问网站的时候，经常需要与网页进行一些交互，如填写个人基本信息等，这些与网站访问者交互以及从访问者那里收集信息的工作都是通过网页中的表单实现的。

通常，网站访问者在表单中输入信息（也称为“值”），并通过单击选项按钮、复选框和下拉列表框来指明他们的首选项。网站访问者还可以在文本框或文本区域中键入评论。下面就来介绍表单的基本使用方法。

1. 使用表单向导创建表单

FrontPage 提供表单向导，可以将创建表单的步骤变得简单、易操作。具体操作步骤如下：

（1）单击“常用”工具栏中“新建”按钮右边的下拉按钮，在下拉列表框中选择“网页”选项，如图 7-16 所示。

（2）在弹出的“网页模板”对话框中选择“表单网页向导”模板，单击“确定”按钮，如图 7-17 所示。

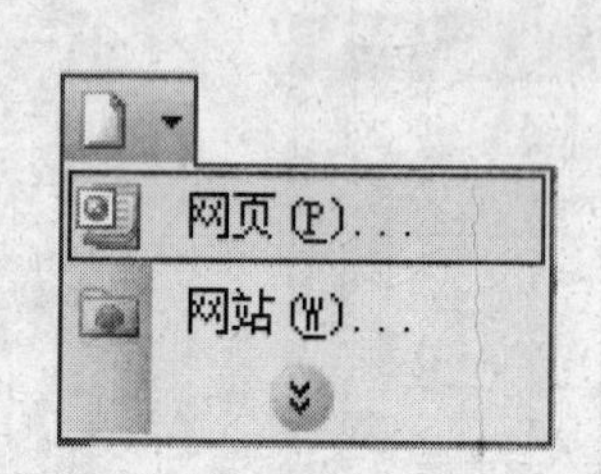

图 7-16　“新建”下拉菜单

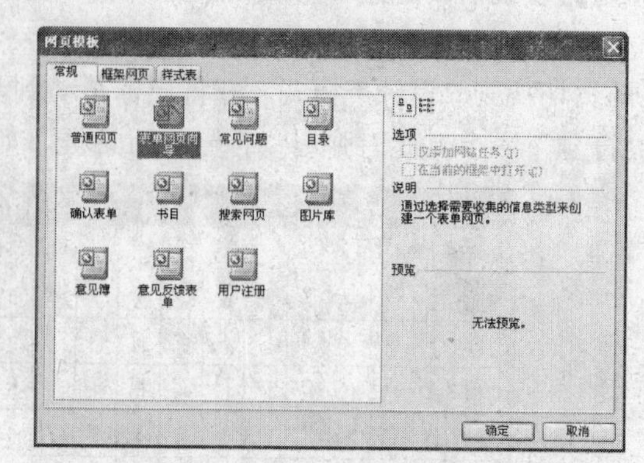

图 7-17　“网页模板”对话框

（3）此时弹出如图 7-18 所示的对话框，单击“下一步”按钮，在出现的对话框中单击“添加”按钮。

（4）在弹出的如图 7-19 所示的对话框中可以选择网页中与访问者交互的信息，例如，这里在“选择此问题要收集的输入类型”列表框中选择“个人信息”，并在“编辑此问题的提示”输入框中输入提示信息，然后单击“下一步”按钮。

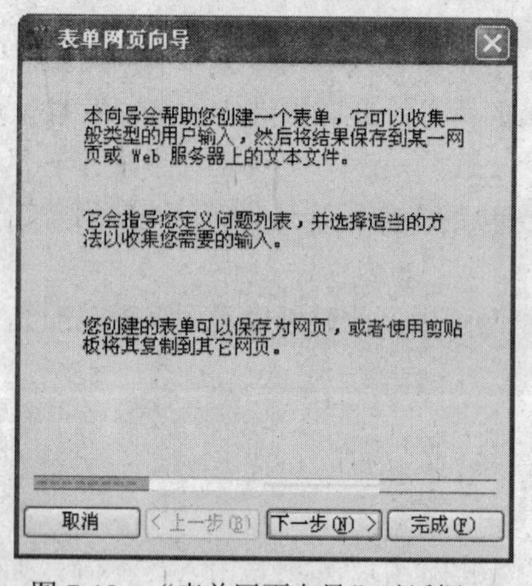

图 7-18　“表单网页向导”对话框

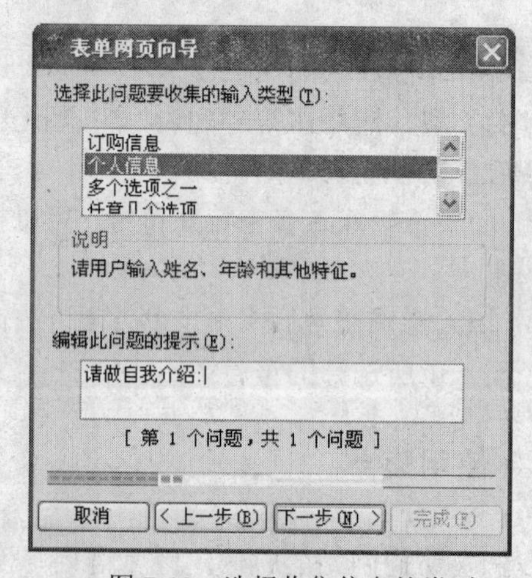

图 7-19　选择收集信息的类型

（5）在出现的对话框中按照提示选择要收集的要素，如姓名、身高等，然后在下方的输入框中输入该组变量的基本名称，单击“下一步”按钮。

（6）此时会回到图 7-18 所示的对话框，按照步骤（3）～（5）继续设置下一个要收集的信息，最后单击“完成”按钮，此时可以看到如图 7-20 所示新建的表单网页。

2. 文本区的操作

前面利用表单向导创建表单网页的方法简单、易操作，但是表单的格式和信息比较固定，如果希望自己设计与访问者交互的网页，可以利用表单命令在网页中添加表单中的一些元素。下面来介绍表单中文本区的基本操作。

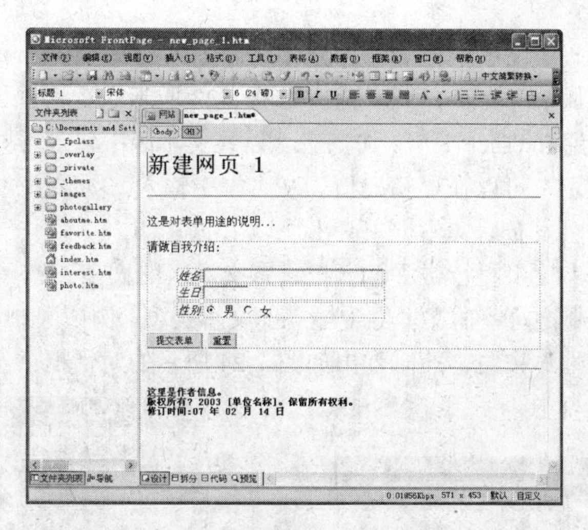

图 7-20　使用表单向导生成的网页

（1）单击“插入”→“表单”→“表单”命令，出现如图 7-21 所示的界面，可以看到网页中出现一个虚线框，并且有两个按钮。这个虚线框就是网页中的表单。

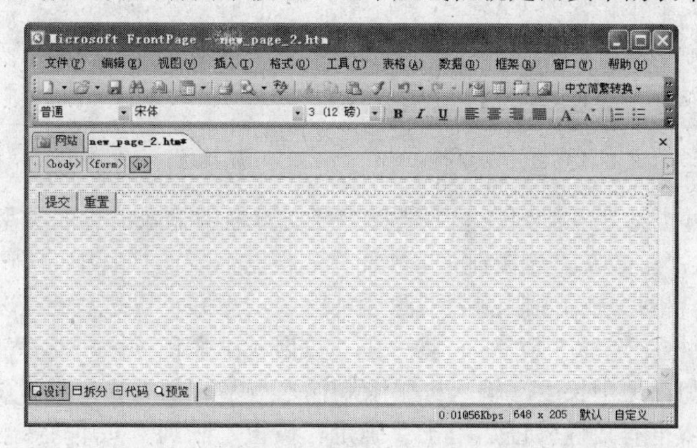

图 7-21　在网页添加表单

（2）单击“插入”→“表单”→“文本区”命令，此时表单中就插入了一个文本区，如图 7-22 所示。

图 7-22　添加文本区

（3）下面就可以设置文本区的属性。选中刚才插入的文本区，单击鼠标右键，在快捷菜单中选择“表单域属性”命令，此时弹出如图 7-23 所示的对话框。

（4）当网页发布到 Internet 上后，访问者可以在文本区中输入一些信息。如果想要事先在文本区中写一些提示，可以在“初始值”文本框中输入，如输入“请在这里输入您的基本情况：”，这样当网页发布后文本框中会出现以上的信息。

（5）可以通过“宽度”、“行数”输入框设置文本区的大小。

（6）如果想要控制访问者在文本框中输入的文本类型，例如限制访问者只能输入数字，可以单击“验证有效性”按钮，此时弹出如图 7-24 所示的对话框。

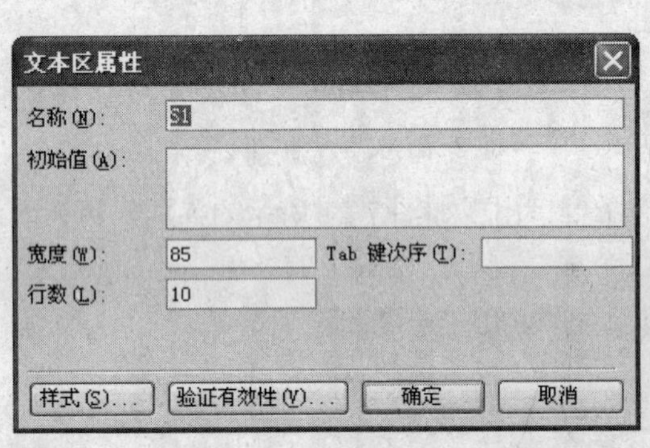

图 7-23 “文本区属性”对话框

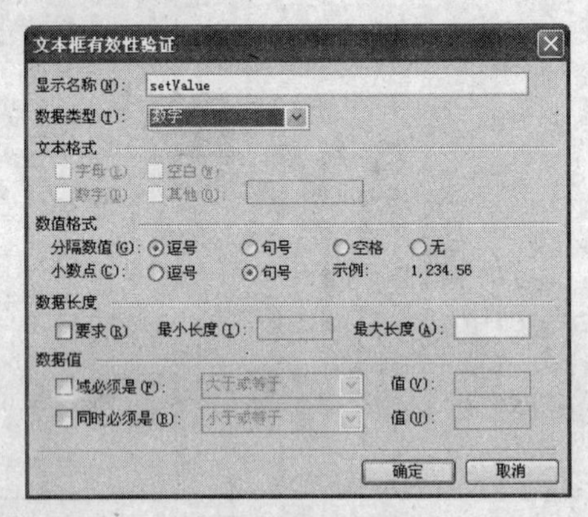

图 7-24 “文本框有效性验证”对话框

（7）在“数据类型”下拉列表框中选择想要文本框中输入信息的类型，FrontPage 提供“数字”、“文本”、“整数”、“无限制”4 种选择，根据需要选择其中的一个选项，此时“数据类型”的下方会根据选择的限制类型激活某些选项，并可以进行进一步限制。例如，在“数据类型”下拉框中选择“数字”，然后在“数据长度”选项区中选中“要求”复选框，在“最大长度”和“最小长度”输入框中限制输入数字的最大和最小长度。

（8）设置文本框有效性验证后单击“确定”按钮，回到“文本区属性”对话框，单击“确定”按钮，文本框的属性设置完毕，当网页发布后，访问者就可以根据提示进行信息的输入。

3．选项按钮

在网页中经常会出现一组选项按钮，这些选项按钮分别代表不同的值，访问者可以通过选中这组选项按钮中的一个，来执行单项选择。如在“性别”组中，有两个选项按钮，分别代表“男”和“女”，如图 7-25 所示。

下面来介绍表单中选项按钮的基本操作。

（1）在网页中按照前述步骤插入一个表单。

（2）将插入点移至表单中，单击“插入”→“表单”→“选项按钮”命令，此时在插入点插入了一个选项按钮。

（3）在选项按钮后可以输入选项的表达值，如“男”。

（4）对选项按钮属性进行设置。右击刚才插入的选项按钮，在弹出的快捷菜单中选择“表单域属性”选项，此时弹出如图 7-26 所示的对话框。

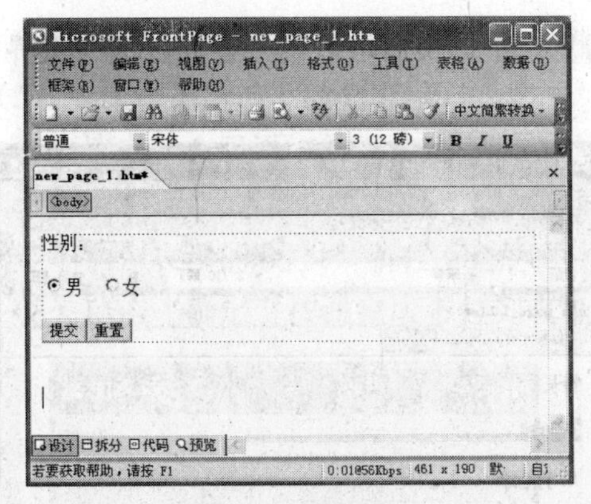

图 7-25 选项按钮

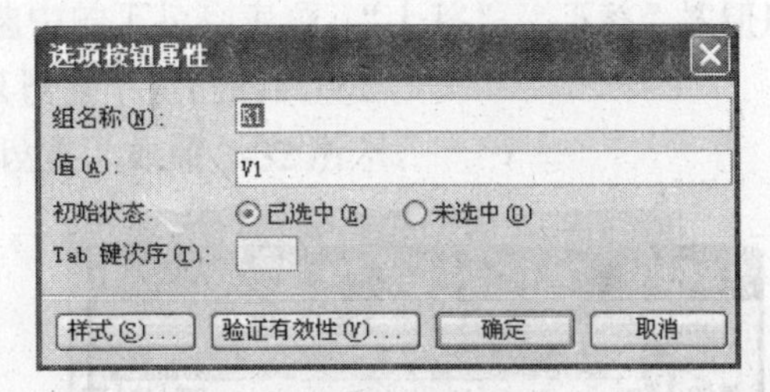

图 7-26 设置选项按钮属性

（5）在“初始状态”选项区中，对选项按钮的初始状态即该按钮是否被选中进行设置。在“值”输入框中输入这个选项按钮表达的值。

（6）单击“验证有效性”按钮，此时弹出如图 7-27 所示的对话框。在对话框中选中“要求有数据”复选框，然后在“显示名称”输入框中输入对选项按钮进行有效性验证的提示语句，例如“该按钮没有数据”。最后单击“确定”按钮，返回“选项按钮属性”对话框，然后单击“确定”按钮，会到网页设计界面。

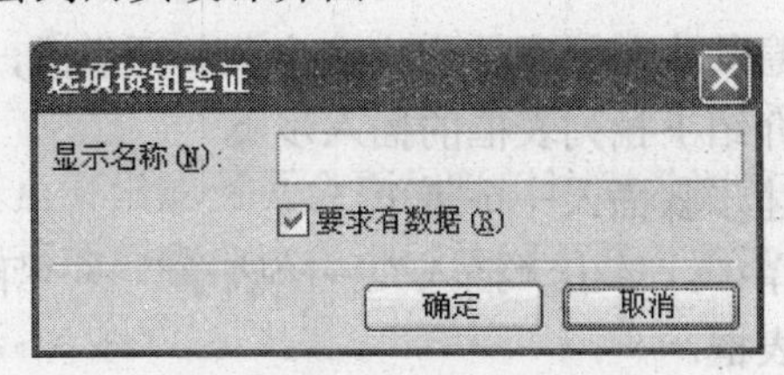

图 7-27 验证选项按钮有效性

（7）按照步骤（2）～（6）依次插入其他的选项按钮。

4．复选框

在前面介绍的选项按钮是在一组选项按钮中只能选中其中的一个选项按钮，在网页中有时候还需要提供一组选项让访问者进行多个选项的选择即多选，这时可以使用复选框来实现。复选框的用法如下所述。

（1）在网页中按照前述步骤插入一个表单。

（2）将插入点移至表单中，单击“插入”→“表单”→“复选框”命令，此时在插入点插入了一个复选框。

（3）在复选框后可以输入选项的表达值，如“排球”。

（4）对复选框属性进行设置。右击刚才插入的复选框，在弹出的快捷菜单中选择“表单域属性”选项，此时弹出如图 7-28 所示的对话框。

（5）在“名称”输入框中输入复选框的名称，默认的值是字母 C 和一个数字。在“值”输入框中输入复选框的值。在“初始状态”选项区中，对复选框的初始状态即该按钮是否被选中进行设置，最后单击“确定”按钮。

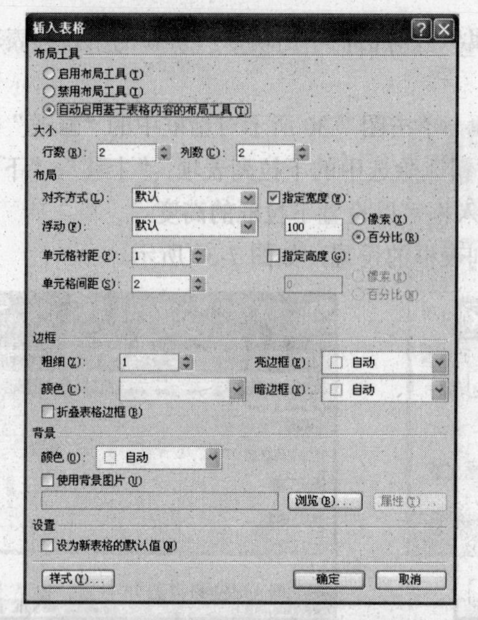

图 7-33 “插入表格”对话框

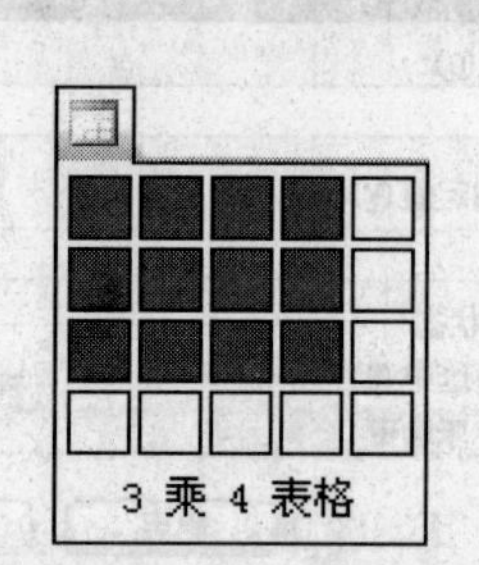

图 7-34 “插入表格”按钮

方法三：前面介绍的两种创建表格的方法适用于比较规则的表格的制作，如果需要制作的表格比较复杂，可以使用手工绘制表格的方法制作，具体操作如下：

（1）选择“表格”菜单中的“绘制表格”命令，此时出现“表格”工具栏，如图 7-35 所示。

图 7-35 “表格”工具栏

（2）单击“表格”工具栏上的“绘制表格”按钮，使该按钮呈现选中状态，此时，鼠标移动到编辑区，其指针将变成笔形。

（3）在编辑区需要插入列表的位置拖动鼠标，此时出现跟随鼠标不断变化的矩形框。

（4）拉动矩形框到合适的大小后，释放鼠标，即可绘制出表格的外框。

（5）继续使用上述方法用“绘制表格”按钮在方框内画出表格的框架结构，如横线、竖线，形成单元格。图 7-36 所示就是一个绘制的表格。

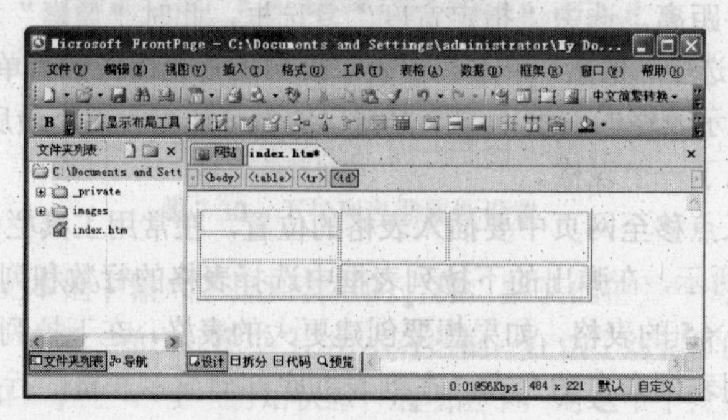

图 7-36 手工绘制的表格

（6）绘制完毕，再次单击“表格”工具栏上的“绘制表格”按钮，此时鼠标在编辑区的指针将恢复原状，可以继续输入文本。

如果需要对绘制的表格进行修改，如删除某些边线或者单元格，可以单击“表格”工具栏上的“擦除”按钮，此时将鼠标移动到编辑区，其指针将变成橡皮形状，在要擦除的边线上拖动，可以看到这条边线会变成红色，释放鼠标，这时这条边线就被擦除了。

2．表格表头的设置

有些表格的第一行用来表示各个列所代表的含义，即表头，在FrontPage中可以快速地设置表头。通常设置为表头的单元格中的字体较粗，且对齐方式为居中对齐。设置表头的操作步骤如下：

（1）将插入点置于表格第一行中的任意一个单元格中。

（2）单击鼠标右键，在弹出的右键菜单中选择“单元格属性”命令，此时弹出“单元格属性”对话框，如图7-37所示。

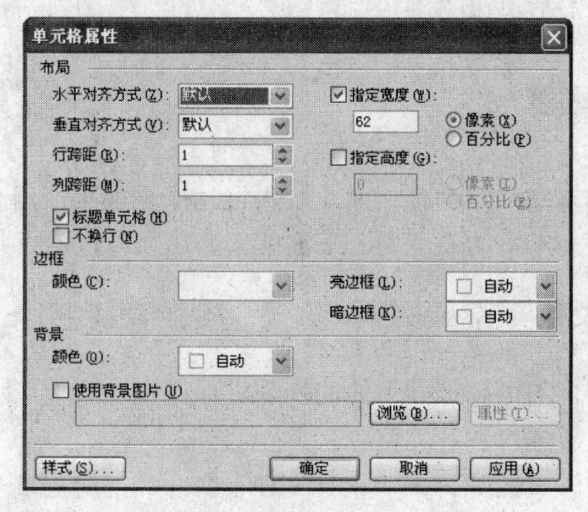

图7-37　“单元格属性”对话框

（3）在对话框中选中“标题单元格”复选框，单击“确定”按钮，此时表格的第一行设置为表头了，在第一行中输入文本信息，可以看到其字体与其他行不一样。

3．合并单元格

合并单元格就是将几个相邻的单元格合并成一个大的单元格。合并单元格的操作如下：

（1）选定要合并的单元格。

（2）选择“表格”→“合并单元格”命令，这时选中的若干单元格就合并为一个大单元格。

4．拆分单元格

拆分单元格与合并单元格的含义正好相反。就是将一个单元格拆分成多个单元格。拆分单元格的操作如下：

（1）选定要拆分的单元格。

（2）选择“表格”→“拆分单元格”命令，此时出现“拆分单元格”对话框，如图 7-38 所示。

（3）在“拆分成列”或者“拆分成行”单选按钮中根据具体要求选中其中一个，此时单选按钮下面会出现对应的“列数”或者“行数”微调框，在其中分别输入单元格要拆分的列数或者行数。

（4）单击“确定”按钮，单元格就按照输入的数值进行拆分了。

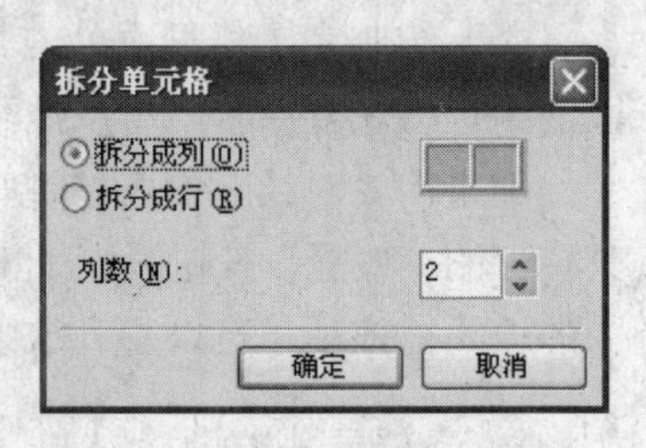

图 7-38 “拆分单元格”对话框

5. 设置表格的属性

创建了表格后，可以对表格进行背景、边框等设置，具体操作如下：

将插入点移至表格中的任意一个单元格中，右击，在弹出的菜单中选择“表格属性”命令，在弹出的“表格属性”对话框中可以设置表格的行数、列数以及表格的对齐方式、表格的边框和背景等，最后单击“确定”按钮。

7.3.6 插入并编辑图像

网页中如果全部都是文字，会使得网页变得很枯燥，如果在网页中适当加入图像、音频等，会为网页增加更加丰富的表现力。下面就来介绍如何在网页中插入并编辑图像。

1. 插入外部图片文件

要在网页中插入图像的可以按照下面的步骤进行操作：

（1）将插入点移至要插入图片的位置。

（2）单击“插入”→“图片”→“来自文件”命令，此时出现“图片”对话框，如图 7-39 所示。

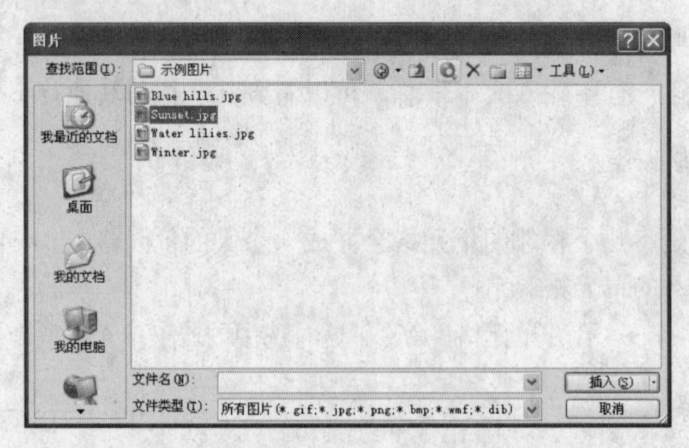

图 7-39 “图片”对话框

（3）在对话框的“查找范围”下拉列表框中选择图片文件所在的位置，在文件列表框中选择要插入的图片文件。

（4）单击“插入”按钮，选中的图片就被插入到网页中。

2．插入剪贴画

将剪贴画插入到网页中的操作如下：

（1）将插入点移至要插入剪贴画的位置。

（2）单击“插入”→“图片”→“剪贴画”命令，此时出现“剪贴画”任务窗格，如图7-40所示。

（3）在“剪贴画”任务窗格中的“搜索范围”下拉列表框中选择要搜索的集合。

（4）单击“结果类型”下拉框中的箭头并选择要查找的剪辑类型旁边的复选框。

（5）在“搜索”输入框中，键入描述所需剪辑（一个媒体文件，包含图片、声音、动画或电影）的词汇，或键入剪辑的全部或部分文件名。

（6）单击“搜索”按钮。此时Frontpage开始按照搜索条件查找合适的剪贴画，并将其显示在结果框中。

（7）在结果框中单击剪辑，将其插入到文档的插入点位置。

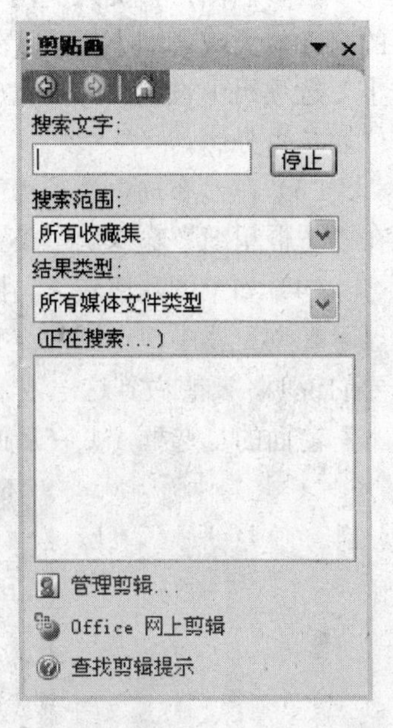

图7-40　“剪贴画”任务窗格

如果不知道确切的文件名，可使用通配符表示一个或多个实际字符。使用星号（*）表示文件名中的零个或多个字符。使用问号（?）表示文件名中的单个字符。

3．设置图像的属性

当在网页中插入图片后，还需要对图片进行一些调整，以符合网页的布局与整体设计风格，下面就来介绍图像属性的设置方法。

（1）在网页中选中要调整的图片，右击图片，在弹出的快捷菜单中选择“图片属性”命令，弹出“图片属性”对话框，如图7-41所示。

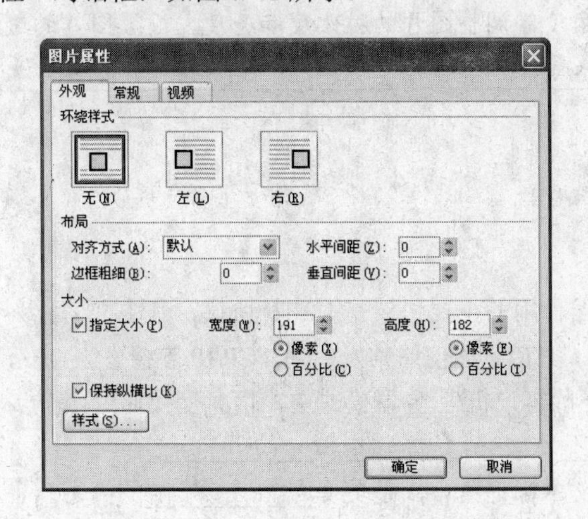

图7-41　“图片属性”对话框

（2）当图片被插入到网页中时，默认情况下图片的大小为原来的大小，如果想将图片的尺寸放大或者缩小，可以在弹出的“图片属性”对话框的“外观”选项卡中设置。在“大小”选项组中设置图片的宽度和高度，这里可以选择图片宽度和高度的单位是采用像素单位还是百分比。

（3）在“布局”选项组的“对齐方式”下拉列表框中设置图片在网页中的对齐方式。在“边框粗细”输入框中设置图片边框的宽度。

（4）如果图片比较大，网络速度比较慢的话，网页中的图片可能会耗费很长时间才能显示在浏览器中，在图片没有完全显示在浏览器中时，可以通过一些文字来对图片进行必要的说明，要想做到这一效果，选中“常规”选项卡如图 7-42 所示，选中对话框中部的“文本”前面的复选框，并在后面的输入框中输入对图片的文字描述。

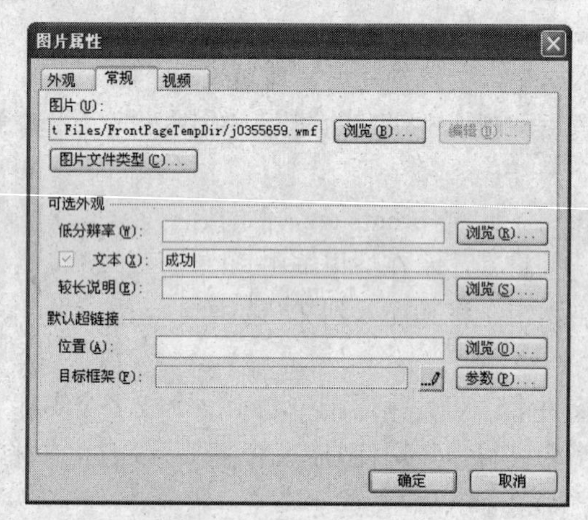

图 7-42　“常规”选项卡

（5）单击“确定”按钮，完成图片的属性设置。

提示： 单击“视图”→“工具栏”→“图片”命令，此时弹出“图片”工具栏,利用图片工具栏上的按钮可以设置图片的灰度，在图片上添加文本信息，旋转图片的角度，调整图片的对比度和亮度，设置图片的透明度、颜色模式和凹凸效果等。

7.4　练　习　题

1．填空题

（1）WWW 服务器使用的主要协议是 HTTP 协议，其中文名称为____________。

（2）在 Internet 上，HTTP 通信通常发生在 TCP/IP 连接之上，默认端口是__________。

（3）HTTP 协议下的客户机/服务器模式中，信息交换通过四个步骤实现。分别为：____________，__________，____________和____________。

（4）HTML 即超文本标记语言，是英文____________的简写。

（5）FrontPage 提供____________，____________，____________和____________4 种

数据类型。

2．选择题

（1）下哪种协议不是建立在TCP/IP协议之上的？______

A．FTP　　B．MAC　　C．SMTP　　D．NNTP

（2）HTML语言最早出现于______年

A．1985　　B．1990　　C．1996　　D．2001

（3）HTML语言的发明人是______。

A．Vannevar Bush　　B．Doug Engelbart

C．Charles Goldfarb　　D．Tim Berners-Lee

（4）网页的主题概括了一个站点的大致模式。它不包括下面哪个内容______。

A．网站构架　　B．背景颜色

C．字体大小　　D．链接样式

（5）在访问网站的时候，经常需要与网页进行一些交互，如填写个人基本信息等，这些与网站访问者交互以及从访问者那里收集信息的工作都是通过网页中的______实现的。

A．表单　　B．表格　　C．图片　　D．超链接

3．问答题

（1）FrontPage 2003的窗口由几部分组成？它们各自的作用是什么？

（2）什么是HTTP？

（3）HTTP的特点有哪些？

（4）什么是HTML？

（5）利用FrontPage中的网站向导创建一个个人网站，并利用表格、表单等技术设计出有个人特色的网站。

第8章

计算机网络基础

计算机网络是现代高科技的重要组成部分，是计算机技术与通信技术紧密结合的产物。计算机网络综合了计算机与通信两方面的新技术，涉及面宽，应用范围广。它将原本相互孤立的各个主机、设备连接起来，实现了快速、稳定、便捷的信息传输，对信息技术的发展有着深刻的影响。离开计算机网络就谈不上信息化社会，任何企事业单位的信息管理系统、办公自动化系统、商业自动化系统、生产科研系统、金融系统等都离不开计算机网络。因此，了解和掌握计算机网络技术的相关知识和技术是十分必要的。通过本章的学习，应掌握以下几点。

本章主要内容

- 计算机网络的定义、历史及分类
- 基础的网络硬件知识
- TCP/IP 协议的基础知识
- Internet 的历史和基础知识
- 电子邮件及其客户端 Outlook Express 的使用

8.1 计算机网络概述

8.1.1 网络的基本知识和概念

对计算机网络这个概念的理解和定义，随着计算机网络本身的发展，在不同时期提出了各种不同的观点。因此对计算机网络的定义是和其发展紧密相关的。几十年来，计算机网络的发展经历了 3 个主要阶段：以单机为中心的通信系统、多个计算机互连的计算机网络及国际标准化的计算机网络。

1．以单机为中心的通信系统

世界上第一台电子数字计算机 ENIAC 诞生在美国。当时的计算机数量极少而且价格十分昂贵。由于计算机系统是高度集中的，所有的设备安装在单独的大房间中，后来出现了批处理和分时系统，分时系统所连接的多个终端必须紧接着主计算机。这样用户只能到计算机机房使用计算机，这显然是很不方便的。1954 年终端器诞生后，许多系统都将地理上分散的多个终端通过通信线路连接到一台中心计算机上。这样就形成了最初的计算机网络。

这种以一台单独的计算机为中心的通信系统称为第一代计算机网络。这样的系统中除了中心计算机（主机）外的其他终端都不具备自主处理功能。终端仅仅完成向中心计算机输入数据和收收中心计算机输出的工作，而中心计算机则完成终端的请求并向其发送结果。因此也称面向终端的计算机网络。

面向终端的计算机网络在结构上有 3 种形式：第一种是计算机经通信线路与若干终端直接相连，如图 8-1 所示。当通信线路增加时，费用增大，于是出现了若干终端共享通信线路的第二种结构，如图 8-2 所示。

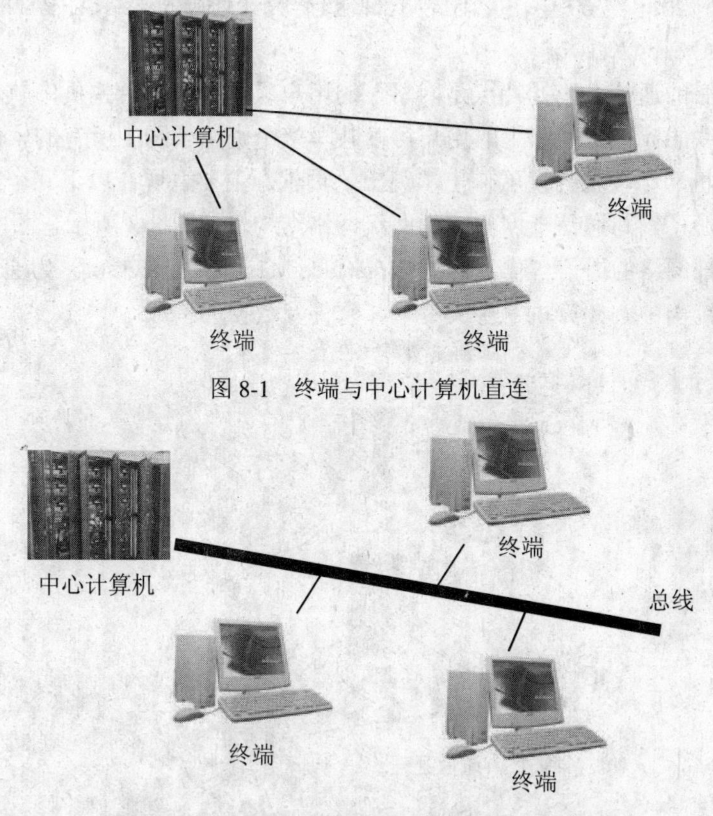

图 8-1　终端与中心计算机直连

图 8-2　终端与中心计算机通过总线相连

当多个终端共享一条通信线路时，突出的矛盾是若多个终端同时要求与主机通信时，主机应该选择哪一个终端通信。为解决这一问题，主机需增加相应的设备和软件，完成相应的通信协议转换，使得主机工作负荷加重。为了减轻主机地负担，在主机前增加通信处理机 CCP（Communication Control Processor）或前端机 FEP（Front End Processor），在终端云集的地方增加集中器（Concentrator）或多路器，这就是第三种结构。前端处理机专门负责通信控制，而主机专门进行数据处理。集中器实际上是设在远程终端的通信处理机，其作用是实现多个终端共享同一通信线路。对于远距离通信，为了降低费用，可借助公用电话网和调制解调器完成信息传输任务。20 世纪 60 年代初美国航空公司与 IBM 公司联合研制的预订飞机票系统由一个主机和 2000 多个终端组成，是一个典型的面向终端的计算机网络。

在这个阶段，计算机网络可以定义为“以传输信息为目的而连接起来，实现远程信息处理或进一步达到资源共享的系统”。这时的计算机网络系统已具备了通信的雏形。

2. 多个计算机互联的计算机网络

20 世纪 60 年代末出现了多个计算机互联的计算机网络，这种网络将分散在不同地点的计算机经通信线路互联。主机之间没有主从关系，网络中的多个用户可以共享计算机网络中的软、硬件资源，故这种计算机网络也称共享系统资源的计算机网络。第二代计算机网络的典型代表是是 20 世纪 60 年代美国国防部高级研究计划局的网络 ARPANET（Advanced Research Project Agency Network）。

以单机为中心的通信系统的特点是网络上的用户只能共享一台主机中软件、硬件资源。而多个计算机互联的计算机网络上的用户可以共享整个资源子网上所有的软件、硬件资源。ARPA 网对计算机网络技术的发展作出了突出的贡献，主要表现在以下几个方面。

（1）采用资源子网与通信子网组成的两级网络结构，如图 8-3 所示。图中虚线内是通信子网，负责全部网络的通信工作，IMP（Interface Message Processor）为通信处理机。虚线外为资源子网，由中心计算机、各类终端、软件及数据库构成。

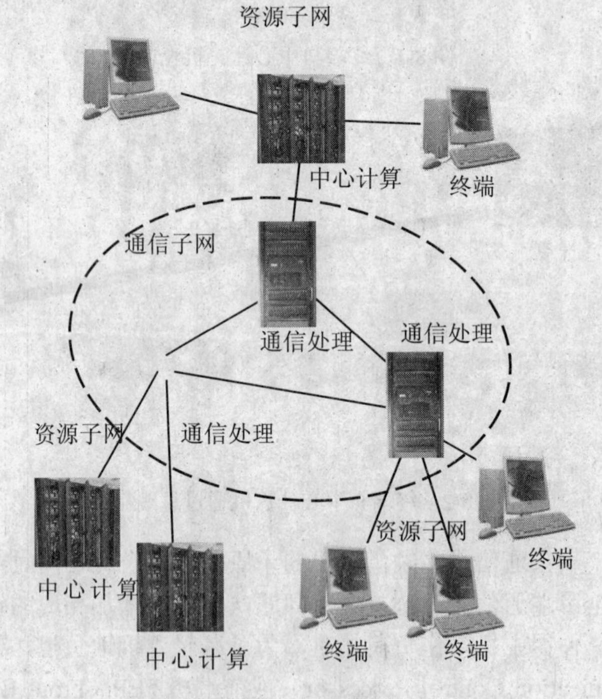

图 8-3　通信子网和资源子网

（2）采用报文分组交换方式。

（3）采用层次结构的网络协议。

这个时期的计算机网络以通信子网为中心，其概念可以定义为：以能够相互共享资源为目的互联起来的具有独立功能的计算机之集合体。这也形成了计算机网络的基本概念。

3. 国际标准化的计算机网络

国际标准化的计算机网络属于第三代计算机网络，它具有统一的网络体系结构，遵循国际标准化协议。标准化的目的使得不同计算机及计算机网络能方便地互联起来。

20 世纪 70 年代后期人们认识到第二代计算机网络存在明显不足，主要表现有：各个厂商各自开发自己的产品，产品之间不能通用；各个厂商各自制定自己的标准，不同的标准之间转换非常困难。这显然阻碍了计算机网络的普及和发展。1980 年国际标准组织 ISO 公布了开放系统互连参考模型（OSI/RM），成为世界上网络体系的公共标准。遵循此标准可以很容易地实现网络互联。该模型分为七个层次，也称为 OSI 七层模型，被公认为新一代计算机网络体系结构的基础。从 20 世纪 80 年代末开始，局域网技术发展成熟，出现光纤及高速网络技术、多媒体、智能网络等新的技术名词。整个网络就像一个对用户透明的大的计算机系统，发展为以 Internet 为代表的互联网。

这个时期的计算机网络可以定义为：将多个具有独立工作能力的计算机系统通过通信设备和线路由功能完善的网络软件实现资源共享和数据通信的系统。

在目前和今后的一段时期，上面定义的 3 种计算机网络系统还将并存，而且新的技术还在不断地出现。但可以从上面 3 类计算机网络中总结得到计算机网络的特点，用于定义广义的计算机网络：

- 至少两台计算机互联；
- 需要通信设备与线路介质；
- 需要网络软件，包括通信协议和网络操作系统等。

8.1.2 计算机网络分类

由于计算机网络技术涉及的因素很多，因此存在很多的分类标准。一般来说，常见的分类标准有以下几种：

- **按照网络布线的拓扑结构分类：**有星型、总线型、环型等。
- **按照使用范围分类：**有公众网、教育网等。
- **按照传输技术分类：**有广播式、点对点式网络等。
- **按交换方式分类：**有报文交换、分组交换等。
- **按计算机网络的分布距离分类：**有局域网、城域网、广域网等。

事实上，这些分类标准都只能给出网络某方面的特征，并不能使用某一种分类完全地反映网络技术的所有本质。但目前比较公认的能较好地反映网络技术本质的分类方法是按计算机网络的分布距离分类。因为在距离、速度、技术细节三大因素中，距离影响速度，速度影响技术细节。

计算机网络按分布距离可分为局域网（LAN）、城域网（MAN）和广域网（WAN）。

1. 局域网（Local Area Network）

局部区域网络（Local Area Network）通常简称为“局域网”，缩写为 LAN。局域网是结构复杂程度最低的计算机网络，仅是在同一地点上经网络连在一起的一组计算机。局域网作用范围小，分布在一个房间、一个建筑物或一个企事业单位。地理范围在 10m～1km。传输速率在 1Mbps 以上。目前常见局域网的速率有 10Mbps、100Mbps。局域网技术成熟，发展快，是计算机网络中最活跃、应用最广泛的一类网络。

通常将具有如下特征的网称为局域网。

网络所覆盖的地理范围比较小。通常不超过几十公里，甚至只在一幢建筑或一个房间内。

信息的传输速率比较高,其范围自 1Mbps 到 10Mbps，近来已达到 100Mbps。而广域网运行时的传输率一般为 2400bps、9600bps 或者 38.4Kbps、56.64Kbps。专用线路也只能达到 1.544Mbps。

局域网的经营权和管理权属于某个单位。

2. 城域网（Metropolitan Area Network）

城域网（Metropolitan Area Network，MAN）基本上是一种大型的局域网。城域网通常使用与局域网相似的技术。它可以覆盖一组邻近的公司办公室或一个城市，地理范围为 5km～10km，传输速率在 1Mbps 以上，既可能是私有的也可能是公用的。MAM 可以支持数据和声音，并且可能涉及到当地的有线电视网。MAN 仅使用一条或两条电缆，并且不包含交换单元，即把分组分流到几条可能的引出电缆的设备。

把 MAN 列为单独的一类的主要原因是，其使用分布式队列双总线 DQDB（Distributed Queue Dual Bus）标准，即 IEEE 802.6 标准。DQDB 由两条单向总线（电缆）组成，所有的计算机都连接在上面。IEEE 802.6 标准的使用大大地简化了城域网的设计。

3. 广域网（Wide Area Network）

广域网（Wide Area Network WAN）是一种跨越大的地域的网络，通常包含一个国家或洲。它是影响广泛的复杂网络系统。包含想要运行用户（即应用）程序的机器的集合。广域网由两个以上的局域网构成，这些局域网间的连接可以穿越 50km 以上的距离。大型的 WAN 可以由各大洲的许多 LAN 和 MAN 组成。最广为人知的 WAN 就是 Internet，它由全球成千上万的 LAN 和 WAN 组成。

8.1.3 网络互联的硬件设备

由于网络的普遍应用，为了满足在更大范围内实现相互通信和资源共享，网络之间的互联成为了迫切的需求。但为了使不同的网络连接起来，必须解决如下问题：

- 在物理上如何把两种网络连接起来；
- 如何解决它们之间的协议方面的差别；
- 如何处理速率与带宽的差别。

解决这些问题的方法就是使用各种不同的硬件，对不同网络之间的差异进行转换协调，转。如中继器、网桥、路由器和网关等。本节将介绍一般网络互联的硬件设备。

1. 中继器

中继器（RP Repeater）是连接网络线路的一种装置如图 8-4 所示，常用于两个网络节点之间物理信号的双向转发工作。中继器是最简单的网络互联设备，主要完成物理层的功能，负责在两个节点的物理层上按位传递信息，完成信号的复制、调整和放大功能，以此来延长网络的长度。

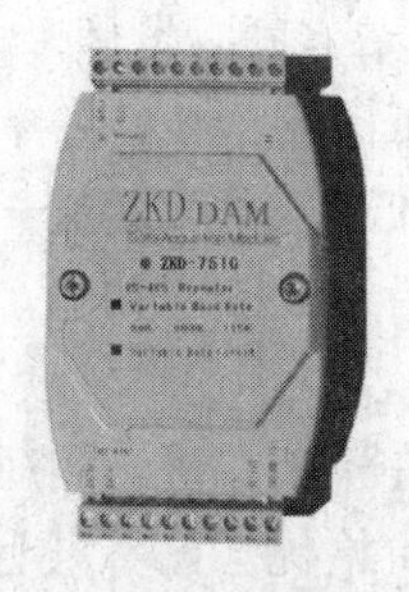

图 8-4 中继器

由于存在损耗，在线路上传输的信号功率会逐渐衰减，衰减到一定程度时将造成信号失真，因此会导致接收错误。中继器就是为解决这一问题而设计的。它完成物理线路的连接，对衰减的信号进行放大，保持与原数据相同。一般情况下，中继器的两端连接的是相同的媒体，但有的中继器也可以完成不同媒体的转接工作。从理论上讲中继器的使用是无限的，网络也因此可以无限延长。事实上这是不可能的，IEEE802 标准规定最多允许 4 个中继器接五个网段。中继器工作在物理层，不提供网段隔离功能。

2. 特殊的中继器

（1）集线器。

集线器的英文名称为 Hub，Hub 是“中心”的意思。集线器是一种以星型拓扑结构将通信线路集中在一起的设备，相当于总线。其主要功能是对接收到的信号进行再生整形放大，以扩大网络的传输距离，同时把所有节点集中在以它为中心的节点上。集线器工作在物理层，与网卡、网线等传输介质一样，属于局域网中的基础设备，采用 CSMA/CD（一种检测协议）访问方式。集线器是局域网中应用最广的连接设备，如图 8-5 所示按配置形式分为独立型 Hub，模块化 Hub 和堆叠式 Hub 三种。

智能型 Hub 改进了一般 Hub 的缺点，增加了桥接能力，可滤掉不属于自己网段的帧，增大网段的频宽，且具有网管能力和自动检测端口所连接的 PC 网卡速度的能力。市场上常见有 10M、100M 等速率的 Hub。

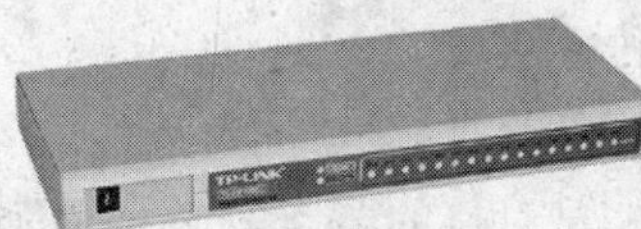

图 8-5 集线器

集线器属于纯硬件网络底层设备，发送数据是没有针对性的，采用广播方式发送。也就是说，当它要向某节点发送数据时，不是直接把数据发送到目的节点，而是把数据包发送到与集线器相连的所有节点。这种广播发送数据方式有以下几个方面的不足：

① 用户数据包向所有节点发送，很可能带来数据通信的不安全因素，一些别有用心的人很容易就能非法截获他人的数据包。

② 由于所有数据包都是向所有节点同时发送，加上以上所介绍的共享带宽方式，就更加可能造成网络塞车现象，更加降低了网络执行效率。

③ 非双工传输，网络通信效率低。集线器的同一时刻每一个端口只能进行一个方向的数据通信，而不能像交换机那样进行双向双工传输，网络执行效率低，不能满足较大型网络的通信需求。

正因如此，尽管集线器技术也在不断改进，实质上就是加入了一些交换机技术。但随着交换机价格的不断下降，仅有的价格优势已不再明显，集线器的市场越来越小，处于淘汰的边缘。尽管如此，集线器对于家庭或者小型企业来说，在经济上还是有一点诱惑力的，特别适合家庭几台机器的网络中或者中小型公司作为分支网络使用。

（2）交换器（Switch）。

Switch"，它是集线器的升级换代产品。从外观上来看，它与集线器基本上没有多大区别，都是带有多个端口的长方体。交换机是按照通信两端传输信息的需要，用人工或设备自动完成的方法把要传输的信息送到符合要求的相应路由上的技术统称。广义的交换机就是一种在通信系统中完成信息交换功能的设备。

交换机的主要功能包括物理编址、网络拓扑结构、错误校验、帧序列以及流量控制。目前一些高档交换机还具备了一些新的功能，如对 VLAN（虚拟局域网）的支持、对链路汇聚的支持，甚至有的还具有路由和防火墙的功能。

交换机拥有一条很高带宽的背部总线和内部交换矩阵。交换机的所有端口都挂接在这条背部总线上。控制电路收到数据包以后，处理端口会查找内存中的 MAC 地址（网卡的硬件地址）对照表以确定目的 MAC 的 NIC（网卡）挂接在哪个端口上，通过内部交换矩阵直接将数据包迅速传送到目的节点，而不是所有节点。目的 MAC 若不存在才广播到所有的端口。这种方式效率高，不会浪费网络资源。只是对目的地址发送数据，也不易产生网络堵塞，数据传输安全也得到了一定的保证，因为它不是对所有节点都同时发送，发送数据时其他节点很难侦听到所发送的信息。这也是交换机为什么会很快取代集线器的重要原因之一。

交换机与集线器的区别主要体现在如下几个方面：

① 在 OSI/RM（OSI 参考模型）中的工作层次不同。集线器是同时工作在第一层（物理层）和第二层（数据链路层）。而交换机工作在第二层之上，更高级的交换机可以工作在第三层（网络层）和第四层（传输层）。

② 交换机的数据传输方式不同。集线器的数据传输方式是广播（Broadcast）方式。而交换机的数据传输是有目的的，只对目的节点发送。交换机只有在 MAC 地址表中找不到的情况下，才使用广播方式发送。然后交换机记录目标的 MAC 地址，再次发送就不采用广播发送，而又是有目的的发送。这样的好处是数据传输效率提高了，不会出现广播风暴，在安全性方面也不会出现其他节点侦听的现象。

③ 带宽占用方式不同。在带宽占用方面，集线器所有端口是共享集线器的总带宽，而

交换机的每个端口都具有自己的带宽。这实际上使交换机每个端口的带宽比集线器端口可用带宽要高许多，也就决定了交换机的传输速度比集线器要快许多。

④ 传输模式不同。集线器采用半双工方式进行传输。因为集线器是共享传输介质的，这样在上行通道上集线器一次只能传输一个任务。要么是接收数据，要么是发送数据。而交换机则不一样，它是采用全双工方式来传输数据的，因此在同一时刻可以同时进行数据的接收和发送。

3．网桥

网桥工作在数据链路层，将两个局域网（LAN）连起来，根据 MAC 地址（物理地址）来转发帧。它可以有效地连接两个 LAN，使本地通信限制在本网段内，并转发相应的信号至另一网段，网桥通常用于连接数量不多的同一类型的网段。网桥通常分为透明网桥和源路由选择网桥两大类。

（1）透明网桥

简单的讲，使用这种网桥，不需要改动硬件和软件，无需设置地址开关，无需装入路由表或参数。只需插入电缆既可，现有 LAN 的运行完全不受网桥的任何影响。

（2）源路由选择网桥

源路由选择的核心思想是假定每个帧的发送者都知道接收者是否在同一局域网（LAN）上。当发送一帧到另外的网段时，源机器将目的地址的高位设置成 1 作为标记。另外，它还在帧头加进此帧应走的实际路径。

4．路由器

路由器是在多个网络和介质之间实现网络互联的一种设备，是一种比网桥更复杂的网络互联设备，如图 8-6 所示。

图 8-6　路由器

所谓“路由”，是指把数据从一个地方传送到另一个地方的行为和动作。而路由器正是执行这种行为动作的机器。路由器的英文名称为 Router，它能将不同网络或网段之间的数据信息进行“翻译”，以使它们能够相互“明白”对方的数据的含义，从而在更大的范围内实现互联。简单地讲，路由器主要有以下几种功能：

（1）网络互联。路由器支持各种局域网和广域网接口，主要用于互联局域网和广域网，实现不同网络互相通信。

（2）数据处理。提供包括分组过滤、分组转发、优先级、复用、加密、压缩和防火墙等功能。

（3）网络管理。路由器提供包括配置管理、性能管理、容错管理和流量控制等功能。

（4）提供隔离，划分子网。路由器的每一端口都是一个单独的子网。

（5）支持备用网络路径，支持网状网络拓扑，互联多个局域网和广域网。适用于大型交换网络无环路拓扑。

可以认为使用路由器后，形形色色的通信子网融为一体，形成了一个更大范围的网络，从宏观的角度出发,可以认为通信子网实际上是由路由器组成的网络，路由器之间的通信则通过各种通信子网的通信能力予以实现。

为了完成"路由"的工作，在路由器中保存着各种传输路径的相关数据——路由表（Routing Table），供路由选择时使用。路由表中保存着子网的标志信息、网上路由器的个数和下一个路由器的名字等内容。路由表可以是由系统管理员固定设置好的，也可以由系统动态修改，可以由路由器自动调整，也可以由主机控制。在路由器中涉及到两个有关地址的名字概念：静态路由表和动态路由表。由系统管理员事先设置好固定的路由表称之为静态（Static）路由表，一般是在系统安装时就根据网络的配置情况预先设定的，它不会随未来网络结构的改变而改变。动态（Dynamic）路由表是路由器根据网络系统的运行情况而自动调整的路由表。路由器根据路由选择协议（Routing Protocol）提供的功能，自动学习和记忆网络运行情况，在需要时自动计算数据传输的最佳路径。

5．网关

网关（Gateway）是用来互联完全不同的网络的硬件设备，是一个网络连接到另一个网络的"关口"。网关可以把一种协议变成另一种协议，把一种数据格式变成另一种数据格式，把一种速率变成另一种速率，以求两者的统一。在 Internet 中，网关是一台计算机设备，它能根据用户通信用的计算机的 IP 地址，界定是否将用户发出的信息送出本地网络，同时，它还将外界发送给本地网络计算机的信息接收。

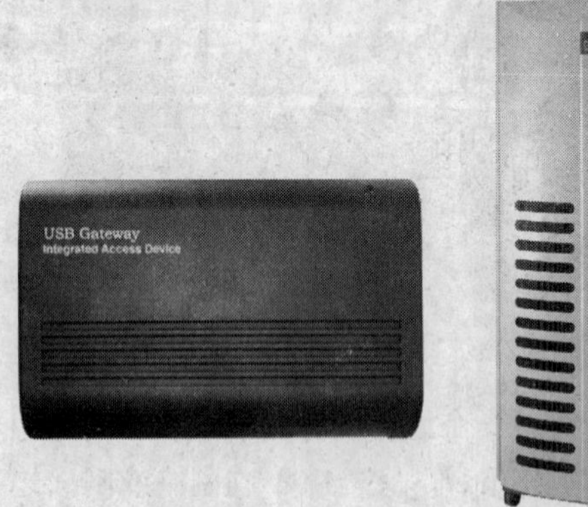

图 8-7　网关

网关在功能上是一个网络通向其他网络的 IP 地址。比如有网络 1 和网络 2，网络 1 的 IP 地址范围为 192.168.1.1～192.168.1.254，子网掩码为 255.255.255.0；网络 2 的 IP 地址范围为 10.0.11.1~10.0.11.254，子网掩码为 255.255.255.0。在没有网关的情况下，两个网络之间是不能进行 TCP/IP 通信的。即使是两个网络连接在同一台交换机（或集线器）上，TCP/IP 协议也会根据子网掩码（255.255.255.0）判定两个网络中的主机处在不同的网络。而要实现这两个网络之间的通信，则必须通过网关。如果网络 1 中的主机发现数据包的目的主机不在本地网络中，就把数据包转发给它自己的网关，再由网关转发给网络 2 的网关，网络 2 的网关再转发给网络 2 的某个主机（如图 8-8 所示）。网络 2 向网络 1 转发数据包的过程也是如此。

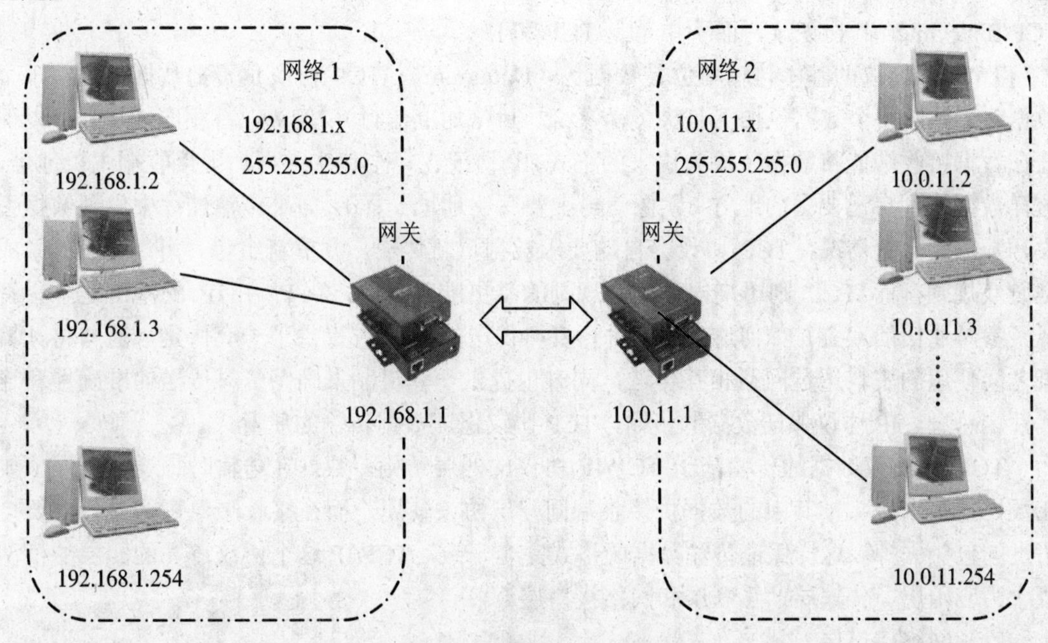

图 8-8 网关功能示意图

由于网关具有强大的功能并且大多数时候都和应用有关，一般来讲它们比路由器的价格要贵一些。另外，由于网关的传输更复杂，它们传输数据的速度要比网桥或路由器低一些。正是由于网关较慢，它们有造成网络堵塞的可能。然而，在某些场合只有网关能胜任工作。常见的网关如下：

- **电子邮件网关**：通过这种网关可以从一种类型的系统向另一种类型的系统传输数据。例如，电子邮件网关可以允许使用 A 电子邮件的人与使用 B 电子邮件的人相互通信。
- **主机网关**：通过这种网关，可以在一台个人计算机与大型机之间建立和管理通信。
- **因特网网关**：这种网关允许并管理局域网和因特网间的接入。因特网网关可以限制某些局域网用户访问因特网，反之亦然。
- **局域网网关**：通过这种网关，运行不同协议或运行于 OSI 模型不同层上的局域网网段间可以相互通信。路由器甚至只用一台服务器都可以充当局域网网关。局域网网关也包括远程访问服务器。它允许远程用户通过拨号方式接入局域网。

8.1.4 TCP/IP 协议

1. TCP/IP 协议的定义

TCP/IP 协议（Transfer Control Protocol/Internet Protocol）叫做传输控制/网际协议，又

叫网络通信协议，这个协议是 Internet 国际互联网络的基础。TCP/IP 是网络中使用的基本的通信协议。虽然从名字上看 TCP/IP 包括两个协议：传输控制协议（TCP）和网际协议（IP），但 TCP/IP 实际上是一组协议，它包括上百个各种功能的协议，如：远程登录、文件传输和电子邮件等，而 TCP 协议和 IP 协议是保证数据完整传输的两个基本的重要协议。通常说 TCP/IP 是 Internet 协议族，而不单单是 TCP 和 IP。

TCP/IP 协议的基本传输单位是数据包（Datagram），TCP 协议负责把数据分成若干个数据包，并给每个数据包加上包头（就像给一封信加上信封），包头上有相应的编号，以保证在数据接收端能将数据还原为原来的格式，IP 协议在每个包头上再加上接收端主机地址，这样数据找到自己要去的地方（就像信封上要写明地址一样），如果传输过程中出现数据丢失、数据失真等情况，TCP 协议会自动要求数据重新传输，并重新组包。可以把 IP 看成是游戏规则，而 TCP 则用来诠释这些规则的。更准确来说，TCP 在 IP 的基础之上，解释了参与通信的双方是如何透过 IP 进行资料传送的。TCP 提供了一套协定，能够将计算机之间使用的资料透过网路相互传送，同时也提供一套机制来确保资料传送的准确性和连续性。总之，IP 协议保证数据的传输，TCP 协议保证数据传输的质量。

TCP/IP 协议数据的传输基于 TCP/IP 协议的四层结构。数据在传输时每通过一层就要在数据上加个包头，其中的数据供接收端同一层协议使用，而在接收端，每经过一层要把用过的包头去掉，这样保证传输数据的格式完全一致。TCP/IP 这个协议遵守的四层的模型概念为应用层、传输层、互联层和网络接口层。

（1）网络接口层。

模型的基层是网络接口层。负责数据帧的发送和接收，帧是独立的网络信息传输单元。网络接口层将帧放在网上，或从网上把帧取下来。

（2）互联层。

互联协议将数据包封装成 internet 数据报，并运行必要的路由算法。一共有 4 个互联协议：

- **网际协议 IP**：负责在主机和网络之间寻址和路由数据包。
- **地址解析协议 ARP**：获得同一物理网络中的硬件主机地址。
- **网际控制消息协议 ICMP**：发送消息，并报告有关数据包的传送错误。
- **互联组管理协议 IGMP**：被 IP 主机拿来向本地多路广播路由器报告主机组成员。

（3）传输层。

有传输协议在计算机之间提供通信会话。传输协议的选择根据数据传输方式而定。两个传输协议：

- **传输控制协议 TCP**：为应用程序提供可靠的通信连接。适合于一次传输大批数据的情况。并适用于要求得到响应的应用程序。
- **用户数据报协议 UDP**：提供了无连接通信，且不对传送包进行可靠的保证。适合于一次传输小量数据，可靠性则由应用层来负责。

（4）应用层。

应用程序通过这一层访问网络。

TCP/IP 可以用在任何互联网路上的通信，其可行性在许多地方都已经得到证实，包括家庭、校园、公司以及全球 61 个国家实验室。例如在美国就有 National Science Foundation（NFS）、Department of Energy（DDE）、Department of Defense（DOD）、Health and Human Services Agency（HHS）、以及 National Aeronautics and Space Administration（NASA）、等大机构投注了相当大的资源来开发和应用 TCP/IP 网络。

这些技术的应用让所有与网络相连的研究人员能够和全世界的同僚们共同分享资料和研究成果，感觉就像邻居一样。网络证明了 TCP/IP 的可行性和它优秀的整合性，使之能适应各种不同的现行网络技术。对今天的网络发展局面来说，TCP/IP 可以说是一个卓越的成就。

TCP/IP 协定不仅成功地连接了不同网络，而且许多应用程式和概念也是完全以 TCP/IP 协定为基础发展出来的，从而让不同的厂商能够忽略硬体结构开发出共同的应用程式，例如今天应用广泛的 WWW、E-Mall、FTP、DNS 服务等。

2．TCP/IP 协议的发展历史

1969 年美国政府机构试图发展出一套机制，用来连接各个离散的网络系统，以应付军事需求。这个计划就是由美国国防部委托 Advanced Research Project Agency 发展的 ARPANET 网络系统，研究当部分计算机网络遭到工具而瘫痪后，是否能够透过其他未瘫痪的线路来传送资料。

在 ARPANET 的构想和原理中，除了研发出一套可靠的资料通信技术外，还同时要兼顾跨平台作业。后来 ARPANET 的实验非常成功，从而奠定了今日的网际网络模式。它包括了一组计算机通信细节的网络标准，以及一组用来连接网络和选择网络交通路径的协定，就是大名鼎鼎的 TCP/IP 网际网络协定。时至 1983 年，美国国防部下令用于连接长距离的网络的电话都必须适应 TCP/IP。同时 Defense Communication Agency（DCA）将 ARPANET（Advanced Research Projects Agency Net）分成两个独立的网络：一个用于研究用途，依然叫做 ARPANET，另一个用于军事通信，则称为 MILNET（Military Network）。

ARPA 后来发展出一个便宜版本，以鼓励大学和研究人员来采用它的协定。其时正适逢大部分大学计算机学系的 UNIX 系统需要连接它们的区域网络，由于 UNIX 系统上面研究出来的许多抽象概念与 TCP/IP 的特性有非常高度的吻合，再加上设计上的公开性，而导致其他组织也纷纷使用 TCP/IP 协定。从 1985 年开始，TCP/IP 网络迅速扩展至美国、欧洲好几百个大学、政府机构和研究实验室。之后，TCP/IP 以每年超过 15%的速度成长，到了 1994 年，使用 TCP/IP 协定的计算机已经超过三百万台之多。其后数年，由于 Internet 的爆炸性成长，TCP/IP 协定已经成为无人不知、无人不用的计算机网络协定。

3．TCP/IP 标准制定

TCP/IP 协定并不属于某一特定厂商和机构。它的标准是由 Internet Architecture Board（IAB）所制定的。IAB 目前从属于 The Internet Society（ISOC），专门在技术上作监控及协调，且负责最终端评估及科技监控。

由于 TCP/IP 技术的公开性，且不属于任何厂商或专业协会所有，因此关于它的相关信息，是由一个名为 Internet Network Information Center（INTERNIC）的机构来维护和发表，以及处理许多网络管理细节（如 DNS 等）。TCP/IP 的标准大部分都以 Request For Comment

（RFC）技术报告的形式公开。RFC 文件包含了所有 TCP/IP 协定标准，以及其最新版本。RFC 所涵盖的内容和细节非常广，也可以为新协定的标准和计划，但不能以学术研究论文的方式来编辑。RFC 有许多有趣且实用的信息，并非仅限于正式的数据通信协定规范而已。RFC 在全世界很多地方都有它的复制文件，可以轻易通过电子邮件、FTP 等方式从网际网取得。

4. TCP/IP 的特性

对于一个电子邮件的使用者来说，他无需透彻了解 TCP/IP 这个协定；但对于 TCP/IP 程式人员和网络管理人员来说，TCP/IP 的以下特性却是不能忽略的。

（1）Connectionless Packet Delivery Service。

它是其他网络服务的基础，几乎所有封包交换网络都提供这种服务。TCP/IP 是根据信息中所含的位址资料来进行资料传送，它不能确保每个独立路由的封包是可靠和依序地送达目的地。在每一个连线过程中，线路都不是被“独占”的，而是直接映对到硬体位置上，因此特别有效。更重要的是，此种封包交换方式的传送使得 TCP/IP 能适应各种不同的网络硬体。

（2）Reliable Stream Transport Service。

因为封包交换并不能确保每一个封包的可靠性，因此就需要通信软体来自动侦测和修复传送过程中可能出现的错误，并处理不良的封包。这种服务就是用来确保计算机程式之间能够建立连接和传送大量资料。关键的技术是将资料流进行切割，然后编号传送，再透过接收方的确认（Acknowledgement）来保证资料的完整性。

（3）Network Technology Independent。

在封包交换技术中，TCP/IP 是独立于硬体之上的。TCP/IP 有自己的一套资料包规则和定义，能应用在不同的网络之上。

（4）Universal Interconnection。

只要计算机用 TCP/IP 连接网络，都将获得一个独一无二的识别位址。资料包在交换的过程中，是以位址资料为依据的，不管封包所经过的路由的选择如何，资料都能被送达指定的位址。

（5）End-to-End Acknowledgements。

TCP/IP 的确认模式是以“端到端”进行的。这样就无需理会封包交换过程中所参与的其他设备，发送端和接收端能相互确认才是我们所关心的。

（6）Application Protocol Standards。

TCP/IP 除了提供基础的传送服务，它还提供许多一般应用标准，让程式设计人员更有标准可依，而且也节省了许多不必要的重复开发。

正是由于 TCP/IP 具备了以上那些有利特性，才使得它在众多的网络连接协定中脱颖而出，成为大家喜爱和愿意遵守的标准。

8.2 Internet 应用基础

Internet 是人类历史中的一个伟大的里程碑，它是未来信息高速公路的雏形，人类正由此进入一个前所未有的信息化社会。人们用各种名称来称呼 Internet，如国际互联网络、因特网、交互网络、网际网等，它正在向全世界各大洲延伸和扩散，不断增添、吸收新的网络成员，已经成为世界上覆盖面最广、规模最大、信息资源最丰富的计算机信息网络。

8.2.1　Internet 的起源和发展

Internet 的发展大致经历了如下 4 个阶段。

1. Internet 的起源

Internet 的起源可以追溯到 1962 年。从某种意义上，Internet 可以说是美国和前苏联冷战的产物。当时，美国国防部为了保证美国本土防卫力量和海外防御武装在受到前苏联第一次核打击以后仍然具有一定的生存和反击能力，认为有必要设计出一种分散的指挥系统：它由一个个分散的指挥点组成，当部分指挥点被摧毁后，其他点仍能正常工作，并且这些点之间能够绕过那些已被摧毁的指挥点而继续保持联系。为了对这一构思进行验证，1969 年，美国国防部国防高级研究计划署（DoD/DARPA）资助建立了一个名为 ARPANET（即"阿帕网"）的网络，这个网络把位于洛杉矶的加利福尼亚大学、位于圣芭芭拉的加利福尼亚大学、斯坦福大学，以及位于盐湖城的犹它州州立大学的计算机主机连接起来，位于各个节点的大型计算机采用分组交换技术，通过专门的通信交换机（IMP）和专门的通信线路相互连接。这个阿帕网就是 Internet 最早的雏形。

到 1972 年时，ARPANET 网上的网点数已经达到 40 个，这 40 个网点彼此之间可以发送小文本文件（当时称这种文件为电子邮件，也就是我们现在的 E-mail）和利用文件传输协议发送大文本文件，包括数据文件（即现在 Internet 中的 FTP），同时也发现了通过把一台计算机模拟成另一台远程计算机的一个终端而使用远程计算机上的资源的方法，这种方法被称为 Telnet。由此可看到，E-mail、FTP 和 Telnet 是 Internet 上较早出现的重要工具，特别是 E-mail 仍然是目前 Internet 上最主要的应用。

2. TCP/IP 协议的产生

1972 年，全世界计算机业和通信业的专家学者在美国华盛顿举行了第一届国际计算机通信会议，就在不同的计算机网络之间进行通信达成协议，会议决定成立 Internet 工作组，负责建立一种能保证计算机之间进行通信的标准规范（即"通信协议"）；1973 年，美国国防部也开始研究如何实现各种不同网络之间的互联问题。

至 1974 年，IP（Internet 协议）和 TCP（传输控制协议）问世，合称 TCP/IP 协议。这两个协议定义了一种在计算机网络间传送报文（文件或命令）的方法。随后，美国国防部决定向全世界无条件地免费提供 TCP/IP，即向全世界公布解决计算机网络之间通信的核心技术，TCP/IP 协议核心技术的公开最终导致了 Internet 的大发展。

到 1980 年，世界上既有使用 TCP/IP 协议的美国军方的 ARPA 网，也有很多使用其他通信协议的各种网络。为了将这些网络连接起来，美国人温顿 瑟夫（Vinton Cerf）提出一个想法：在每个网络内部各自使用自己的通信协议，在和其他网络通信时使用 TCP/IP 协议。这个设想最终导致了 Internet 的诞生，并确立了 TCP/IP 协议在网络互联方面不可动摇的地位。

3．网络的多样化时代

20 世纪 70 年代末到 80 年代初，可以说是网络的春秋战国时代，各种各样的网络应运而生。80 年代初，DARPANet 取得了巨大成功，但没有获得美国联邦机构合同的学校仍不能使用。为解决这一问题，美国国家科学基金会（NSF）开始着手建立提供给各大学计算机系使用的计算机科学网（CSNet）。CSNet 是在其他基础网络之上加上统一的协议层，形成逻辑上的网络，它使用其他网络提供的通信能力，在用户观点下也是一个独立的网络。CSNet 采用集中控制方式，所有信息交换都经过 CSNet-Relay（一台中继计算机）进行。

1982 年，美国北卡罗莱纳州立大学的斯蒂文·贝拉文（Steve Bellovin）创立了著名的集电极通信网络——网络新闻组（Usenet），它允许该网络中任何用户把信息（消息或文章）发送给网上的其他用户，大家可以在网络上就自己所关心的问题和其他人进行讨论；1983 年在纽约城市大学也出现了一个以讨论问题为目的的网络——BITNet，在这个网络中，不同的话题被分为不同的组，用户可以根据自己的需求，通过计算机订阅，这个网络后来被称之为 Mailing List（电子邮件群）；1983 年，在美国旧金山还诞生了另一个网络 FidoNet（费多网或 Fido BBS），即公告牌系统。它的优点在于用户只要有一部计算机、一个调制解调器和一根电话线就可以互相发送电子邮件并讨论问题，这就是后来的 Internet BBS。

后来以上这些网络都相继并入 Internet 而成为它的一个组成部分，因而 Internet 成为全世界各种网络的大集合。

4．Internet 的基础——NSFNET

Internet 的第一次快速发展源于美国国家科学基金会（National Science Foundation，NSF）的介入，即建立 NSFNET。

20 世纪 80 年代初，美国一大批科学家呼吁实现全美的计算机和网络资源共享，以改进教育和科研领域的基础设施建设，抵御欧洲和日本先进教育和科技进步的挑战和竞争。

80 年代中期，美国国家科学基金会（NSF）为鼓励大学和研究机构共享他们非常昂贵的 4 台计算机主机，希望各大学、研究所的计算机与这 4 台巨型计算机连接起来。最初 NSF 曾试图使用 DARPANet 作 NSFNET 的通信干线，但由于 DARPANet 的军用性质，并且受控于政府机构，这个决策没有成功。于是他们决定自己出资，利用 ARPANET 发展出来的 TCP/IP 通信协议，建立名为 NSFNET 的广域网。

1986 年 NSF 投资在美国普林斯顿大学、匹兹堡大学、加州大学圣地亚哥分校、依利诺斯大学和康纳尔大学建立 5 个超级计算中心，并通过 56Kbps 的通信线路连接形成 NSFNET 的雏形。1987 年 NSF 公开招标对于 NSFNET 的升级、营运和管理，结果 IBM、MCI 和由多家大学组成的非盈利性机构 Merit 获得 NSF 的合同。1989 年 7 月，NSFNET 的通信线路速度升级到 T1（1.5Mbps），并且连接 13 个骨干节点，采用 MCI 提供的通信线路和 IBM 提供的路由设备，Merit 则负责 NSFNET 的营运和管理。由于 NSF 的鼓励和资助，很多大学、政府资助甚至私营的研究机构纷纷把自己的局域网并入 NSFNET 中，从 1986 年至 1991 年，NSFNET 的子网从 100 个迅速增加到 3000 多个。NSFNET 的正式营运以及实现与其他已有和新建网络的连接开始真正成为 Internet 的基础。

Internet 在 20 世纪 80 年代的扩张不单带来量的改变，同时亦带来某些质的变化。由于多种学术团体、企业研究机构，甚至个人用户的进入，Internet 的使用者不再限于纯计算机专业人员。新的使用者发觉计算机相互间的通信对他们来讲更有吸引力。于是，他们逐步把 Internet 当作一种交流与通信的工具，而不仅仅只是共享 NSF 巨型计算机的运算能力。

进入 20 世纪 90 年代初期，Internet 事实上已成为一个“网际网”：各个子网分别负责自己的架设和运作费用，而这些子网又通过 NSFNET 互联起来。NSFNET 连接全美上千万台计算机，拥有几千万用户，是 Internet 最主要的成员网。随着计算机网络在全球的拓展和扩散，美洲以外的网络也逐渐接入 NSFNET 主干网或其子网。

Internet 于 20 世纪 80 年代进入中国。Internet 在中国的发展可以分为两个阶段。

1. 电子邮件交换阶段

1987 年至 1993 年，Internet 在中国处于起步阶段，国内的科技工作者开始接触 Internet 资源。在此期间，以中科院高能物理所为首的一批科研院所与国外机构合作开展了一些与 Internet 联网的科研课题 ，通过拨号方式使用 Internet 的 E-mail 电子邮件系统，并为国内一些重点院校和科研机构提供国际 Internet 电子邮件服务。1986 年，由北京计算机应用技术研究所（即当时的国家机械委计算机应用技术研究所）和德国卡尔斯鲁厄大学合作，启动了名为 CANET（Chinese Academic Network）的国际互联网项目。1987 年 9 月，在北京计算机应用技术研究所内正式建成我国第一个 Internet 电子邮件节点，通过拨号 X.25 线路，连通了 Internet 的电子邮件系统。随后，在国家科委的支持下，CANET 开始向我国的科研、学术、教育界提供 Internet 电子邮件服务。1989 年，中国科学院高能物理所通过其国际合作伙伴——美国斯坦福加速器中心主机的转换，实现了国际电子邮件的转发。由于有了专线，通信能力大大提高了，费用降低了，促进了互联网在我国的应用和传播。

1990 年，由电子部十五所、中国科学院、上海复旦大学、上海交通大学等单位和德国 GMD 合作，实施了基于 X.400 的 MHS 系统 CRN（Chinese Research Network）项目，通过拨号 X.25 线路，连通了 Internet 电子邮件系统；清华大学校园网 TUNET 也和加拿大 UBC 合作，实现了基于 X.400 的国际 MHS 系统。因而，国内科技教育工作者可以通过公用电话网或公用分组交换网，使用 Internet 的电子邮件服务。1990 年 10 月，中国正式向国际互联网信息中心（InterNIC）登记注册了最高域名“CN”，从而开通了使用自己域名的 Internet 电子邮件。继 CANET 之后，国内其他一些大学和研究所也相继开通了 Internet 电子邮件连接。

2. 全功能服务阶段

从 1994 年开始至今，中国实现了和互联网的 TCP/IP 连接，从而逐步开通了互联网的全功能服务；大型计算机网络项目正式启动，互联网在我国进入飞速发展时期。

目前经国家批准，国内可直接连接互联网的网络有 4 个，即中国科学技术网络（CSTNET）、中国教育和科研计算机网（CERNET）、中国公用计算机互联网（CHINANET）、中国金桥信息网（CHINAGBN）。

此外，我国台湾地区也独立建立了几个提供 Internet 服务的网络，并在科研及商业领域发挥出巨大效益。

8.2.2 Internet 的接入方式

Internet 的接入方式是多种多样的，一般按照接入网的带宽被人们分为窄带和宽带两种形式。随着互联网技术的不断发展和完善，宽带接入成为未来的主要发展方向。

宽带运营商网络结构如图 8-9 所示。整个城市网络由核心层、汇聚层、边缘汇聚层、接入层组成。社区端到末端用户接入部分就是通常所说的最后一千米，它在整个网络中所处位置如图 8-9 所示。

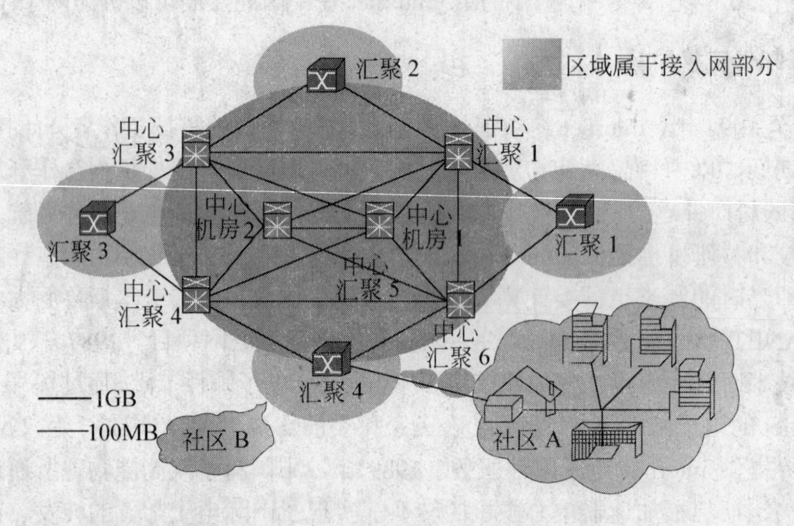

图 8-9 宽带运营网络结构图

在接入网中，目前可供选择的接入方式主要有 PSTN、ISDN、DDN、LAN、ADSL、VDSL、Cable-Modem、PON 和 LMDS 这 9 种，它们各有各的优缺点。下面分别进行介绍

1．PSTN 拨号：使用最广泛

PSTN（Published Switched Telephone Network，公用电话交换网）技术是利用 PSTN 通过调制解调器拨号实现用户接入的方式。这种接入方式是大家非常熟悉的一种接入方式，目前最高的速率为 56Kbps，已经达到香农定理确定的信道容量极限。虽然这种速率远远不能够满足宽带多媒体信息的传输需求，但由于电话网非常普及，用户终端设备 Modem 很便宜，而且不用申请就可开户，只要家里有计算机，把电话线接入 Modem 就可以直接上网。因此 PSTN 拨号接入方式比较经济，至今仍是网络接入的主要手段。

2．ISDN 拨号：通话上网两不误

ISDN（Integrated Service Digital Network，综合业务数字网）接入技术俗称“一线通”，它采用数字传输和数字交换技术，将电话、传真、数据、图像等多种业务综合在一个统一的数字网络中进行传输和处理。用户利用一条 ISDN 用户线路，可以在上网的同时拨打电

话、收发传真，就像两条电话线一样。ISDN 基本速率接口有两条：一条 64Kbps 的信息通路和一条 16Kbps 的信令通路，简称 2B+D，当有电话拨入时，它会自动释放一个 B 信道来进行电话接听。

就像普通拨号上网要使用 Modem 一样，用户使用 ISDN 也需要专用的终端设备，主要由网络终端 NT1 和 ISDN 适配器组成。网络终端 NT1 好像有线电视上的用户接入盒一样必不可少，它为 ISDN 适配器提供接口和接入方式。ISDN 适配器和 Modem 一样又分为内置和外置两类，内置的 ISDN 适配器一般称为 ISDN 内置卡或 ISDN 适配卡；外置的 ISDN 适配器则称之为 TA。

用户采用 ISDN 拨号方式接入需要申请开户，初装费根据地区不同而会不同。ISDN 的极限带宽为 128Kbps，各种测试数据表明，双线上网速度并不能翻倍，从发展趋势来看，窄带 ISDN 也不能满足高质量的 VOD 视频点播等宽带应用。

3．DDN 专线：面向集团企业

DDN 是英文 Digital Data Network 的缩写，这是随着数据通信业务发展而迅速发展起来的一种新型网络。DDN 的主干网传输媒介有光纤、数字微波、卫星信道等，用户端多使用普通电缆和双绞线。DDN 将数字通信技术、计算机技术、光纤通信技术以及数字交叉连接技术有机地结合在一起，提供了高速度、高质量的通信环境，可以向用户提供点对点、点对多点透明传输的数据专线出租电路，为用户传输数据、图像、声音等信息。DDN 的通信速率可根据用户需要在 N×64Kbps（N=1～32）之间进行选择，当然，速度越快，租用费用也越高。

用户租用 DDN 业务需要申请开户。DDN 的收费一般可以采用包月制和计流量制，这与一般用户拨号上网的按时计费方式不同。DDN 主要面向集团公司等需要综合运用的单位，租用费较贵，对普通个人用户负担较重。因此它不适合社区住户的接入，只对社区商业用户有吸引力。

4．ADSL：个人宽带流行风

ADSL（Asymmetrical Digital Subscriber Line，非对称数字用户环路）是一种能够通过普通电话线提供宽带数据业务的技术，也是目前极具发展前景的一种接入技术。ADSL 素有“网络快车”之美誉，因其下行速率高、频带宽、性能优、安装方便、不需交纳电话费等特点而深受广大用户喜爱，成为继 Modem、ISDN 之后的又一种全新的高效接入方式。

ADSL 方案的最大特点是不需要改造信号传输线路，完全可以利用普通铜质电话线作为传输介质，配上专用的 Modem 即可实现数据高速传输。ADSL 支持上行速率 640Kbps～1Mbps，下行速率 1Mbps～8Mbps，其有效的传输距离在 3～5km 范围以内。在 ADSL 接入方案中，每个用户都有单独的一条线路与 ADSL 局端相连，它的结构可以看作是星形结构，数据传输带宽是由每一个用户独享的。

5．VDSL：更高速的宽带接入

VDSL 比 ADSL 还要快。使用 VDSL，短距离内的最大下传速率可达 55Mbps，上传速率可达 2.3Mbps（将来可达 19.2Mbps，甚至更高）。VDSL 使用的介质是一对铜线，有效传输距离可超过 1000 m。但 VDSL 技术仍处于发展初期，长距离应用仍需测试，端点设备的普及也需要时间。

目前有一种基于以太网方式的 VDSL，接入技术使用 QAM 调制方式，它的传输介质也是一对铜线，在 1.5 km 的范围之内能够达到双向对称的 10Mbps 传输，即达到以太网的速率。如果将这种技术用于宽带运营商社区的接入，可以大大降低成本。对于一个 1000 户的社区而言，如果上网率为 8%，采用 VDSL 方案要比 LAN 方案节省 5 万元左右投资。虽然表面上看 VDSL 方案增加了 VDSL 用户端和局端设备，但它比 LAN 方案省去了光电模块，并用室外双绞线替代光缆，从而减少了建设成本。

6. Cable-modem：用于有线网络

Cable-Modem（线缆调制解调器）是近两年开始试用的一种超高速 Modem，它利用现成的有线电视（CATV）网进行数据传输，已是比较成熟的一种技术。随着有线电视网的发展壮大和人们生活质量的不断提高，通过 Cable Modem 利用有线电视网访问 Internet 已成为越来越受业界关注的一种高速接入方式。

由于有线电视网采用的是模拟传输协议，因此网络需要用一个 Modem 来协助完成数字数据的转化。Cable-Modem 与以往的 Modem 在原理上都是将数据进行调制后在 Cable（电缆）的一个频率范围内传输，接收时进行解调，传输机理与普通 Modem 相同，不同之处在于它是通过有线电视 CATV 的某个传输频带进行调制解调的。

Cable Modem 连接方式可分为两种：对称速率型和非对称速率型。前者的数据上传速率和数据下载速率相同，都在 500Kbps～2Mbps 之间；后者的数据上传速率在 500Kbps～10Mbps 之间，数据下载速率为 2Mbps～40Mbps。

采用 Cable-Modem 上网的缺点是由于 Cable Modem 模式采用的是相对落后的总线型网络结构，这就意味着网络用户共同分享有限带宽，另外，购买 Cable-Modem 和初装费也都不是很便宜，这些都阻碍了 Cable-Modem 接入方式在国内的普及。但是，它的市场潜力是很大的，毕竟中国 CATV 网已成为世界第一大有线电视网，其用户已达到 8000 多万。

7. 无源光网络接入：光纤入户

PON（无源光网络）技术是一种点对多点的光纤传输和接入技术，下行采用广播方式，上行采用时分多址方式，可以灵活地组成树形、星形、总线形等拓扑结构，在光分支点不需要节点设备，只需要安装一个简单的光分支器即可，具有节省光缆资源、带宽资源共享、节省机房投资、设备安全性高、建网速度快、综合建网成本低等优点。

PON 包括 ATM-PON（APON，基于 ATM 的无源光网络）和 Ethernet-PON（EPON，基于以太网的无源光网络）两种。APON 技术发展得比较早，它还具有综合业务接入、QoS 服务质量保证等独有的特点，ITU-T 的 G.983 建议规范了 ATM-PON 的网络结构、基本组成和物理层接口，我国信息产业部也已制定了完善的 APON 技术标准。

PON 接入设备主要由 OLT、ONT、ONU 组成，由无源光分路器件将 OLT 的光信号分到树形网络的各个 ONU。一个 OLT 可接 32 个 ONT 或 ONU，一个 ONT 可接 8 个用户，而 ONU 可接 32 个用户，因此，一个 OLT 最大可负载 1024 个用户。PON 技术的传输介质采用单芯光纤，局端到用户端最大距离为 20kw，接入系统总的传输容量为上行和下行各 155Mbps，每个用户使用的带宽可以从 64Kbps 到 155Mbps 灵活划分，一个 OLT 上所接的用户共享 155Mbps 带宽。例如富士通的 EPON 产品 OLT 设备有 A550，ONT 设备有 A501、A550 最大有 12 个 PON 口，每个 PON 中下行至每个 A501 是 100M 带宽；而每个 PON 口上所接的 A501 上行带宽是共享的。

对于一个 1000 户的社区，如果上网率为 8%，采用 EPON 方案相比 LAN 方案（室内布线进行了优化）在成本上没有优势，但在以后的维护上会节省维护费用。而室内布线采用优化和没有采用优化的两种 LAN 方案在建设成本上差距较大。出现这种差距的原因是：优化方案中节省了室内布线的材料，相对施工费也降低了，另外，由于采用集中管理方式，交换机的端口利用率大大增加了，从而减少了楼道交换机的数量，相应也就降低了在设备上的投资。

8. LMDS 接入：无线通信

这是目前可用于社区宽带接入的一种无线接入技术。在该接入方式中，一个基站可以覆盖直径 20kw 的区域，每个基站可以负载 2.4 万用户，每个终端用户的带宽可达到 25Mbps。但是，它的带宽总容量为 600Mbps，每个基站下的用户共享带宽，因此一个基站如果负载用户较多，那么每个用户所分到带宽就很小了。故这种技术对于社区用户的接入是不合适的，但它的用户端设备可以捆绑在一起，可用于宽带运营商的城域网互联。其具体做法是：在汇聚点机房建立一个基站，而汇聚机房周边的社区机房可作为基站的用户端，社区机房如果捆绑 4 个用户端，汇聚机房与社区机房的带宽就可以达到 100Mbps。

采用这种方案的好处是可以使已建好的宽带社区迅速开通运营，缩短建设周期。但是目前采用这种技术的产品在中国还没有形成商品市场，无法进行成本评估。

9. LAN：技术成熟、成本低

LAN 方式接入是利用以太网技术，采用光缆+双绞线的方式对社区进行综合布线。具体实施方案是：从社区机房敷设光缆至住户单元楼，楼内布线采用五类双绞线敷设至用户家里，双绞线总长度一般不超过 100 m，用户家里的计算机通过五类跳线接入墙上的五类模块就可以实现上网。社区机房的出口是通过光缆或其他介质接入城域网。采用 LAN 方式接入可以充分利用小区局域网的资源优势，为居民提供 10Mbps 以上的共享带宽，这比现在拨号上网速度快 180 多倍，并可根据用户的需求升级到 100Mbps 以上。

以太网技术成熟，成本低，结构简单，稳定性、可扩充性好；便于网络升级，同时可实现实时监控、智能化物业管理、小区/大楼/家庭保安、家庭自动化（如远程遥控家电、可视门铃等）、远程抄表等，可提供智能化、信息化的办公与家居环境，满足不同层次的人们对信息化的需求。根据统计，社区采用以太网方式接入，每户的线路成本可以控制在 200～300 元之间；而对于用户来说，开户费为 500 元，每月的上网费则在 100～150 元，这比其他的入网方式要经济许多。

8.3 Internet Explorer 的使用

浏览器又称为 Web 客户程序，它是一种用于获取 Internet 上资源的应用程序，是查看网络中的超文本文档及其他文档、数据库的重要工具。目前流行的浏览器有很多种，各有各的优点和缺点。本节介绍目前最为流行的浏览器——Internet Explorer。

Internet Explorer 是微软公司开发的综合性的网上浏览软件，是使用最广泛的一种浏览器软件。集成在 Windows XP 操作系统中的是 Internet Explorer 6.0 版。Internet Explorer 是一个开放式的 Internet 集成软件，由多个具有不同网络功能的软件组成。这种集成性与最新的Web智能化搜索工具的结合使用户可以得到与喜爱的主题有关的信息。Internet Explorer 还配置了一些特有的应用程序，具有浏览、发邮件、下载软件等多种网络功能。

8.3.1 浏览网页

为了快速掌握 Internet Explorer 的使用方法，用户首先要对 Internet Explorer 的工作窗口有所了解。在 Windows 桌面上，双击 Internet Explorer 图标或者在任务栏上单击 Internet Explorer 图标，打开 Internet Explorer 窗口，如图 8-10 所示。Internet Explorer 窗口主要由标题栏、菜单栏、工具栏、地址栏、链接工具栏、Web 窗格和状态栏等组成。

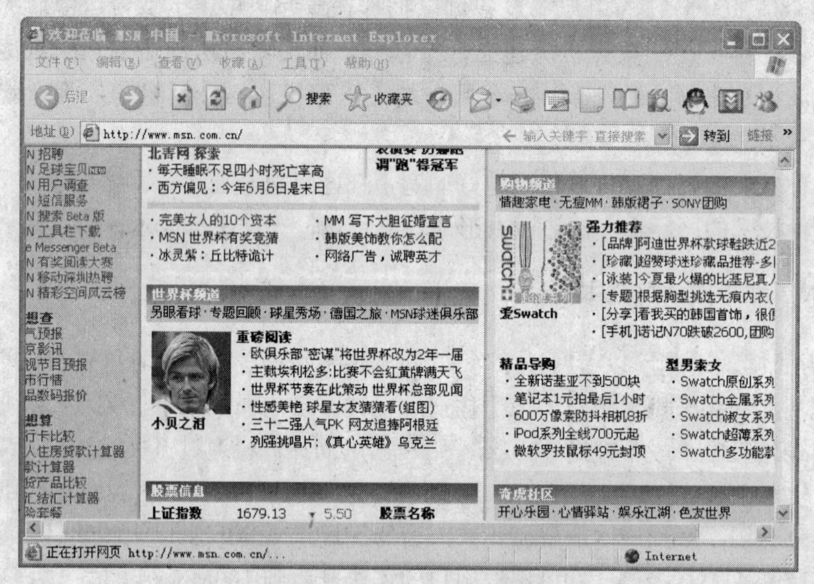

图 8-10　Internet Explorer 窗口

标题栏位于 Internet Explorer 窗口的顶部，用来显示当前打开的 Web 页的标题，方便用户了解 Web 页的主要内容。菜单栏位于标题栏下面，其中包含了 Internet Explorer 中需要的所有命令。工具栏位于菜单栏下面，存放着用户在浏览 Web 页时所常用的工具按钮。

地址栏位于工具栏的下方，使用地址栏可查看当前打开的 Web 页的地址，也可查找其他 Web 页。在地址栏中输入地址后按回车键或者单击“转到”按钮，就可以访问相应的 Web 页。例如，在地址栏中输入 http://www.disney.com，按回车键之后就可访问迪斯尼的主页。用户还可以通过地址栏上的下拉列表框中直接选择曾经访问过的地址，进而访问该 Web 页。

Web 窗格就是显示网页内容的窗格，它是 Internet Explorer 浏览器的主窗格。用户从网上下载的所有内容都将在该窗格中显示。

通过在地址栏中输入网址的方式浏览网页是Internet Explorer最基本的也是最常用的功能之一。Internet Explorer 还为用户提供了许多快速、便捷地浏览网页的方式。

1．设置主页

主页是每次用户打开 Internet Explorer 浏览器时最先访问的 Web 页。如果用户对某一个站点的访问特别频繁，可以将这个站点设置为主页。这样，以后每次启动 Internet Explorer 时，Internet Explorer 会首先访问用户设定的主页内容，或者在单击工具栏的“主页”按钮时立即显示该页。

将经常访问的站点设置为主页的具体操作步骤如下：

（1）在网上找到要设置为主页的 Web 页。

（2）在 Internet Explorer 窗口中，选择“工具”→“Internet 选项”命令，打开“Internet 属性”对话框的“常规”选项卡，如图 8-11 所示。

（3）在“主页”选项组中单击“使用当前页”按钮，即可将该 Web 页设置为主页。

如果用户希望在打开 Internet Explorer 的时候，不打开任何一个网页，可以单击“使用空白页”按钮。如果单击了“使用默认页”按钮，那么在 Internet Explorer 启动的时候，将打开由 Microsoft 公司推荐的网页。

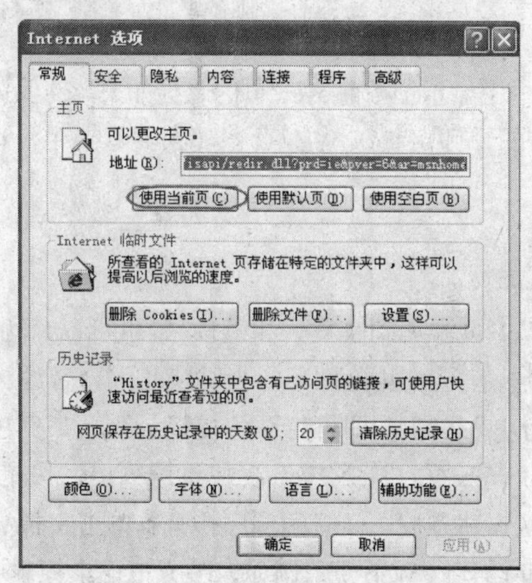

图 8-11　“常规”选项卡

2．使用收藏夹

当用户在网上发现自己喜欢的 Web 页，可将该页添加到收藏夹列表中。这样再次对这些站点进行访问时，就不必重新输入网址。单击工具栏上的“收藏”按钮，即可打开收藏夹列表，在列表中选择要访问的 Web 站点，即可打开该页。

将 Web 页添加到收藏夹的具体操作步骤如下：

（1）找到要添加到收藏夹列表的 Web 页，选择“收藏”→“添加到收藏夹”命令，如图 8-12 所示，或者单击工具栏上的“收藏夹”按钮，显示收藏夹列表，如图 8-13 所示。

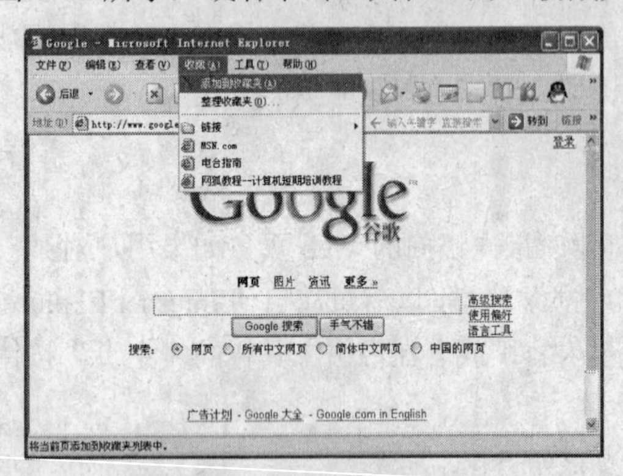

图 8-12 “添加到收藏夹”命令

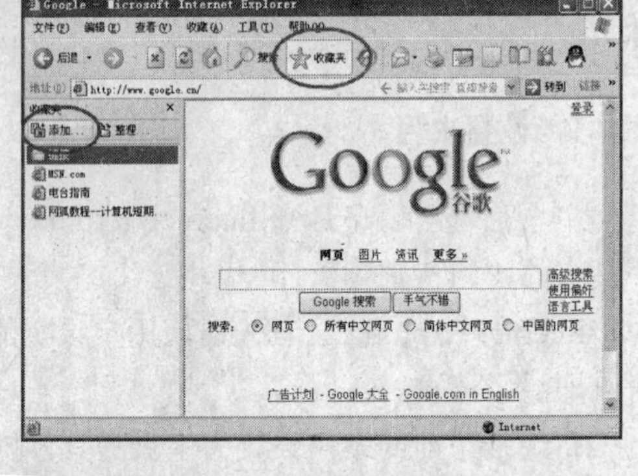

图 8-13 “收藏夹”按钮

（2）单击收藏夹列表中的“添加”按钮，打开“添加到收藏夹”对话框，如图 8-14 所示。

图 8-14 “添加到收藏夹”对话框

（3）在“名称”文本框中显示了当前 Web 页的名称如果，需要可为该页输入一个新名称。

（4）单击“确定”按钮，即可将该 Web 页添加到收藏夹中，在收藏夹列表中将会显示该页的名称。

3. 使用历史记录

假如用户忘记了将 Web 页添加到收藏夹和链接栏，也可以从历史记录列表中进行查看，在历史记录列表中可以查找在过去几分钟、几小时或几天内曾经浏览过的 Web 页。

单击工具栏上的“历史”按钮，即可打开历史记录列表，其中列出了今天、昨天或者几个星期前曾经访问过的 Web 页。这些 Web 页按日期列出，按星期组合。选择星期名称，即可将其展开。其中的 Web 站点按访问时间顺序排列，单击文件夹以显示各个 Web 页，然后单击 Web 页图标，即可转到该 Web 页。例如，在历史记录列表中查找提示内容为“欢迎莅临 MSN 中国”的记录，主窗口中会显示出 MSN 中国网站的主页，如图 8-15 所示。

当多个用户使用不同的用户名和密码登录同一台计算机时，每个用户都有各自的“历史记录”文件夹。

用户可以对历史记录栏进行排序，单击历史记录栏中“查看”按钮旁边的下三角按钮，即可打开一个下拉列表，其中列出了“时期”、“按站点”、“按访问次数”、“按今天的访问顺序”4个选项，如图8-16所示，执行某个命令即可按其相应的排序方法进行排序。此外，用户还可以更改在历史记录中保留Web页的天数。指定的天数越多，保存该信息所需的硬盘空间就越多。

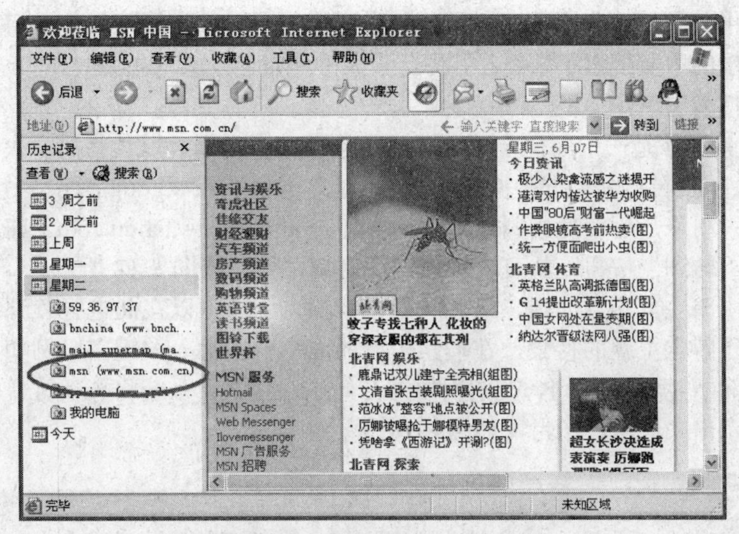

图8-15 使用历史记录访问网页

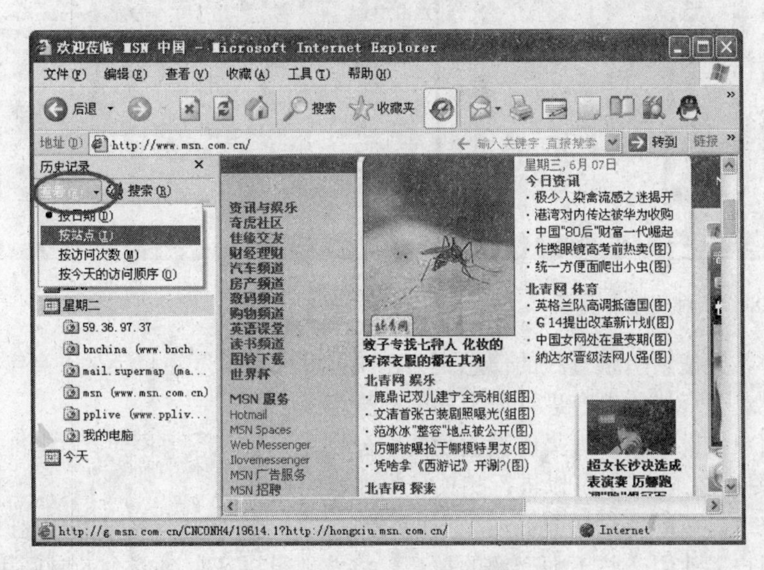

图8-16 对历史记录排序

如果忘记了浏览过的网页的具体名称，可以通过单击“搜索”按钮进行寻找。

8.3.2 在Internet上搜索信息

随着Internet的迅速发展，Web站点越来越多。通过人力在Internet上查找特定的信息犹如大海捞针，越来越不现实。因此专门提供查找Web站点的工具——搜索引擎也相应地纷纷出现。搜索引擎在提供搜索工具的同时，也为用户提供不同的分类主题目录，以方便广大用户在 Internet 上快速查找信息。对于中文站点，中国、美国以及新加坡等地都有中文搜索引擎，用户可根据自己的需要选择中文搜索引擎。

搜索引擎的使用十分简单，只要在 Internet Explorer 中打开相应搜索引擎的 Web 站点，然后就可以使用其中的搜索引擎。对于初学者来说，了解一个速度较快、自己比较喜欢并且带有主题目录的中文搜索引擎网站，将会大大方便自己搜索 Internet 信息。下面是两个目前较为流行的搜索引擎：

Google 搜索引擎是一个面向全球范围的中英文搜索引擎，以其易用、快速的特性深受广大网友喜爱。Google 搜索引擎中文网站的地址是 http://www.google.cn。另一个十分著名的中文信息搜索引擎是百度搜索引擎，它的网址是 http://www.baidu.com。在地址栏中输入该地址并单击“转到”按钮，就可以进入搜索引擎主页，如图 8-17 所示。

百度搜索引擎主页相当简洁，只有一个搜索栏，用户可以在此进行资源搜索的操作。如果要开始进行特定主题的搜索，在搜索引擎的文本框中输入关键字，例如，输入“中国人”，并单击“百度搜索”按钮，搜索引擎即开始进行搜索，系统将查找符合查询条件的内容目录，并显示出来供用户参考，如图 8-18 所示。

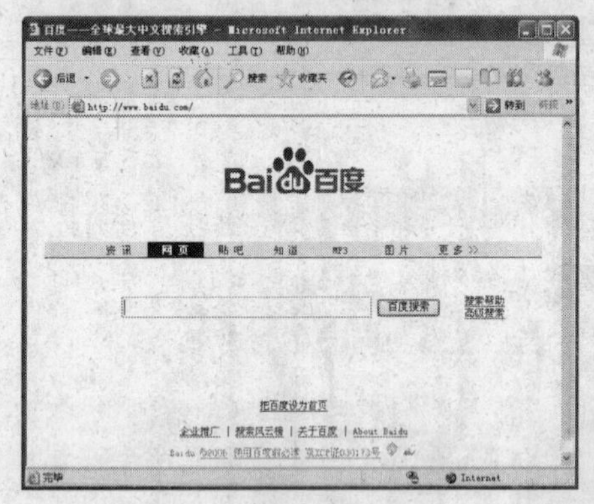

图 8-17　百度搜索引擎

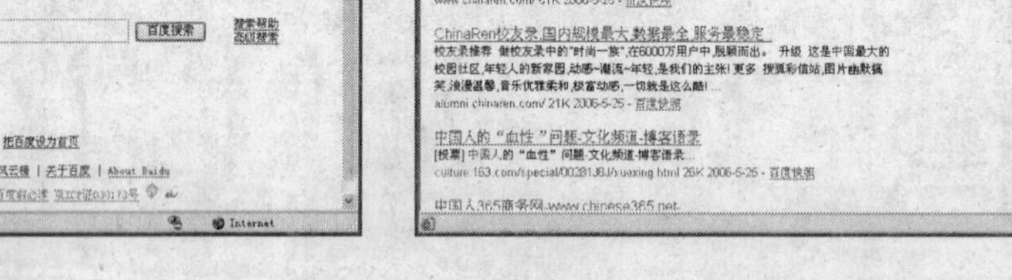

图 8-18　显示符合查询条件的目录

如果用户希望搜索引擎查找的信息更为精确，可选择百度主页上的“高级搜索”链接，这样用户可以对要查找的内容进行更为详细的查询条件设置。

百度为用户预设了 6 个大类的搜索功能，分别为“资讯”、“网页”、“贴吧”、“知道”、“MP3”和“图片”，在其中可以进行相关分类内容的搜索。

搜索引擎可以帮助用户在 Internet 上找到特定的信息，但它们同时也会返回大量无关的信息。如果用户多使用一些下面介绍的技巧，将发现可以花尽可能少的时间用搜索引擎找到需要的确切信息。

1. 在类别中搜索

许多搜索引擎（如 Yahoo!）都显示类别，如计算机和 Internet、商业和经济。如果单击其中一个类别，然后再使用搜索引擎，将可以选择搜索整个 Internet，还是搜索当前类别。显然，在一个特定类别下进行搜索所耗费的时间较少，而且能够避免大量无关的 Web 站点。当然，也可以搜索整个 Internet，以搜索特定类别之外的信息。

2. 使用具体的关键字

如果想要搜索以鸟为主题的Web站点，可以在搜索引擎中输入关键字“bird”。但是，搜索引擎会因此返回大量无关信息，如谈论高尔夫球的“小鸟球（birdie)”的Web站点。为了避免这种问题的出现，使用更为具体的关键字，如“ornithology”(鸟类学，动物学的一个分支)。用户所提供的关键字越具体，搜索引擎返回无关Web站点的可能性就越小。

3. 使用多个关键字

用户还可以通过使用多个关键字来缩小搜索范围。例如，如果想要搜索有关佛罗里达州迈阿密市的信息，则输入两个关键字“Miami”和“Florida”。如果只输入其中一个关键字，搜索引擎就会返回诸如Miami Dolphins足球队或Florida Marlins棒球队的无关信息。一般而言，提供的关键字越多，搜索引擎返回的结果越精确。

4. 使用布尔运算符

许多搜索引擎都允许在搜索中使用两个不同的布尔运算符：AND和OR。如果用户想搜索所有同时包含单词“hot”和“dog”的Web站点，只需要在搜索引擎中输入“hot AND dog”。搜索将返回以热狗（hot dog）为主题的Web站点，但还会返回一些奇怪的结果。如谈论如何在一个热天（hot day）让一只狗（dog）凉快下来的Web站点。如果想要搜索所有包含单词“hot”或单词“dog”的Web站点，只需要输入“hot OR dog”。搜索会返回与这两个单词有关的Web站点，这些Web站点的主题可能是热狗（hot dog)、狗，也可能是不同的空调在热天（hot day）使凉爽，辣酱（hot chilli sauces）或狗粮等。

5. 留意搜索引擎返回的结果

搜索引擎返回的Web站点顺序可能会影响人们的访问，所以，为了增加Web站点的单击率，一些Web站点会付费给搜索引擎，以在相关Web站点列表中显示在靠前的位置。好的搜索引擎会鉴别Web站点的内容，并据此安排它们的顺序。

此外，因为搜索引擎经常对最为常用的关键字进行搜索，所以许多Web站点在自己的网页中隐藏了同一关键字的多个副本。这使得搜索引擎不再去查找Internet，以返回与关键字有关的更多信息。

正如读报纸、听收音机或看电视新闻一样，请留意自己所获得的信息的来源。搜索引擎能够帮用户找到信息，但无法验证信息的可靠性。因为任何人都可以在网上发布信息。

8.3.3 电子信箱的申请以及E-mail的接收

E-mail就是电子邮件，是目前Internet上最为流行的一项服务。电子邮件使人们可以更加方便、快捷地联系。现在电子邮件已经成为越来越多的Internet用户最主要的通信手段，每天收发电子邮件成了许多人的一种工作和生活习惯。本节将介绍有关电子邮件的基本概念、收发电子邮件的方法，以及申请电子邮件的方法。

1. 申请邮箱账号

随着网络的迅速发展，电子邮件正在快速取代传统邮件的地位。据统计，目前国内Internet用户使用最多的一项服务就是收发电子邮件。它的准确性和快捷性受到广大用户的一致欢迎。使用电子邮件的第一步就是要拥有自己的电子邮箱。而对于大部分的用户来说，使用 Internet 提供的免费邮件服务是最佳选择。国内现在大约有上百家免费邮件服务提供商，在这里，就以163电子邮箱为例，讲述如何申请以及使用一个免费电子邮箱。

（1）在 Web 浏览器的地址栏中输入 163 电子邮件的网址（http://mail.163.com），然后按回车键，稍后浏览器将显示163电子邮件的首页，如图8-19所示。

（2）选择注册免费邮箱，打开如图8-20所示的页面。

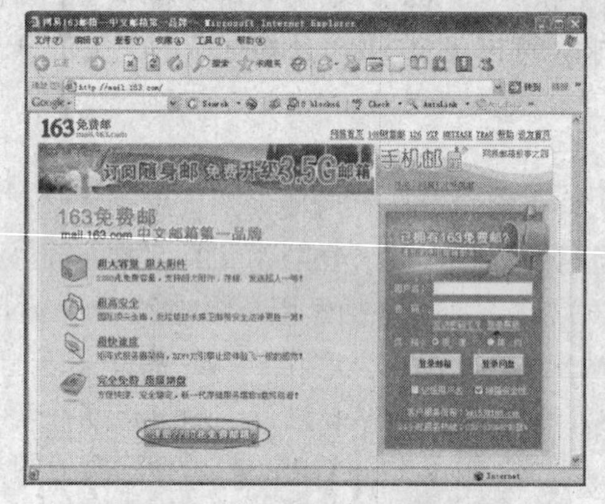

图8-19　163邮箱首页

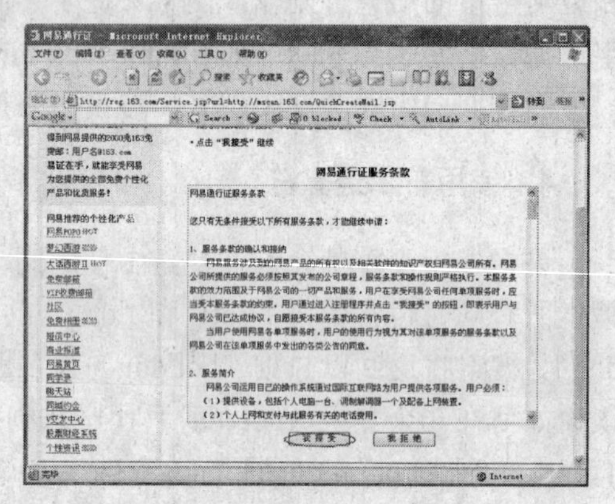

图8-20　网易通行证页面

（3）在这个页面中，单击“我接受”按钮，即可进入如图8-21所示的页面。用户根据要求填写好用户名、登录密码、密码提示问题和安全码后，单击“提交表单”按钮。

（4）随后打开“填写个人资料”页面，如图8-22所示。填写完毕之后，单击“完成”按钮。

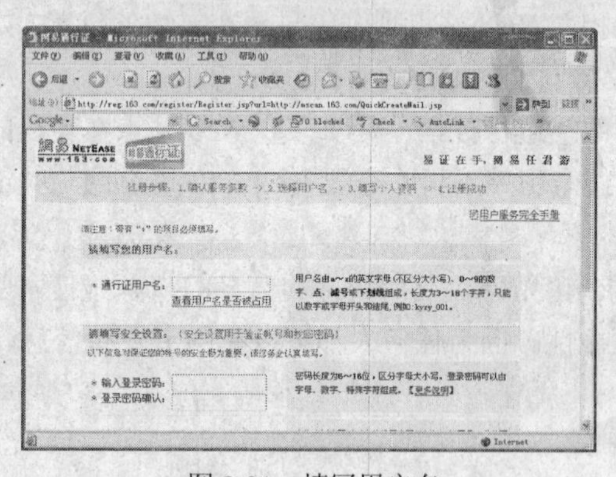

图8-21　填写用户名

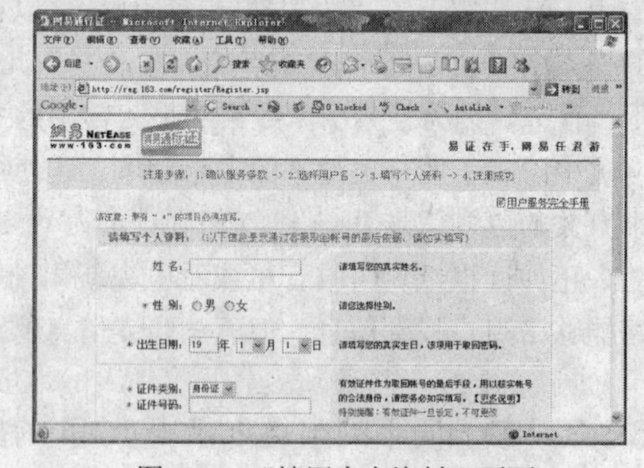

图8-22　“填写个人资料”页面

（5）如果申请成功，就会出现申请成功界面，如图8-23所示。

2. 登录邮箱和查看邮件

（1）进入如图8-24所示的页面，在这里填写用户名和密码，然后单击“登录邮箱”按钮。

（2）在如图 8-25 所示的页面中，选择“收件箱”选项，进入如图 8-26 所示的“收件箱”页面。

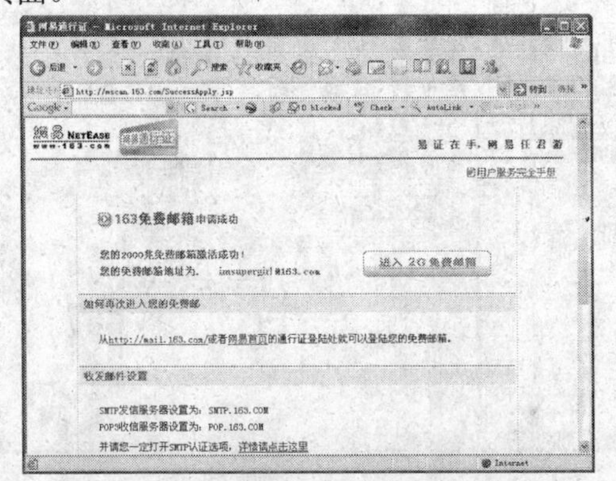

图 8-23　成功和注册网易通行证页面

图 8-24　免费邮箱页面

图 8-25　我的邮箱

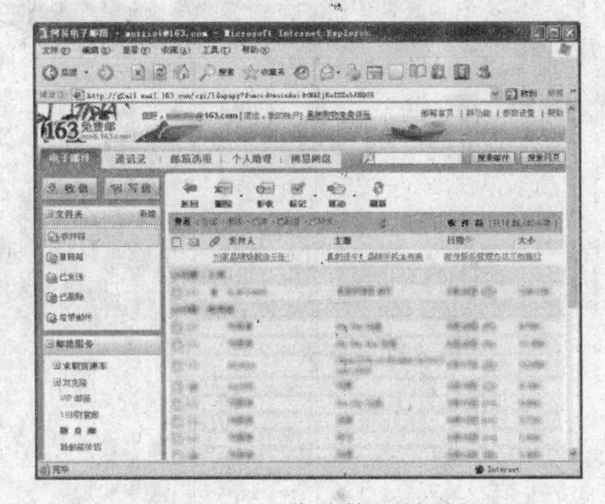

图 8-26　“收件箱”页面

（3）选中要打开看的邮件，在主题处单击即可打开。如果邮件中还带有附件，在正文旁边会有提示，用户只要根据提示双击就可以打开附件的内容。

3．收发邮件

利用浏览器在线撰写和发送邮件的方式很简单，具体操作步骤如下：

（1）在进入如图 8-27 所示的免费信箱页面之后，单击“写信”按钮，即可进入写邮件的页面，如图 8-28 所示。

（2）在页面内按要求填写好收件人的地址、主题等内容。收件人的邮箱地址是必须要填写的。填写好这些资料后，用户就可以开始书写正文。用户还可以使用“签名”以及选择邮件的“优先级”。

（3）如果用户要发送的邮件中包含附件，那么单击“附件”按钮，如图 8-29 所示，这时在主题栏下方会出现一个附件栏。单击“浏览”按钮，选定要插入的对象，将附件粘贴到邮件中。用户可以将多个附件插入到邮件中。

（4）完成之后，就可以发送邮件。单击“发送”按钮，就可以将邮件发送出去。

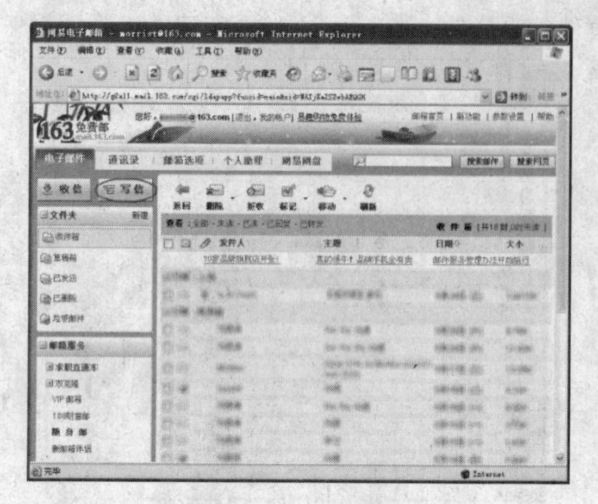

图 8-27　登录邮箱

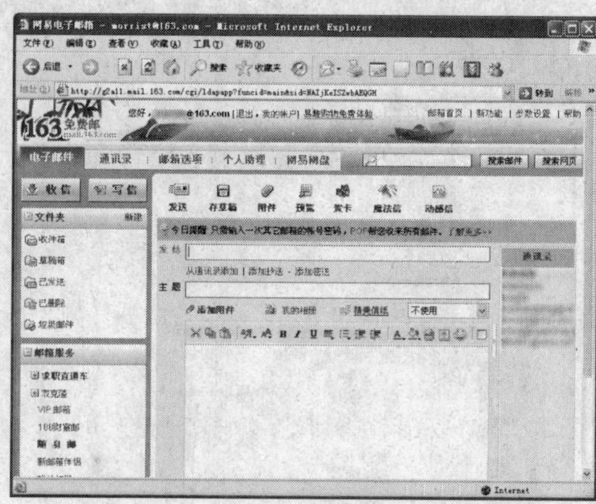

图 8-28　撰写和发送邮件页面

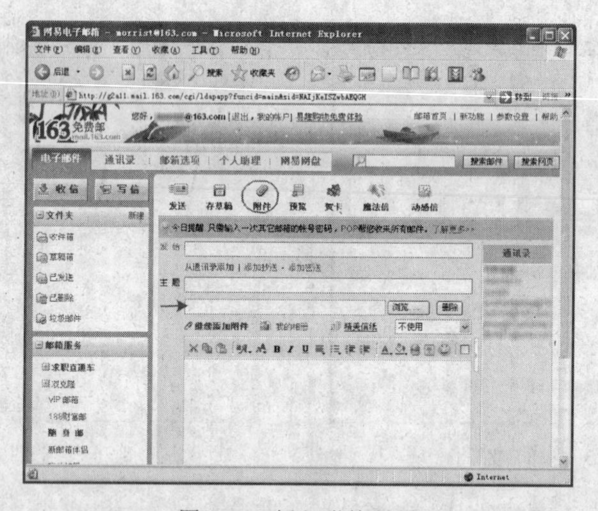

图 8-29　插入附件页面

8.4　使用 Outlook Express 管理电子邮件

Outlook Express 是 Microsoft 公司提供的一个电子邮件的收发与管理软件。在默认情况下，安装 Windows XP 操作系统时，它就会随系统一同装入到计算机中。通过该软件，用户可以实现电子邮件（E-mail）的编写、发送和接收等，同时用户也可以将其他文件导入到 Outlook Express 中，通过电子邮件的形式发送图片、声音等多媒体文件。

8.4.1　Outlook Express 概述

Microsoft Outlook Express 在桌面上实现了全球范围的联机通信。无论是与同事和朋友交换电子邮件，还是加入新闻组进行思想与信息的交流，Outlook Express 都将成为你最得力的助手。其主要功能如下：

1. 管理多个电子邮件和新闻组账户

如果你有几个电子邮件或新闻组账户，可以在一个窗口中处理它们。也可以为同一个计算机创建多个用户或身份。每个身份有惟一的电子邮件文件夹和单独的“通信簿”。多个身份使你轻松地将工作邮件和个人邮件分开，也能保持单个用户的电子邮件是独立的。

2. 轻松快捷地浏览邮件

邮件列表和预览窗格允许在查看邮件列表的同时阅读单个邮件。文件夹列表包括电子邮件文件夹、新闻服务器和新闻组，而且可以很方便地相互切换。还可以创建新文件夹以组织和排序邮件，然后可设置邮件规则，这样接收到的邮件中符合规则要求的邮件会自动放在指定的文件夹里。还可以创建自己的视图以自定义邮件的浏览方式。

3. 在服务器上保存邮件以便从多台计算机上查看

如果 Internet 服务提供商（ISP）提供的邮件服务器使用 Internet 邮件访问协议（IMAP）来接收邮件，不必把邮件下载到计算机，在服务器的文件夹中就可以阅读、存储和组织邮件。这样，就可以从任何一台能连接邮件服务器的计算机上查看邮件。

4. 使用通信簿存储和检索电子邮件地址

通过简单地回复邮件就可以自动地将姓名和地址保存到“通信簿”。也可以从其他程序导入“通信簿”，在“通信簿”中输入姓名和地址，从接收的电子邮件中将姓名和地址添加到“通信簿”，或是从流行的 Internet 目录服务（白页）搜索中添加姓名和地址。“通信簿”支持轻量级目录访问协议（LDAP）以便浏览 Internet 目录服务。

5. 在邮件中添加个人签名或信纸

可以将重要的信息作为个人签名的一部分插入到发送的邮件中，而且可以创建多个签名以用于不同的目的。也可以包括更多详细信息的名片。为了使邮件更精美，可以添加信纸图案和背景，还可以更改文字的颜色和样式。

6. 发送和接收安全邮件

可使用数字标识对邮件进行数字签名和加密。数字签名邮件可以保证收件人收到的邮件确实是你发出的，加密能保证只有预期的收件人才能阅读该邮件。

7. 查找感兴趣的新闻组

要查找感兴趣的新闻组吗？可以搜索包含关键字的新闻组，或浏览 Usenet 提供商提供的所有新闻组。找到想要定期查看的新闻组后，可将其添加到“已预订新闻组”列表中，以便再次阅读。

8. 有效地查看新闻组对话

不必翻阅整个邮件列表，就可以查看新闻组邮件及其所有回复内容。查看邮件列表时，可以展开和折叠新闻组对话，以便更方便地找到感兴趣的内容，也可以使用视图来显示要阅读的邮件。

9．下载新闻组以便脱机阅读

为有效地利用联机时间，可以下载邮件或整个新闻组，这样无需连接到 ISP 就可以阅读邮件。可以只下载邮件标题以便脱机查看，然后标记希望阅读的邮件；这样下次连接时，Outlook Express 就会下载这些邮件的文本。另外，还可以脱机撰写邮件，然后在下次连接时发送出去。

8.4.2 创建/设置电子邮件账号

Windows XP 系统中内置了 Outlook Express 6.0。用户只需单击“开始”按钮，在弹出的菜单中选择“电子邮件”命令（“开始”菜单使用非经典样式），如图 8-30 所示，或单击“开始”→“所有程序”→Outlook Express，如图 8-31 所示，即可启动 Outlook Express。

图 8-30 “开始”菜单

图 8-31 打开 Outlook Express

第一次启动 Outlook Express 时，会自动打开“Internet 连接向导”对话框，提醒用户将已经申请到的账号添加到 Outlook Express 6.0 中。这样用户就可以通过 Outlook Express 方便地进行电子邮件的收发。

设置电子邮件账号的具体步骤如下：

（1）在“开始”菜单中执行 Outlook Express 命令。

（2）用户如果是第一次打开，将弹出如图 8-32 所示的“Internet 连接向导”对话框。

（3）在对话框中填写好显示名，显示名可以是任意的名称。填写完之后，单击“下一步”按钮进入如图 8-33 所示的对话框。

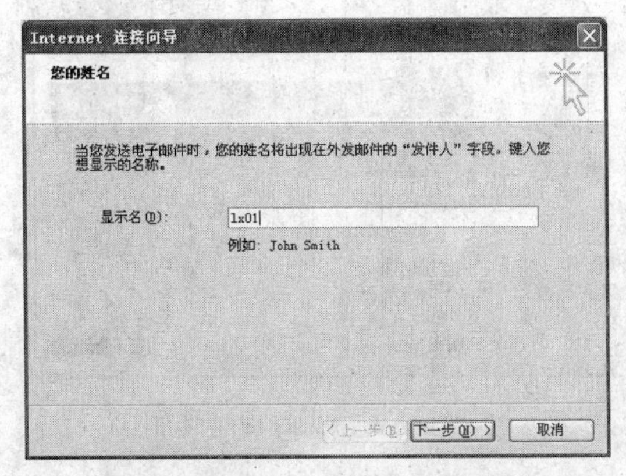

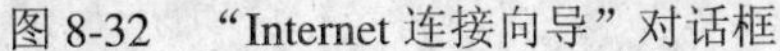
图 8-32　“Internet 连接向导”对话框

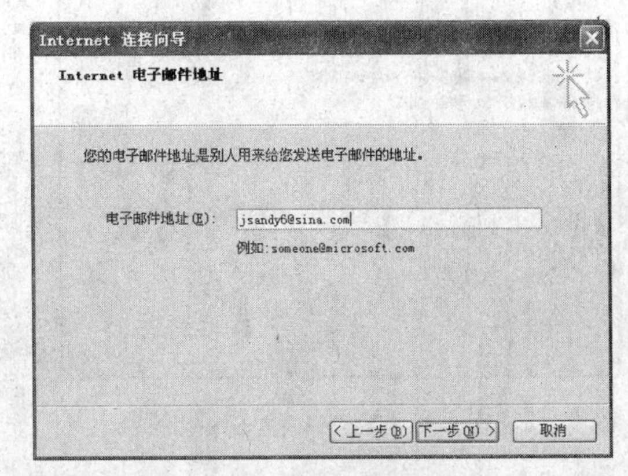

图 8-33　输入邮件地址

（4）在“电子邮件地址”文本框中输入用户的电子邮件地址，单击“下一步”按钮继续。

（5）此时弹出要求指定接收和发送电子邮件服务器的对话框，如图 8-34 所示。在“我的邮件接收服务器是”下拉列表框中选择接收邮件服务器的类型，然后在“接收邮件（POP3，IMAP 或 HTTP）服务器”和“发送邮件服务器（SMTP）”文本框中输入接收和发送电子邮件服务器的地址。对于邮件账户，需要知道所使用的邮件服务器的类型（POP3、IMAP 或 HTTP)、账户名和密码，以及接收邮件服务器的名称、POP3 和 IMAP 所用的传出邮件服务器的名称。对于对话框中所输入的内容，用户可从 ISP 处获得。

（6）单击“下一步”按钮，打开的对话框如图 8-35 所示。在“账户名”和“密码”文本框中分别输入登录邮件服务器的账户和密码。

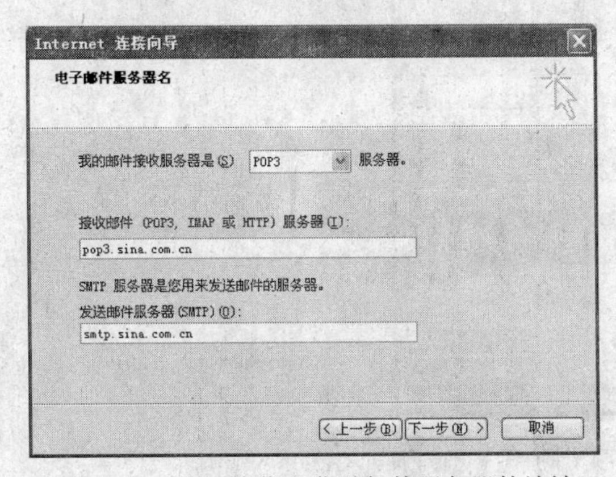

图 8-34　填写接收和发送邮件服务器的地址

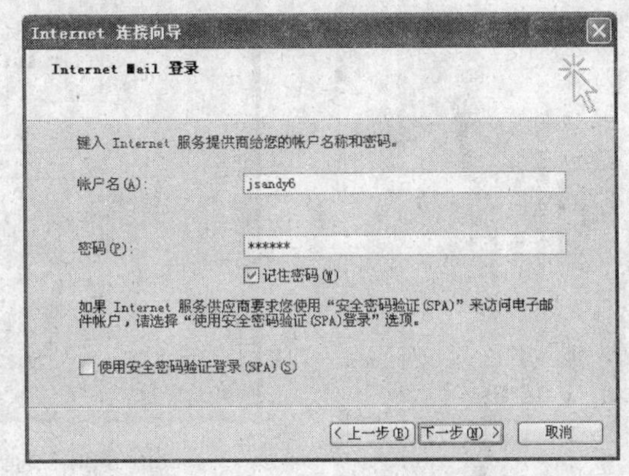

图 8-35　输入服务器账号和密码

（7）单击“下一步”按钮，弹出的对话框提示用户已经完成电子邮件账号的设置，如图 8-36 所示。

用户此时再执行“开始”→Outlook Express 命令，出现的对话框如图 8-37 所示。完成电子邮件账户的申请并将该账户添加到 Outlook Express 后，用户便可以进行邮件及新闻组的收发与管理。

Outlook Express 中允许用户使用多个不同的账号，因此每个使用该计算机的用户均可以设置自己的邮件账号，要建立多个账户，只要重复上面的步骤即可。

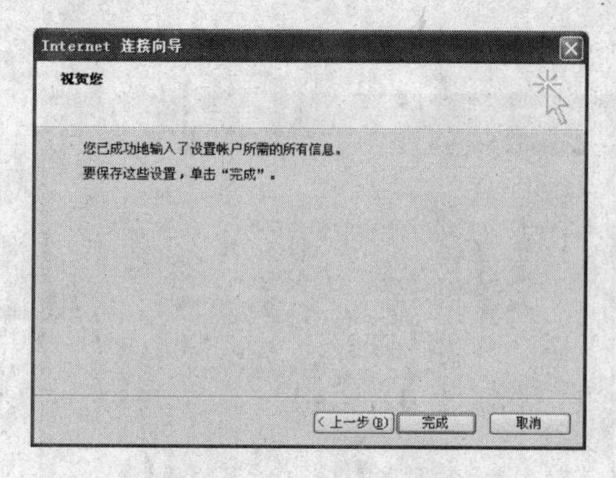

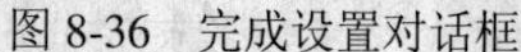
图 8-36　完成设置对话框

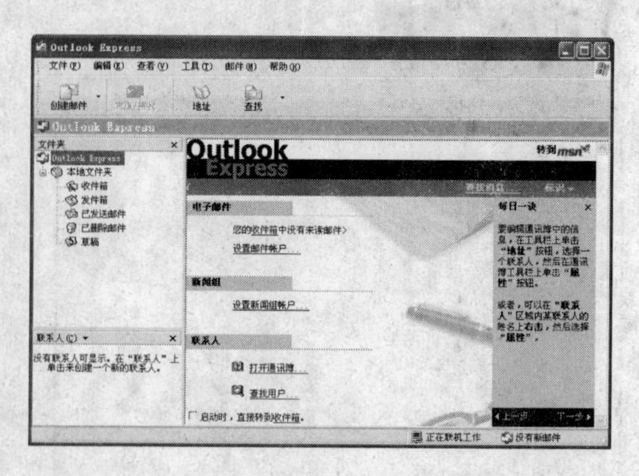

图 8-37　Outlook Express 6.0 的窗口

8.4.3　创建和发送电子邮件

Outlook Express 为用户提供了一个集成的电子邮件管理系统，用户可以在 Outlook Express 的环境下方便地发送、接收和阅读电子邮件。

编写电子邮件的步骤如下：

（1）在 Outlook Express 的工具栏上单击“创建邮件”按钮旁边的下拉箭头，在弹出的快捷菜单中单击选择一种信纸，如图 8-38 所示。

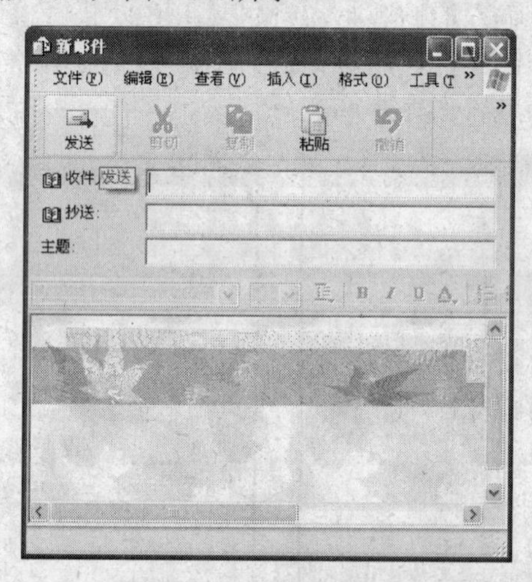

图 8-38　选择一种信纸

信纸就是将一个网页作为邮件的背景，用户可以通过单击“选择信纸”命令来使用各种图案的信纸。如果不想应用信纸，直接单击“创建邮件”按钮即可。

（2）在“收件人”和“抄送”文本框中填写收件人的电子邮件地址。如果要同时发送给多个收件人，则将不同的电子邮件地址用逗号或分号隔开即可。

（3）如果要从通信簿中选择收件人，可以单击“收件人”按钮，将会打开“收件人”对话框，从中选择所需的地址，然后单击“收件人”按钮即可，如图 8-39 所示。

（4）选择好收件人之后，单击“确定”按钮返回到“新邮件”窗口。在“主题”文本框中输入邮件的主题，此时窗口的标题将被该主题代替。然后在正文内容区输入邮件的正文内容，如图 8-40 所示。

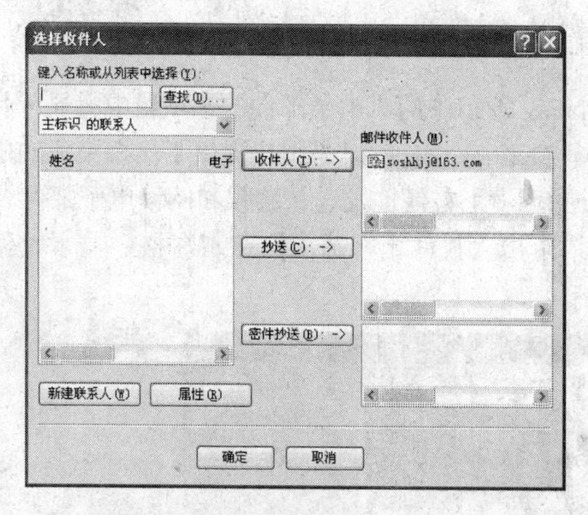

图 8-39　“选择收件人”对话框

图 8-40　输入文件的主题和内容

（5）用户如果还要在邮件中添加附件，执行“插入”→“文件附件”命令，显示如图 8-41 所示对话框。

（6）选择要插入的内容，单击“附件”项，就将附件插入到了邮件中。如图 8-42 所示，在邮件的“主题”下面又显示一项“附件”。

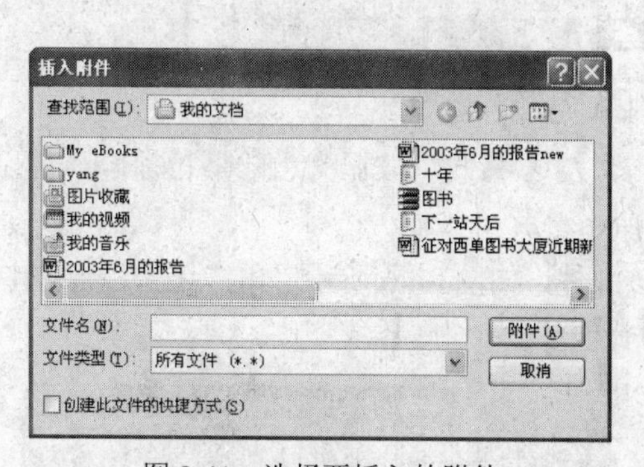

图 8-41　选择要插入的附件

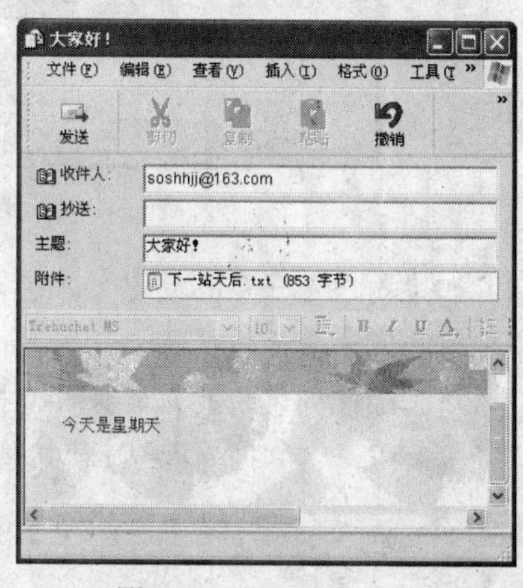

图 8-42　插入附件

（7）这时，整个邮件的编写就完成了。单击窗口中的“发送”按钮即可将邮件发送出去。

（8）用户如果想以后发送这封邮件，可以将它保存起来，执行“文件”→“保存”命令把新邮件保存到“草稿”文件夹中，系统会弹出如图 8-43 所示的对话框提醒用户保存成功。

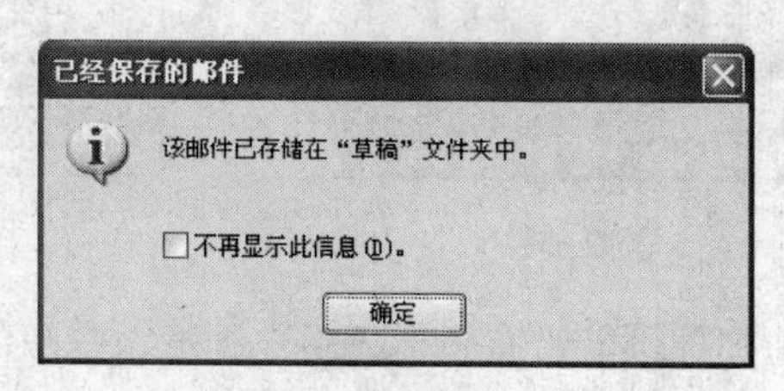

图 8-43　成功保存邮件

8.4.4 接收和阅读电子邮件

启动 Outlook Express 后，在 Outlook Express 窗口中的“电子邮件”选项组中将显示是否有未读的邮件，及有几封未读的邮件等信息。Outlook Express 为用户提供了一个集成的电子邮件管理系统，用户可以在 Outlook Express 的环境下方便地发送、接收和阅读电子邮件。

（1）打开 Outlook Express 窗口，在窗口中单击“收件箱”选项，在右窗格中显示收件箱的内容，如图 8-44 所示。

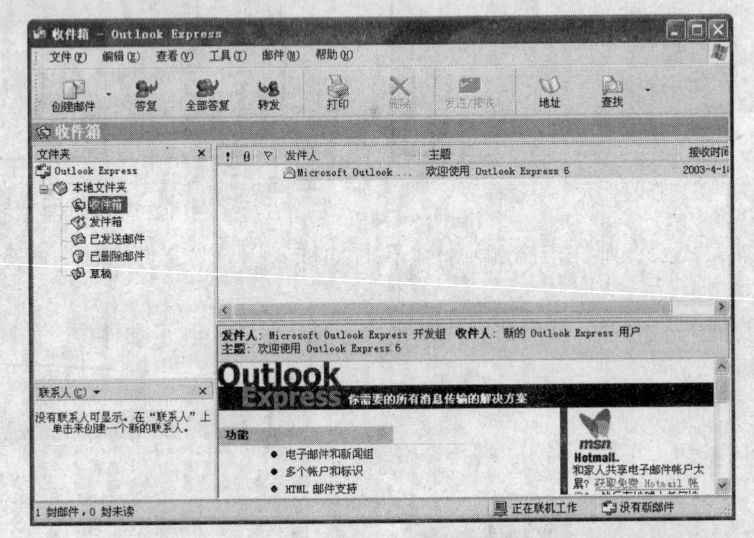

图 8-44 打开收件箱

（2）如果用户有多个邮件账号，可以单击“发送/接收”按钮旁边的下拉标志，在弹出的菜单中单击发送或接收的账号，如图 8-45 所示。

（3）双击邮件列表中的未读邮件，打开该邮件，如图 8-46 所示。用户还可以通过单击“上一封”和“下一封”按钮来查看邮箱中的其他邮件。

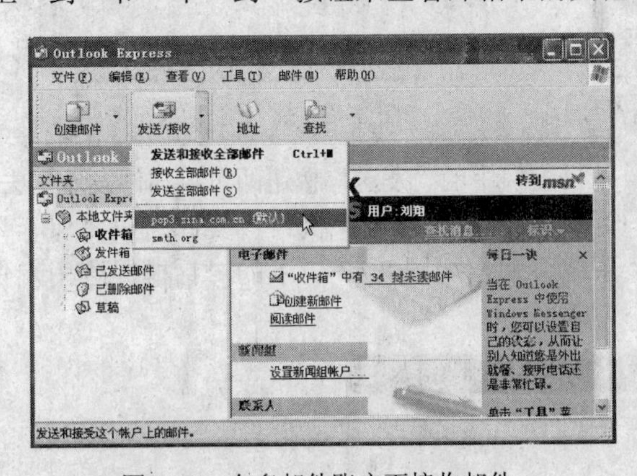

图 8-45 在多邮件账户下接收邮件

图 8-46 浏览邮件

（4）用户有时候收到的邮件可能带有附件，用户浏览这些邮件时，在邮件列表的 0 栏中将有一个 0 图标，双击可打开邮件编辑窗口，阅读带有该附件的邮件，如图 8-47 所示。

（5）在“附件”栏中，双击它该附件，系统将弹出“打开附件警告”对话框，提示用户打开的附件可能会含有病毒，并询问用户以何种方式来处理附件，如图 8-48 所示。

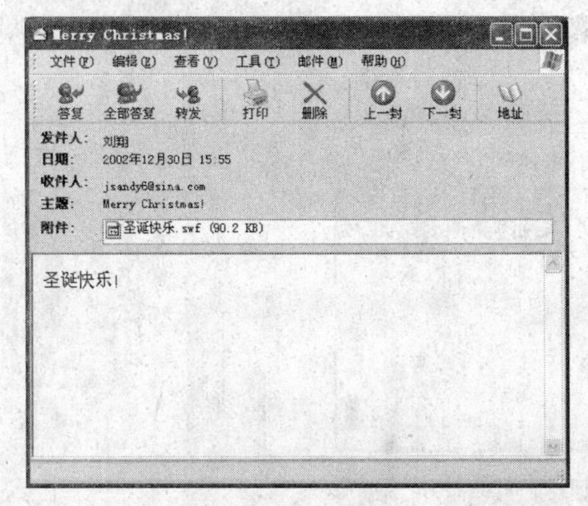

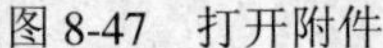
图 8-47　打开附件

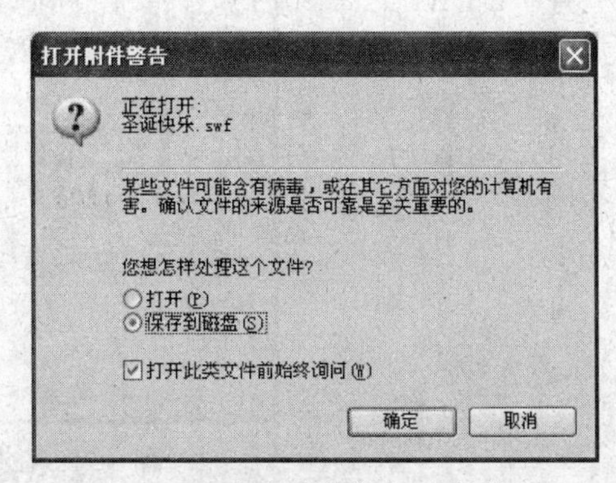

图 8-48　“打开附件警告”对话框

（6）用户如果不想立即打开该附件，可以选中“保存到磁盘”单选按钮，然后单击“确定”按钮；如果用户选中“打开”单选按钮，然后单击“确定”按钮，将直接打开该附件。

为了显示个性，用户还可以在邮件中添加签名，将其附在信件的结尾处。在邮件中添加签名，可按照下面的步骤来进行：

（1）启动 Outlook Express。

（2）选择“工具”→“选项”命令，打开“选项”对话框，如图 8-49 所示

（3）在对话框中单击“签名”标签，打开“签名”选项卡，如图 8-50 所示。

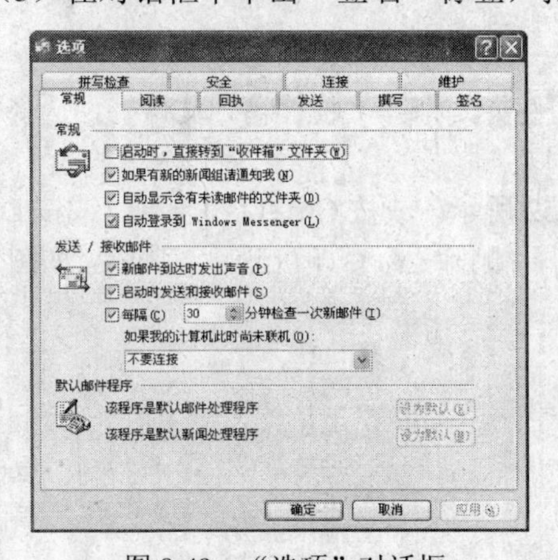

图 8-49　“选项”对话框

图 8-50　“签名”选项卡

（4）在该选项卡中的“签名”选项组中单击“新建”按钮，新建一个签名。

（5）在“编辑签名”选项组中，用户可选择“文本”选项，直接在 Outlook Express 中编辑签名，或先在文本编辑器（如记事本）中编辑好签名内容，然后选择“文件”选项，单击“浏览”按钮，将该文件添加到签名中。签名只能用纯文本格式，即.txt 格式。

（6）用户如果想在所有的新邮件中添加签名，可选中“签名设置”选项组中的“在所有待发邮件中添加签名”复选框；如果取消已经选中的“不在回复和转发的邮件中添加签

名”复选框，在回复和转发的邮件中也将添加签名。

（7）设置完毕以后，单击“应用”或者“确定”按钮均可，如图 8-51 所示。

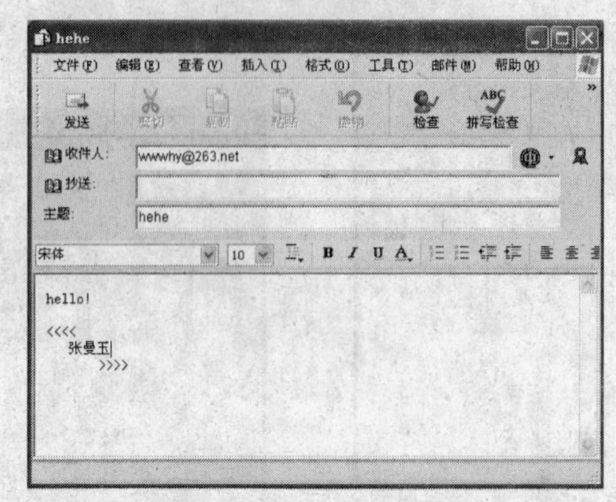

图 8-51　在邮件中添加签名

8.4.5　管理电子邮件

Outlook Express 6.0 提供了强大的电子邮件管理功能，使用户可以轻松地管理好收到的大量邮件。

1．删除不需要的邮件

当“收件箱”文件夹中所存放的邮件越来越多时，用户就需要将一些不需要的邮件删除，以节省空间。

删除不需要的邮件，可执行下列操作：

（1）启动 Outlook Express。

（2）单击“文件夹”窗格中的“收件箱”文件夹，打开“收件箱”文件夹，选择需要删除的邮件。

（3）选择“编辑”→“删除”命令，如图 8-52 所示。或按 Ctrl+D 组合键，或按 Delete 键，或右键单击该邮件，在弹出的快捷菜单中选择“删除”命令即可删除该邮件，如图 8-53 所示。

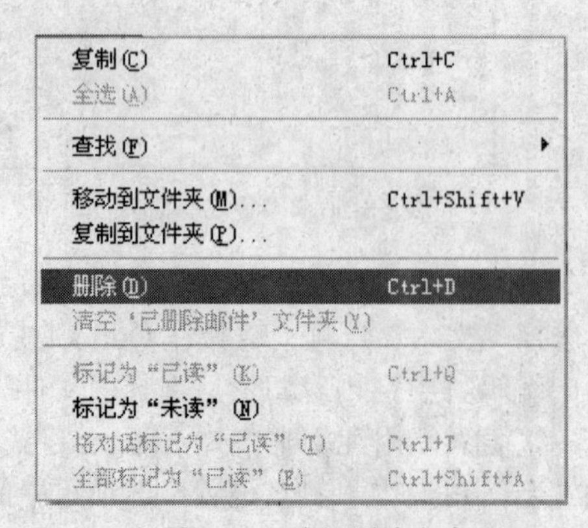

图 8-52　选择删除命令

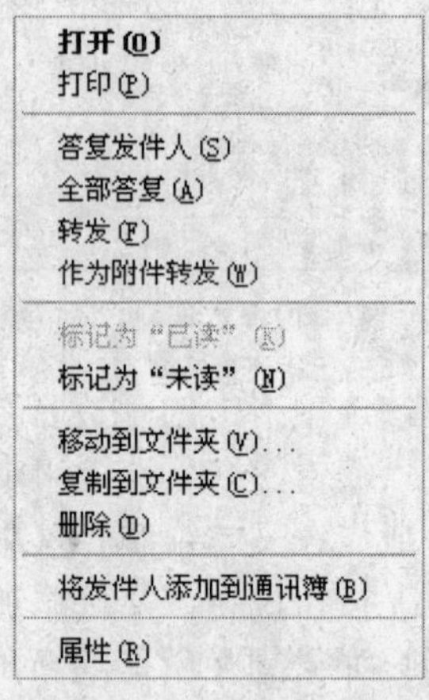

图 8-53　快捷菜单

（4）这时，所删除的邮件将被放在“已删除邮件”文件夹中，若要将“已删除邮件”文件夹中的邮件，彻底删除，可右键单击“已删除邮件”文件夹，在弹出的快捷菜单中选择“清空‘已删除邮件’文件夹”命令，如图 8-54 所示，之后会弹出如图 8-55 所示的对话框，单击“是”按钮删除邮件。

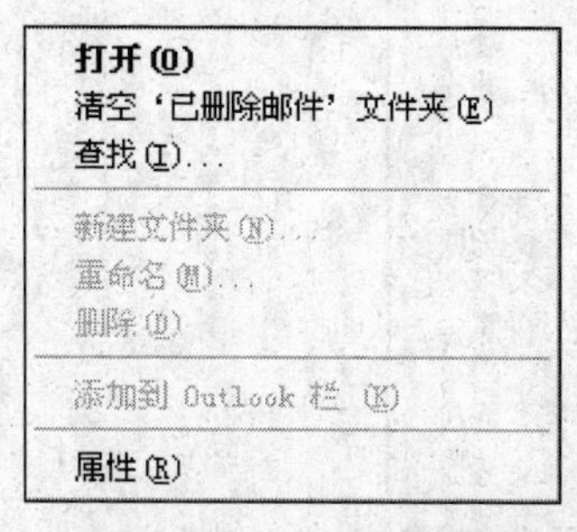

图 8-54　清空文件夹

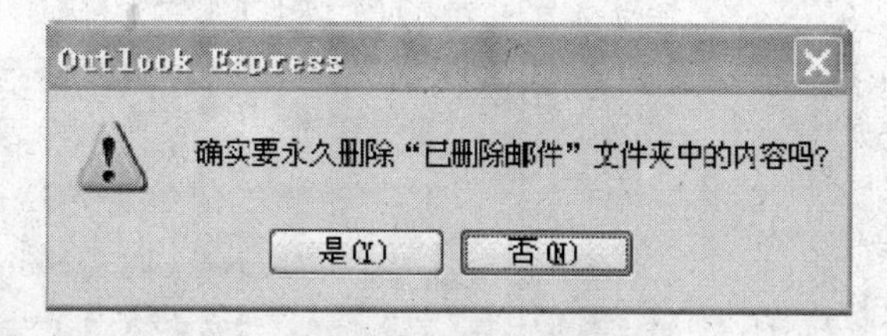

图 8-55　Outlook Express 对话框

（5）这时文件夹已被清空，如图 8-56 所示。

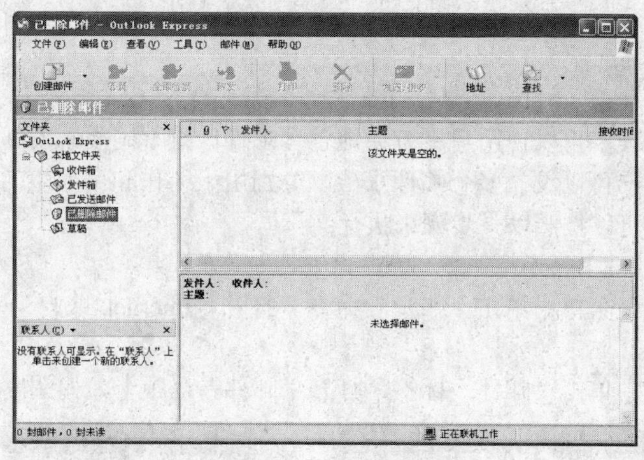

图 8-56　清空文件夹

2．标记为已读

在“收件箱”文件夹中会存放许多收到的邮件，用户可以将已经读过的邮件标记为已读，使新收到的邮件与已读过的邮件区别开来。

（1）手动标记为已读。

要手动将已读过的邮件标记为已读，可执行下列操作：打开 Outlook Express 窗口，在“收件箱”文件夹中右击已读过的邮件，在弹出的快捷菜单中选择“标记为已读”命令即可。

（2）设置自动标记为已读。

用户还可以将已经看过的邮件设置为自动标记为已读：打开 Outlook Express 窗口，在“工具”菜单中面执行“选项”命令，打开“选项”对话框。在对话框中单击“阅读”标签，打开“阅读”选项卡（如图 8-57 所示）。在该选项卡中的“阅读邮件”选项组中选中“在显示邮件 X 秒后，将其标记为已读”复选框，调节微调按钮，设置显示多少秒后，将该邮件标记为已读。设置完毕后，单击“应用”或“确定”按钮即可。

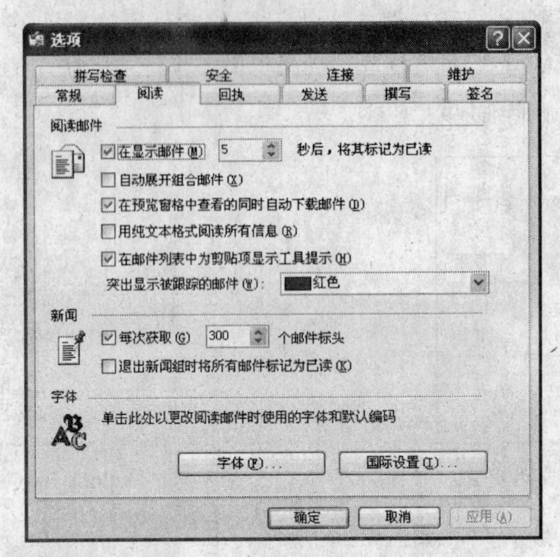

图 8-57 “阅读”选项卡

3. 使用多账号管理

使用多账号管理，可以使用户更方便地管理邮件，将不同类别的邮件放入不同的邮件账号中。例如，用户可以设立多个邮件账号，分别用于工作和个人生活中的不同方面。使用多账号管理邮件可以按照以下步骤来执行：

（1）打开 Outlook Express 窗口，单击“工具”菜单。

（2）在“工具”菜单中单击“账户”命令，打开“Internet 账户”对话框，如图 8-58 所示。

（3）在对话框中单击“邮件”标签，打开“邮件”选项卡，如图 8-59 所示。

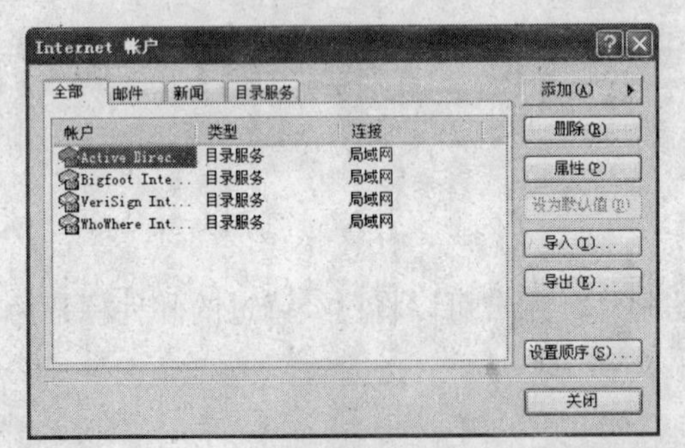

图 8-58 “Internet 账户”对话框

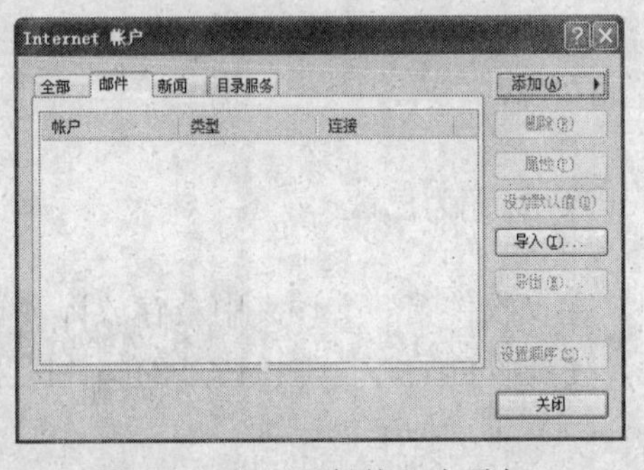

图 8-59 打开“邮件”选项卡

（4）单击“添加”按钮，在弹出的菜单中选择“邮件”命令。

（5）这时将弹出“Internet 向导”系列对话框。

（6）在该系列对话框中，用户参照 8.4.2 节介绍的设置邮件账号的具体操作进行设置。

（7）添加完毕后，单击“关闭”按钮即可。

若用户要查看不同账号中的邮件，可选择“工具”→“发送和接收”命令，在其下一级子菜单中选择不同的邮件账号即可。

8.5 练 习 题

1．填空题

（1）计算机网络的发展经历了 3 个主要阶段是____________，____________及________________。

（2）按分布距离分类，计算机网络可以分为__________，__________，________等。

（3）TCP/IP 协议（Transfer Controln Protocol/Internet Protocol）叫做______________，又叫____________，这个协议是 Internet 国际互联网络的基础。

（4）TCP/IP 这个协议遵守的四层的模型概念为____________，____________，____________和____________层。

（5）每次启动 Internet Explorer 时，Internet Explorer 会自动首先访问网页，称为________________。

2．选择题

（1）TCP/IP 协议最早出现在______年。

A．1972　　B．1973　　C．1974　　D．1975

（2）TCP/IP 协议的四层结构中不包括______。

A．网络接口层　　B．数据链路层

C．互联层　　D．应用层

（3）Internet 的前身，美国国防部国防高级研究计划署资助建立的是______。

A．ARPANET　　B．CSNet

C．Usenet　　D．NSFNET

（4）非对称数字用户环路是指______。

A．VDSL　　B．ISDL　　C．ADSL　　D．LMDS

（5）如果用户想搜索所有同时包含单词“hot”和“dog”的 Web 站点，需要在搜索引擎中输入______

A．hot AND dog　　B．hot OR dog

C．hot NOR dog　　D．hot ADD dog

3．问答题

（1）简述几种不同的计算机网络分类方法。

（2）简述交换机与集线器的区别。

（3）描述几种不同的 Internet 接入方式，并比较它们的不同之处。

（4）练习使用 Internet Explorer 浏览网页，并设置自己的主页和收藏夹。

（5）练习通过 Internet Explorer 创建、管理、发送和接收电子邮件。

（6）练习使用 Outlook Express 创建、管理、发送和接收电子邮件。

第9章

多媒体技术基础

如果说20世纪80年代是计算机技术突飞猛进的年代，那么90年代就是多媒体蓬勃发展的年代。随着计算机软硬件技术的发展以及声音、视频处理技术的成熟，众多的多媒体产品和技术陆续面世，并且已经加入到了计算机应用的各个领域中。多媒体技术结合了计算机技术的交互性和可视化的真实感，大大增强了计算机的应用深度和广度。使得原本“面无表情”、“死气沉沉”的计算机有了一副“生动活泼”的面孔。用户不仅可以通过文字信息，还可以通过直接看到的影像和听到的声音，来了解感兴趣的对象，并可以参与或改变信息的演示。多媒体技术的应用已经渗透到生产生活的各个领域，必将会对计算机业乃至整个社会带来深远的影响。因此，理解多媒体技术的基本概念和主要功能，掌握常用的多媒体工具软件的使用方法，了解如何进行多媒体软件开发和多媒体制作，是十分必要的。通过本章的学习，读者应主要理解和掌握以下几方面的内容。

本章主要内容

- 了解和掌握多媒体技术的基础知识
- 掌握各种媒体形式的制作编辑技能，如音频、视频、图像等

9.1 多媒体的基本概念

9.1.1 什么是多媒体

“多媒体”一词译自英文“Multimedia”，即“Multiple”和“Media”的合成。其中，Multiple是复合的、多样的意思；而Media是Medium（媒体）的复数形式，原有两重含义：一是指存储信息的实体，如磁盘、光盘、磁带、半导体存储器等，中文常译作媒质；二是指传递信息的载体，如数字、文字、声音、图形等。顾名思义，多媒体指表明了这样一种新的媒体形式，在其中包含了多种媒体的信息，并运用多种表示形式复合而成——文字、图形、图像以及逻辑分析方法等与视频、音频以及为了知识创建和表达的交互式应用的结合体。这也是多媒体的一个广义概念。

很显然，电影电视以及一些其他媒体技术也在广义多媒体定义的范畴之内。为了区别于这些传统媒体技术，这里给出多媒体技术的狭义定义：多媒体技术即是计算机交互式综

合处理多媒体信息——文本、图形、图像和声音，使多种信息建立逻辑连接，集成为一个系统并具有交互性。简言之，多媒体技术就是具有集成性、实时性和交互性的计算机综合处理音、文件、图像信息的技术。

本书中提到的多媒体技术均指狭义多媒体技术。

9.1.2　多媒体技术的特性

由定义可知。狭义多媒体技术，也可以说基于计算机技术的多媒体技术包含 3 个主要的特性。

- **多样性**：相对于传统的、以数据为输入输出计算机而言的，即指被输入和输出信息媒体的多样性。多媒体技术把计算机处理的信息多样化或多维化，从而改变计算机信息处理的单一模式，使人们能交互地处理多种信息。
- **交互性**：用户不仅仅可以接收计算机输出的多种媒体信息，同时也可以使用多种媒体手段，如语音、行为与计算机进行信息交互操作，从而为用户提供了更加有效地控制和使用信息的手段。
- **集成性**：指各种信息媒体的集成处理和处理这些媒体的设备集成化。一般来说，计算机成为了综合处理多种信息媒体的中心。信息媒体的集成包括信息的多通道统一获取、多媒体信息的统一组织和存储、多媒体信息表现合成等方面。多媒体设备的集成包括硬件和软件两个方面。

9.1.3　多媒体技术的元素

多媒体媒体元素是指多媒体技术中用于与用户交互的媒体，一般包括文本、静态图像、音频、动画、视频等，如图 9-1 所示。

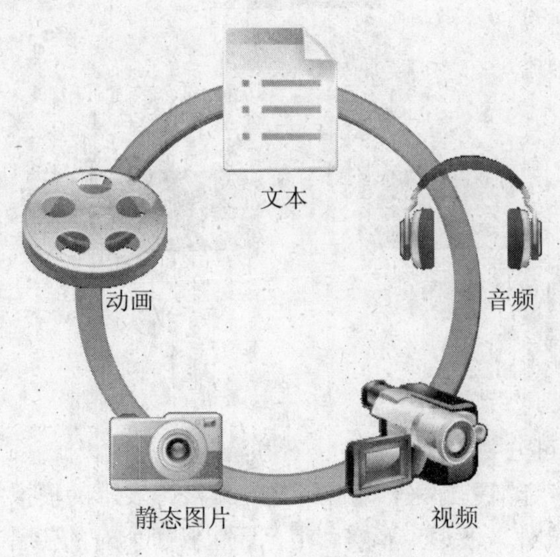

图 9-1　多媒体的基本元素

1. 文本

下面简单地对这些元素进行介绍：

文本指保存文字信息的数据文件。

文本可分为非格式化文本文件和格式化文本文件。非格式化文本文件中只有文本信息，而没有其他任何有关格式信息的文件，因此又称为纯文本文件，如“.txt ”文件。格式化文本文件中带有各种说明文字位置、大小字体等的文本排版信息，因此称为格式化文本文件，如“DOC”文件。

2. 静态图像

静态图像可进一步分为图形（Graphic）和图像（Image）两种形式。

其中，图形一般指用计算机绘制的由基本几何元素构成的画面，如直线、圆、圆弧、矩形、任意曲线和图表等。图形的格式是一组描述点、线、面等几何图形的大小、形状及其位置、维数的指令集合。在图形文件中只记录生成图的算法和图上的某些特征点，因此也称矢量图。计算机中常用的矢量图形文件有“.3d”（用于3D造型）、“.dxf”（用于CAD）、“.wmf”（用于桌面出版）等。由于图形只保存算法和特征点，因此占用的存储空间很小。但显示时需经过重新计算，因而显示速度相对慢些。

图像是指由输入设备捕捉的实际场景画，或以数字化形式存储的任意画面。静止的图像可以被描述为一个矩阵，矩阵中的各项数字用来描述构成图像的每个点（像素，Pixel ）的强度与颜色等信息。这种图像称为位图图像（.bmp），其数据量相对较大。因此各种图像压缩格式被研究出来，可以在不损失太多图像质量的前提下，大大地压缩图像的大小。可见，图像处理时主要考虑以下三个因素：分辨率、色彩质量和文件大小，见图9-2。

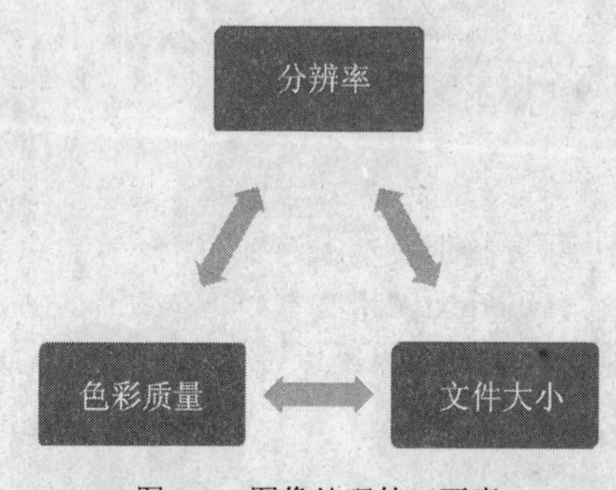

图9-2　图像处理的三要素

3. 音频

数字音频（Audio）可分为波形声音、语音和音乐。

波形声音是将任何声音都进行采样量化，用连续波形表示的模拟信息。相应的文件格式是WAV文件或VOC文件。波形声音实际上已经包含了所有的声音形式，是理解声音的最基本形态，与位图相似，有信息准确但文件尺寸较大的特点。

语音也是一种波形，所以和波形声音的文件格式相同。但更重要的是语音还包含丰富的信息内涵。它可以通过抽象思维，提取其特定成分，达到对其意义的理解，所以常把它作为一种人类特有的媒体。

音乐是能用乐谱或数字语言等形式进行规范表达的符号化了的声音。其形式相对比较规范。对应的文件格式是 MID 或 CMF 文件。

4．动画

动画实质是一幅幅静态图像的连续播放。

动画的连续播放既指时间上的连续，也指图像内容上的连续。计算机设计动画有两种：一种是帧（Frame）动画，一种是造型动画。

帧动画是由一幅幅位图组成的连续的画面，就如电影胶片或视频画面一样要分别设计每屏幕显示的画面。

造型动画是对每一个运动的物体分别进行设计，赋予每个运动元素一些特征，然后用这些动元构成完整的帧画面。运动元素的表演和行为是由制作表组成的脚本来控制的。存储动画的文件格式有 FLC、MMM 等。

5．视频

视频是由视频捕捉设备录制和转化而成的。

视频同样可以表示为一幅幅单独的画面序列帧。这些画面以一定的速率（fps）连续地投射在屏幕上，使观察者看到连续运动的感觉。视频文件的存储格式有 AVI、MPG MOV 等。视频标准主要有 NTSC 制和 PAL 制两种。NTSC 标准为 30fps，每帧 525 行。PAL 标准为 25fps，每帧 625 行。视频的技术参数有帧速、数据量、图像质量。

9.1.4　多媒体技术的发展

1．多媒体的萌芽时期

多媒体技术的一些概念和方法起源于 20 世纪 60 年代。1965 年，纳尔逊（Ted Nelson）为计算机上处理文本文件提出了一种把文本中遇到的相关文本组织在一起的方法，并为这种方法杜撰了一个词，称为“Hypertext（超文本）”。与传统的方式不同，超文本以非线性方式组织文本，使计算机能够响应人的思维以及能够方便地获取所需要的信息。万维网（WWW）上的多媒体信息正是采用了超文本思想与技术，组成了全球范围的超媒体空间。1969 年，纳尔逊（Nelson）和 Van Dam 在布朗大学（Brown）开发出超文本编辑器。1976 年，美国麻省理工学院体系结构机器组向 DARPA 提出多种媒体（Multiple Media）的建议。

2．多媒体的发展时期

多媒体技术实现于 20 世纪 80 年代中期。1984 年美国的 Apple 公司在研制 Macintosh 计算机时，为了增加图形处理功能，改善人机交互界面，创造性地使用了位映射（Bitmap）、窗口（Window）、图符（Icon）等技术。这一系列改进所带来的图形用户界面（GUI）深受用户的欢迎，加上引入鼠标（Mouse）作为交互设备，配合 GUI 使用，大大方便了用户的操作。

1985年，Microsoft公司推出了Windows，它是一个多用户的图形操作环境。Windows使用鼠标驱动的图形菜单，从Windows 1.x、Windows 3.x、Windows NT、Windows 9x、到Windows 2000、Windows XP等，是具有多媒体功能、用户界面友好的多层窗口操作系统。

1985年，美国Commodore公司推出世界上第一台多媒体计算机Amiga系统。Amiga计算机机采用Motorola M68000微处理器作为CPU，并配置Commodore公司研制的图形处理芯片Agnus 8370、音响处理芯片Pzula 8364和视频处理芯片Denise 8362三个专用芯片。Amiga机具有自己专用的操作系统，能够处理多任务，并具有下拉菜单、多窗口、图符等功能。

1986年荷兰的Philips公司和日本的Sony公司联合研制并推出CD-I（Compact Disc interactive，交互式紧凑光盘系统），同时公布了该系统所采用的CD-ROM光盘的数据格式。这项技术对大容量存储设备光盘的发展产生了巨大影响，并经过国际标准化组织（ISO）的认可成为国际标准。大容量光盘的出现为存储和表示声音、文字、图形、音频等高质量的数字化媒体提供了有效手段。

自1983年开始，位于新泽西州普林斯顿的美国无线电公司RCA研究中心组织了包括计算机、广播电视和信号处理三个方面的40余名专家，研制交互式数字视频系统。它是以计算机技术为基础，用标准光盘来存储和检索静态图像、活动图像、声音等数据。经过4年的研究，于1987年3月在国际第二届CD-ROM年会展示了这项称为交互式数字视频（Digital Video Interactive，DVI）的技术。这便是多媒体技术的雏形。

尽管还没有考正出“多媒体”这个名词是由谁和什么时候开始第一次运用的，但是，1985年10月IEEE计算机杂志首次出版了完备的“多媒体通信”的专集，是文献中可以找到的最早的出处。多媒体技术的出现在世界范围引起巨大的反响。1987年成立的国际交互声像工业协会在1991年更名为交互多媒体协会（Interactive Multimedia Association，IMA）时，已经有15个国家的200多个公司加入了。

3. 多媒体的成熟阶段

自20世纪90年代以来，多媒体技术逐渐成熟。多媒体技术从以研究开发为重心转移到以应用为重心。1990年10月，国际多媒体开发工作者会议上提出了MPC 1.0标准。1993年由IBM、Intel等数十家软硬件公司组成的多媒体个人计算机市场协会（The Multimedia PC Marketing Council，MPMC）发布了多媒体个人机的性能标准MPC 2.0。1995年6月，MPMC又宣布了新的多媒体个人机技术规范MPC 3.0。

1991年，由ISO和IEC联合成立的专家组JPEG（Joint Photographic Experts Group）建立了静态图像的主要标准——JPEG标准（ISO/IEC 10918）。该标准的全称为“多灰度静态图像的数字压缩编码”，是适用于单色和彩色、多灰度连续色调静态图像的国际标准。

1991到2001年，国际标准化组织（ISO）下属的一个专家组MPEG（Moving Picture Experts Group）制定了视频/运动图像的主要标准——MPEG-1（ISO/IEC 11172）、MPEG-2（ISO/IEC 13818）和MPEG-4（ISO/IEC 14496）3个标准。MPEG-1标准的正式名称叫“信息技术——用于数据率1.5Mbit/s的数字存储媒体的电视图像和伴音编码”，于1991年被ISO/IEC采纳，由系统、视频、音频、一致性测试和软件模拟5个部分组成。MPEG-2标准的正式名称叫“信息技术——活动图像和伴音信息的通用编码”。MPEG-2的基本位速率为4~8Mbps，最高达15Mbps。MPEG-2包含9个部分：系统、视频、音频、一致性测试、软件模拟，数字存储媒体命令和控制（DSM-CC）扩展协议，以及先进音频编码（AAC）、系统解码器实时接口扩展协议和DSM-CC一致性扩展测试。MPEG-4标准的正式名称为“甚低速率视听编码”，由系统、视频、音频以及传输多媒体集成框架（DMIF）等部分组成。

各项多媒体元素标准的制定，标志着多媒体技术走向应用阶段。但更新更好的新技术仍不断地被研发出来。

9.1.5 多媒体计算机的组成

多媒体计算机是一组结合了各种视觉和听觉媒体硬件和软件的数码设备。它能够产生令人印象深刻的视听效果。在视觉媒体上，包括图形、动画、图像和文字等媒体，在听觉媒体上,则包括语言、立体声响和音乐等媒体。用户可以从多媒体计算机同时接触到各种各样的媒体来源。

一个功能较齐全的多媒体计算机系统从处理的流程来看包括输入设备、计算机主机、输出设备、存储设备几个部分。而从处理过程中的功能作用看则分为以下几个部分。

- **音频部分**：负责采集、加工、处理波表、MIDI等多种形式的音频素材。
- **图像部分**：负责采集、加工、处理各种格式的图像素材。
- **视频部分**：负责采集、编辑计算机动画、视频素材。对机器速度、存储要求较高。
- **输出部分**：负责将图像、文本、声音、动画、视频等显示或播放给终端用户，或者提交给存储设备。输出设备可分为两类，象显示器一类的关机后信息就会丢失的输出设备一般称为软输出设备，投影电视、电视等都属于此类；而象打印机、胶片记录仪、图像定位仪等则是硬输出设备，它们可以将数据输入到存储设备，而使其得到长期的保存。
- **存储部分**：负责保存各种媒体数据。

图9-3绘出了多媒体计算机的组成。

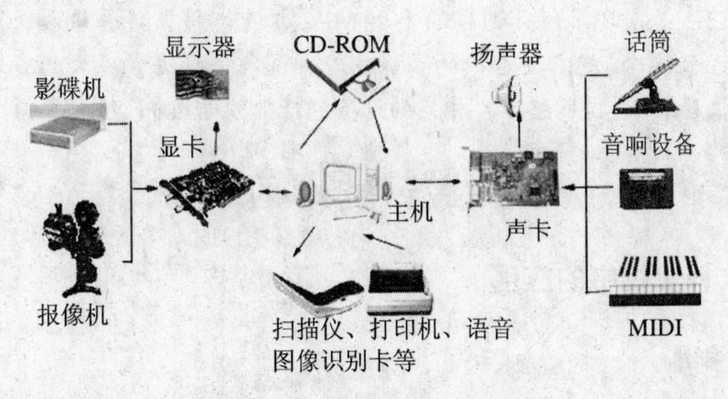

图9-3 多媒体计算机的组成

多媒体计算机主机的基本硬件结构可以归纳为七部分：

- 至少一个功能强大、速度快的中央处理器（CPU）。
- 可管理、控制各种接口与设备的配置。
- 具有一定容量（尽可能大）的存储空间。

- 高分辨率的显示接口与设备。
- 可处理音响的接口与设备。
- 可处理图像的接口设备。
- 可存放大量数据的配置等。

外部设备则可以包括如下几个方面：

- **DVD-ROM驱动器**：包括可重写光盘驱动器（CD-R）、WORM光盘驱动器和CD-ROM驱动器。其中CD-ROM驱动器为多媒体计算机带来了便宜、便携的可移动650M存储设备。存有图形、动画、图像、声音、文本、数字音频、程序等资源的CD-ROM早已广泛使用，因此现在光驱对广大用户来说已经是必须配置的。而可重写光盘、WORM光盘价格较贵，目前还不是非常普及。另外，DVD上市也有一段时间，它的存储量更大，双面可达17GB，是升级换代的理想产品。
- **音频卡**：在音频卡上连接的音频输入输出设备包括话筒、音频播放设备、MIDI合成器、耳机、扬声器等。数字音频处理的支持是多媒体计算机的重要方面，音频卡具有A/D和D/A音频信号的转换功能，可以合成音乐、混合多种声源，还可以外接MIDI电子音乐设备。
- **图形加速卡**：图文并茂的多媒体表现需要分辨率高而且同屏显示色彩丰富的显示卡的支持，同时还要求具有Windows的显示驱动程序，并在Windows下的像素运算速度要快。所以现在带有图形用户接口GUI加速器的局部总线显示适配器使得Windows的显示速度大大加快。
- **视频卡**：可细分为视频捕捉卡、视频处理卡、视频播放卡以及TV编码器等专用卡，其功能是连接摄像机、VCR影碟机、TV等设备，以便获取、处理和表现各种动画和数字化视频媒体。
- **交互控制接口**：它是用来连接触摸屏、鼠标、光笔等人机交互设备的，这些设备将大大方便用户对MPC的使用。
- **网络接口**：是实现多媒体通信的重要MPC扩充部件。计算机和通信技术相结合的时代已经来临，这就需要专门的多媒体外部设备将数据量庞大的多媒体信息传送出去或接收进来，通过网络接口相接的设备包括视频电话机、传真机、LAN和ISDN等。

9.2 多媒体技术的应用

9.2.1 在个人计算机中的应用

1. 多媒体编辑

用多媒体编辑软件将文本、图像、动画、视频、声音等元素组合在一起，并赋予其生命力——交互功能，就可编辑成为一套完整的多媒体系统。

2. 图形设计

创建每个多媒体项目都会包含图形元素、背景、人物、界面、按钮，几乎我们从多媒体中看到的每一个东西都是由某种类型的图形组成的。多媒体产品不能缺少直观的图像，就像报刊离不开文字一样，图形是多媒体最基本的要素。

3. 动画制作

（1）二维动画。

在传统的卡通动画中，美工需要绘制很多画面，而现在大量的工作可以借助计算机来完成。比如给出关键帧，中间帧就由计算机来合成，因而大大地提高了工作效率。

（2）三维动画。

制作三维动画首先要创建物体和背景的三维模型，然后让这些物体在三维空间里动起来，可移动、旋转、变形、变色等，再通过三维软件内的“摄影机”去拍摄物体的运动过程。

4. 数字视频

数字视频是将传统模拟视频（包括电视及电影）片段捕获转换成计算机能调用的数字信号。较常见的 VCD 就是一种经压缩的数字视频。数字视频总能使多媒体作品变得更加生动、完美，而其制作难度一般低于动画创作。现在数字视频在个人计算机中有非常广泛的应用。

5. 数字音乐

声音是多媒体的又一重要方面，它除了给多媒体带来令人惊奇的效果外，还最大限度地增强展示效果。声音可使电影从沉闷变得热闹，从而刺激观众的兴趣。

在多媒体中声音有两类：音乐和音效。音乐包括我们熟悉的普通音乐外，还有计算机特有的 MIDI 音乐。要为多媒体作品创作音乐是比较困难的。

9.2.2　在商业、服务行业中的运用

1. 视频会议系统

多媒体技术的突破、广域网的成熟以及台式操作系统的支持使视频会议系统成为多媒体技术应用的新热点。它是一种重要的多媒体通信系统，它将计算机的交互性、通信的分布性和电视的真实性融为一体。现在视频会议系统已经有了比较成熟的产品。

2. 虚拟现实

虚拟现实是一项与多媒体技术密切相关的边缘技术，它通过综合应用计算机图像处理、模拟与仿真、传感技术、显示系统等技术和设备，以模拟仿真的方式，给用户提供一个真实反映操作对象变化与相互作用的三维图像环境，从而构成的虚拟世界，并通过特殊设备（如头盔和数据手套）提供给 用户一个与该虚拟世界相互作用的三维交互式用户界面，见图 9-4。

3. 超文本（Hypertext）

超文本是随着多媒体计算机发展而发展起来的文本处理技术，它提供了将“声、文、

图”结合在一起，综合表达信息的强有力的手段，是多媒体应用的有效工具。目前超文本方式在 Internet 上得到了广泛的应用。

图 9-4　虚拟现实技术

4. 家庭视听

其实多媒体最看得见的应用就是数字化的音乐和影像进入了家庭。由于数字化的多媒体具有传输储存方便、保真度非常高的特点，在个人计算机用户中广泛受到青睐，而专门的数字视听产品也大量进入了家庭，如 CD、VCD、DVD 等设备。

9.3　多媒体工具软件

9.3.1　使用 Windows Media Player 查看音频和视频文件

Windows Media Player 是 Windows XP 系统提供的功能强大的多媒体播放器。使用媒体播放器，除了可以播放 CD、VCD、DVD 等音频、视频文件外，还可以通过 Internet 收听广播等。

1. 播放音频文件

计算机中如果安装了声卡、音箱等设备，就可以利用媒体播放器来播放音频文件。在这里就以播放 CD 为例，介绍怎样使用媒体播放器来播放音乐。

（1）复制 CD。

复制 CD 就是将 CD 盘中的曲目复制到计算机中。一盘 CD 中的曲目是有限的，如果想听更多的曲目，就需要频繁地插入不同的 CD 光盘，不仅比较麻，烦而且影响 CD 的使用寿命。复制 CD 功能允许将 CD 上的曲目有选择地复制到计算机中，这样可以挑选喜欢的曲目并复制出来，然后通过媒体播放机连续播放这些曲目就即可。

直接将CD放入光驱中，系统会自动启用媒体播放器，并弹出Audio CD对话框，选择是播放CD或者从CD复制音乐，如图9-5所示。可以利用从CD复制音乐功能，将CD上的音乐复制到媒体库。具体操作步骤如下：

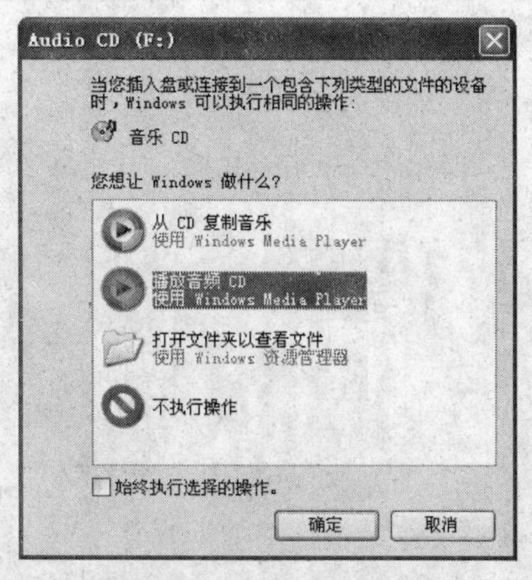

图9-5　Audio CD对话框

① 选择 “Audio CD”对话框中的“从CD复制音乐”选项，然后单击“确定”按钮。此时出现如图9-6所示界面。

图9-6　复制CD

② 如果是第一次对这张CD进行复制，CD中所有的曲目将被自动全选。可以将不需要复制的曲目取消，取消对曲目前面复选框的选择即可。

③ 选择要复制的曲目之后，单击播放器右上角的“复制音乐”按钮，开始复制。

④ 复制时，正在复制的曲目后面会显示复制的进度。

⑤ 此时复制窗口中有一个“停止复制”按钮，如果想停止复制，单击该按钮即可。

⑥ 默认情况下，所选的曲目全部被复制到“我的文档”文件夹下的“我的音乐”文件夹中，而且会列在播放列表中。

（2）播放CD。

可以从媒体库中选择刚才复制的CD文件，将其添加到播放列表中播放，或者在插入

CD 光盘后，在弹出的 Audio CD 对话框中选择“播放音频 CD”选项，然后单击“确定”按钮来播放 CD。播放 CD 窗口如图 9-7 所示。

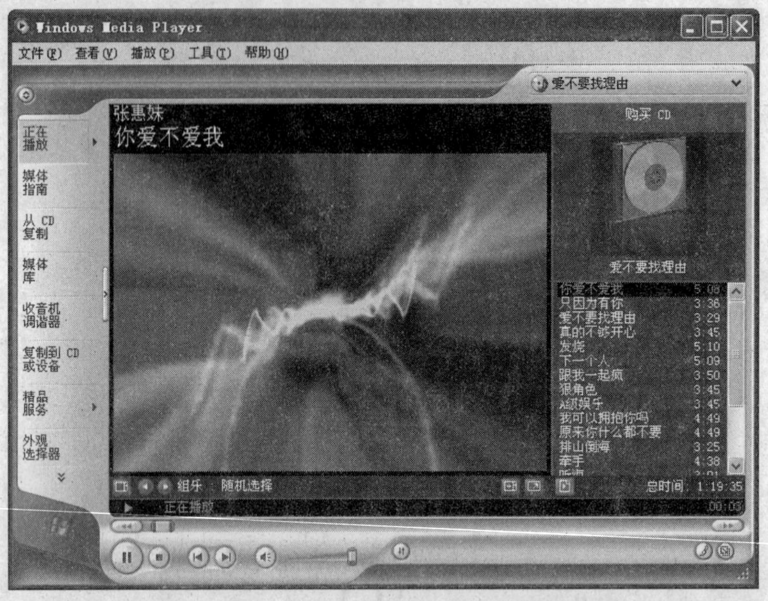

图 9-7　播放 CD

（3）添加歌词。

媒体播放器除了能够播放 CD 外，还可以为 CD 曲目添加歌词，具体操作步骤如下：

① 在媒体播放器左侧选择“媒体库”选项，切换到媒体库列表中。

② 刚才复制的 CD 曲目已经保存在媒体库中，找到要添加歌词的曲目，用鼠标右键单击该曲目，出现快捷菜单，如图 9-8 所示。

③ 在快捷菜单中选择“高级标记编辑器”命令，出现如图 9-9 所示的对话框。

④ 在“高级标记编辑器”对话框中选择“歌词”选项卡，为歌曲添加对应的歌词。

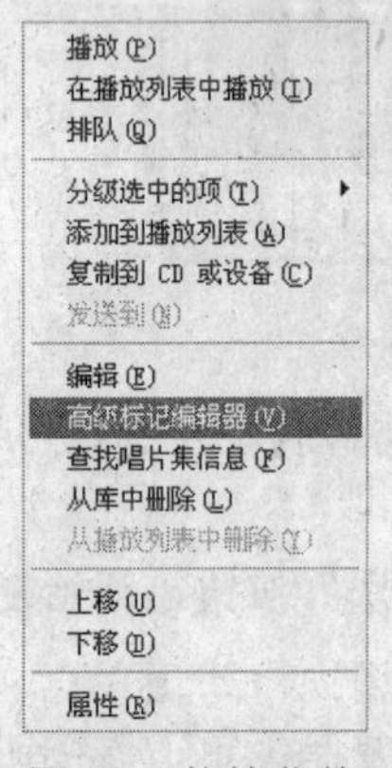

图 9-8　快捷菜单

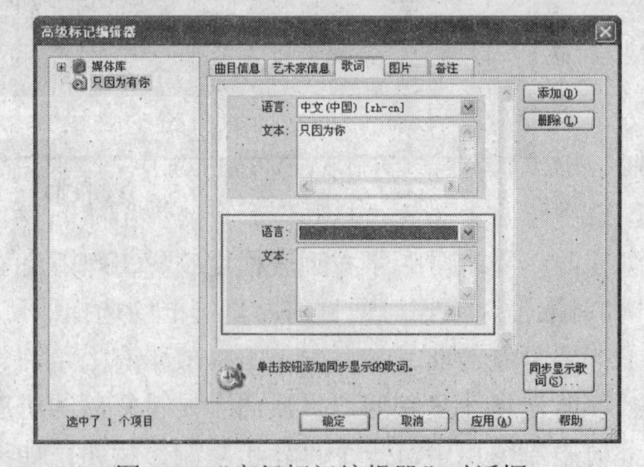

图 9-9　“高级标记编辑器”对话框

（4）改变可视化效果。

可视化效果是一种典型的多媒体技术。它结合了视频和音频技术，使视频图像（几何形状和一些变化的彩色线条）随音频节奏变化而变化。如果播放器处于完整模式，那么可视化效果就正好出现在“正在播放”的功能区内；如果播放器处于外观模式，那么只有在支持可视化效果的外观模式下才会显示出来。

媒体播放器提供了 8 组可视化效果方案，其中 7 种方案中还有可供选择的级联菜单。具体操作步骤如下：

① 选择“查看”→“可视化”命令，会弹出如图 9-10 所示的可以选择不同类型效果的“可视化效果”菜单。

② 选择一种可视化效果，例如“组乐”→“流星雨”命令，可以看到媒体播放机的可视化效果就相应地改变了。

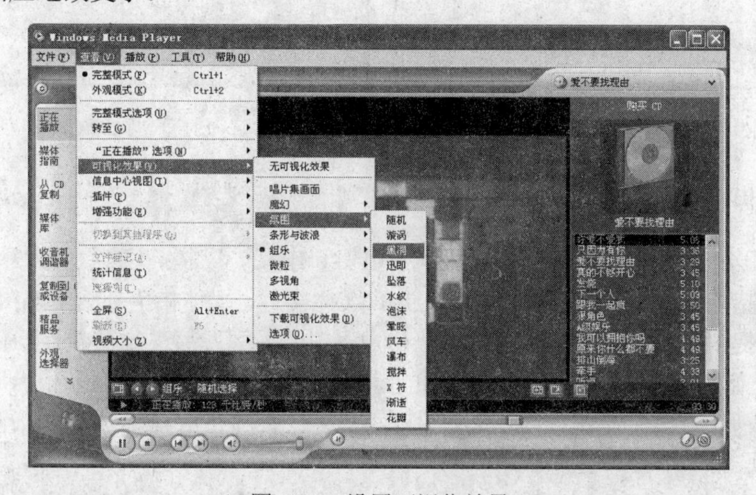

图 9-10　设置可视化效果

2．播放视频

除了可以播放 CD、MP3 等音乐文件之外，媒体播放器还可以播放 VCD、DVD 等格式的电影和动画视频文件。播放方法如下：

（1）启动媒体播放器，将 VCD 或者 DVD 光盘放入光驱。

（2）要播放 DVD，计算机上必须安装有 DVD-ROM 驱动器、DVD 解码器软件或硬件。如果未安装兼容的 DVD 解码器，播放机将不会显示与 DVD 相关的命令、选项和控件，也就无法播放 DVD。默认情况下，Windows 中不包含 DVD 解码器。

（3）选择“文件”→“打开”命令，弹出如图 9-11 所示的对话框。

（4）在“查找范围”下拉列表框中选择光盘驱动器。这时，列表框中将显示该光盘中的文件夹列表。

（5）双击 MPEGAV 文件夹，在其中选择视频播放文件。如果在列表框中看不到想要打开的文件，可在“文件类型”下拉列表框中选择“所有文件”选项，如图 9-12 所示。

（6）选中文件后，单击“打开”按钮便开始播放 VCD 或者 DVD 视频文件。

在播放 VCD 的时候，用户如果想全屏观看，只需要选择“查看”→“全屏”命令；要想切换到外观模式，选择“查看”→“外观模式”命令；要回到完整模式，单击左下角的按钮即可。

播放视频的时候，全屏切换的快捷键是 Alt+Enter 组合键。

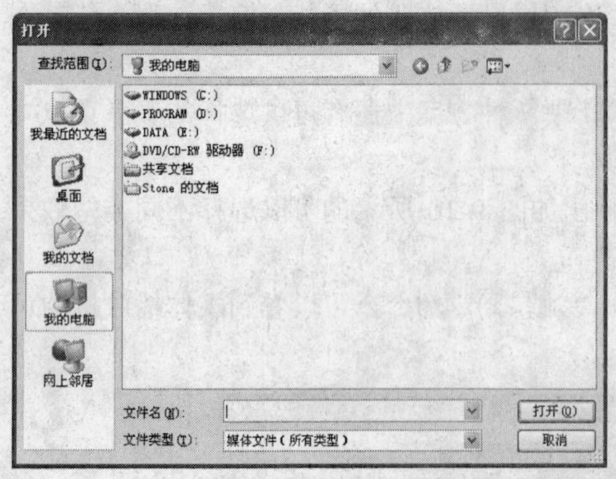

图 9-11 “打开”对话框

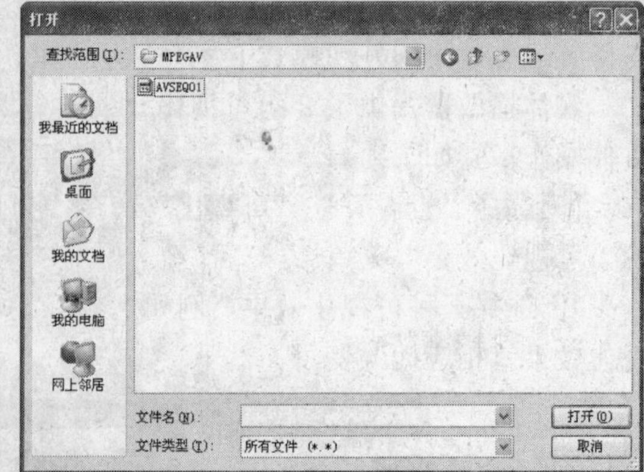

图 9-12 打开“MPEGAV”文件夹

3. 播放 Internet 上的影音文件

Internet 上含有丰富的多媒体资源，例如电影、电视、广播、动画、MP3 和 MIDI 音乐等。使用媒体指南功能，可以查找 Internet 上的媒体文件。媒体指南包含 http: //www.windowsmedia.com 提供的实时页，该指南就像一份电子杂志，每天都进行更新，其中含有 Internet 上最新最大众化的电影、音乐和视频网站的链接。它所涉及的主题范围相当广泛，包括从国际新闻到娱乐业的最新动态等诸多方面。可以通过媒体播放器播放媒体指南中列出的所有文件。

当然也可以通过媒体指南直接连接到自己喜爱的多媒体音乐或者电影网站上欣赏媒体文件。下面就介绍如何播放 Internet 上的影音文件：

（1）首先将计算机连接到 Internet 上。

（2）在 Internet Explorer 浏览器中搜索一个网站，如 www.v111.com，在网站中选择自己喜欢的歌曲，如图 9-13 所示。

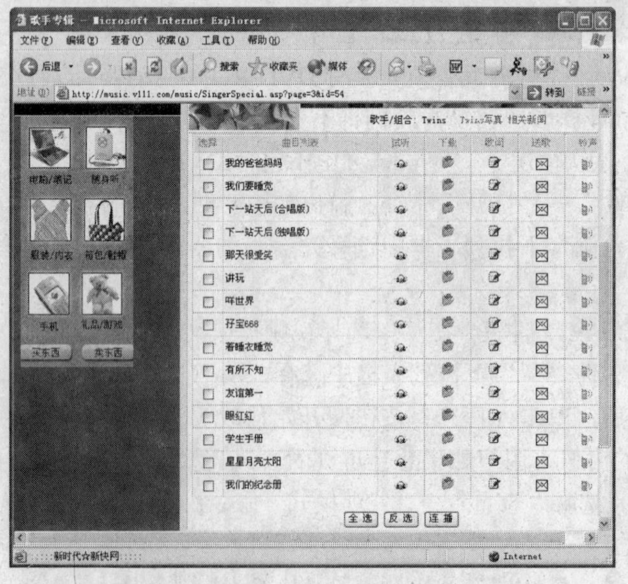

图 9-13 选择一首歌曲

（3）单击该歌曲的超级链接，会弹出一个对话框，询问用户是否就在 Internet Explorer 浏览器的窗口中播放，单击“是”按钮。

（4）在 Internet 的左窗口会出现“媒体”窗格，它的下部还有一个播放按钮。实际上这就是媒体播放器集成到 Internet Explorer 上的简装版本。

4．收听广播

许多广播电台通过称作流式处理的过程在 Internet 上提供信号。这种多媒体技术使用户不必下载完整的音频或视频数据，就可以收听、收看到音频或视频的内容。Windows Media Player 媒体播放器可以查找要收听的广播电台，并播放流式音频或视频文件。使用媒体播放器收听广播具体操作步骤如下：

（1）将计算机连接到 Internet 上，启动媒体播放器。

（2）单击“收音机调谐器”按钮，这时，媒体播放器将自动连接到 http://www.windowsmedia.com Web 站点，如图 9-14 所示。

图 9-14　“收音机调谐器”界面

（3）在“特色电台”列表中，单击一个频道的超级链接，如图 9-15 所示，此时出现该频道的介绍，以及“添加到‘我的电台’超级链接和“播放”超级链接，单击“播放”超级链接就可以收听该电台的节目。

图 9-15　打开一个广播频道

如果想听的电台并不在列表之内，可以通过搜索方式来找到自己喜欢的电台。具体操作步骤如下：

（1）选择窗口右边的“查找更多电台”选项，会出现如图 9-16 所示的窗口。

（2）打开“按流派浏览”下拉列表框，如图 9-17 所示，可以看到，在这里有更多的电台内容可供选择。

图 9-16　搜索电台

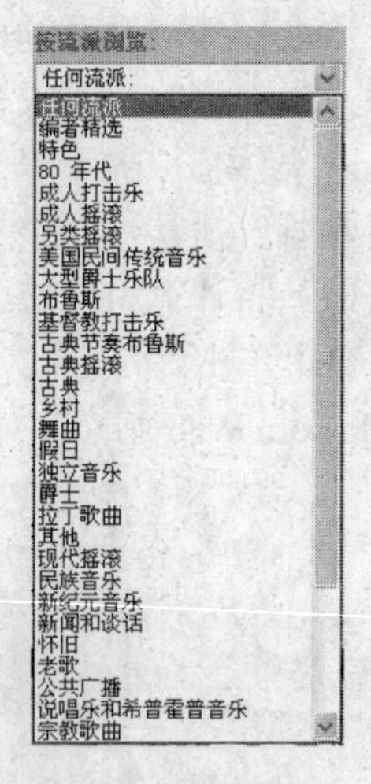

图 9-17　按流派浏览

（3）当选中一个类别之后，在窗口的右侧就会出现搜索结果显示的电台名称，如图 9-18 所示。可以将喜欢的电台站点添加到“我的电台”列表中去，或者选择“访问 Web 站点”访问该电台网站，或者直接打开它的站点，然后单击“播放”超级链接即可收听了。

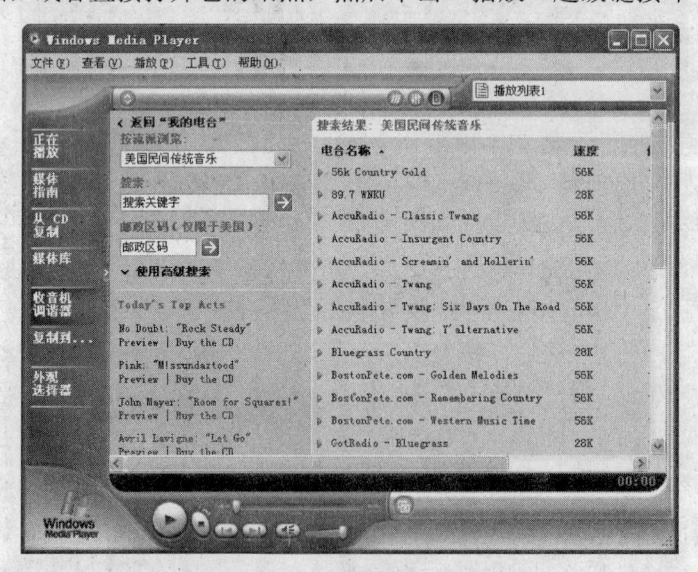

图 9-18　搜索结果显示

搜索结果中返回的电台比较多。为了精确快速地找到需要的广播电台，可以使用高级搜索功能来进行搜索。在高级搜索中，采用更多的条件对要查找的电台进行条件限制，这样就能够找到更适合用户的电台。

如果搜索到电台以后，通过收听觉得节目不错，就可以将它放到“我的电台”中去。这样下次在收听时就不用重新搜索，直接打开就可以收听。在每个电台的详细信息中，都有“添加到‘我的电台’”超级连接，单击它就能将这个电台收藏到“我的电台”列表中。

5. 刻录自定义 CD

如果拥有刻录机和空白的 CD-R 或者 CD-RW 光盘，就可以利用媒体播放器将媒体库中的曲目刻录到空白的光盘中。刻录的具体操作步骤如下：

（1）打开媒体播放器，将空白的 CD-R 或者 CD-RW 光盘放入光驱中。

（2）单击任务栏中的“复制到 CD 或设备”按钮。

（3）打开“要复制的音乐”播放列表，选择一个要复制的播放列表。

（4）用户可以取消不想复制的曲目，清除曲目前面的复选框即可。

（5）在窗口右侧单击“复制”按钮，开始进行复制。

（6）复制完成之后，“CD 驱动器”列表框中会列出已复制的曲目，用户就完成了 CD 的刻录，可以打开 CD 试听。

在进行刻录的过程中，不能执行其他操作，以免媒体播放器停止运行并导致刻录操作失败。

9.3.2　使用录音机

使用录音机可以进行简单地音频处理。录音机有两个基本功能：播放声音和录制声音。此外，它还可以录制、混合、播放和编辑声音文件（.wav 文件），也可以将声音文件链接或插入到另一文档中。

1. 使用录音机进行录音

录音机可以录制来自 CD 音乐、麦克风以及外接音频信号等声音。这里以录制麦克风传入的声音为例，讲述如何录制声音文件。

（1）打开计算机，将麦克风连接到计算机上。

（2）打开“控制面板”窗口，选择“声音、语言和音频设备”选项，打开“声音和音频设备属性”对话框，选择“语声”选项卡，如图 9-19 所示。

（3）单击“测试硬件”按钮，按照提示测试麦克风的工作是否正常。

（4）单击“录音”选项组中的“音量”按钮，弹出如图 9-20 所示的“录音控制”对话框，选择“麦克风”选项组中的“选择”复选框，选用麦克风进行录音。

（5）打开“声音-录音机”窗口，如图 9-21 所示，选择“文件”→“新建”命令。

（6）单击录音机中的“录音”按钮，这时对着麦克风讲话或者唱歌，就可以将声音录制进去。

（7）单击按钮即可停止录音。

（8）录制完成后，选择“文件”→“保存”命令，录制的文件就被保存为.wav 文件。

录音机通过麦克风和已安装的声卡来记录声音。所录制的声音以波形（.wav）文件保存。

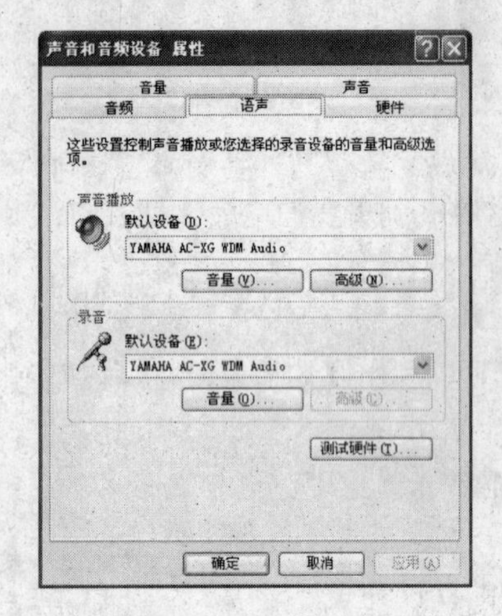

图 9-19 “语声”选项卡

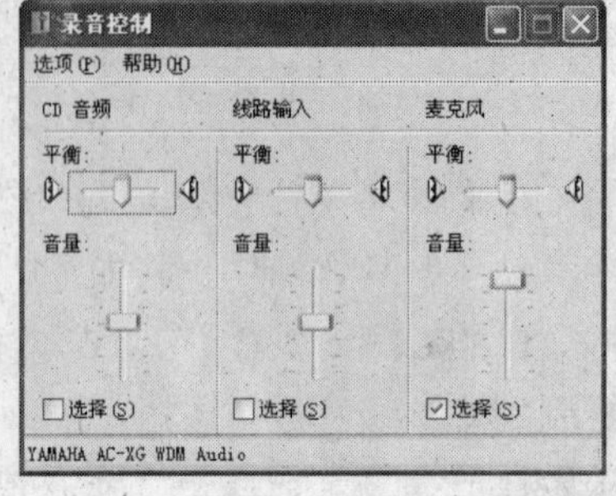

图 9-20 “录音控制”对话框

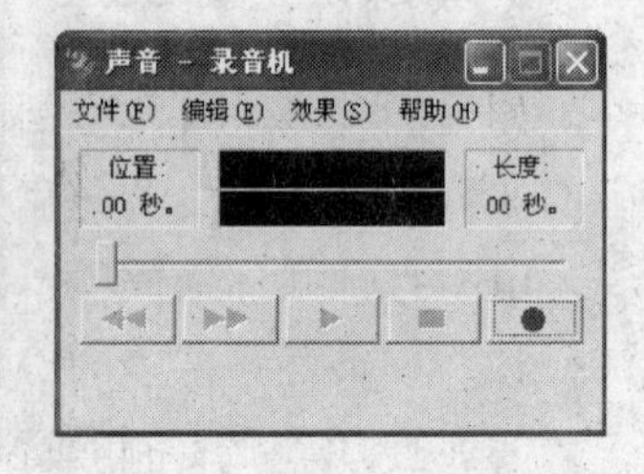

图 9-21 “声音-录音机”窗口

2. 播放声音文件

播放声音文件很简单，具体操作步骤如下：

（1）选择“文件”→“打开”命令，在弹出的“打开”对话框中选择播放的波形文件，单击“确定”按钮。

（2）单击“播放”按钮，声音文件就开始在录音机中播放。

（3）单击按钮，可以转到声音文件开始位置；单击按钮，可以转到声音文件的结束位置。

（4）单击按钮，将停止播放声音文件。

3. 对声音文件进行编辑

录音机还可以对声音文件进行简单的编辑和处理，从而达到用户满意的效果。例如，删除文件的片断、在文件中插入声音、混入声音、给文件添加回音、改变文件的播放速度等。

（1）删除部分声音。

在录制声音的过程中，经常会有一些不必要的声音也被录制进来。例如，在开始的时候，可能会有片刻的沉默或者麦克风的尖啸，在录音的结尾也可能存在一些寂静或者噪声。这些声音在录制完成之后，都必须删除，以提高录音的质量。具体操作步骤如下：

① 选择“文件”→“打开”命令。

② 在“打开”对话框中，双击想要修改的声音文件。

③ 将滑块移到文件中要裁切的位置。

④ 选择“编辑”→“删除当前位置以前的内容”或“删除当前位置以后的内容”命令进行简单的裁切，如图 9-22 所示。

⑤ 在保存该文件之前，选择“文件”→“还原”命令，可以撤消删除操作。

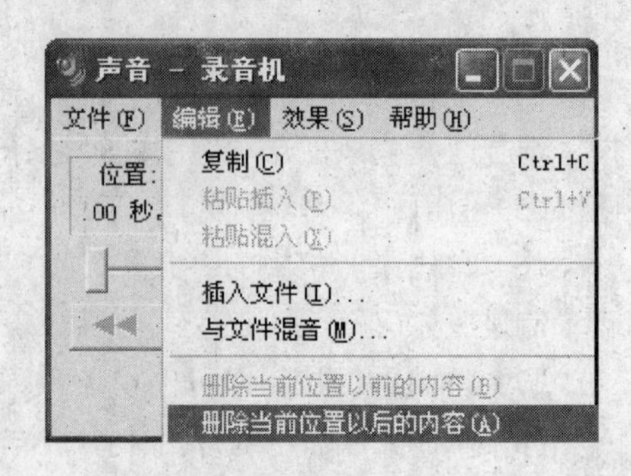

图 9-22 删除内容的命令

⑥ 选择“文件”→“保存”命令，保存裁切结果，录下的声音被保存为波形（.wav）文件。

（2）插入与混入声音。

插入声音是指将一段声音从插入点开始，复制到一段已经存在的声音中去，原插入点后面的声音片断后移。具体操作步骤如下：

① 选择“文件”→“打开”命令。

② 在“打开”对话框中双击想要修改的声音文件。

③ 将滑块移动到要插入声音文件的位置。

④ 选择“编辑”→“插入文件”命令。

⑤ 找到并打开待插入的文件，单击“打开”按钮。

完成后，试听一下，就会发现声音已经被插入了。

只能将声音文件插入到未压缩的声音文件中。如果在“录音机”程序中未发现绿线，说明该声音文件是压缩文件，必须先调整其音质，才能对其进行修改。

（3）混入声音。

混入声音是指将一段新的声音片断从插入点开始，与原声音片断重叠在一起。

① 在“录音机”窗口中打开一个声音文件，将滑块定位在声音插入点。

② 选择“编辑”→“与文件混音”命令。

③ 在“混入声音”对话框中选择音频文件，打开即可混入。

4. 转换声音文件格式

转换声音文件格式的具体操作步骤如下：

（1）在当前打开的声音文件中，选择“文件”→“属性”命令，弹出如图9-23所示的“属性”对话框。

（2）在“格式转换”选项组中选择要转化的格式，单击“立即转换”按钮，弹出如图9-24所示的“声音选定”对话框。

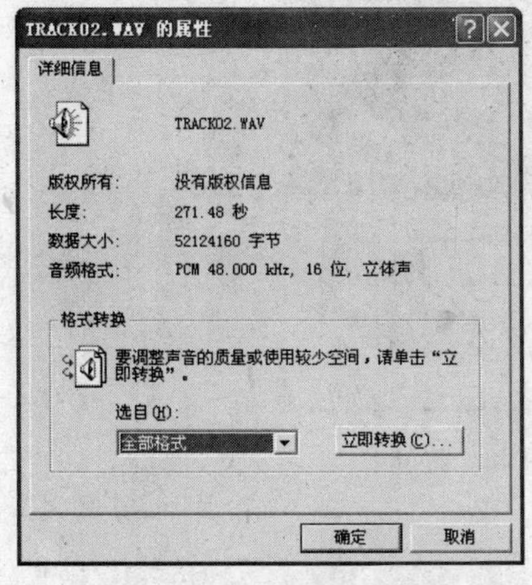

图9-23 “属性”对话框

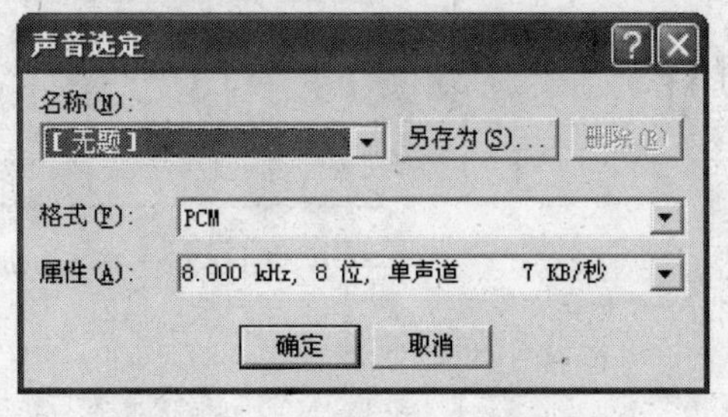

图9-24 “声音选定”对话框

（3）根据提示选择声音的属性和格式后，单击“确定”按钮即可完成声音文件格式的转换。

9.3.3 用 Windows Movie Maker 制作电影

Windows Movie Maker 是 Windows XP 中用于创建家庭电影文件的一个多媒体组件。利用这个工具，可以将声音、图片以及各种视频文件进行编辑和整理，随心所欲地制作出电影片断，并可以编辑、添加声音文件。该工具简单易用，而且具有文件小、分辨率高等特点，非常适合于 E-mail 的传输以及在 Web 页上发表。

选择“开始”→“所有程序”→Windows Movie Maker 命令，就可以进入 Windows Movie Maker 主界面，如图 9-25 所示。

可以看到，Windows Movie Maker 主界面分为 5 个部分。

- **菜单栏**：包括了所有 Windows Movie Maker 中用到的命令。
- **工具栏**：使用工具栏可以快速执行常用操作，并且可以代替从菜单上选择某些命令。
- **收藏区**：使用收藏区可以对音频、视频和静止图像进行整理。可以将剪辑从收藏区拖动到当前工作区的项目中，也可以将剪辑拖动到监视器上播放它，如图 9-25 中①所示。
- **监视器**：使用监视器来预览视频内容，监视器包括一个随着视频的播放而移动的定位滑块和可用于播放、暂停、快进、倒带或停止视频的监视器按钮。可以在将项目保存为电影之前对其进行预览，可以使用导航按钮在一个单独的剪辑中移动，也可以在整个项目中移动，如图 9-25 中②所示。
- **工作区**：在工作区中编辑电影文件。工作区可以显示情节提要视图或时间线视图，使用户可以用两种模式来制作电影。情节提要视图和时间线视图的不同点主要是，添加到当前项目中的音频剪辑不在情节提要视图中显示，如图 9-25 中③所示。

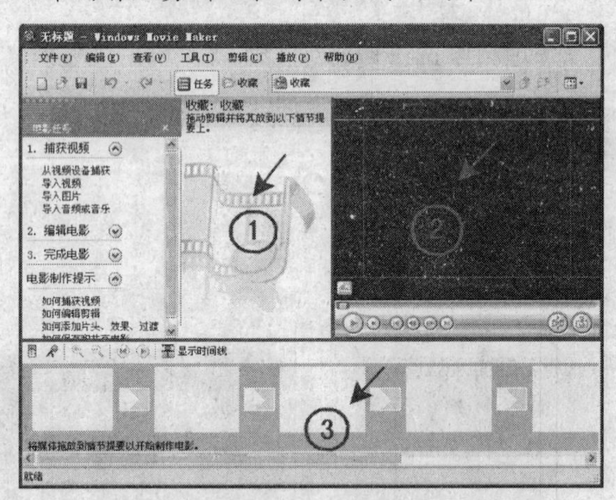

图 9-25 Windows Movie Maker 主界面

下面来介绍如何制作电影。

1. 准备电影素材

当创建一个新的 Movie 电影文件时，源图像的获取将是一个首要的工作。用户可以导入一些已经存在的 Windows 音频或视频的媒体文件，也可以通过数码相机或摄像机来录制所需的媒体文件。

导入素材的具体操作步骤如下：

（1）选择“文件”→“新建”→“项目”命令，新建一个电影项目。

（2）打开 Windows Movie Maker 主界面，选择“文件”→“导入到收藏”命令，弹出如图 9-26 所示的“导入文件”对话框。

（3）选中要导入的文件，单击“导入”按钮，导入的素材就会出现在窗口中。在窗口的左侧显示缩略图，右侧则显示选中素材的预览，如图 9-27 所示。

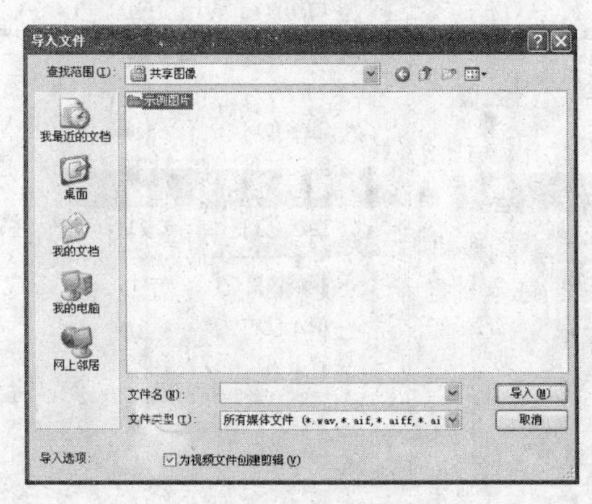

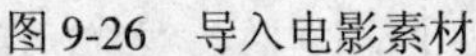
图 9-26　导入电影素材

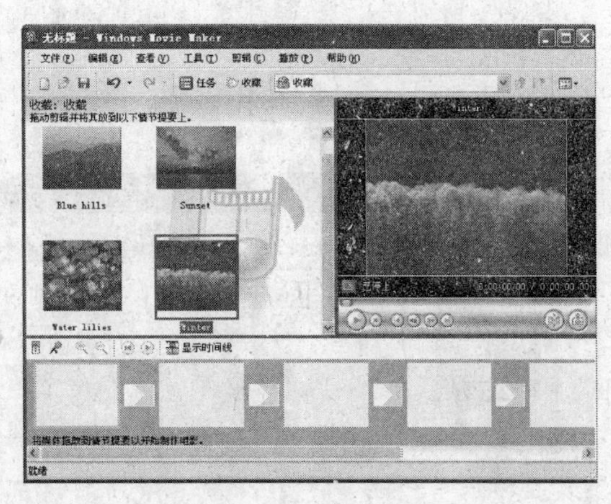

图 9-27　导入静态素材

2．剪辑素材

需要准备的电影素材已经导入到 Windows Movie Maker 中了，下面就开始对素材进行剪辑，以实现很多特殊的视频效果。具体操作步骤如下：

（1）在收藏区中选定要进行剪裁的素材。

（2）选择“剪辑”→“添加情节提要/时间线”命令。

（3）此时选中的素材就添加到工作区中了，如图 9-28 所示。

（4）用户可以通过单击工作区中的“显示时间线”按钮，将工作区切换成时间线显示模式，并且可以通过鼠标拖动素材的长度来控制这个素材播放的时间，如图 9-29 所示。

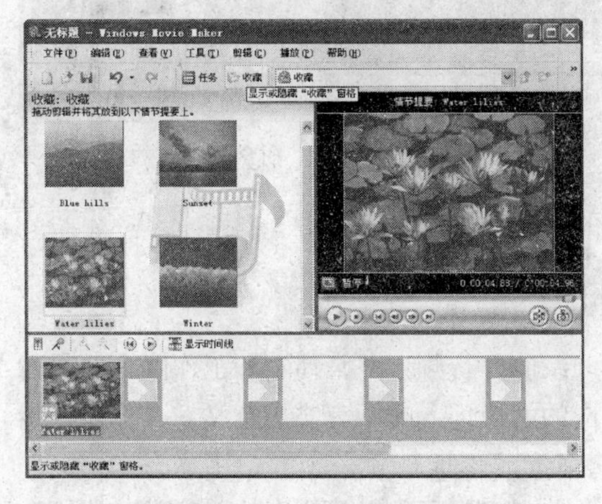

图 9-28　添加素材到工作区

图 9-29　编辑播放时间

（5）设置好播放时间后，在工作区中用鼠标右键单击素材，在弹出的快捷菜单中选择“视频效果”命令。在弹出的“添加或删除视频效果”对话框中添加素材播放时的显示效果，如图 9-30 所示。添加淡入、缓慢放大等效果，然后单击“确定”按钮。

（6）设置好播放时间和视频效果后，在工作区中用鼠标右键单击素材，在弹出的快捷菜单中选择“播放时间线”命令，如图 9-31 所示。此时在监视器中就会播放选中素材的放映情况。

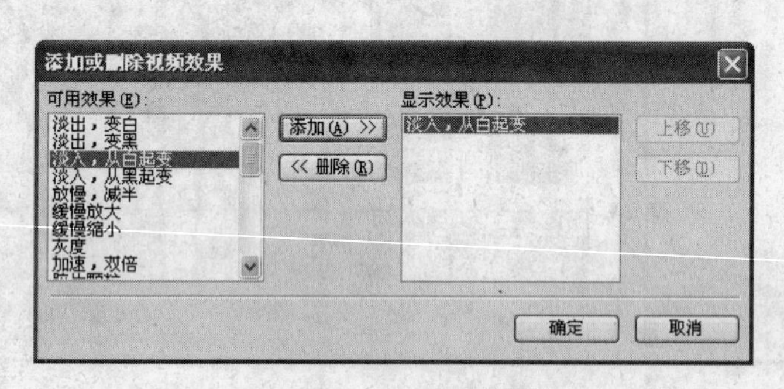

图 9-30　添加视频效果

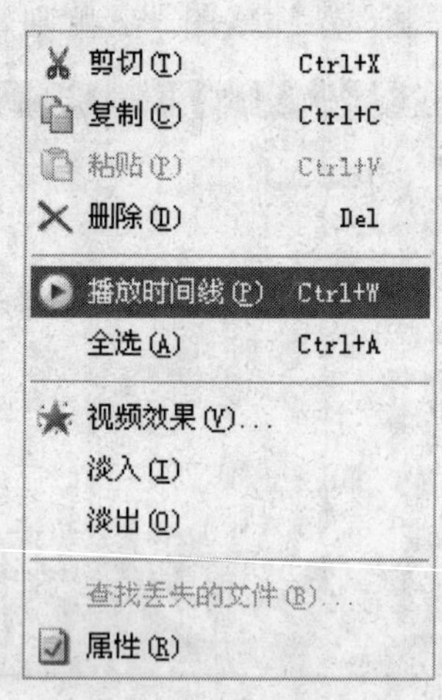

图 9-31　“播放时间线”命令

（7）重复前 6 步的操作，将其他素材加入工作区中并设置时间线。

3. 使用过渡效果效果

如果直接将两个剪辑连接起来，切换效果可能会显得有些生硬，不太流畅，使用过渡方式则可以使电影中的照片和剪辑之间进行平稳的过渡，剪辑中的帧画面将是渐变的，而不是直接跳变。通过创建一个同时淡入及淡出的过渡，可以使正在播放的剪辑的帧淡出，在此同时，又有新的帧淡入。

下面介绍如何创建过渡。

（1）利用上节中介绍的方法将素材加入工作区中，此时是没有过渡的。

（2）在时间线上拖动第二个剪辑至与第一个剪辑重合，重合的时间表示过渡时间的长度，不能超过该剪辑的持续时间，如图 9-32 所示。

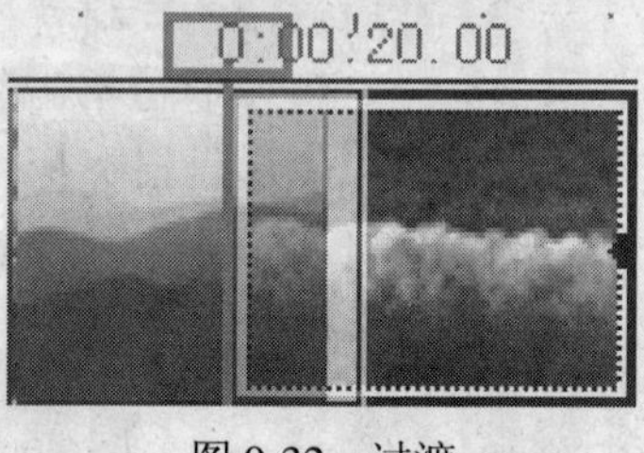

图 9-32　过渡

（3）单击“播放”按钮，会显示淡入淡出的播放效果。

4. 配音

视频制作好以后，配音工作也是很重要的。录制好音频，并且使它和工作区中的剪辑同步。例如，让观众在预览项目的同时听到相应的解说词，非常有实用意义。具体操作步骤如下：

（1）在工作区中切换到显示时间线模式，并单击工作区中工具栏上的“旁白时间线”

按钮🎤，此时在窗口的左中部出现录制旁白的区域，如图9-33所示。

（2）单击“开始旁白”按钮，开始旁白的录制。

（3）旁白录制完毕后，单击“停止旁白”按钮就结束了声音的录制。这时候，计算机会出现一个对话框提示用户保存刚刚输入的声音，如图9-34所示。

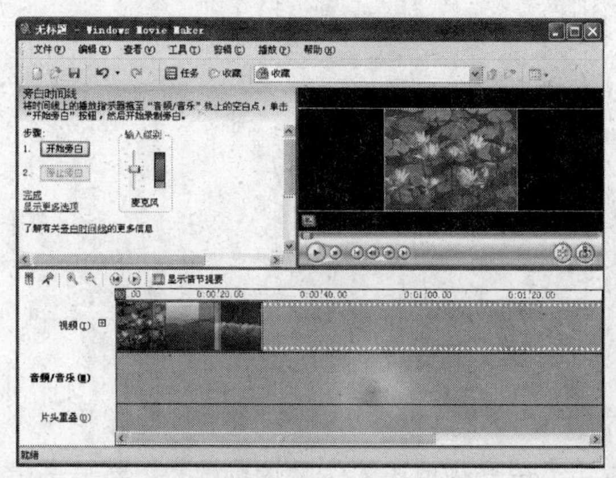

图9-33　录制旁白

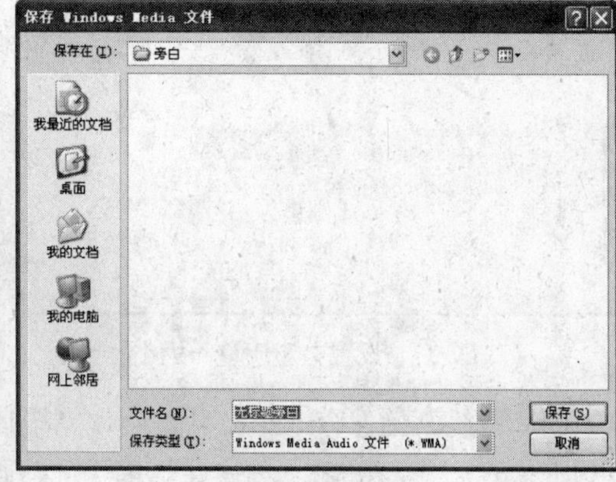

图9-34　保存旁白

5．存储为电影

视频和音频或者旁白都制作好以后，就可以将它保存为电影，具体操作步骤如下：

（1）选择“文件”→“保存电影文件”命令。

（2）在弹出的“保存电影向导”对话框中（如图9-35所示），选择一种电影导出方式，这里以“我的计算机”为例，单击“下一步”按钮，出现如图9-36所示的对话框，输入电影名后单击“下一步”按钮。

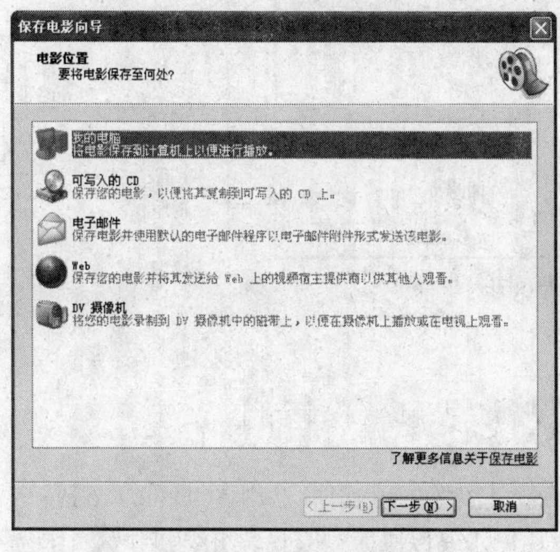

图9-35　保存电影向导

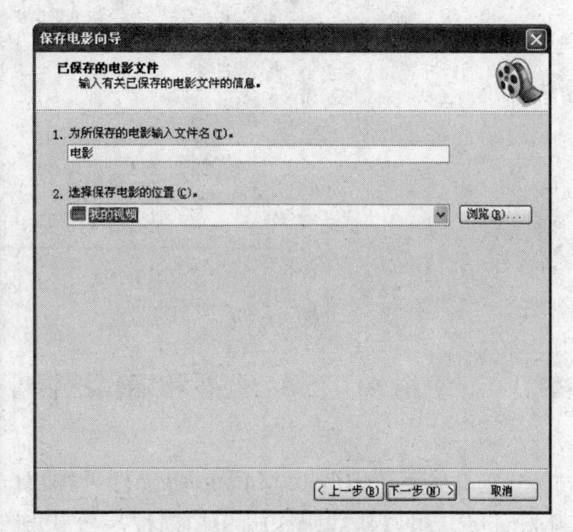

图9-36　设置电影文件名

（3）在如图9-37所示的对话框中，可以选择电影文件的大小和电影质量，单击“下一步”按钮，出现保存电影进度条，如图9-38所示。

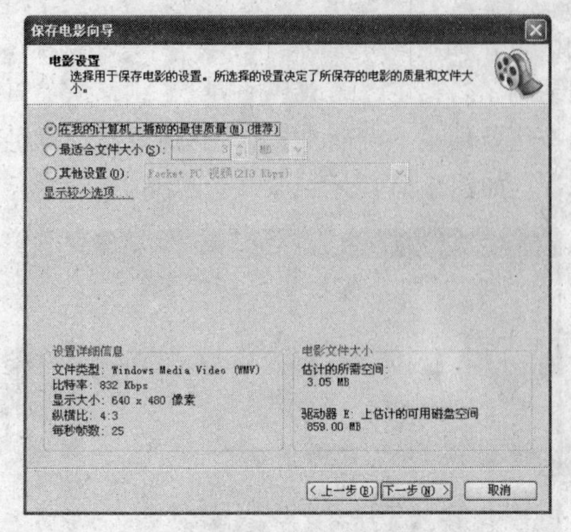

图 9-37　设置电影质量和大小

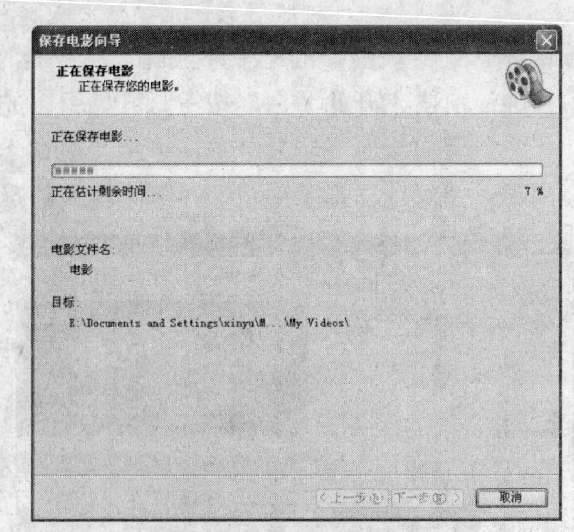

图 9-38　保存电影进度条

（4）系统开始保存电影文件，制作完毕后将弹出如图 9-39 所示的消息框，如果用户希望马上观看制作的电影，将该对话框中的“单击完成后播放电影”复选框选中，然后单击“完成”按钮，完成电影的保存操作。

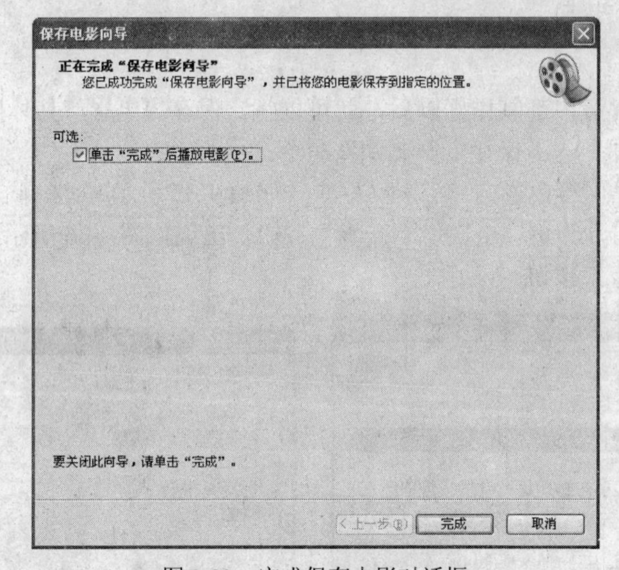

图 9-39　完成保存电影对话框

9.3.4　使用 ACDSee 查看和编辑图像

ACDSee Pro Photo Manager 是目前最流行的数字图像处理软件。使用 ACDSee Pro Photo Manager，可以从数码相机和扫描仪高效获取图片，并进行便捷的查找、组织和预览。作为最重量级的看图软件，它能快速、高质量显示图片，再配以内置的音频播放器，就可以享用它播放出来的精彩幻灯片。ACDSee Pro Photo Manager 还能处理如 Mpeg 之类常用的视频文件。此外 ACDSee Pro Photo Manager 是一种简单易用的图片编辑工具，可以轻松处理数码影像，拥有去除红眼、剪切图像、锐化、浮雕特效、曝光调整、旋转、镜像功能等，还能进行批量处理。

1．浏览图片

利用 ACDSee Pro Photo Manager，可以方便快捷地浏览图片。ACDSee Pro Photo Manager 的主界面集成的功能更多，比较复杂。本文由于篇幅限制，仅对 ACDSee Pro Photo Manager 的基本功能进行介绍。

利用 ACDSee Pro Photo Manager 浏览图片的具体操作步骤如下：

（1）运行 ACDSee Pro Photo Manager，打开如图 9-40 所示的界面。

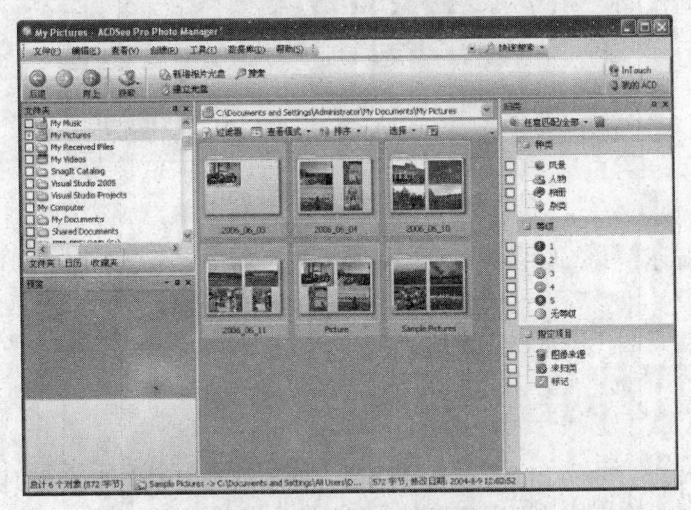

图 9-40　ACDSee 主界面

（2）在左窗格的目录树中找到图片文件所在的文件夹，单击将其打开，此时在目录树下方的小窗格将显示第一幅图片，而在中间窗格中则显示文件夹中的图片文件列表，如图 9-41 所示。

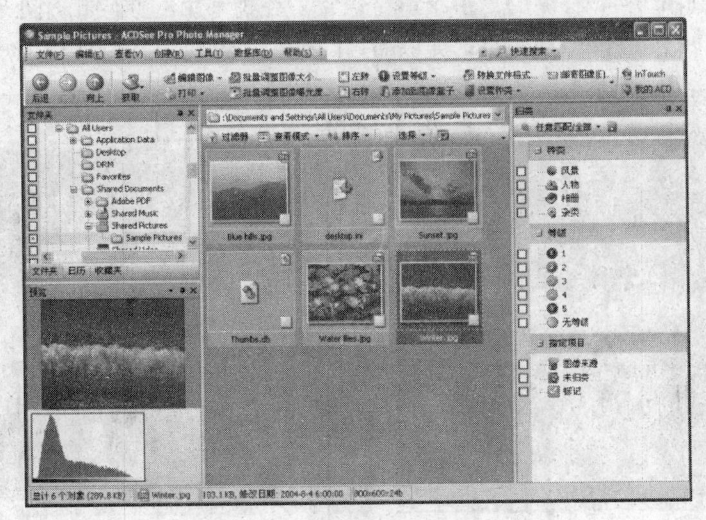

图 9-41　打开图片所在的文件夹

（3）要详细观看某一幅图片，则在中间窗格中双击该图片文件，即可以在整个窗口显示该图片，如图 9-42 所示。

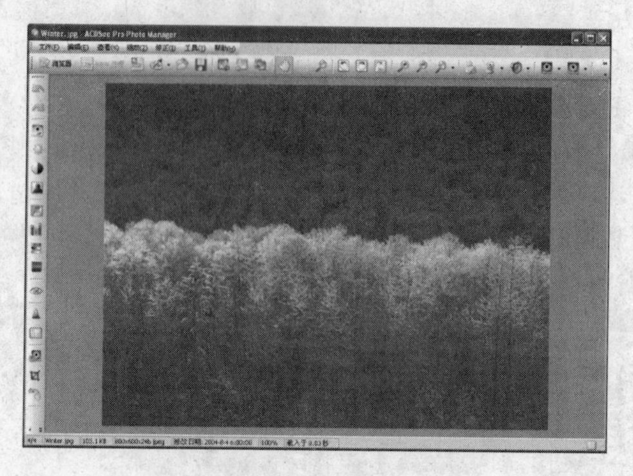

图 9-42　在整个窗口中显示图片

（4）要全屏显示图片，则在菜单栏中选择“查看”→“全屏”命令即可得到全屏显示的效果。

（5）按 Esc 键返回“浏览器”窗口。

2. 编辑图像

使用 ACDSee Pro Photo Manager 除了可以方便地浏览图像之外，还可以对图像进行简单地编辑。这样为处理直接从数码相机导入的图像文件提供了方便。

（1）利用 ACDSee Pro Photo Manager 图像编辑器进行图像编辑。

① 双击需要处理的图像，进入图像查看器，然后单击工具栏中的“图像编辑”按钮，如图 9-43 所示，打开 ACDSee Pro Photo Manager 图像编辑器。

② 可以看到图 9-44 右侧的“主菜单”包含了各种常用的数码相片处理功能。一般来说，选择 ACDSee Pro Photo Manager 提供的自动处理，就可以得到比较满意的效果。

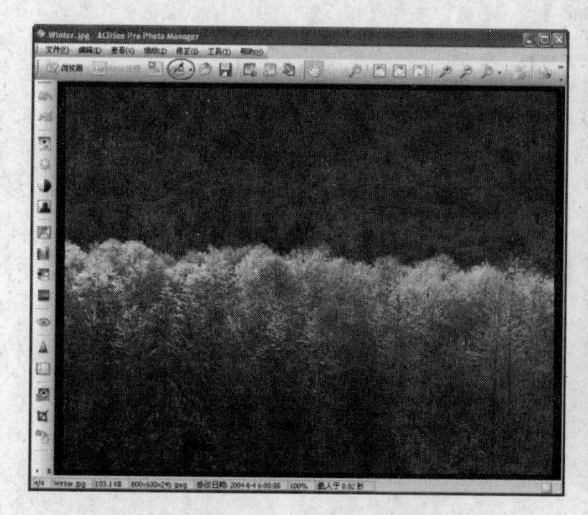

图 9-43　“图像编辑”按钮

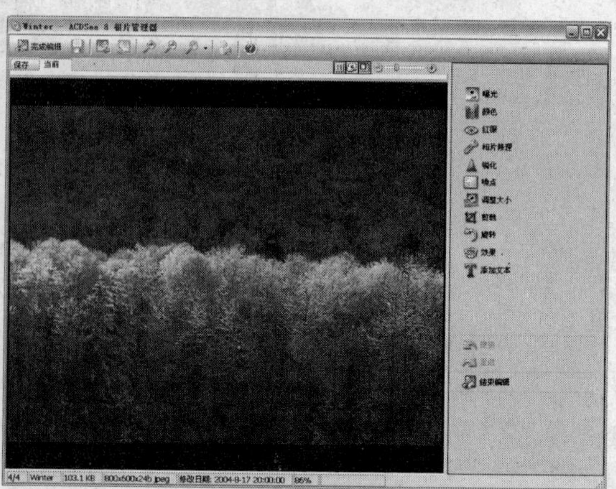

图 9-44　主菜单

③ 注意图像窗口上方有“保存”和“当前”两个标签，在其选项卡中可以方便地对比图像哪些位置已经被编辑。

④ 如果对编辑的效果不满意，还可以单击右下角的“取消”和“重做”按钮找到之前满意的效果。在得到满意的图像后，可以单击“完成编辑”按钮回到图像查看器。

在 ACDSee Pro Photo Manager 图像查看器图像窗口的左侧也带有图像编辑工具，这些编辑工具是图像编辑器中常用的一些工具。利用这些工具，可快捷地达到简单处理的目的。

（2）利用 ACDSee photo manage 图像浏览器进行批处理编辑。

有时，需要对大量的图像进行简单的处理，此时可利用 ACDSee Pro Photo Manager 图像浏览器提供的批处理编辑功能。利用 ACDSee Pro Photo Manager 图像浏览器进行批处理编辑的方法很简单，只要选中所需编辑的所有图像，然后单击工具栏中的“批量工具”下拉按钮（如图 9-45 所示），就可以在 ACDSee Pro Photo Manager 提供的批量处理工具中选择需要的编辑方式。

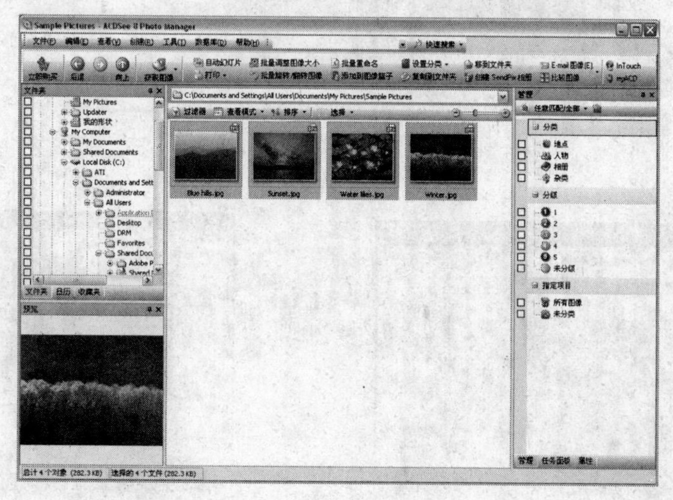

图 9-45 批处理工具

3. 创建屏幕保护程序和幻灯片

ACDSee Pro Photo Manager 在浏览和编辑图像之外，还提供了很多其他便利的功能。这里介绍如何使用 ACDSee Pro Photo Manager 将静态的图像变成“动画”——屏幕保护程序和幻灯片。

（1）创建屏幕保护程序。

利用 ACDSee Pro Photo Manager 可以创建自己的屏幕保护程序，而且过程十分简单操作方法如下。

① 选择菜单栏中的“工具”→“设置屏幕保护”命令，如图 9-46 所示。

② 打开“ACDSee 屏幕保护”对话框，如图 9-47 所示。单击“添加”按钮，浏览并加入自己喜欢的图像。单击“删除”按钮，去掉不需要的图像。这里选取 4 幅图像，单击“添加”按钮将它们添加到“选择项目”列表中，并单击“确定”按钮，如图 9-48 所示。

③ 接着对屏幕保护程序的变化形式进行设置，单击“配置”按钮。在“基本”选项卡

（如图 9-49 所示）中，可以设置屏幕保护程序各个图像之间的变化方式和播放速度。在“高级”选项卡中（如图 9-50 所示），可以设置屏幕保护程序的图像品质。声音和播放次序。而在“文本”选项卡中，则可以设置屏幕保护持续显示的文字。

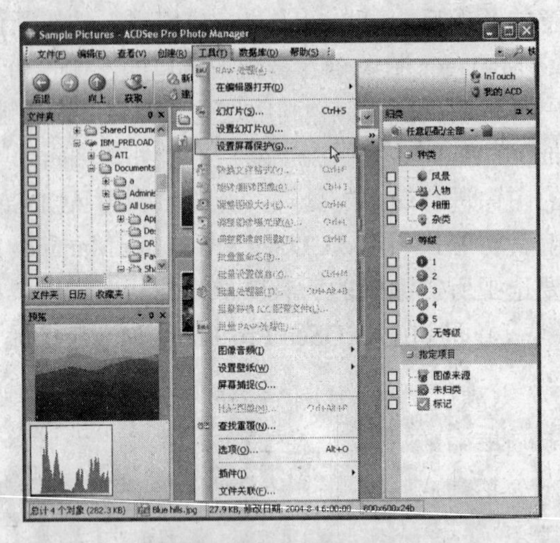

图 9-46　创建屏幕保护程序

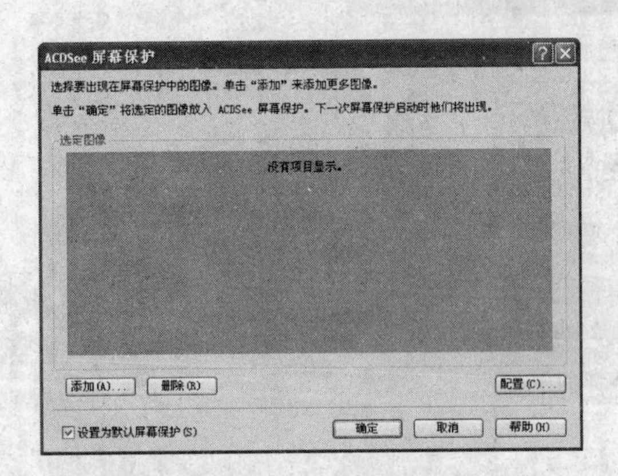

图 9-47　“ACDSee 屏幕保护”对话框

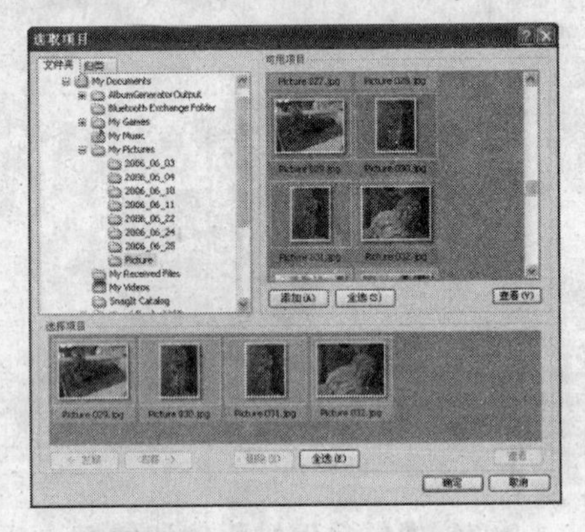

图 9-48　“选取项目”对话框

图 9-49　“基本”标签

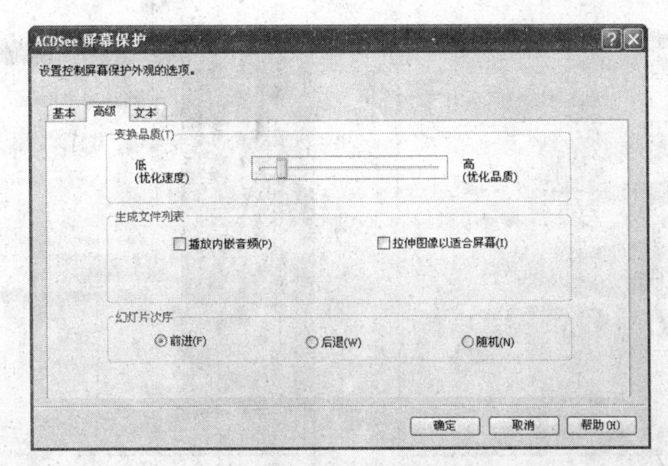

图 9-50　“高级”选项卡

④ 当所有项目均设置完成后，单击“确定”按钮。这时，屏幕保护程序就已经设置好了。打开“显示属性”对话框中的“屏幕保护程序”选项卡，可以看到，屏幕保护程序已经被设定为 ACDSee 屏幕保护程序，如图 9-51 所示。这时单击“预览”按钮，就可以欣赏自己的作品。

图 9-51　“屏幕保护程序”选项卡

（2）创建幻灯片。

幻灯片是常用的图片浏览形式，ACDSee Pro Photo Manager 提供快了捷的创建幻灯片的方法。

在 ACDSee Pro Photo Manager 图像浏览器中，选择菜单栏中的“创建”→“创建幻灯片”命令（如图 9-52 所示），打开“建立幻灯片向导”对话框，如图 9-53 所示。

ACDSee Pro Photo Manager 可以创建 3 种形式的幻灯片。

- **独立幻灯片**：这种文件为可执行文件，可以在没有任何程序的支持下打开。

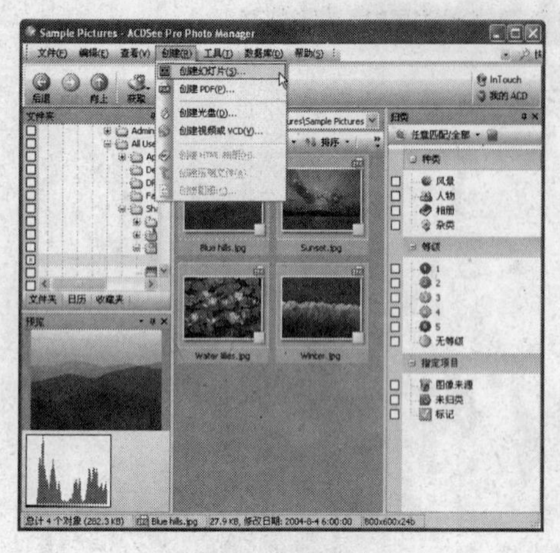

图 9-52　创建幻灯片

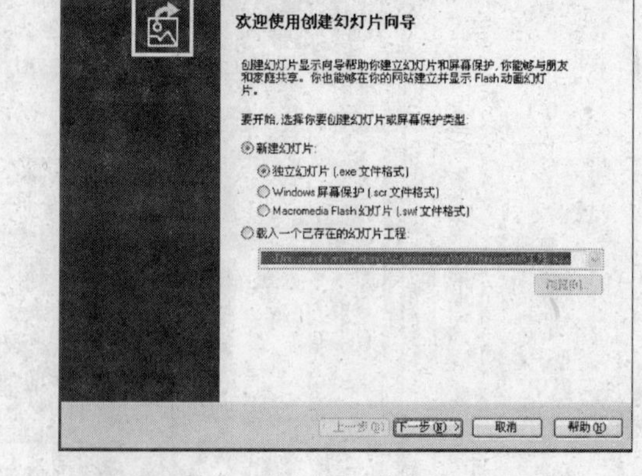

图 9-53　“建立幻灯片向导”对话框

- **Windows 屏幕保护**：仅可以作为屏幕保护程序打开。
- **Macromedia Flash 幻灯片**：可以使用 Flash Player 和大部分网络浏览器打开。

后两种格式的文件大小小于第一种格式，但它们需要辅助的程序才能打开。根据具体需要，选择创建哪种文件格式。这里将以使用独立幻灯片格式为例介绍操作步骤：

① 选择“独立幻灯片”单选按钮，并单击“下一步”按钮，打开如图 9-54 所示的对话框。

② 这个对话框与前面的“ACDSee 屏幕保护”对话框十分相似。使用这个对话框，可以将需要的图片添加到幻灯片中。在添加了图像之后，单击“下一步”按钮，出现如图 9-55 所示的对话框。

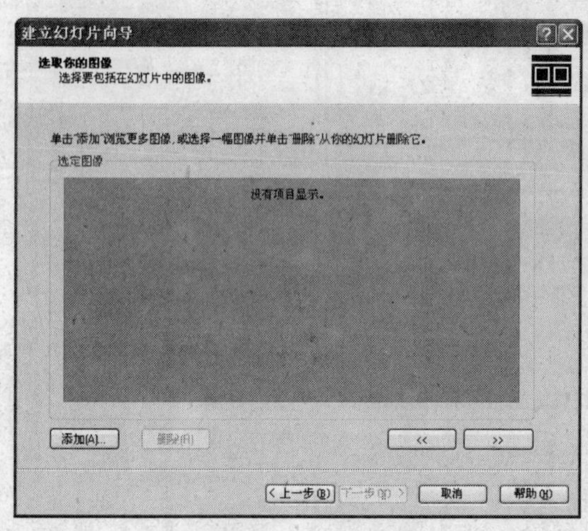

图 9-54　选取图像

图 9-55　设置文件特定选项

③ 在每个图像后的各个选项中，可以设定图像的变化方式，如过渡时间、持续时间、标题和音频。选择“变换”选项，打开“变换”对话框，如图 9-56 所示，可以在各种变化方式中进行选择。

④ 单击“确定”按钮，返回到上一级对话框，单击“下一步”按钮。对幻灯片的播放方式、文本和播放品质进行设置，如图 9-57 所示。然后单击“下一步”按钮。

图 9-56　“变换”对话框

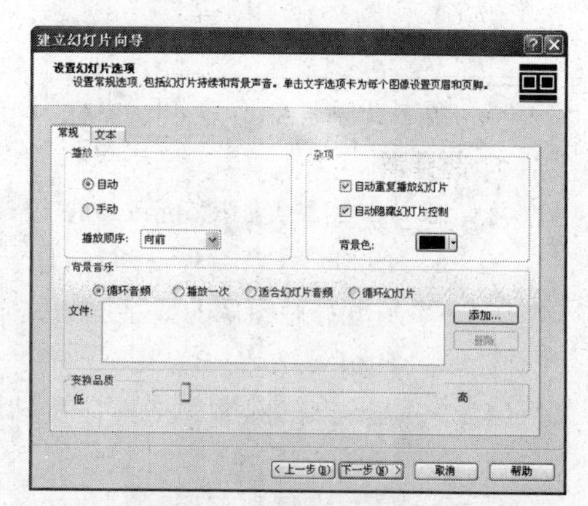

图 9-57　设置幻灯片选项

⑤ 接着设置选择是否压缩图像的大小和幻灯片的保存位置，如图 9-58 所示。然后单击“下一步”按钮就可以完成幻灯片的创建，如图 9-59 所示。

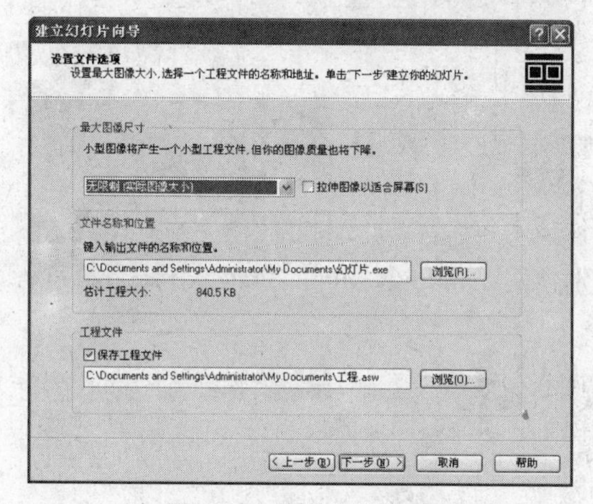

图 9-58　设置文件选项

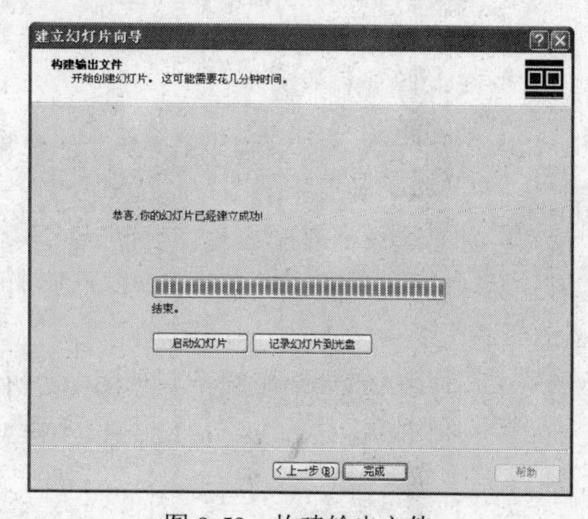

图 9-59　构建输出文件

⑥ 在关闭“建立幻灯片向导”之前，可以使用“启动幻灯片”按钮来查看自己的作品。如果存在不满意的地方，可以单击“上一步”按钮返回前面各个步骤，再次进行设置。在达到满意效果之后，单击“完成”按钮，关闭“建立幻灯片向导”对话框。

9.4　练　习　题

1．填空题

（1）“多媒体”一词译自英文＿＿＿＿＿＿，即＿＿＿＿＿＿和＿＿＿＿＿＿的合成。

（2）基于计算机技术的多媒体技术包含的 3 个主要的特性是＿＿＿＿＿＿，＿＿＿＿＿＿和＿＿＿＿＿＿。

（3）一个功能较齐全的多媒体计算机系统从处理的流程来看包括＿＿＿＿＿＿，＿＿＿＿＿＿，＿＿＿＿＿＿，＿＿＿＿＿＿几个部分。

（4）多媒体媒体元素是指多媒体技术中用于与用户交互的媒体，一般包括＿＿＿＿＿，

__________，__________，__________，__________等。

（5）数字音频（Audio）可分为__________、__________和__________。

2．选择题

（1）______年，美国 Commodore 公司推出世界上第一台多媒体计算机 Amiga 系统。

A．1980　　B．1982　　C．1985　　D．1990

（2）“多灰度静态图像的数字压缩编码”的英文简称是______。

A．BMP　　B．JPEG　　C．MPEG　　D．3PG

（3）Windows Media Player 具有以下哪种功能？______

A．播放音频　　B．录制音频

C．录制视频　　D．查看图片

（4）使用录音机录制得到的音频文件的格式是______

A．MPEG　　B．WAV　　C．MP3　　D．RMVB；

（5）ACDSee Pro Photo Manager 不具有以下哪种功能？______

A．除去红眼　　B．剪切图像

C．曝光调整　　D．制作电影

3．问答题

（1）简述多媒体技术的广义定义和狭义定义。

（2）简述多媒体技术的主要特征以及多媒体技术包含哪些媒体元素。

（3）独立录制和编辑一段音频文件。并分别使用 Windows Media Player 和录音机进行播放。

（4）使用 ACDSee 组织一系列图像，并制作为幻灯片。

（5）使用 Windows Movie Maker 制作一段视频。

主要参考文献

[1] 杜茂康主编．《计算机信息技术应用基础》．北京：清华大学出版社，2004
[2] 王诚君，朱梦辉编著．《新编微机应用教程》．北京：清华大学出版社，2006
[3] 王诚君，王鸿编著．《中文 Excel2003 应用教程》．北京：清华大学出版社，2005
[4] 王诚君，杨全月编著．《中文 Word2003 应用教程》．北京：清华大学出版社，2004
[5] 侯捷编著．《Word 排版艺术》．北京：电子工业出版社，2005